U0198201

Python OpenCV

OpenCV

从菜鸟到高手

李宁 著

清华大学出版社

北京

内 容 简 介

本书深入讲解 Python OpenCV 的核心技术，并通过大量的代码和项目实战，充分展示了如何将这些技术在不同领域中实现。本书的主要内容如下：第 1 章介绍 Python 和 OpenCV 的基础知识，包括 Python 和 OpenCV 的起源、优势、版本、安装及应用场景等；第 2 章介绍图像基础知识，包括图像的读取、显示、保存以及像素处理等；第 3～9 章介绍图像处理的高级技术，包括使用 NumPy 进行图像操作、绘制图形的方法、直方图的应用、图像滤波技术、图像形态学操作，以及使用 OpenCV 进行图形检测和模板匹配；第 10 章介绍图像分析与修复，包括使用 OpenCV 进行图像分析及图像修复技术；第 11～13 章介绍特征检测、视频处理和人脸识别，包括使用 OpenCV 检测和匹配图像中的特征点、使用 OpenCV 进行视频处理，以及人脸识别技术；第 14 章介绍 ChatGPT 和 OpenAI API，包括使用 ChatGPT 辅助编写代码，以及利用 OpenAI API 将 ChatGPT 的功能嵌入自己的应用；第 15～18 章为项目实战，为读者提供了各种基于 OpenCV 的应用案例。

本书适合作为从事图形图像领域研究和开发的技术人员和对 OpenCV 感兴趣的读者的学习用书。

图书在版编目（CIP）数据

Python OpenCV 从菜鸟到高手 / 李宁著. -- 北京：
清华大学出版社，2024. 9. -- ISBN 978-7-302-67371-2

Ⅰ. TP312.8

中国国家版本馆 CIP 数据核字第 20241NB510 号

策划编辑：盛东亮
责任编辑：范德一
封面设计：李召霞
责任校对：时翠兰
责任印制：宋　林

出版发行：清华大学出版社
网　　址：https://www.tup.com.cn，https://www.wqxuetang.com
地　　址：北京清华大学学研大厦 A 座　　　邮　　编：100084
社　总　机：010-83470000　　　　　　　　邮　　购：010-62786544
投稿与读者服务：010-62776969，c-service@tup.tsinghua.edu.cn
质量反馈：010-62772015，zhiliang@tup.tsinghua.edu.cn
课件下载：https://www.tup.com.cn，010-83470236
印　装　者：三河市铭诚印务有限公司
经　　销：全国新华书店
开　　本：203mm×260mm　　印　张：25　　　　　字　　数：689 千字
版　　次：2024 年 10 月第 1 版　　　　　　　印　　次：2024 年 10 月第 1 次印刷
印　　数：1～1500
定　　价：89.00 元

产品编号：102610-01

前 言
PREFACE

在数字化时代,图像和视频处理已经成为日常生活中无处不在的技术。从智能手机中的相机应用,到医学成像,再到自动驾驶汽车,计算机视觉技术正在逐渐改变人们的生活和工作方式。Python 与 OpenCV(开源计算机视觉库)结合,为人们提供了一个强大、易于上手的工具,使人们能够深入探索和应用这一前沿技术。

Python 作为最受欢迎的编程语言之一,因其简洁、高效和跨平台的特性而备受青睐。OpenCV 则为人们提供了一个全面的工具,帮助人们处理图像和视频,实现从基础操作到高级算法的各种功能。当这两者结合,人们得到了一个既强大又灵活的平台,可以快速开发和部署计算机视觉应用。

编写本书的初衷是希望能为读者提供一个系统的指南,帮助读者从零开始,掌握 Python 和 OpenCV 的核心概念和技术。无论是计算机视觉的初学者,还是已经有一定经验的开发者,本书都会为读者提供宝贵的知识和实践经验。

通过阅读本书,读者将了解到如何使用 Python 和 OpenCV 进行图像处理、绘制图形、图像分析、视频处理等。同时,本书还将深入探讨更高级的主题,如人脸识别和特征点检测。此外,本书还准备了一系列实战项目,帮助读者将所学知识应用于实际场景中。

在这个快速发展的领域,掌握 Python 和 OpenCV 的知识将为读者打开无数的机会。无论是为了开发创新的应用、解决具体的问题,还是深化自己的研究,相信本书将为读者提供必要的工具和知识。

随着人工智能和机器学习的飞速发展,我们见证了一系列令人印象深刻的技术进步。在这个浪潮中,OpenAI 的 ChatGPT 和 OpenAI API 无疑是值得人们深入探讨的重要技术。这些技术不仅展示了机器学习的最新成果,也为编程世界开辟了新的可能性。在本书的后几章中,我们将通过实战项目,探索如何将这些先进的技术应用于图像和视频处理的领域,特别是在使用 Python 和 OpenCV 的环境中。

ChatGPT 是 OpenAI 推出的基于 GPT-3.5 和 GPT-4 的聊天机器人,它能够理解和生成自然语言,为用户提供了一种直观且强大的交互方式。通过 ChatGPT,我们能够极大地简化代码编写过程,甚至可以通过简单的描述让机器帮助我们自动生成代码,这无疑大幅提高了开发效率,降低了编程门槛,即便是非专业的编程人员,也能够利用先进的技术完成复杂的任务。

OpenAI API 则为人们提供了一种利用直接而高效的方式访问 OpenAI 的强大能力,包括但不限于代码生成、图像生成等。利用 OpenAI API,人们可以将先进的 AI 技术无缝集成到项目中,为应用赋予前所未有的智能和创造力。

通过实战项目"视频处理工具集(video_fx)"和"智图幻境(PyImageFX)",本书将演示如何利用 ChatGPT 和 OpenAI API,以及 Python 和 OpenCV 的强大功能,构建出实用且具有创新性的图像和视频处理工具。本书还将探讨如何利用这些技术为项目加速,为用户创造出令人满意的解决方案,同时也为读者展示了如何将理论知识转化为实际应用,探索未来技术的无限可能。

这些技术的出现,不仅丰富了编程工具箱,也打开了通往未来的大门。让我们一起借助 ChatGPT 和 OpenAI API 的力量,探索更广阔的编程与应用领域。

最后,希望本书能为读者的学习之旅提供指引,帮助读者充分利用 Python 和 OpenCV 的潜力,并借助 ChatGPT 和 OpenAI API 等工具,开创属于自己的计算机视觉未来。

作　者

2024 年 8 月

知识图谱
KNOWLEDGE GRAPH

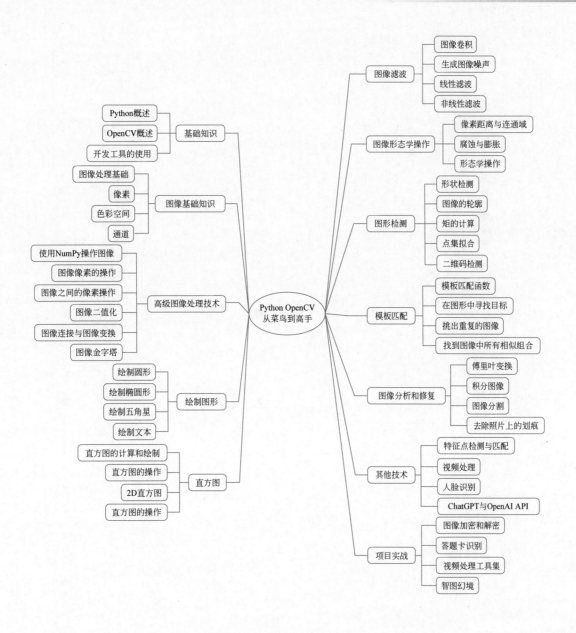

目 录
CONTENTS

视频目录
VIDEO CONTENTS

跨越 Python OpenCV 之门

开源计算机视觉库(Open Source Computer Vision Library,OpenCV)是一个了不起的计算机视觉库,在多种编程语言中都可以使用 OpenCV。本书涉及的 Python 既是使用 OpenCV 的众多编程语言中非常重要的一个,也是非常容易使用的一个。为了让读者可以快速掌握 OpenCV 以及通过 Python 来使用 OpenCV,本章会从 Python 和 OpenCV 的基本概念开始讲起,除此之外,还包括 Python、OpenCV 和 PyCharm 的下载和安装,最后会给出一个完整的 Python OpenCV 的案例,用来展示如何使用 Python OpenCV 编写代码。本章的目的是让读者对 OpenCV 不再陌生,相当于为读者打开进入 OpenCV 世界的大门。如果读者对 OpenCV 一无所知,建议仔细阅读本章的内容。如果读者有一定的 OpenCV 基础,可以忽略本章,继续后面的学习。

1.1 Python 概述

第 1 集
微课视频

Python 是一种高级编程语言,它具有简洁易读的语法和强大的功能。本节会从 Python 的由来、优势、在编程语言中的排名、版本和应用场景来介绍这种编程语言。

1.1.1 Python 的由来

Python 是由创始人吉多·范罗苏姆(Guido van Rossum)在阿姆斯特丹于 1989 年圣诞节期间,为了打发圣诞节的无聊时间,开发的一种新的解释型脚本语言。之所以选择 Python(蟒蛇的意思)作为该编程语言的名字,是因为他是 BBC 当时正在热播的喜剧连续剧 *Monty Python* 的爱好者。

1.1.2 Python 的优势

Python 具有如下优势。

(1) 易于学习:Python 有相对较少的关键字,结构简单,以及明确定义的语法,学习起来更加简单。

(2) 易于阅读:Python 代码定义得非常清晰。

(3) 易于维护:Python 的成功在于它的源代码是相当容易维护的。

(4) 完善的标准库:Python 的最大的优势之一是有丰富的库,而且这些库是跨平台的,在 Linux、Windows 和 macOS 上有很好的兼容性。

(5) 支持互动模式:互动模式的支持,可以从终端输入执行代码并获得结果,可以通过互动的方式测试和调试代码片段。

(6) 多样化的应用领域:Python 有广泛的应用领域。它在科学计算、数据分析、人工智能、机器学习、Web 开发、自动化测试等方面都有强大的生态系统和库支持,使开发人员能够快速构建各种应用。

（7）跨平台：Python 可以在多个操作系统上运行,包括 Windows、macOS 和各种 Linux 发行版。这使开发人员可以在不同平台上轻松地开发和部署 Python 应用程序。

（8）可扩展：如果需要一段运行很快的关键代码,或者是想要编写一些不愿开放的算法,可以使用 C 语言或 C++语言完成那部分程序,然后从 Python 程序中调用。

（9）支持数据库：Python 提供所有主要的商业数据库的接口。

（10）支持 GUI 编程：Python 支持大量的 GUI 库,可以创建强大的 GUI 应用,如 Tkinter、PyQt、PySide、wxPython、kivy 等。

（11）可嵌入：可以将 Python 嵌入 C/C++程序中,让程序的用户获得"脚本化"的能力。

1.1.3　Python 在编程语言中的排名

Python 在历年编程语言排行榜中长期霸占前 3 名的位置,图 1-1 所示为 Python 在 2023 年的排名,与 2022 年一样,仍是第一名,而且在现在的招聘市场中,与 Python 相关的职位也非常多。

Jun 2023	Jun 2022	Change		Programming Language	Ratings	Change
1	1			Python	12.46%	+0.26%
2	2			C	12.37%	+0.46%
3	4	^		C++	11.36%	+1.73%
4	3	v		Java	11.28%	+0.81%
5	5			C#	6.71%	+0.59%
6	6			Visual Basic	3.34%	-2.08%
7	7			JavaScript	2.82%	+0.73%
8	13	⋀		PHP	1.74%	+0.49%
9	8	v		SQL	1.47%	-0.47%
10	9	v		Assembly language	1.29%	-0.56%

图 1-1　2023 年编程语言排行榜

1.1.4　Python 的版本

Python 有两个主要的版本,即 Python 2.x 和 Python 3.x。虽然两者之间有一些不兼容的变化,但也有很多共同点。Python 2.7 是 Python 2.x 系列的最后一个版本,它在 2020 年 1 月 1 日停止了官方支持。Python 3.x 系列是目前正在开发和维护的版本,它提供了更多的功能和改进。目前最新的稳定版本是 Python 3.12.6,于 2024 年 9 月 6 日发布。

Python 还有一些其他的版本,例如,PyPy,Jython,IronPython 等,它们分别使用不同的实现方式来运行 Python 代码。例如,PyPy 使用即时编译（JIT）技术来提高性能,Jython 将 Python 代码编译成 Java 字节码,IronPython 将 Python 代码编译成.NET 框架的公共语言运行时（CLR）。

1.1.5　Python 的应用场景

Python 是一种通用的编程语言,可以应用于各种领域和场景。以下是一些常见的应用场景。

（1）网站开发：Python 提供了多种 Web 框架和内容管理系统（CMS）,可以快速地开发高性能且安全的网站和 Web 应用程序。例如,Flask、Django、Pyramid 等。

(2) 游戏开发:Python 提供了多种游戏开发库,可以创建二维和三维的游戏。例如,pygame、Panda3D、PyOpenGL 等。

(3) 人工智能与机器学习:Python 是机器学习和人工智能领域最流行的编程语言之一,它提供了丰富的库和框架,可以实现各种机器学习模型和算法。例如,Scipy、Pandas、TensorFlow、Keras 等。

(4) 桌面 GUI:Python 提供了多种 GUI 工具包,可以创建跨平台的图形用户界面。例如,Tkinter、PyQt、wxPython 等。

(5) 图像处理:Python 提供了多种图像处理库,可以进行图像识别、图像分析、图像编辑等任务。例如,OpenCV、Scikit-image、Pillow 等。

(6) 文本处理:Python 提供了多种文本处理库,可以进行文本分析、文本挖掘、自然语言处理等任务。例如,NLTK、spaCy、Gensim 等。

(7) 商业应用:Python 提供了多种商业应用框架和库,可以构建功能强大且可扩展的商业解决方案。例如,Odoo、Tryton 等。

(8) 教育和培训项目:Python 是一种易于学习且易于教学的编程语言,它适合初学者和教育者使用。目前市场上有大量提供 Python 技能培训的课程和平台。

(9) 音频和视频应用:Python 提供了多种音频和视频处理库,可以进行音频分析、音频合成、视频编辑等任务。例如,Pyo、pyAudioAnalysis、Dejavu 等。

(10) 网络爬虫:Python 提供了多种网络爬虫库和框架,可以从不同的网站上爬取数据,并进行数据分析和挖掘。例如,requests、BeautifulSoup、Scrapy 等。

(11) 数据科学与数据可视化:Python 提供了多种数据科学与数据可视化的库和框架,可以进行数据收集、数据处理、数据探索和数据分析。

(12) 软件测试与持续集成:利用 unittest、pytest、tox、jenkins 等工具和框架可以实现软件测试、持续集成和 DevOps。

第 2 集
微课视频

1.2 OpenCV 概述

本节对 OpenCV(开源计算机视觉库)的基本概念、发展历程、包含的模块、应用场景,以及 OpenCV 与 Python 结合的优势做一个全面的描述。

1.2.1 计算机视觉

计算机视觉是一门交叉学科,涉及计算机科学、人工智能和图像处理等内容。它的主要目标是使计算机能够从图像或视频中解释和理解视觉信息。计算机视觉技术已经广泛应用于各个领域,如工业自动化、医疗诊断、增强现实及无人驾驶汽车等。

计算机视觉的核心内容包括以下几方面。

(1) 图像识别:判断图像中是否包含特定的物体、特征或活动。

(2) 物体检测:找出图像中所有感兴趣的物体,并确定它们的位置和大小。

(3) 图像分割:将图像分成多个部分,通常是为了更容易地识别每个部分中的对象。

(4) 图像恢复:从损坏或嘈杂的图像中恢复出清晰的图像。

(5) 三维重建:从二维图像中提取三维信息。

（6）运动分析：分析和理解物体在图像序列（视频）中的运动。

（7）场景重建：从一组图像或视频中重建三维场景。

（8）姿态估计：确定物体相对于相机的位置和方向。

1.2.2　OpenCV 的功能和特点

OpenCV 是一个开源的计算机视觉库，它包含大量的与计算机视觉、图像处理和通用图像相关的算法。它是由 Gary Bradski 于 1999 年在 Intel 公司工作时创建的，并由一群志愿者开发和维护。

OpenCV 的功能和特点包括以下几方面。

（1）跨平台性：OpenCV 支持多种操作系统（OS），包括 Windows、Linux、macOS 等，同时也支持 Python、C++、Java 等编程语言。

（2）强大的图像处理功能：OpenCV 提供了一系列的图像处理函数，包括图像滤波、图像变换、图像分割等。

（3）丰富的计算机视觉算法：OpenCV 包含了许多经典的计算机视觉算法，包括特征检测、物体识别、图像配准等。

（4）实时处理：OpenCV 的一大优势是能够实时处理图像和视频流，这对于很多实时应用（如无人驾驶，视频监控）来说非常重要。

（5）深度学习集成：近年来，OpenCV 加强了对深度学习模型的支持，允许加载和使用预训练的深度学习模型，以实现更复杂的图像识别和分析任务。

（6）强大的社区支持：由于 OpenCV 已经存在了很长时间，并且被广泛使用，因此它有一个庞大的开发者社区，这意味着有大量的教程、指南和其他资源可供学习和解决问题。

（7）可扩展性：OpenCV 允许开发者轻松地扩展其功能，可以通过添加自己的代码和算法，或者使用其他人开发的插件和扩展来实现。

（8）优化和硬件加速：OpenCV 包含对多核处理器的优化，并且支持使用 GPU 加速计算，以提高性能。

OpenCV 在计算机视觉领域得到了广泛应用，包括机器人、医疗图像分析、安全监控、人脸识别和许多其他领域。

1.2.3　OpenCV 的发展历程

OpenCV 的发展历程如下。

（1）1999 年 1 月，由英特尔公司启动，主要目标是为推进机器视觉的研究，提供一套开源且优化的基础库。

（2）2000 年 6 月，第一个开源版本 OpenCV alpha 3 发布。

（3）2000 年 12 月，针对 Linux 平台的 OpenCV beta 1 发布。

（4）2006 年，支持 macOS 的 OpenCV 1.0 发布。

（5）2009 年 9 月，OpenCV 1.2（beta2.0）发布。

（6）2009 年 10 月 1 日，Version 2.0 发布，主要更新的内容包括 C++接口、更安全的模式、新的函数，以及对现有实现的优化。

（7）2010 年 12 月 6 日，OpenCV 2.2 发布。

（8）2011 年 8 月，OpenCV 2.3 发布。

(9) 2012 年 4 月 2 日,OpenCV 2.4 发布。

(10) 2014 年 8 月 21 日,OpenCv 3.0 alpha 发布。

(11) 2014 年 11 月 11 日,OpenCV 3.0 beta 发布。

(12) 2015 年 6 月 4 日,OpenCV 3.0 发布。

(13) 2016 年 12 月,OpenCV 3.2 发布(该版本合并了 969 个修补程序,关闭了 478 个问题)。

(14) 2017 年 8 月 3 日,OpenCV 3.3 发布(最重要的更新是把 DNN 模块从 contrib 里面提到主仓库)。

(15) 2022 年 12 月 29 日,OpenCV 4.7.0 发布,带来了全新的 ONNX 层,大幅提高了 DNN 代码的卷积性能。

1.2.4 OpenCV 包含的模块

OpenCV 提供了丰富的功能模块用于图像和视频处理、计算机视觉算法和机器学习等。下面是一些常用的 OpenCV 模块和它们的主要功能。

(1) core:包含核心功能,如数据结构、矩阵操作和基本图像处理函数等。

(2) imgproc:提供了图像处理相关的功能,包括图像滤波、边缘检测、图像分割和图像变换等。

(3) video:用于视频分析和处理,包括视频捕获、帧差分、光流法和目标跟踪等。

(4) calib3d:用于相机标定、相机几何校正和三维重建等,涉及相机内参、畸变校正和立体视觉等。

(5) features2d:提供了特征点检测和描述符相关的功能,如 SIFT、SURF 和 ORB 等。

(6) highgui:提供了图形用户界面相关的功能,包括图像的读取、显示、保存和交互等。

(7) ml:包含了机器学习相关的功能,如支持向量机(SVM)、k-最近邻(k-NN)和决策树等。

(8) dnn:用于深度学习模型的加载和推理,支持多种深度学习框架和预训练模型。

(9) flann:提供了快速近似最近邻搜索的算法实现,用于高效的特征匹配和图像检索等。

(10) imgcodecs:用于图像编码和解码,支持各种图像格式的读取和写入。

(11) photo:提供了图像修复、图像融合和色彩校正等图像修复和增强的功能。

(12) stitching:用于图像拼接和全景图像的生成,可以将多张重叠的图像拼接成一张全景图像。

(13) tracking:包含了多种目标跟踪算法,如基于特征的目标跟踪和基于深度学习的目标跟踪等。

(14) aruco:用于二维码和标记检测与跟踪,可以识别和追踪特定形状的二维码和标记。

(15) optflow:提供了光流算法的实现,用于估计图像序列中像素的运动信息。

(16) bgsegm:包含了一些背景分割算法,用于将前景物体与背景分离。

需要注意的是,OpenCV 的模块可能会因不同版本而略有差异,上述列出的模块是常见的主要模块,各具体版本中可能会有其他模块或一些特定用途的扩展模块。

1.2.5 OpenCV 的应用场景

OpenCV 的应用场景广泛,涵盖了计算机视觉、图像处理、图像分析和机器学习等多个领域。下面是一些常见的 OpenCV 应用场景。

(1) 图像处理和增强:OpenCV 提供了丰富的图像处理函数和算法,可以进行图像滤波、边缘检测、图像分割、图像融合等操作,用于图像质量增强、特征提取和图像预处理等领域。

(2) 目标检测与识别:OpenCV 支持多种目标检测和识别算法,包括人脸检测、物体检测和人脸识别等。这些算法可被应用于视频监控、人机交互和人脸识别解锁等场景。

(3) 视频分析与处理:OpenCV 可以处理视频流,进行帧差分、光流法、目标跟踪等操作,用于视频分析、行为识别和视频编解码等应用。

（4）相机标定与三维重建：OpenCV 提供了相机标定和几何校正的功能，可以用于摄像机定位、三维建模和增强现实等领域。

（5）图像特征提取与匹配：OpenCV 支持各种特征点检测和描述符算法，如 SIFT、SURF 和 ORB 等，用于图像匹配、图像拼接和物体识别等任务。

（6）机器学习和模式识别：OpenCV 提供了机器学习算法的实现，可以执行分类、回归、聚类和特征选择等任务，用于模式识别、图像分类和行为分析等领域。

1.2.6　OpenCV 与 Python 结合的优势

OpenCV 与 Python 结合的优势主要体现在以下几方面。

（1）Python 的简洁和易用性：Python 是一种简洁、易读且易学的编程语言，它有丰富的第三方库和强大的社区支持。使用 Python 编写 OpenCV 代码可以更加简洁和高效，从而提高开发效率。

（2）OpenCV 的图像处理功能：OpenCV 是一个开源的计算机视觉库，提供了一系列用于图像和视频处理的函数和工具。它支持各种图像处理任务，包括图像的读取、显示、保存，图像滤波、边缘检测、图像分割等。OpenCV 与 Python 结合，可以充分发挥 OpenCV 强大的图像处理功能的优势，实现各种计算机视觉任务。

（3）NumPy 的数组支持：NumPy 是 Python 的一个科学计算库，提供了多维数组对象和一组用于处理数组的函数。OpenCV 在图像处理过程中使用了 NumPy 数组作为数据结构，Python 的 NumPy 库可以很方便地处理这些数组。通过结合 Python 和 OpenCV，可以利用 NumPy 提供的数组操作和广播功能，更加高效地进行图像处理和算法实现。

（4）大量的可用资源和文档：OpenCV 和 Python 都有庞大的社区支持，有大量的文档、教程和示例代码可供参考。无论是初学者还是有经验的开发人员，都可以通过搜索和阅读相关资源，快速上手 OpenCV 和 Python 的结合使用。这些资源使开发者能够更快地解决问题、学习新的技术和探索新的应用领域。

（5）跨平台支持：Python 和 OpenCV 都是跨平台的工具，可以在不同的操作系统上运行，如 Windows、Linux 和 macOS 等。这使开发者可以在不同的环境中使用相同的代码和工具，提高代码的可移植性和跨平台性。

综上所述，OpenCV 与 Python 结合的优势在于 Python 的简洁易用性、OpenCV 强大的图像处理功能、NumPy 数组的支持、丰富的资源和文档，以及跨平台的特性，这些优势使开发者能够更高效地进行图像处理和计算机视觉开发。

1.3　Python 的下载和安装

不管用什么 IDE 开发 Python 程序，都必须安装 Python 编程环境。读者可以直接到 Python 的官网下载相应 OS 的 Python 安装包，下载链接如下所示。

https://www.python.org/downloads

进入下载页面，浏览器会根据不同 OS 显示不同的 Python 安装包下载链接。例如，图 1-2 是 macOS 的 Python 下载页面，与其他 OS 的下载页面类似。

图 1-2　macOS 的 Python 下载页面

在出现下载页面后,单击 Download Python 3.11.4 按钮可以下载相应 OS 的 Python 安装包。注意,在读者阅读本书时,Python 的版本可能已升级,但下载界面大同小异,都是单击如图 1-2 所示页面左上角的按钮下载 Python 安装包。

Windows 版和 macOS 版的 Python 安装程序是一个可执行文件,Windows 是 EXE 文件,macOS 是 PKG 文件,双击文件,按照提示安装即可。

Linux 版的 Python 安装程序与 Windows 版和 macOS 版的安装程序存在一些差异。由于 Linux 的发行版非常多,所以为了尽可能适合更多的 Linux 发行版,Linux 版的 Python 以源代码形式发布,因此要想使用 Linux 版的 Python,需要先在 Linux 中编译和安装,Python 源代码需要使用 GCC 进行编译,因此在 Linux 中要先安装 GCC 开发环境及必要的库,这些编译所需的资源会根据 Linux 发行版的不同而不同,读者可以根据实际情况和提示安装不同的开发环境和库。

Linux 与 macOS 一样,也带了 Python 2.7 环境,较新的 Linux 发行版(如 Ubuntu Linux 20.04 或更新版本)已经更换为 Python 3.x 环境,不过一般都会比 Python 3.11.4 旧,所以要想使用最新的 Python 版本,仍然要从 Python 源代码编译和安装。

下载的 Linux 版 Python 安装包是 TGZ 文件,这是一个压缩文件。读者可以使用下面的命令解压、编译和安装 Python。此处假设下载的文件是 python-3.11.4.tgz。

```
tar - zxvf python - 3.11.4.tgz
cd python - 3.11.4
./configure
make
make install
```

完成 Python 安装后,在 Linux 终端输入 python3,如果成功进入 Python Shell,表明 Python 开发环境已成功安装。

如果读者使用的是 Ubuntu Linux 20.04 或更高版本,运行本书中的大多数例子,是不需要再次安装 Python 环境的,因为 Ubuntu Linux 20.04 已经内置了 Python 3.8,本书的绝大多数例子同样可以在 Python 3.8 中运行。

1.4　安装 Python OpenCV

读者可以使用下面的命令安装 cv2 模块。

```
pip install opencv - python
```

如果在机器上安装了多个版本的 Python,如 Python 3.10、Python 3.11,那么可以通过下面的命令将 cv2 模块安装到指定版本的 Python 环境中。

```
python3.11 - m pip install opencv - python
```

执行这行命令,会显示如图 1-3 所示的安装进程。

```
⚏ Python 3.11 — -zsh — 93×19
(base) lining@iMac Python 3.11 % python3.11 -m pip install opencv-python
Collecting opencv-python
  Downloading opencv_python-4.7.0.72-cp37-abi3-macosx_10_16_x86_64.whl (53.9 MB)
                        ━━━━━━━━━━ 53.9/53.9 MB 4.3 MB/s eta 0:00:00
Collecting numpy>=1.21.2 (from opencv-python)
  Downloading numpy-1.25.0-cp311-cp311-macosx_10_9_x86_64.whl (20.0 MB)
                        ━━━━━━━━━━ 20.0/20.0 MB 7.7 MB/s eta 0:00:00
Installing collected packages: numpy, opencv-python
  WARNING: The scripts f2py, f2py3 and f2py3.11 are installed in '/Library/Frameworks/Python.
framework/Versions/3.11/bin' which is not on PATH.
  Consider adding this directory to PATH or, if you prefer to suppress this warning, use --no
-warn-script-location.
  NOTE: The current PATH contains path(s) starting with `~`, which may not be expanded by all
  applications.
Successfully installed numpy-1.25.0 opencv-python-4.7.0.72
(base) lining@iMac Python 3.11 % █
```

图 1-3   cv2 模块的安装进程

安装完 cv2 模块,执行 python 或 python3.11 命令,进入 Python 的 REPL 环境,然后运行如下代码:

```
import cv2
print(cv2.__version__)
```

如果输出如图 1-4 所示的信息,说明已经成功安装了最新的 OpenCV 4.7 版本。

```
⚏ Python 3.11 — Python — 80×9
(base) lining@iMac Python 3.11 % python3.11
Python 3.11.4 (v3.11.4:d2340ef257, Jun  6 2023, 19:15:51) [Clang 13.0.0 (clang-1
300.0.29.30)] on darwin
Type "help", "copyright", "credits" or "license" for more information.
>>> import cv2
>>> print(cv2.__version__)
4.7.0
>>> █
```

图 1-4   验证 cv2 模块

1.5 PyCharm 的下载和安装

PyCharm 是目前最流行的一款 Python IDE,有社区版(免费)和专业版(收费)两个版本。推荐读者使用 PyCharm 社区版,这个版本是完全免费的。

读者可以到 PyCharm 官网下载 PyCharm 的安装文件,地址如下:

https://www.jetbrains.com/pycharm

进入 PyCharm 下载页面后,将页面垂直滚动条滑动到中下部,会看到如图 1-5 所示的 PyCharm 专业版和社区版的下载页面。

PyCharm 下载页面会根据用户当前使用的 OS 自动切换到相应的安装包,Windows 是 EXE 文件,macOS 是 DMG 文件,Linux 是 TAR.GZ 文件。读者只需要单击 Download 按钮即可下载相应 OS 的安装包。

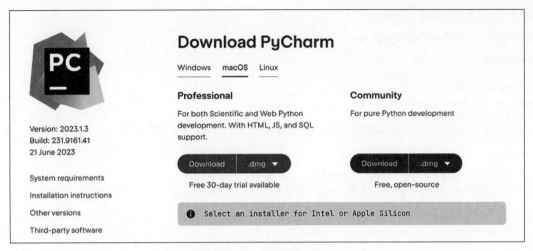

图 1-5　PyCharm 下载页面

启动 PyCharm,首先会显示如图 1-6 所示的欢迎页面。如果是第 1 次运行 PyCharm,右侧的历史工程列表为空,否则在右侧的列表中会显示曾经打开的工程。如果要打开历史工程,可以单击相应的工程。如果要创建新的工程,可以单击右侧的 New Project 按钮。

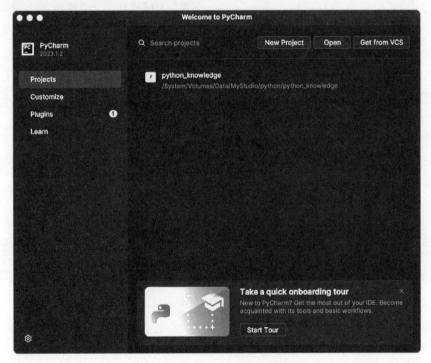

第 4 集
微课视频

图 1-6　PyCharm 的欢迎页面

1.6　编写第一个基于 Python OpenCV 的应用

本节会使用 cv2(Python OpenCV 的模块,为了方便,以后都将 Python OpenCV 称为 cv2)编写一段代码,用来展示 OpenCV 的功能,这个例子非常简单,是将一幅彩色图像转换为灰度图像,然后同时显示原图(彩色图像)和灰度图像。

代码位置:src/first/rgb2gray. py。

```python
import cv2

# 读取 JPG 图像
image = cv2.imread('flower.jpg')
# 转换为灰度图像
gray_image = cv2.cvtColor(image, cv2.COLOR_BGR2GRAY)

# 创建窗口并显示图像
cv2.namedWindow('Original Image', cv2.WINDOW_NORMAL)
cv2.namedWindow('Gray Image', cv2.WINDOW_NORMAL)

cv2.imshow('Original Image', image)
cv2.imshow('Gray Image', gray_image)

# 等待按下任意键后关闭窗口
cv2.waitKey(0)

# 关闭所有窗口
cv2.destroyAllWindows()
```

运行程序之前,要保证当前目录存在 flower. jpg 文件,运行程序后,会弹出两个窗口,显示效果如图 1-7 所示(本书为读者提供了全书彩图的电子文档,请读者按照图书后勒口所示的学习资源获取方式获取)。

图 1-7　原图和灰度图像的对比

如果读者对这段代码中的细节有疑问,暂时可以不管它,在后面的章节会逐步展开讲解这段代码的实现细节,学习完图像处理部分,读者自然就会清楚这段代码的技术细节。本节的目的只是向读者展示使用 cv2 编程的方式和基本步骤,让读者对 cv2 有一个简单的认识。

1.7　本章小结

恭喜各位读者,当阅读到这里的时候,就已经对 cv2 有了初步的了解,尽管还不能使用 cv2 编写复杂的程序,但最起码知道用 cv2 编写的程序是什么样子了。其实用 cv2 编写程序只需以下 5 步。

（1）导入 cv2(import cv2)。

（2）调用 cv2 的 API。

（3）使用 cv2.imshow()函数显示图像处理的成果。

（4）使用 cv2.waitKey(0)函数等待用户按任意键继续下面的操作。

（5）最后关闭所有打开的窗口(cv2.destroyAllWindows()函数)。

当然，这 5 步最复杂的就是第(2)步：调用 cv2 的 API。本书的主要目的也是深入讲解如何调用 cv2 的各种 API，请各位读者继续往下学习。

## 第 2 章

图像基础知识

本章主要介绍在 OpenCV 中处理图像的基础知识,主要包括读写图像,显示图像,以像素为单位读写图像,色彩空间的基本概念,色彩空间转换、拆分与合并通道,以及调整通道等。这些内容相当重要,是 OpenCV 基础中的基础。如果不了解本章的内容,将无法继续学习 OpenCV,所以对于 OpenCV 初学者来说,本章是必学内容,当然,对于已经有一定 OpenCV 基础的读者,可以忽略本章的内容。

2.1 图像处理基础

本节主要介绍了处理图像的基础方法,包括读取图像、显示图像、保存图像和获取图像的属性。

2.1.1 读取图像

第 5 集
微课视频

OpenCV 提供了用于读取图像的 cv2.imread()函数,该函数的原型如下:

```
cv2.imread(filename[,flags]) -> retval
```

参数和返回值的含义如下:

(1) filename:待读取图像的文件名(绝对路径或相对路径)。

(2) flags:读取文件的类型,默认值是 1,表示读取的是彩色图像(RGB 格式),如果为 0,表示读取的是灰度类型的图像。其中,彩色图像也可以用 cv2.IMREAD_COLOR 表示,灰度图像可以用 cv2.IMREAD_GRAYSCALE 表示。

(3) retval:cv2.imread()函数的返回值,一个由数字组成的矩阵,用于表示图像中的数据(颜色值),如果图像不存在或不可读,imread 函数返回 None。

注意:cv2.imread()函数通过文件内容确定文件格式,而不是通过文件扩展名确定文件格式。例如,如果将 PNG 格式的图像文件 book.png 改名为 book.jpg,cv2.imread()函数仍然会按 PNG 格式读取 book.jpg 文件。

下面的例子使用 cv2.imread()函数读取了当前目录中的 book.png 文件,并输出返回结果。

代码位置:src/basic_image/read_image.py。

```python
import cv2
# 读取 book.png 文件
image = cv2.imread("images/book.png")
// 也可以使用下面的代码读取 book.png 文件
// image = cv2.imread("images/book.png", cv2.IMREAD_COLOR)
print(image) # 打印 book.png 中的数据(颜色值)
```

运行这段代码,会输出如图 2-1 所示的内容。

由于图像文件数据过大,所以只输出了一部分数据,其余部分用省略号代替。

2.1.2 读取 PNG 文件出现警告

在运行 2.1.1 节的代码时,尽管可以正常输出图像的数据,但还会输出如下的警告:

```
libpng warning: iCCP: known incorrect sRGB profile
```

图 2-1 输出图像文件数据

一般情况下,忽略这个警告并不影响 OpenCV 的正常工作,不过对于有强迫症的读者来说它就太碍眼了,所以在这一节会将这个警告去掉。

出现这个警告的原因是从 libpng 1.6 开始在检查 ICC 配置文件方面更为严格,所以可以删除 PNG 图像的 iCCP 块。下面先解释一下什么是 ICC 配置文件和 iCCP 块。

(1) ICC 配置文件:ICC 是 International Color Consortium(国际色彩联盟)的缩写。ICC 配置文件是描述如何正确地将图像文件从一个颜色空间转换到另一个颜色空间的文件。ICC 配置文件有助于为图像获取正确的颜色。通过 ICC 配置文件,无论单个设备的色彩特性如何,都可以通过标准化的色彩空间正确显示色彩。

(2) iCCP 块:iCCP 块包含 PNG 图像中的嵌入式 ICC 配置文件,它应位于 PLTE(调色板块)和 IDAT(图像数据块)之前。当 PNG 图像包含 iCCP 块时,它不应同时包含 sRGB 块,因为这两种块都用于指定图像的颜色管理信息,但用途和精度不同。PNG 规范要求一个数据流中最多只能有一个嵌入式配置文件,以确保颜色信息的一致性和准确性。因此,如果一个 PNG 图像同时包含了 iCCP 块和 sRGB 块,或者包含了多个嵌入式配置文件,就可能触发兼容性警告。这种情况通常需要调整图像文件,以符合 PNG 规范和实现正确的颜色管理。

去除这个警告的方法也很简单,去除 iCCP 块即可,如果使用 macOS、Linux 或 UNIX 非常简单,在终端直接使用 convert 命令即可:

```
convert book.png book1.png
```

执行这行命令,可以去除 book.png 文件中的 iCCP 块,并生成新的 book1.png 文件,再使用 2.1.1 节的代码读取 book1.png 文件,就不会再输出这个警告了。

如果使用的是 Windows,可以通过第三方图像编辑工具去除 iCCP 块,如跨平台的 ImageMagick (https://imagemagick.org),安装完 ImageMagick 后,在终端执行下面的命令即可:

```
magick convert book.png book1.png
```

2.1.3 显示图像

将图像以矩阵形式输出是为了程序分析用的,如果要想给人展示图像,就应该将图像显示出来,而不是输出密密麻麻的数字。为此,OpenCV 提供了 cv2.imshow()函数用来显示图像。cv2.imshow()函数会弹出一个窗口,并在窗口中显示图像。

如果只使用 cv2.imshow()函数显示窗口,那么这个窗口闪一下就退出了,所以还需要使用 cv2.waitKey()函数来阻止窗口退出。cv2.waitKey()函数的作用是等待任意一个按键按下,如果有按键按下,

cv2.waitKey()函数就会执行完毕,继续执行下面的代码,否则cv2.waitKey()函数将一直处于等待状态。

尽管Python程序执行完后会释放所有资源,但一个好的习惯是在程序执行完后,主动释放资源,如果使用cv2.imshow()函数打开一个窗口,那么这个窗口就是资源,所以在程序执行完毕后,需要使用destroyAllWindows方法释放通过cv2.imShow()函数创建的窗口,当然,如果还有其他窗口,也会一起释放。

下面看一下这几个函数的原型。

1. cv2.imshow()函数

```
cv2.imshow(winname, mat) -> None
```

参数说明:

(1)winname:显示图像的窗口名称。

(2)mat:要显示的图像的矩阵数据,也就是cv2.imread()函数返回的值。

cv2.imshow()函数的返回值是None。

2. cv2.waitKey()函数

```
cv2.waitKey([delay]) -> retval
```

参数说明:

(1)delay:可选参数,表示用户等待按下键盘上按键的时间,单位是毫秒(ms)。如果超过了这个时间,用户仍然未按下键盘上的任何键,那么cv2.waitKey()函数将自动结束。如果不指定delay参数,默认值是0,表示无限等待,也就是说,只要用户不按下键盘上的按键,cv2.waitKey()函数将一直处于阻塞状态。

(2)retval:cv2.waitKey()函数的返回值。如果用户按下键盘上的按键,那么cv2.waitKey()函数返回按键对应的ASCII码,例如,用户按下了a键,那么cv2.waitKey()函数的返回值是97。如果在等待delay毫秒后,用户仍然未按下任何按键,那么cv2.waitKey()函数自动结束运行,并返回−1。

3. destroyAllWindows函数

```
cv2.destroyAllWindows() -> None
```

cv2.destroyAllWindows()函数没有参数,返回值是None。该函数用于销毁所有正在显示图像的窗口。

下面的例子使用cv2.imread()函数读取了当前目录中的book.png文件,并通过cv2.imshow()函数显示book.png,最后通过cv2.waitKey()函数输出用户按键的ASCII值。

代码位置:src/basic_image/show_image.py。

```
import cv2
image = cv2.imread("images/book.png")        # 读取 book.png 文件
cv2.imshow("book", image)                     # 在名为 book 的窗口中显示 book.png
print(cv2.waitKey())                          # 窗口将一直显示图像,按任意键关闭窗口,并输出按键值
cv2.destroyAllWindows()                       # 销毁所有窗口
```

运行这段代码,会弹出如图2-2所示的窗口。

阅读这段代码应注意如下几点。

(1)显示图像的窗口名称不能是中文,例如,将"book"改成"我写的书",再运行程序,窗口左上角的标题会呈现乱码,如图2-3所示。

(2)cv2.imshow()函数的作用只是显示窗口,但如果整个Python程序都退出了,那么cv2.imshow()

函数显示的窗口也会自动关闭,所以要在 cv2.imshow()函数后面使用 cv2.waitKey()函数以阻止 Python 程序退出。

图 2-2　显示图像

图 2-3　窗口标题变成了乱码

如果想将彩色图像变成灰度图像,只需要将 cv2.imread()函数的第 2 个参数指定为 cv2.IMREAD_GRAYSCALE 或 0 即可,代码如下:

```
image = cv2.imread("images/book.png",cv2.IMREAD_GRAYSCALE)
```

重新运行程序,会看到如图 2-4 所示的效果。

如果想让窗口在等待 10 秒后自动关闭,可以通过 cv2.waitKey()函数指定等待时间,代码如下:

```
cv2.waitKey(10000)
```

2.1.4　保存图像

OpenCV 提供了用于保存图像的 cv2.imwrite()函数,该函数可以将一个图像保存为另外一个图像文件,cv2.imwrite()函数的原型如下:

```
cv2.imwrite(filename, img[, params]) -> retval
```

参数和返回值的含义如下。

(1) filename:保存图像时使用的绝对或相对路径,如 file.jpg、d:\pic\test.png 等。

(2) img:待保存图像的数据,也就是 cv2.imread()函数返回的图像矩阵。

图 2-4　灰度图像

（3）params：可选参数，图像的特殊格式，需要成对的数据。params 参数是一个列表，列表元素的个数需要是偶数。列表索引为偶数的元素（从 0 开始）表示格式 ID，列表索引为奇数的元素表示格式值。这些格式 ID 都已在 cv2 中被定义，所有以 cv2. IMWRITE 开头的都是格式 ID，例如，cv2. IMWRITE_JPEG_QUALITY 表示 JPEG 格式图像的质量，值从 0 到 100，默认是 95。

（4）retval：如果图像成功写入文件，则 cv2. imwrite()函数返回 True；如果出现错误或无法写入文件，则返回 False。

下面的例子将 images 目录中的 book. png 文件以新文件名 new_book. png 重新保存到 images 目录，然后分别以 10、30、50、80、100 五个质量等级将 book. png 转为 JPG 格式的图像，并以不同文件名保存这 5 幅 JPG 格式的图像。

代码位置：**src/basic_image/write _image. py**。

```python
import cv2

image = cv2.imread("images/book.png")                    # 读取 book.png
cv2.imwrite("images/new_book.png", image)                # 保存为 new_book.png
params = []                                               # 定义参数列表
params.append(cv2.IMWRITE_JPEG_QUALITY)                  # 指定参数
params.append(10)                                        # 指定参数(JPG 图像质量为 10)
cv2.imwrite("images/new_book1.jpg", image,params)        # 以质量为 10 保存为 JPG 图像
params[1] = 30                                           # 修改参数(JPG 图像质量为 30)
cv2.imwrite("images/new_book2.jpg", image,params)        # 以质量为 30 保存为 JPG 图像
params[1] = 50                                           # 修改参数(JPG 图像质量为 50)
cv2.imwrite("images/new_book3.jpg", image,params)        # 以质量为 50 保存为 JPG 图像
params[1] = 80                                           # 修改参数(JPG 图像质量为 80)
```

```
cv2.imwrite("images/new_book4.jpg", image,params)    # 以质量为 80 保存为 JPG 图像
params[1] = 100                                       # 修改参数(JPG 图像质量为 100)
cv2.imwrite("images/new_book5.jpg", image,params)    # 以质量为 100 保存为 JPG 图像
```

运行这段程序,会在当前目录生成 6 个图像文件,其中有 5 个 JPG 文件,这 5 个 JPG 文件的尺寸是不断增大的,本例的尺寸分别是 23KB、38KB、49KB、73KB 和 202KB,这说明质量越高,图像尺寸越大。

阅读这段代码应注意如下几点:

(1) 尽管 cv2.imwrite()函数的效果与复制文件类似,但并不是文件复制,就算原图像文件与目标图像文件都是同一个格式,根据复制时使用的参数不同,这两个文件的尺寸也可能不同,而且原图像文件中的隐藏信息(非图像数据)也有可能丢失。

(2) cv2.imwrite()函数可以进行图像格式转换,转换后的图像格式由图像文件的扩展名决定。例如,本例文件名使用了 new_book1.JPG,那么就会将 book.png 图像文件转换为 JPG 格式的图像文件。

(3) 如果图像矩阵包含多幅图像,那么可以使用 cv2.imwrite()函数将图像保存为 TIFF 格式的图像文件。

2.1.5　获取图像属性

在处理图像的过程中,经常需要使用图像的各种属性,例如,图像的尺寸、类型等。为此,OpenCV 提供了 shape、size 和 dtype 这 3 个常用属性,这 3 个常用属性代表的含义如下。

(1) shape:元组类型的值。如果是彩色图像,元组中有 3 个值,分别表示像素行数、像素列数和通道数。如果是灰度图像,元组中有 2 个值,分别表示像素行数和像素列数。通常所说的图像分辨率就是像素列数×像素行数,如 1920×1080。所以通过 shape 属性可以得到图像的分辨率。

(2) size:图像包含的像素个数,其值是 shape 元组中 3 个值的乘积,也就是像素行数×像素列数×通道数,灰度图像的通道数为 1。

(3) dtype:图像数据使用的位数。灰度图像通常是 8 位单通道图像(通道数为 1),大多数彩色图像是 8 位 3 通道图像(通道数为 3),也就是人们常说的 RGB 格式的图像。这里的 8 位是指二进制的位数,也就是说,8 位图像就是用 1 字节表示最基本的像素数据。当然,还有 16 位图像和 32 位图像,这样的图像尺寸更大,展现的效果会更好。

下面的例子通过 cv2.imread()函数读取当前目录中的 book.png 文件,然后从 cv2.imread()函数返回值获取彩色图像和对应的灰度图像的不同属性。

代码位置:src/basic_image/image_properties.py。

```
import cv2

image_Color = cv2.imread("images/book.png")          # 读取 book.png
print("获取彩色图像的属性:")
print("shape = ", image_Color.shape)                 # 获取彩色图像的像素行数、像素列数和通道数
print("size = ", image_Color.size)                   # 获取彩色图像包含的像素个数
print("dtype = ", image_Color.dtype)                 # 获取彩色图像的数据位数
# 读取与 book.png(彩色图像)对应的灰度图像
image_Gray = cv2.imread("images/book.png", cv2.IMREAD_GRAYSCALE)
print("获取灰度图像的属性:")
print("shape = ", image_Gray.shape)                  # 获取灰度图像的像素行数和像素列数
print("size = ", image_Gray.size)                    # 获取灰度图像包含的像素个数
print("dtype = ", image_Gray.dtype)                  # 获取灰度图像包含的数据位数
```

运行这段程序,会输出如图 2-5 所示结果。

```
Run:    image_properties  ×
   ▶     获取彩色图像的属性：
   ↑    shape = (781, 582, 3)
         size = 1363626
   ⬚ ⬚   dtype = uint8
   ✎ ⬚   获取灰度图像的属性：
   ⬚    shape = (781, 582)
         size = 454542
         dtype = uint8
```

图 2-5 输出彩色图像和灰度图像的属性

2.2 像素

像素是构成图像的基本单位。现在看图 2-6 所示的花卉图像,这幅图看着很细腻,不过将图像的白框区域放大后,会看到如图 2-7 所示的效果,细腻的图像不见了,取而代之的是一个一个的小方块,每一个小方块就是一个像素(本书提供配套彩图资源)。

图 2-6 花卉 图 2-7 放大的花卉局部

如果从显示器的角度来说,像素就是显示器可以显示的最小的点。像素之所以在图 2-7 中看着像一个一个的小方块,是因为如果将图像的某个区域放大,就需要将一个像素变成多个像素,这就会造成多个相邻的像素的颜色都相同,所以看着这些像素就变成了一个一个的小方块。

像素本身的形状并不重要,因为显示器已经无法分辨比像素更小的单元了,因此,像素是显示器可以分辨颜色的极限。所以只需要将像素想象成一个没有面积彩色的小点即可。

2.2.1 确定像素的位置

在了解图像的像素之前,需要先了解如何确定图像中的像素。图像中的像素是通过坐标来描述的,例如,(210,235)表示在 210 和 235 这一点上的像素。不过先别着急,OpenCV 在描述坐标时与传统描述方式不同,传统的坐标描述方式是(x,y),而 OpenCV 的描述方式是(y,x),千万别弄混了。也就是说,如果(210,235)是 OpenCV 的坐标,那么它表示第 210 行、第 235 列的交汇点处的像素。

下面来看一下 OpenCV 的坐标系,图 2-8 是一幅花卉的图,OpenCV 坐标系是以图像的左上角为原点，y 轴正方向向下，x 轴正方向向右。这幅图的分辨率是 600×400，所以如果用 OpenCV 坐标描述左下角像素的坐标，应该是 $(400,0)$，右下角像素的坐标是 $(400,600)$。

不过由于 Python 的列表元素是从 0 开始的，所以左下角像素的坐标应该是 $(399,0)$，右下角像素的坐标应该是 $(399,599)$。

如果不想用编程的方式获取图像的某个像素的坐标和分辨率，可以用一些工具软件，例如，Windows 中的画图程序（如图 2-9 所示）可以很容易获得像素坐标和分辨率，只不过像素坐标是 (x,y) 形式的，需要将坐标的两个值调换位置后才是 OpenCV 的像素坐标。

图 2-8　OpenCV 的坐标系

用画图打开图像，将鼠标放到图像上，左下角黑框中是鼠标所在像素的坐标，正下方黑框内是图像的分辨率。

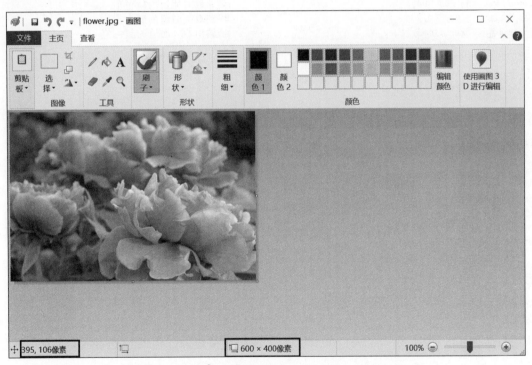

图 2-9　用 Windows 画图程序确定像素坐标和图像分辨率

2.2.2　读取像素的 BGR 值

使用 cv2.imread() 函数读取图像的数据后，可以使用下面的代码获得像素对应的颜色值。

```
import cv2
image = cv2.imread("flower.jpg")
px = image[200,300]                    # 获取坐标(200,300)的像素值
print(px)
```

运行这段代码,会输出如下的内容:

```
[207 142 211]
```

px 本身是一个列表,列表中有 3 个元素值,分别代表 B(蓝)、G(绿)和 R(红)3 种颜色,也就是通常说的三原色。要注意,通过这种方式获取的三原色并不是习惯上的 RGB,而是 BGR。通过将 3 种颜色按不同值(每一种颜色值的范围从 0 到 255)组合,就会呈现出各种颜色,三原色总共可以表示 16777216(256×256×256)种颜色。

如果使用 cv2.imread()函数读取的是彩色图像,那么图像数据是包含通道的,BGR 中的 B、G、R 就是彩色图像的 3 个通道。BGR 也成为色彩空间,如果改变了通道顺序,如将 BGR 变成 RGB,那么就又形成了另外一种色彩空间。而 OpenCV 选择了 BGR 色彩空间,不过这些色彩空间可以相互转换,在 2.3 节会详细介绍这部分内容。

除了整体获取 BGR 三个通道的颜色值,也可以使用下面的代码分别获取独立的 B、G、R 值。

```
import cv2
image = cv2.imread("images/flower.jpg")
blue  = image[200,300,0]                    # 获取 B 通道的颜色值
green = image[200,300,1]                    # 获取 G 通道的颜色值
red   = image[200,300,2]                    # 获取 R 通道的颜色值
print(blue, green, red)                     # 输出 BGR 通道的颜色值
```

运行这段程序,会输出如下内容:

```
207 142 211
```

第 6 集
微课视频

2.2.3　修改像素的 BGR 值

修改像素的 BGR 值可以直接修改 image[y,x]的值,代码如下:

```
import cv2
image = cv2.imread("images/flower.jpg")
px = image[200,300]                         # 获取像素(200,300)的 BGR 值
print(px)                                   # 输出像素(200,300)的 BGR 值
image[200,300] = [255,0,0];                 # 修改像素(200,300)的 BGR 值(设置为蓝色)
px1 = image[200,300]                        # 重新获取像素(200,300)的 BGR 值
print(px1)                                  # 重新输出像素(200,300)的 BGR 值
```

运行这段代码,会输出如下内容:

```
[207 142 211]
[255   0   0]
```

从输出结果可以看出,像素(200,300)的 BGR 值已经被修改。但阅读这段代码,需要注意如下几点:

(1)这里修改的只是内存中图像的像素值,并没有将修改结果保存到图像文件中,如果想保存修改结果,需要使用 cv2.imwrite()函数。

(2)在修改像素值时,不要直接修改 px 的值,而是直接为 image[y,x]赋值,否则修改的只是 px 变量的值,image[y,x]的值并未改变,如下面的代码是无法修改像素(200,300)的颜色值的。

```
px = [255,255,255]
```

说明:不管是 RGB 色彩空间,还是 BGR 色彩空间,只要 R、G、B 三个通道的值相等,彩色图像就变成了灰度图像。其中,R=G=B=0 是纯黑色,R=G=B=255 是纯白色。

下面的例子将 flower.jpg 中由(120,230)、(120,310)、(190,230)和(190,310)这 4 个点围起的矩形区域变成纯黑色,并在窗口中展示原图和修改过的图,最后将修改结果保存在 flower_new.jpg 文件中。

代码位置:**src/basic_image/change_image_region_color.py**。

```python
import cv2

image = cv2.imread("images/flower.jpg")
cv2.imshow("oldimage", image)                    # 在窗口中显示原图像
for i in range(120, 191):                        # i 表示纵坐标,在区间[120,190]内取值
    for j in range(230, 311):                    # j 表示横坐标,在区间[230, 310]内取值
        image[i, j] = [0, 0, 0]                  # 把区域内的所有像素都修改为黑色
cv2.imshow("newimage", image)                    # 在窗口中显示修改后的图像
cv2.imwrite("images/flower_new.jpg", image)      # 保存修改结果
cv2.waitKey()
cv2.destroyAllWindows()
```

运行这段程序,会看到如图 2-10(原图)和图 2-11(修改后的图像)所示的效果。

图 2-10　原图

图 2-11　修改后的图像

同时,在 images 目录多了一个 flower_new.jpg 文件,效果与图 2-11 所示的效果完全相同。

2.3 色彩空间

在 2.2.3 节中,简单介绍了 BGR 色彩空间和 RGB 色彩空间,本节将介绍另外两个比较常见的色彩空间:GRAY 色彩空间和 HSV 色彩空间。

2.3.1 灰度(GRAY)色彩空间

GRAY 色彩空间指的是灰度图像的色彩空间,灰度图像的色彩空间通常只有 1 个,数值范围是[0,255],一共 256 个灰度级别。其中,0 表示纯黑色,255 表示纯白色。0～255 的数值表示不同亮度(即色彩的深浅程度)的深灰色或浅灰色。因此,一幅灰度图能展示丰富的细节信息,如图 2-12 所示。

图 2-12　花朵灰度图

2.3.2 从 RGB/BGR 色彩空间转换到 GRAY 色彩空间

不难发现,图 2-10 与图 2-12 其实是一幅图像,只是图 2-10 是彩色图像,图 2-12 是灰度图像。从这一点可以看出,同一幅图像,可以从一个色彩空间切换到另一个色彩空间,OpenCV 把这个转换过程称为色彩空间类型转换。

第 7 集
微课视频

那么,OpenCV 是如何将图 2-10 所示的图像从 BGR 色彩空间转换到 GRAY 色彩空间,进而得到如图 2-12 所示的灰度图呢?答案就是使用 OpenCV 中的 cv2.cvtColor()函数。cv2.cvtColor()函数用于转换图像的色彩空间,该函数的原型如下:

```
cv2.cvtColor(src, code[, dst[, dstCn]]) -> dst
```

函数参数和返回值含义如下:

(1) src:转换前的初始图像数据。

(2) code:色彩空间转换码。

(3) dst:可选参数。dst 既是参数,也是返回值,转换后的图像数据(目标图像数据)。也就是说,转换结果可以通过 cv2.cvtColor()函数返回,也可以通过 dst 参数返回。

(4) dstCn:可选参数。目标图像的通道数,默认值是 0,通道数会自动通过 src 参数和 code 参数确定。

OpenCV 提供的色彩空间转换码非常多,本节只给出与 BGR/RGB 色彩空间和 GRAY 色彩空间相关的转换码,如表 2-1 所示。

表 2-1　色彩空间转换码(图像从 BGR/RGB 色彩空间转换到 GRAY 色彩空间)

色彩空间转换码	含　义
cv2.COLOR_BGR2GRAY	从 BGR 色彩空间转换到 GRAY 色彩空间
cv2.COLOR_RGB2GRAY	从 RGB 色彩空间转换到 GRAY 色彩空间
cv2.COLOR_BGRA2GRAY	从 BGRA 色彩空间(带有 alpha 通道)转换到 GRAY 色彩空间
cv2.COLOR_RGBA2GRAY	从 RGBA 色彩空间(带有 alpha 通道)转换到 GRAY 色彩空间

这些转换码都是使用下面的公式进行转换的：

Y = 0.299 R + 0.587 G + 0.114 B

其中，Y 是灰度值，R、G、B 分别是红、绿、蓝通道的值。

下面的例子将彩色图像 flower.jpg 从 BGR 色彩空间转换到 GRAY 色彩空间，代码如下：

代码位置：src/basic_image/color2gray.py。

```
import cv2
image = cv2.imread("images/flower.jpg")
# 显示彩色图像
cv2.imshow("flower", image)
# 将 BGR 色彩空间的图像转换到 GRAY 色彩空间
gray_image = cv2.cvtColor(image, cv2.COLOR_BGR2GRAY)
# 显示灰度图像
cv2.imshow("GRAY", gray_image)
cv2.waitKey()
cv2.destroyAllWindows()
```

运行这段程序，会看到如图 2-13 所示的转换效果。

图 2-13 从 BGR 色彩空间转换到 GRAY 色彩空间的效果

注意：尽管色彩空间类型的转换是双向的，OpenCV 也提供了 cv2.COLOR_GRAY2BGR 和 cv2.COLOR_GRAY2RGB 空间转换码，但由于彩色图像转换到灰度图像时，已经将颜色比例（也就是红色、绿色和蓝色之间的混合比例）丢失了，一旦丢失，将无法恢复。所以尽管可以使用这两个空间转换码将 GRAY 色彩空间转换为 BGR 色彩空间和 RGB 色彩空间，转换结果仍然是灰度图像。

2.3.3 RGB 色彩空间的局限性

RGB 是人们接触最多的色彩空间，通过红色（R）、绿色（G）和蓝色（B）这 3 种颜色的不同组合可以形成几乎所有的颜色。RGB 色彩空间是图像处理中最基本、最常用且面向硬件的颜色空间，比较容易理解。

RGB 色彩空间利用 3 个颜色分量的线性组合来表示颜色，任何颜色都与这 3 个颜色分量有关，而且这 3 个颜色分量是高度相关的，所以连续变换颜色时并不直观，想对图像的颜色进行调整需要更改这 3 个颜色分量才行。

自然环境下获取的图像容易受自然光照、遮挡和阴影等情况的影响，即对亮度比较敏感。而 RGB 色彩空间的 3 个颜色分量都与亮度密切相关，即只要亮度改变，3 个颜色分量都会随之相应地改变。

但是人眼对于这 3 个颜色分量的敏感程度是不一样的。在单色时,人眼对红色最不敏感,对蓝色最敏感,所以 RGB 色彩空间是一种均匀性较差的色彩空间。如果颜色的相似性直接用欧氏距离来度量,其结果与人眼视觉会有较大的偏差。对于某一种颜色,人们很难推测出较为精确的 3 个颜色分量数值来表示。

所以 RGB 色彩空间适合于显示系统,并不适合于图像处理。

2.3.4　适合图像处理的 HSV 色彩空间

基于 2.3.3 节,在图像处理中使用较多的是 HSV 色彩空间,它比 RGB 更接近人们对彩色的感知经验。HSV 色彩空间非常直观地表达颜色的色调、鲜艳程度和明暗程度,方便进行颜色的对比。

HSV 色彩空间比 RGB 色彩空间更容易跟踪某种颜色的物体,常用于分割指定颜色的物体。

HSV 色彩空间表达彩色图像的方式由 3 部分组成。

(1) Hue(色调)。

(2) Saturation(饱和度)。

(3) Value(亮度)。

如图 2-14 所示的圆柱体来表示 HSV 色彩空间,圆柱体的横截面可以看作一个极坐标系,H 用极坐标的极角表示,S 用极坐标的极轴长度表示,V 用圆柱中轴的高度表示。

Hue 用角度表示,取值范围是 0~360,表示色彩信息,即所处的光谱颜色的位置,如图 2-15 所示。

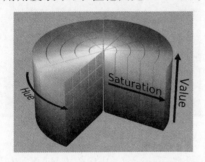

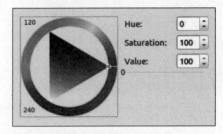

图 2-14　表示 HSV 色彩空间的圆柱体　　　　图 2-15　用角度表示 Hue

颜色圆环上所有的颜色都是光谱上的颜色,从红色开始按逆时针方向旋转,Hue=0 表示红色,Hue=120 表示绿色,Hue=240 表示蓝色,其他角度的颜色都是用 R、G、B 混合出来的颜色。

在 RGB 色彩空间中,颜色由 3 个值共同决定,如黄色是(255,255,0)。而在 HSV 色彩空间中,黄色只由一个值决定,即 Hue=60。

HSV 色彩空间的饱和度(Saturation)和亮度(Value)用百分比表示,取值范围是 0~100%。饱和度越高,说明颜色越深,越接近光谱色。饱和度越低,说明颜色越浅,越接近白色。饱和度为 0 表示纯白色。值越大,颜色越饱和。

亮度越高,表示颜色越明亮;亮度越低,表示颜色越暗,亮度为 0 表示纯黑色。

也可以利用一些图像处理工具来观察 RGB 色彩空间与 HSV 色彩空间的对应关系,如 Adobe Photoshop(以下简称 PS)就是非常好的图像处理工具,打开 PS,选择前景色或背景色,会显示一个颜色选择窗口,如图 2-16 所示。将 RGB 色彩空间中的 R、G、B 分别调整为 255、255、0,即黄色。RGB 的黄色对应 HSV 色彩空间中 Hue=60 的颜色,如果正好是光谱颜色,那么 Saturation=Value=100%。

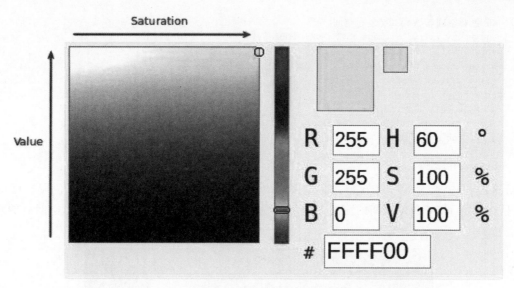

图 2-16 HSV 色彩空间的饱和度和亮度

可能很多读者还无法理解什么是饱和度和亮度,接下来就更直观地解释一下饱和度和亮度。在 Hue 色彩空间中,饱和度减小,就相当于往光谱色中添加白色,光谱色所占的比例也在减小,饱和度减为 0,表示光谱色所占的比例为零,导致整个颜色呈现白色。

亮度减小,就相当于往光谱色中添加黑色,光谱色所占的比例也在减小,亮度减为 0,表示光谱色所占的比例为零,导致整个颜色呈现黑色。

HSV 色彩空间对用户来说是一种比较直观的颜色模型。人们可以很轻松地得到单一颜色值,即指定 Hue,并让 Value=Saturation=1,然后通过向其中加入黑色和白色来得到我们需要的颜色。增加黑色可以减小 Value 而 Saturation 不变,同样增加白色可以减小 Saturation 而 Value 不变。例如,要得到深蓝色,Value=0.4,Saturation=1,Hue=240。要得到浅蓝色,Value=1,Saturation=0.4,Hue=240。

2.3.5 RGB/BGR 色彩空间与 HSV 色彩空间相互转换

OpenCV 提供的 cv2.cvtColor() 函数不仅可以将图像从 RGB/BGR 色彩空间转换到 GRAY 色彩空间,还能将图像在 RGB/BGR 色彩空间与 HSV 色彩空间之间进行相互转换。表 2-2 是将图像在 RGB/BGR 色彩空间与 HSV 色彩空间相互转换时需要使用的色彩空间转换码。

表 2-2 色彩空间转换码(图像在 RGB/BGR 色彩空间与 HSV 色彩空间之间相互转换)

色彩空间转换码	含 义
COLOR_BGR2HSV	从 BGR 色彩空间转换到 HSV 色彩空间
COLOR_RGB2HSV	从 RGB 色彩空间转换到 HSV 色彩空间
COLOR_HSV2RGB	从 HSV 色彩空间转换到 RGB 色彩空间
COLOR_HSV2BGR	从 HSV 色彩空间转换到 BGR 色彩空间

下面的代码将 BGR 色彩空间的图像(flower.jpg)与 HSV 色彩空间互相转换,并保存转换结果。

代码位置:src/basic_image/bgr2hsv.py。

```
import cv2
image = cv2.imread("images/flower.jpg")
cv2.imshow("flower", image)
```

```
# 从 BGR 色彩空间转换到 HSV 色彩空间
hsv_image = cv2.cvtColor(image, cv2.COLOR_BGR2HSV)
cv2.imshow("hsv", hsv_image)
cv2.imwrite("images/flower_hsv.jpg",hsv_image)
image = cv2.imread("images/flower_hsv.jpg")
cv2.imshow("hsv1", image)
# 从 HSV 色彩空间转换到 BGR 色彩空间
rgb_image = cv2.cvtColor(image, cv2.COLOR_HSV2BGR)
cv2.imshow("rgb", rgb_image)
cv2.waitKey()
cv2.destroyAllWindows()
```

运行这段程序，会显示 4 个窗口。其中图 2-17 是原图，图 2-18 是转换到 HSV 色彩空间的图像。图 2-19 是读取的 HSV 色彩空间的图像。图 2-20 是 HSV 色彩空间转换到 BGR 色彩空间后的效果。

图 2-17　原图

图 2-18　HSV 色彩空间图像

图 2-19　读取的 HSV 色彩空间图像

第 8 集
微课视频

图 2-20　HSV 色彩空间转换到 BGR 色彩空间后的效果

2.4　通道

相信很多读者朋友对"通道"这个词已经不陌生了，一幅 BGR 图像是由 3 个通道组成的，这 3 个通道是 B 通道、G 通道和 R 通道。本节将介绍如何对通道进行拆分与合并，以达到处理图像的目的。

2.4.1　拆分 BGR 图像中的通道

OpenCV 提供的 cv2.split()函数可以拆分图像中的通道。cv2.split()函数的原型如下：

```
cv2.split(image) - > b, g, r
```

函数参数和返回值含义如下：

（1）image：待拆分通道的 BGR 图像，也就是 cv2.imread()函数返回的值。

（2）b：B 通道图像。

（3）g：G 通道图像。

（4）r：R 通道图像。

注意：拆分 BGR 图像中通道的顺序是 B、G、R，因此，cv2.split()函数的 3 个返回值的顺序不能打乱顺序，必须是 b、g、r。

下面的例子将拆分 flower.jpg 图像中的通道，然后再显示拆分后的通道图像。

代码位置：**src/basic_image/split_bgr_channel.py**。

```python
import cv2
rgb_image = cv2.imread("images/flower.jpg")
cv2.imshow("flower", rgb_image)
# 拆分图像的通道
b, g, r = cv2.split(rgb_image)
# 显示 B 通道图像
cv2.imshow("B", b)
# 显示 G 通道图像
cv2.imshow("G", g)
# 显示 R 通道图像
cv2.imshow("R", r)
cv2.waitKey()
cv2.destroyAllWindows()
```

运行这段代码，会看到如下所示的 4 幅图像。其中，图 2-21 是原图像，图 2-22 是 B 通道图像，图 2-23 是 G 通道图像，图 2-24 是 R 通道图像。

图 2-21　原图像

看到图 2-22～图 2-24 这 3 个通道的图像时，可能很多读者会感到奇怪。B 通道是蓝色通道，G 通道是绿色通道，R 通道是红色通道，但图 2-22～图 2-24 看到的都是灰度图像，这是为什么呢？

原因是使用 cv2.imshow 函数时，会用一个通道的值填充另外两个通道。例如，用 cv2.imshow("B",b) 显示 B 通道图像时，会用 B 通道的值填充 G 通道和 R 通道，即（B,B,B），所以用 cv2.imshow()函数显示的图像总是灰度图像。

图 2-22　B 通道图像

图 2-23　G 通道图像

图 2-24　R 通道图像

2.4.2　拆分 HSV 图像中的通道

使用 cv2. split()函数不仅可以拆分 BGR 图像的通道,也可以拆分 HSV 图像的通道。拆分 HSV 图像通道,cv2. split()函数会返回 h、s、v,原型如下：

cv2.split(image) -> h,s,v

函数参数和返回值含义如下：

(1) image：待拆分通道的 HSV 图像。

(2) h：H 通道图像。

(3) s：S 通道图像。

(4) v：V 通道图像。

下面的例子首先将 flower.jpg 从 BGR 色彩空间转换到 HSV 色彩空间,然后拆分得到 HSV 图像中的通道,最后显示拆分后的通道图像。

实例位置：src/basic_image/split_hsv_channel. py。

```python
import cv2

rgb_image = cv2.imread("images/flower.jpg")
# 显示 flower.jpg
cv2.imshow("flower", rgb_image)
# 将 flower.jpg 从 BGR 色彩空间转换到 HSV 色彩空间
hsv_image = cv2.cvtColor(rgb_image, cv2.COLOR_BGR2HSV)
# 拆分 HSV 图像中的通道
h, s, v = cv2.split(hsv_image)
cv2.imshow("H", h)                                    # 显示 HSV 图像中 H 通道图像
cv2.imshow("S", s)                                    # 显示 HSV 图像中 S 通道图像
cv2.imshow("V", v)                                    # 显示 HSV 图像中 V 通道图像
cv2.waitKey()
cv2.destroyAllWindows()
```

运行这段代码,会得到如下所示的 4 幅图像。其中,图 2-25 是原图像,图 2-26 是 H 通道图像,图 2-27 是 S 通道图像,图 2-28 是 V 通道图像。

图 2-25　原图像

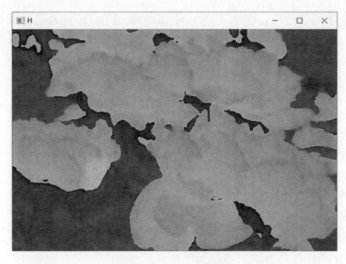

图 2-26 H 通道图像

图 2-27 S 通道图像

图 2-28 V 通道图像

合并通道是拆分通道的逆过程。在 2.4 节中将 BGR 通道和 HSV 通道分别拆分成 3 个通道,如果将这 3 个通道合并,会恢复原来的图像。合并通道的功能是通过 cv2. merge()函数实现的。

2.4.3　合并 B 通道图像、G 通道图像和 R 通道图像

cv2. merge()函数用于按 B、G、R 顺序合并通道,如果按这个顺序传入通道图像,就可以得到原图像。cv2. merge()函数的原型如下:

cv2.merge([b, g, r]) -> dst

函数参数和返回值含义如下:

(1) b:B 通道图像。

(2) g:G 通道图像。

(3) r:R 通道图像。

(4) dst:按 B、G、R 顺序合并通道后得到的图像。

下面的例子先拆分 flower.jpg 图像中的通道,然后分别按 B、G、R 和 R、G、B 的顺序合并通道,最后分别显示按不同顺序合并通道后的彩色图像。

实例位置:src/basic_image/merge_bgr_channel. py。

```python
import cv2
rgb_image = cv2.imread("images/flower.jpg")
b, g, r = cv2.split(rgb_image)
# 按 B、G、R 顺序合并通道
bgr = cv2.merge([b, g, r])
cv2.imshow("BGR", bgr)
# 按 R、G、B 顺序合并通道
rgb = cv2.merge([r, g, b])
cv2.imshow("RGB", rgb)
cv2.waitKey()
cv2.destroyAllWindows()
```

运行这段代码,会得到如下所示的两幅图像。其中,图 2-29 按 B、G、R 顺序合并通道后得到了原图像,而图 2-30 按 R、G、B 顺序合并通道后尽管得到的也是彩色图像,但与原图像有一些差异。

图 2-29　按 B、G、R 顺序合并通道得到的图像

图 2-30　按 R、G、B 顺序合并通道得到的图像

2.4.4　合并 H 通道图像、S 通道图像和 V 通道图像

当向 cv2.merge()函数传入 H 通道图像、S 通道图像和 V 通道图像时,该函数就会将这 3 个通道合并成一个彩色图像。合并这 3 个通道的 cv2.merge()函数原型如下:

```
cv2.merge([h, s, v])->dst
```

函数参数和返回值含义如下:

(1) h:H 通道图像。

(2) s:S 通道图像。

(3) v:V 通道图像。

(4) dst:按 H、S、V 顺序合并通道后得到的图像。

下面的例子首先将 flower.jpg 从 BGR 色彩空间转换到 HSV 色彩空间,然后拆分得到 HSV 图像中的通道,接着合并拆分后的通道图像。最后分别显示原图像、HSV 图像和合并后的 HSV 图像。

代码位置:src/basic_image/merge_hsv_channel.py。

```python
import cv2

rgb_image = cv2.imread("images/flower.jpg")
# 显示原图像
cv2.imshow("flower", rgb_image)
# 将图像从 BGR 色彩空间转换到 HSV 色彩空间
hsv_image = cv2.cvtColor(rgb_image, cv2.COLOR_BGR2HSV)
# 显示 HSV 色彩空间中的图像
cv2.imshow("HSV1", hsv_image)
# 将 HSV 图像拆分成 3 个通道图像
h, s, v = cv2.split(hsv_image)
# 合并 3 个通道图像为 HSV 图像
hsv = cv2.merge([h, s, v])
# 显示合并后的 HSV 图像
cv2.imshow("HSV2", hsv)
cv2.waitKey()
cv2.destroyAllWindows()
```

运行这段代码,会得到如下所示的 3 个窗口。其中,图 2-31 是原图像,图 2-32 和图 2-33 的效果一样,都是 HSV 色彩空间图像。也就是说,一旦将图像从 BGR 色彩空间转换到 HSV 色彩空间,尽管也是彩色图像,不过与原图像有一定的差异,而且是无法还原的。

图 2-31　原图像

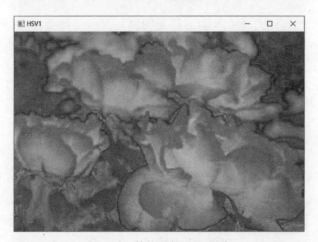

图 2-32　转换后的 HSV 图像

图 2-33　合并后的 HSV 图像

2.4.5　调整 HSV 图像通道的值

通过调整拆分后的通道，可以让图像呈现不同的特效。HSV 色彩空间图像可以拆分成 H 通道、S 通道和 V 通道。本节将通过案例演示如何修改 HSV 图像的这 3 个通道的值，读者可以根据实验结果观察图像的变化。

下面的例子通过改变 HSV 色彩空间的 1 个或 2 个通道，让图像呈现相应的特效。

代码位置：src/basic_image/change_channel. py。

```python
import cv2
rgb_image = cv2.imread("images/flower.jpg")
cv2.imshow("flower", rgb_image)
hsv_image = cv2.cvtColor(rgb_image, cv2.COLOR_RGB2HSV)
h, s, v = cv2.split(hsv_image)          # 拆分 HSV 图像中的通道
h[:, :] = 110                           # 将 H 通道的值都改成 110
hsv = cv2.merge([h, s, v])              # 合并通道
new_Image = cv2.cvtColor(hsv, cv2.COLOR_HSV2BGR)
# 显示合并通道后的图像
cv2.imshow("new",new_Image)
cv2.waitKey()
cv2.destroyAllWindows()
```

这段代码只将 H 通道的值都改成了 110，现在运行程序，会得到如图 2-34 所示的原图像，以及如图 2-35 所示的改变 H 通道后的图像。

图 2-34　原图像

读者可以尝试改变其他通道的值，如 H 通道和 S 通道保持不变，将 V 通道的值都改成 200，代码如下：

```python
v[:, :] = 200
```

重新运行程序，会看到如图 2-36 所示的效果。

图 2-35　改变 H 通道后的图像

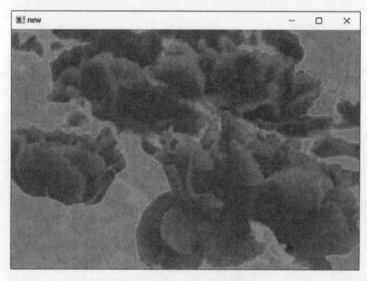

图 2-36　改变 V 通道后的图像

　　读者也可以尝试同时修改 2 个通道的值(不要同时修改 3 个通道,否则图像就变成纯色了),如修改 H 通道和 V 通道,S 通道保持不变,代码如下:

```
v[:, :] = 200
h[:, :] = 120
```

重新运行程序,会看到如图 2-37 所示的效果。

2.4.6　alpha 通道

　　BGR 色彩空间包含 3 个通道,即 B 通道、G 通道和 R 通道。OpenCV 在这 3 个通道的基础上,又增加了一个 A 通道,即 alpha 通道,用于设置图像的透明度。所以,一个新的 BGRA 色彩空间诞生了,这个色彩空间由 4 个通道组成,即 B 通道、G 通道、R 通道和 A 通道。alpha 通道在[0,255]内取值;其中,0 表示透明,255 表示不透明。

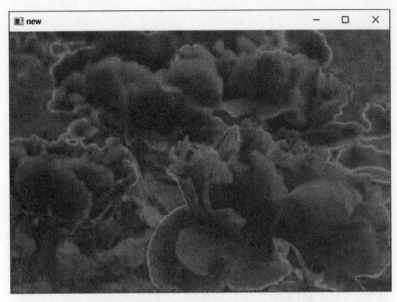

图 2-37 修改 H 通道和 V 通道后的图像

下面的例子将 flower. png 图像从 RGB 色彩空间转换到 BGRA 色彩空间,然后将图像拆分成 B 通道、G 通道、R 通道和 A 通道,接着将图像的透明度调整为 150,合并拆分后的 4 个通道,按同样的方法,再将图像的透明度调整为 0,合并拆分后的 4 个通道;接下来显示合并后的结果,最后保存合并后的结果。

代码位置:**src/basic_image/change_alpha. py**。

```
import cv2

rgb_image = cv2.imread("images/flower.png")
# 将 RGB 色彩空间的图像转换为 RGBA 色彩空间的图像
rgba_image = cv2.cvtColor(rgb_image, cv2.COLOR_RGB2RGBA)
# 显示 RGBA 色彩空间的原图像
cv2.imshow('RGBA', rgb_image)
# 将 RGBA 色彩空间的图像拆分成 R 通道、G 通道、B 通道和 A 通道
r, g, b, a = cv2.split(rgba_image)
# 将透明度修改为 150
a[:, :] = 150
# 合并 4 个通道
rgba_150 = cv2.merge([r, g, b, a])
# 将透明度修改为 0
a[:, :] = 0
# 合并 4 个通道
rgba_0 = cv2.merge([r, g, b, a])
# 显示透明度为 150 的图像
cv2.imshow('A = 150', rgba_150)
# 显示透明度为 0 的图像
cv2.imshow('A = 0', rgba_0)
# 保存原图像
cv2.imwrite('images/flower_image.png',rgba_image)
# 保存透明度为 150 的图像
cv2.imwrite('images/flower_150.png', rgba_150)
# 保存透明度为 0 的图像
```

```
cv2.imwrite('images/flower_0.png', rgba_0)
cv2.waitKey()
cv2.destroyAllWindows()
```

运行程序，会看到如图 2-38～图 2-40 所示的效果。

图 2-38　RGBA 图像

图 2-39　透明度为 150 的图像

从图 2-38～图 2-40 看，这 3 个图的效果都一样，并未展现出任何透明的效果。这是由于 cv2. imshow( ) 函数的显示机制不支持透明效果。为了看到透明的效果，读者可以直接在 Windows 的资源管理器中打开这些图像文件，也可以使用像 PS 这样的图像处理软件打开这些图像文件。图 2-41～图 2-43 是使用 PS 查看这 3 张图的效果。

由此可以看到，透明度为 0 的图像什么都没有，一片空白。图中的网格是 PS 显示的透明图效果。

图 2-40 透明度为 0 的图像

图 2-41 RGBA 图像

图 2-42 透明度为 150 的图像

图 2-43 透明度为 0 的图像

2.5 本章小结

本章主要介绍了 OpenCV 中最基础的内容,主要包括像素、色彩空间和通道。这 3 个内容是图形学中的基础,几乎所有基于图像的应用都会涉及这些方面。尤其是通道的处理,可以实现很多特效,因此,对于还不了解 OpenCV 的读者,学习本章的内容是相当有必要的。

## 第 3 章

高级图像处理技术

本章主要介绍 OpenCV 中关于图像的高级处理技术,包括如何与 NumPy 结合创建黑白图像和彩色图像、拼接图像;计算图像像素的最大值、最小值、均值和标准差;图像直接的操作,包括两幅图像的比较运算、使用掩膜和 min 函数截图等;图像二值化;多阈值比较与 LUT;图像连接与图像变换;ROI;图像金字塔等。

3.1 使用 NumPy 操作图像

OpenCV 中使用数组表示图像数据,不过这里的数组并不是 Python 数组,而是 NumPy 数组。NumPy 是非常著名的科学计算库,可用于进行各种科学计算,由于底层使用 C 语言实现,所以效率非常高。

读者可以使用下面的命令安装 NumPy:

```
pip install numpy
```

第 9 集
微课视频

读者使用 type()函数输出 cv2.imread()函数的返回值,并看看这个函数返回的到底是什么数据类型,代码如下:

```
rgb_image = cv2.imread("flower.png")
print(type(rgb_image))
```

运行程序,会输出如下的内容:

```
< class 'numpy.ndarray'>
```

很明显,cv2.imread()函数返回的是一个 NumPy 数组。既然 OpenCV 内部使用了 NumPy 数组管理图像,那么也可以通过创建 NumPy 数组的方式来创建图像,所以本节将直接通过 NumPy 来操作黑白和彩色图像。

在 OpenCV 中,黑白图像用一个二维数组表示,彩色图像用一个三维数组表示,这也非常容易理解。对于黑白图像来说,每一个像素点只有 2 种颜色:黑和白,通常用 255 表示白,用 0 表示黑。二维数组的每一个数组值正好表示黑和白两种颜色,数组的行和列就是图像的高和宽(图像尺寸),数组元素的个数就是图像中像素的个数。

对于彩色图像(RGB 色彩空间)来说,每一个像素点需要 3 个值表示 3 种颜色(R、G 和 B),所以需要多出一个维度来表示颜色,因此,彩色图像需要用三维数组表示。

3.1.1 创建黑白图像

在黑白图像中,像素值为 0 表示纯黑色,像素值为 255 表示纯白色。所以只需要用 NumPy 创建一个二维数组,并且每一个数组值为 0,就是纯黑色图像;每一个数组值为 255,就是纯白色图像。

下面的例子创建了一个宽度和高度都是 200 的 NumPy 数组,数组元素格式为无符号 8 位整数,用 0 填充整个数组,最后将数组作为图像显示。

代码位置:src/advanced_image/create_black_image.py。

```python
import cv2
import numpy as np


width = 200                                          # 图像的宽
height = 200                                         # 图像的高
# 创建指定宽高、单通道、像素值都为 0 的图像
img = np.zeros((height, width), np.uint8)
cv2.imshow("black image", img)                      # 显示纯黑图像
cv2.waitKey()
cv2.destroyAllWindows()
```

运行程序,会看到如图 3-1 所示的纯黑图像。

创建纯白图像需要将二维数组中的每一个值都设置为 255,可以先创建纯黑图像,然后将图像中所有的像素值都改为 255,或者直接使用 NumPy 提供的 ones 函数创建一个像素值为 1 的数组,然后让数组乘以 255,同样可以得到一个数组值都为 255 的数组,也就是纯白色的图像。

下面的例子创建了一个宽度和高度都是 200 的 NumPy 数组,数组元素格式为无符号 8 位整数,用 1 填充整个数组,然后让数组与 255 相乘,最后将数组作为图像显示。

代码位置:src/advanced_image/create_white_image.py。

```python
import cv2
import numpy as np


width = 200                                          # 图像的宽
height = 200                                         # 图像的高
# 创建指定宽高、单通道、像素值都为 1 的图像
img = np.ones((height, width), np.uint8) * 255
cv2.imshow("white", img)                            # 显示图像
cv2.waitKey()
cv2.destroyAllWindows()
```

运行程序,会看到如图 3-2 所示的纯白图像。

图 3-1　宽和高都是 200 的纯黑图像

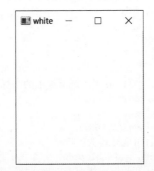

图 3-2　宽和高都是 200 的纯白图像

下面的例子先绘制黑色图像作为背景,然后用切片索引的方式将图像中纵坐标为 80～150、横坐标为 60～130 的矩形区域改为白色,代码如下:

代码位置：**src/advance_image/white_in_black. py**。

```
import cv2
import numpy as np


width = 200
height = 200
# 创建指定宽高、单通道、像素值都为 0 的图像
img = np.zeros((height, width), np.uint8)
# 图像纵坐标为 80～150、横坐标为 60～130 的区域变为白色
img[80:151, 60:131] = 255
cv2.imshow("img", img)                              # 显示图像
cv2.waitKey()
cv2.destroyAllWindows()
```

运行程序，会看到如图 3-3 所示的效果。

注意：Python 切片是半开半闭区间，即取值范围并不包含冒号(:)后面数值。例如，纵坐标为 80～150，应该使用[80:151]。

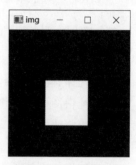

图 3-3　在黑色图像中绘制白色矩形

3.1.2　在黑色图像内部绘制白色同心圆

下面的例子是在黑色背景正中心绘制 3 个不同半径的同心圆，半径分别为 30、50 和 80。并且让同心圆的圆周线厚度为 3。

通过像素点绘制圆形最常用的方式是通过三角函数计算圆周线上每一个像素点的坐标，然后在这些坐标上绘制白色像素点。如果加厚圆周线，只需要再绘制相邻半径的同心圆即可。例如，让半径为 30 的圆的圆周线的厚度是 3，只需要再绘制半径分别为 29 和 31 的同心圆即可，代码如下：

代码位置：**src/advanced_image/circle_in_black. py**。

```
import cv2
import math
import numpy as np


width = 200
height = 200
# 创建指定宽高、单通道、像素值都为 0 的图像
img = np.zeros((height, width), np.uint8)
# 同心圆中心坐标
centerX = 100
centerY = 100
# 定义同心圆半径
radiusList = [29,30,31, 49,50,51, 79,80,81]
# 通过循环，计算同心圆的圆周线上的坐标，并将坐标对应的位置设置为 255(白色)
for radius in radiusList:
# 从 0 到 359 度
for angle in range(0,360):
        # 将角度转换为弧度
        radian = (angle/360) * 2 * math.pi
        # 计算圆周线当前点的横坐标
        pointX = int(centerX + radius * math.cos(radian))
        # 计算圆周线当前点的纵坐标
        pointY = int(centerY - radius * math.sin(radian))
        #将圆周线上的像素点设置为白色
```

```
        img[pointY, pointX] = 255
cv2.imshow("img", img)                               # 显示图像
cv2.waitKey()
cv2.destroyAllWindows()
```

运行程序,会看到如图 3-4 所示的效果。

3.1.3 创建彩色图像

前面的例子演示了如何使用二维数组创建黑白图像,如果要创建彩色图像,就需要使用三维数组。例如,在 BGR 色彩空间创建 200×200 的彩色图像,就需要一个 200×200×3 的三维数组存储像素的颜色值,其中第 3 维可以存储 3 个通道的颜色值,分别是 B 通道、G 通道和 R 通道。也就是平常说的三原色:蓝(B)、绿(G)和红(R)。

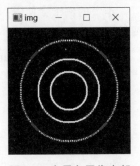

图 3-4 在黑色图像内部绘制白色同心圆

下面的例子创建了一个三维数组,数组元素初始值都是 0,然后将该数组复制 3 份,将第 1 个数组的通道 1(B 通道)设置为 255,将第 2 个数组的通道 2(G 通道)设置为 255,将第 3 个数组的通道 3(R 通道)设置为 255,这将形成 3 幅纯色的图像。

实例位置:src/advanced_image/create_color_image.py。

```
import cv2
import numpy as np


width = 200                                          # 图像的宽
height = 200                                         # 图像的高
# 创建指定宽高、3 通道、像素值都为 0 的图像
img = np.zeros((height, width, 3), np.uint8)
blue = img.copy()                                    # 复制图像
blue[:, :, 0] = 255                                  # 将通道 1 中的所有像素都设置为 255
green = img.copy()
green[:, :, 1] = 255                                 # 将通道 2 中的所有像素都设置为 255
red = img.copy()
red[:, :, 2] = 255                                   # 将通道 3 中的所有像素都设置为 255
cv2.imshow("blue", blue)                             # 显示蓝色图像
cv2.imshow("green", green)                           # 显示绿色图像
cv2.imshow("red", red)                               # 显示红色图像
cv2.waitKey()
cv2.destroyAllWindows()
```

运行程序,运行结果如图 3-5～图 3-7 所示。

图 3-5 纯蓝色图像

图 3-6 纯绿色图像

图 3-7 纯红色图像

3.1.4　创建彩色雪花点图像

本节的例子会使用 NumPy 提供的 random. randint() 函数创建随机数值的三维数组,并将该数组作为图像源显示。由于每一个像素点的颜色都是随机的,所以整体效果看上去就是彩色的雪花点,代码如下:

代码位置:src/advanced_image/random_pointer_image. py。

```
import cv2
import numpy as np

width = 200                                          # 图像的宽
height = 200                                         # 图像的高
# 创建指定宽高、单通道、随机像素值的图像,随机值为 0～256(不包括 256),数字为无符号 8 位格式
img = np.random.randint(256, size = (height, width,3), dtype = np.uint8)
cv2.imshow("img", img)                              # 显示彩色雪花点图像
cv2.waitKey()
cv2.destroyAllWindows()
```

运行程序,会看到如图 3-8 所示的效果。

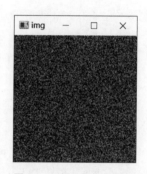

图 3-8　随机雪花点图像

3.1.5　拼接图像

根据前面的内容已经知道,图像是通过数组描述的,那么拼接图像其实就是拼接数组。NumPy 提供了两个拼接数组的函数,分别是 np. hstack() 函数和 np. vstack() 函数,这两个拼接函数可以将两个数组水平和垂直拼接在一起,也就相当于将两幅图像水平和垂直拼接在一起,本节将详细讲解如何使用这两个函数水平拼接图像和垂直拼接图像。

1. 水平拼接

np. hstack() 函数可以对数组进行水平拼接,np. hstack() 函数的原型如下:

```
np.hstack(tup) -> array
```

参数和返回值的含义如下:

(1) tup:要拼接的数组元组。

(2) array:返回值,拼接后生成的新数组。

np. hstack() 函数可以拼接多个数组,但每一个参与拼接的数组必须行数相同,例如,2×2 的数组只能与 2 行的数组进行拼接,2×3、2×4 的数组都可以与 2×2 的数组进行拼接,但 3×3 的数组不能与 2×2 的数组进行拼接,因为前者是 3 行,后者是 2 行。

如果将 2 个或多个数组进行水平拼接,这些数组会横向首尾相接,如图 3-9 所示。

2×2数组		2×3数组			水平拼接	2×5数组				
1	2	a	b	c		1	2	a	b	c
3	4	d	e	f		3	4	d	e	f

图 3-9　将 2×2 数组与 2×3 数组水平拼接形成 2×5 数组

下面的例子分别水平拼接了 3 个一维数组(a、b、c)和 2 个二维数组(x 和 y)。

代码位置:src/advanced_image/hstack_demo. py。

```
import numpy as np
```

```
a = np.array([1,2,3])
b = np.array([4,5,6])
c = np.array([7,8,9])
result = np.hstack((a,b,c))          # 水平拼接 a 数组、b 数组和 c 数组
print(result)                         # 输出拼接结果(1×9 的数组)
x = np.array([[1,2],[3, 4]])
y = np.array([['a','b','c'],['d', 'e', 'f']])
result = np.hstack((x, y))            # 水平拼接 x 数组和 y 数组
print(result)                         # 输出拼接结果(2×5 的数组)
```

运行程序,会输出如下的结果:

```
[1 2 3 4 5 6 7 8 9],
[['1' '2' 'a' 'b' 'c']
 ['3' '4' 'd' 'e' 'f']].
```

2. 垂直拼接

np.vstack()函数可以对数组进行垂直拼接,np.vstack()函数的原型如下:

```
np.vstack(tup) -> array
```

参数和返回值的含义如下:

(1) tup:要拼接的数组元组。

(2) array:返回值,拼接后生成的新数组。

np.vstack()函数可以拼接多个数组,但每一个参与拼接的数组必须列数相同,例如,2×2 的数组只能与 2 列的数组进行拼接,3×2、4×2 的数组都可以与 2×2 的数组进行拼接,但 3×3 的数组不能与 2×2 的数组进行拼接,因为前者是 3 列,后者是 2 列。

如果将 2 个或多个数组进行垂直拼接,这些数组会纵向首尾相接,如图 3-10 所示。

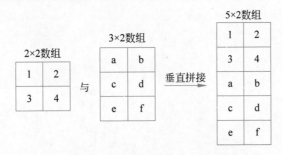

图 3-10 将 2×2 数组与 3×2 数组垂直拼接形成 5×2 数组

下面的例子分别垂直拼接了 3 个一维数组(a、b、c)和 2 个二维数组(x 和 y)。

代码位置:src/advanced_image/vstack_demo.py。

```
import numpy as np
a = np.array([1,2,3])
b = np.array([4,5,6])
c = np.array([7,8,9])
result = np.vstack((a,b,c))          # 垂直拼接 3 个 1×3 的数组(a、b、c)
print(result)                         # 输出垂直拼接的结果
x = np.array([[1,2],[3, 4]])
y = np.array([['a','b'],['c', 'd'],['e', 'f']])
result = np.vstack((x, y))            # 垂直拼接 1 个 2×2 的数组和 1 个 3×2 的数组
print(result)                         # 输出垂直拼接的结果
```

运行程序,会输出如下的结果:

```
[[1 2 3]
 [4 5 6]
 [7 8 9]],
[['1' '2']
 ['3' '4']
 ['a' 'b']
 ['c' 'd']
 ['e' 'f']]。
```

3.1.6 将图像变成2×2网格

下面的例子通过水平拼接和垂直拼接,将图像变成2×2的网格,也就是横向有两个同样的图像,纵向也有两个同样的图像。代码如下:

代码位置:**src/advanced_image/hvstack_image. py**。

```
import cv2
import numpy as np

img = cv2.imread("alien.jpg")
img_h = np.hstack((img, img))          # 水平拼接两个图像
img_v = np.vstack((img_h, img_h))      # 将水平拼接的结果再垂直拼接
cv2.imshow("new_img", img_v)           # 显示拼接效果
cv2.waitKey()
cv2.destroyAllWindows()
```

运行程序,会看到如图3-11所示的拼接效果。

图3-11 水平拼接和垂直拼接的效果

3.2　图像像素的操作

因为前面已经学习了图像的通道,本节将对每个通道内图像的相关操作进行讲解。关于像素的概念,在前面已经介绍过了,例如,在数据类型为 uint8 的图像中,像素取值范围是 0~255,一共分成 256 份,这 256 份中的每一份是一个灰度值。灰度值表示像素的亮暗程度,同时灰度值的变化程度也表示了图像纹理的变化程度,因此,了解像素的相关操作是学习图像的第一步,也是最重要的一步。

图像通过一定尺寸的矩阵表示,矩阵中每个元素的大小表示图像中每个像素的明暗程度。查找矩阵中的最大值就是寻找图像中灰度值最大的像素,计算矩阵的平均值就是计算图像像素的平均灰度,可以用平均灰度表示图像整体的亮暗程度。因此,对图像矩阵数据进行统计和分析,在图像处理工作中具有非常重要的意义。OpenCV 集成了求取图像像素最大值、最小值、均值、标准差等函数,本节将详细介绍这些函数的使用方法。

3.2.1　寻找图像像素的最大值和最小值

OpenCV 提供了用于寻找图像像素的最大值、最小值的 cv2.minMaxLoc()函数,该函数的原型如下:

cv2.minMaxLoc(src[, mask]) -> minVal, maxVal, minLoc, maxLoc

参数和返回值的含义如下:

（1）src：需要寻找最大值和最小值的图像,必须是表示图像的单通道数组。

（2）mask：可选参数,图像掩膜。

（3）minVal：返回值,图像中的最小值。

（4）maxVal：返回值,图像中的最大值。

（5）minLoc：返回值,图像中的最小值在矩阵中的坐标。

（6）maxLoc：返回值,图像中的最大值在矩阵中的坐标。

第 10 集
微课视频

cv2.minMaxLoc()函数实现的功能是寻找图像中指定区域内的最值,并将寻找到的最值及相关的数据通过该函数返回。但要注意的是,src 参数必须是表示单通道图像的矩阵。如果是多通道图像,需要使用 np.reshape()函数将其转换为单通道图像,或者分别寻找每个通道的最值,然后寻找指定区域内的最值。mask 参数用于在图像的指定区域内寻找最值,默认值是 None,表示寻找范围是图像中的所有数据。

注意：如果图像中存在多个最大像素值或最小像素值,那么 cv2.minMaxLoc()函数会输出按行扫描从左到右第 1 次检测到最值的位置。

在对图像进行操作的过程中,往往需要对图像尺寸和通道数进行调整,NumPy 提供了 np.reshape()函数可以实现这一功能,np.reshape()函数的原型如下:

np.reshape(array, shape[,order]) -> dst

参数和返回值的含义如下:

（1）array：需要调整尺寸和通道数的图像矩阵。

（2）shape：调整后矩阵的维度。

（3）order：读取/写入元素时的顺序。

np.reshape()函数可以对图像的尺寸和通道数进行调整,并将调整后的结果通过值返回。shape 参数是调整后矩阵的维度,要以元组形式传入,例如,(3,4)表示将矩阵调整为 3 行 4 列,当不知道矩阵中元素的具体个数时,也可以将其中一个维度设为-1,此时 np. reshape()函数会根据元素的个数自动计算这个维度。order 参数表示写入元素时的顺序,'C'表示按 C 顺序读取/写入元素;'F'表示按 FORTRAN 顺序读取/写入元素;'A'表示如果该矩阵在内存中连续,则按照 FORTRAN 顺序读取/写入元素,否则,按 C 顺序写入元素;默认值是'C'。

注意:在使用第 2 个参数(shape)时,应该保证 shape 指定的所有维度的乘积与 array 指定的数组的所有维度的乘积相同。例如,array 指定数组的维度是(3,8),那么 shape 指定的维度可以是(2,12)、(4,6)、(3,4,2)等,但不能指定像(2,6)、(3,6)这样的维度。因为 array 数组维度的乘积是 24,而(2,6)的维度乘积是 12,(3,6)的维度乘积是 18。如果指定了错误的 shape 参数值,可能会出现错误和矩阵内元素丢失的情况。对于较大的矩阵,若不能预先计算出矩阵元素的个数,可将某个维度指定为-1,如(2,-1)、(-1,6)等。但只能有 1 个维度指定为-1,如果有超过一个维度指定为-1,仍然会抛出异常。即使某一个维度指定为-1,其他维度的乘积也要可以被 array 数组所有维度的乘积整除,否则仍然会抛出异常。例如,前面的例子,如果设置 shape 参数值为(5,2,-1),尽管最后一个维度为-1,但由于 array 数组维度的乘积为 24,而 24÷(5×2)并不是整数,也就是说,reshape 函数是无法算出最后一个维度的,因此,指定这样的 shape 参数值也会抛出异常。

下面的例子使用 np. reshape()函数将一维数组(长度为 12)转换为二维(3×4)数组和三维(3×2×2)数组,并将其中一个维度的值设置为-1,让 reshape 函数自动计算该维度,最后使用 cv2. minMaxLoc()函数分别计算这些转换后的数组中的最大值和最小值。

代码位置:**src/advanced_image/min_max_loc_demo. py**。

```python
import cv2 as cv
import numpy as np

# 新建矩阵 array
array = np.array([1, 2, 3, 4, 5, 10, 6, 7, 8, 9, 10, 0])
# 将 array 调整为 3×4 的数组
img1 = array.reshape((3, 4))
minval_1, maxval_1, minloc_1, maxloc_1 = cv.minMaxLoc(img1)
print('数组 img1 中最小值为: {}, 其位置为: {}'.format(minval_1, minloc_1))
print('数组 img1 中最大值为: {}, 其位置为: {}'.format(maxval_1, maxloc_1))

# 先将 array 调整为 3×2×2 的数组
img2 = array.reshape((3, 2, 2))
# 再利用 -1 的方法调整尺寸
img2_re = img2.reshape((1, -1))
minval_2, maxval_2, minloc_2, maxloc_2 = cv.minMaxLoc(img2_re)
print('数组 img2 中最小值为: {}, 其位置为: {}'.format(minval_2, minloc_2))
print('数组 img2 中最大值为: {}, 其位置为: {}'.format(maxval_2, maxloc_2))
```

运行这段程序,会输出如下内容:

```
数组 img1 中最小值为: 0.0, 其位置为: (3, 2)
数组 img1 中最大值为: 10.0, 其位置为: (1, 1)
数组 img2 中最小值为: 0.0, 其位置为: (11, 0)
数组 img2 中最大值为: 10.0, 其位置为: (5, 0)
```

3.2.2 计算图像均值和标准差

图像的均值表示图像整体的亮暗程度,图像的均值越大,图像整体越亮。标准差表示图像中明暗变化的程度,标准差越大,表示图像中明暗变化越明显。

OpenCV 提供了 cv2.mean()函数用于计算图像的均值,提供了 cv2.meanStdDev()函数用于同时计算图像的均值和标准差。

cv2.mean()函数的原型如下:

```
cv2.mean(src[, mask]) -> retval
```

参数和返回值的含义如下:

(1) src:待求均值的图像的矩阵。可以是 1~4 通道的图像(1~4 维的矩阵)。

(2) mask:可选参数,图像掩膜。尺寸与 src 参数相同,用于标记求哪些区域的均值。

(3) retval:返回值,长度为 4 的元组。每一个元组元素表示对应通道的均值,如果没有该通道,则对应的值为 0.0。

计算均值的原理如下所示:

$$\begin{cases} N = \sum\limits_{\boldsymbol{I}, \text{mask}(\boldsymbol{I}) \neq 0} 1 \\ M_C = \left(\sum\limits_{\boldsymbol{I}, \text{mask}(\boldsymbol{I}) \neq 0} \text{src}(\boldsymbol{I})_C \right) / N \end{cases} \tag{3-1}$$

$\boldsymbol{I}$ 表示输入的图像的矩阵;mask($\boldsymbol{I}$)表示掩膜矩阵中的某个值;N 表示图像矩阵元素的个数;M_C 表示第 C 通道的均值;src($\boldsymbol{I}$)$_C$ 表示第 C 个通道中像素的灰度值。

cv2.meanStdDev()函数的原型如下:

```
cv2.meanStdDev(src[,mean[,stddev[,mask]]]) -> mean, stddev
```

参数和返回值的含义如下:

(1) src:待求均值和标准差的图像的矩阵。

(2) mean:可选参数,图像每个通道的均值。

(3) stddev:可选参数,图像每个通道的标准差。

(4) mask:可选参数,图像掩膜。

(5) mean:返回值,计算得出的图像的均值。

(6) stddev:返回值,计算得出的图像的标准差。

cv2.meanStdDev()函数可以同时计算图像的均值和标准差,并将计算结果返回。第 1 个参数(src)和第 4 个参数(mask)与 cv2.mean()函数中同名参数的含义与用法相同。如果不指定第 4 个参数(mask)的值,表示计算矩阵内所有区域的均值和标准差。cv2.meanStdDev()函数返回的均值和标准差中的值,会根据输入图像的通道数不同而不同,例如,如果输入的图像只有一个通道,则该函数计算得到的均值和标准差也只有一个值。第 2 个参数(mean)和第 3 个参数(stddev)是可选的,如果不指定这两个参数,均值和标准差会通过 cv2.meanStdDev()函数的返回值返回,如果指定这两个参数,那么均值和标准差会通过这两个参数返回。

cv2.meanStdDev()函数计算均值的公式与式(3-1)完全相同,计算标准差的公式如式(3-2)所示。式(3-2)中相关参数的含义与式(3-1)的计算均值的公式中同名的参数的含义和用法完全相同。

$$\text{stddev}_C = \sqrt{\sum\limits_{\boldsymbol{I}, \text{mask}(\boldsymbol{I}) \neq 0} (\text{src}(\boldsymbol{I})_C - M_C)^2 / N} \tag{3-2}$$

下面的例子使用 cv2.reshape()函数将一维数组(长度为 12)转换为 3×4 的单通道图像和 3×2×2 的多通道图像,然后使用 cv2.mean()函数计算这两个图像的均值,使用 cv2.meanStdDev()函数计算这两个图像的均值和标准差,最后输出计算结果。

代码位置：**src/advanced_image/mean_and_meanStdDev.py**。

```python
import cv2
import numpy as np

# 新建矩阵 array
array = np.array([1, 2, 3, 4, 5, 10, 6, 7, 8, 9, 10, 0])
# 将 array 调整为 3×4 的单通道图像 img1
img1 = array.reshape((3, 4))
# 将 array 调整为 3×2×2 的多通道图像 img2
img2 = array.reshape((3, 2, 2))

# 计算 img1 的均值
mean_img1 = cv2.mean(img1)
# 计算 img2 的均值
mean_img2 = cv2.mean(img2)
# 计算 img1 的均值和标准差
mean_std_dev_img1 = cv2.meanStdDev(img1)
# 计算 img2 的均值和标准差
mean_std_dev_img2 = cv2.meanStdDev(img2)
print('mean 函数计算结果如下：')
print(f'图像img1的均值为：{mean_img1}')
print(f'图像img2的均值为：{mean_img2}\n第一个通道的均值为：{mean_img2[0]}\n第二个通道的均值为：
{mean_img2[1]}')
print('*' * 30)
print('meanStdDev 函数计算结果如下：')
print(f'图像img1的均值为：{mean_img1[0]}\n标准差为：{mean_std_dev_img1[1]}')
print(f'图像img2的均值为：{mean_img2}\n第一个通道的均值为：{mean_img2[0]}\n'
      f'第二个通道的均值为：{mean_img2[1]}\n'
      f'均值为：{mean_std_dev_img2[0]}\n'
      f'标准差为：{mean_std_dev_img2[1]}\n'
      f'第一个通道的标准差为：{float(mean_std_dev_img2[1][0])}\n'
      f'第二个通道的标准差为：{float(mean_std_dev_img2[1][0])}\n')
```

运行这段代码，会输出如下内容：

meanStdDev 函数计算结果如下：

```
图像img1的均值为：(5.416666666666666, 0.0, 0.0, 0.0)
图像img2的均值为：(5.5, 5.333333333333333, 0.0, 0.0)
第一个通道的均值为：5.5
第二个通道的均值为：5.333333333333333
********************************
```

meanStdDev 函数计算结果如下：

```
图像img1的均值为：5.416666666666666
标准差为：[[3.32812092]]
图像img2的均值为：(5.5, 5.333333333333333, 0.0, 0.0)
第一个通道的均值为：5.5
第二个通道的均值为：5.333333333333333
均值为：[[5.5]
 [5.33333333]]
标准差为：[[2.98607881]
 [3.63623737]]
第一个通道的标准差为：2.9860788111948193
第二个通道的标准差为：2.9860788111948193
```

从输出结果可以看出，cv2.meanStdDev()函数通过元组返回了图像的均值和标准差，元组的第1

个元素是均值,第 2 个元素是标准差。也可以将 cv2. meanStdDev()函数的返回值赋给这 2 个变量,这样可以直接将均值和标准差分别赋给这 2 个变量,代码如下:

```
# 计算 img1 的均值和标准差
mean1, std_dev_img1 = cv2.meanStdDev(img1)
# 计算 img2 的均值和标准差
mean2, std_dev_img2 = cv2.meanStdDev(img2)
print('mean1:',mean1)
print('std_dev_img1:', std_dev_img1)
print('mean2:',mean2)
print('std_dev_img2:', std_dev_img2)
```

运行这段代码,会输出下面的内容:

```
mean1: [[5.41666667]]
std_dev_img1: [[3.32812092]]
mean2: [[5.5]
 [5.33333333]]
std_dev_img2: [[2.98607881]
 [3.63623737]]
```

3.3 图像之间的像素操作

前面介绍的计算最值、均值等操作都是对一幅图像进行处理,本节会介绍两幅图像间的像素操作,包括两幅图像的比较运算和逻辑运算。

3.3.1 两幅图像的比较运算

OpenCV 中提供了求取两幅图像中较大或较小灰度值的 cv2. max()函数和 cv2. min()函数,这两个函数依次比较两幅图像中灰度值的大小,保留最大(最小)的灰度值。这两个函数的原型如下:

```
cv2.max(src1, src2[, dst]) -> dst
cv2.min(src1, src2[, dst]) -> dst
```

参数和返回值的含义如下:

(1) src1:第 1 幅图像,可以是任意通道数的矩阵。

(2) src2:第 2 幅图像,尺寸、通道数及数据类型必须与 src1 一致。

(3) dst:返回值,保存最大(最小)灰度值后的图像矩阵。尺寸、通道数及数据类型与输入参数一致。

这两个函数的功能比较简单,就是用来比较图像中像素值的大小,按要求保留较大或较小的值,最后生成新的图像,并返回这幅图像。例如,第 1 幅图像在(x,y)位置的灰度值是 120,第 2 幅图像在同样的位置的灰度值是 60,如果使用 cv2. max()函数,就会取 120,如果使用 cv2. min()函数,就会取 60。这两个函数会对图像矩阵中的每一个值做相同的操作。

下面的例子定义了两个图像矩阵,并使用 cv2. max()函数和 cv2. min()函数分别不计较这两个图像矩阵,并计算出最大值和最小值,最后输出计算后的图像矩阵。

代码位置:src/advanced_image/max_and_min1. py。

```
import cv2 as cv
import numpy as np
# 定义第 1 个图像矩阵
a = np.array([1, 2, 3.3, 4, 5, 9, 5, 7, 8.2, 9, 10, 2])
```

第 11 集 微课视频

```
# 定义第 2 个图像矩阵
b = np.array([1, 2.2, 3, 1, 3, 10, 6, 7, 8, 9.3, 10, 1])
img1 = np.reshape(a, (3, 4))        # 将 a 变成 3×4 的矩阵(单通道图像)
img2 = np.reshape(b, (3, 4))        # 将 b 变成 3×4 的矩阵(单通道图像)
img3 = np.reshape(a, (2, 3, 2))     # 将 a 变成 2×3×2 的矩阵(多通道图像)
img4 = np.reshape(b, (2, 3, 2))     # 将 b 变成 2×3×2 的矩阵(多通道图像)

# 对两个单通道图像矩阵进行比较运算
max12 = cv.max(img1, img2)
min12 = cv.min(img1, img2)
# 输出比较结果
print('img1')
print(img1)
print('img2')
print(img2)
print('max12')
print(max12)
print('min12')
print(min12)
# 对两个多通道图像矩阵进行比较运算
max34 = cv.max(img3, img4)
min34 = cv.min(img3, img4)
# 输出比较结果
print('img3')
print(img3)
print('img4')
print(img4)
print('max34')
print(max34)
print('min34')
print(min34)
```

运行这段代码,会输出如下的内容:

```
img1
[[ 1.   2.   3.3  4. ]
 [ 5.   9.   5.   7. ]
 [ 8.2  9.  10.   2. ]]
img2
[[ 1.   2.2  3.   1. ]
 [ 3.  10.   6.   7. ]
 [ 8.   9.3 10.   1. ]]
max12
[[ 1.   2.2  3.3  4. ]
 [ 5.  10.   6.   7. ]
 [ 8.2  9.3 10.   2. ]]
min12
[[ 1.   2.   3.   1.]
 [ 3.   9.   5.   7.]
 [ 8.   9.  10.   1.]]
img3
[[[ 1.   2. ]
  [ 3.3  4. ]
  [ 5.   9. ]]

 [[ 5.   7. ]
  [ 8.2  9. ]
  [10.   2. ]]]
```

```
img4
[[[ 1.    2.2]
 [ 3.    1. ]
 [ 3.   10. ]]

 [[ 6.    7. ]
 [ 8.    9.3]
 [10.    1. ]]]
max34
[[[ 1.    2.2]
 [ 3.3   4. ]
 [ 5.   10. ]]

 [[ 6.    7. ]
 [ 8.2   9.3]
 [10.    2. ]]]
min34
[[[ 1.    2. ]
 [ 3.    1. ]
 [ 3.    9. ]]

 [[ 5.    7. ]
 [ 8.    9. ]
 [10.    1. ]]]
```

从输出结果可以看出,cv2.max()函数和cv2.min()函数会比较图像矩阵中的每一个值,然后挑出最大值或最小值,最后形成新的图像矩阵并返回这个矩阵。

3.3.2 比较两幅图像,并显示最大值图像和最小值图像

本节的例子使用cv2.max()函数和cv2.min()函数比较两幅图像中的每一个像素值,并得到一个最大图像矩阵和一个最小图像矩阵,然后显示这两幅图像。再将图像转换为GRAY色彩空间,继续比较和显示灰度最大值图像和灰度最小值图像。

代码位置:src/advanced_image/max_and_min2.py。

```python
import cv2 as cv

# 对两幅彩色图像进行比较运算
img1 = cv.imread('images/thanos.png')
img2 = cv.imread('images/iron_man.png')
max12 = cv.max(img1, img2)
min12 = cv.min(img1, img2)
cv.imshow('conMax', max12)                          # 显示最大值图像
cv.imshow('conMin', min12)                          # 显示最小值图像
# 对两幅灰度图像进行比较运算
img3 = cv.cvtColor(img1, cv.COLOR_BGR2GRAY)
img4 = cv.cvtColor(img2, cv.COLOR_BGR2GRAY)
max34 = cv.max(img3, img4)
min34 = cv.min(img3, img4)
cv.imshow('conMax_GRAY', max34)                     # 显示灰度最大值图像
cv.imshow('conMin_GRAY', min34)                     # 显示灰度最小值图像
# 关闭窗口
cv.waitKey(0)
cv.destroyAllWindows()
```

运行这段代码,会看到如图3-12~图3-15所示的效果。

图 3-12　thanos.png 的效果

图 3-13　iron_man.png 的效果

图 3-14　thanos.png 的灰度效果

图 3-15　irón_man.png 的灰度效果

3.3.3　使用掩膜和 cv2.min()函数截图

本节的例子使用掩膜和 cv2.min()函数截取图像中的一个矩形区域,其他区域都显示黑色。

代码位置:src/advanced_image/max_and_min3.py。

```python
import cv2 as cv
import numpy as np
img = cv.imread('images/thanos.png')
src = np.zeros((600, 700, 3), dtype = 'uint8')
# 生成一个300 * 300的掩膜矩阵
src[100:400:, 100:400:] = 255
# 截图
min_img_src = cv.min(img, src)
```

```
# 显示截图效果
cv.imshow('Min img src', min_img_src)
# 关闭窗口
cv.waitKey(0)
cv.destroyAllWindows()
```

运行这段代码，会看到如图 3-16 所示的效果。

3.3.4 显示红色图像

本节的例子使用 cv2.min() 函数和 R 通道掩膜矩阵，将图像变成红色，并显示该图像。

代码位置：src/advanced_image/max_and_min4.py。

```
import cv2 as cv
import numpy as np

img = cv.imread('images/thanos.png')
# 生成一个显示红色通道的掩膜矩阵
src = np.zeros((600, 700, 3), dtype = 'uint8')
src[:, :, 2] = 255                              # BGR 通道中的 R 通道设置掩膜数据
min_img_src = cv.min(img, src)
cv.imshow('Min img src', min_img_src)

# 关闭窗口
cv.waitKey(0)
cv.destroyAllWindows()
```

运行这段程序，会看到如图 3-17 所示的效果。

图 3-16　截图效果

图 3-17　红色图像

3.3.5 两幅图像的位运算

OpenCV4 可以针对两幅图像实现与、或、非、异或运算。实现这些运算的函数分别是 cv2.bitwise_and()、cv2.bitwise_or()、cv2.bitwise_not() 和 cv2.bitwise_xor()。下面的代码是这 4 个函数的原型：

```
cv2.bitwise_and(src1, src2[, dst[, mask]]) -> dst
```

```
cv2.bitwise_or(src1, src2[, dst[, mask]]) -> dst
cv2.bitwise_not(src[, dst[, mask]]) -> dst
cv2.bitwise_xor(src1, src2[, dst[, mask]]) -> dst
```

参数和返回值的含义如下：

（1）src1：第 1 幅图像，可以是多通道图像数据。

（2）src2：第 2 幅图像，尺寸、通道数和数据类型都要与 src1 完全相同。

（3）src：输入的图像矩阵，仅针对 bitwise_not 函数。

（4）dst：返回值（也可以从参数返回），运行结果。尺寸、通道数和数据类型都要与 src1 完全相同。

（5）mask：掩膜矩阵，用于设置图像或矩阵中逻辑运行的范围，也就是说，通过 mask 可以只让图像的某一个区域参与位运算。

与、或、非、异或都是位运算，参与运算的两个操作数必须是二进制数，表 3-1 给出了这 4 种位运算的操作数及对应的运算结果。

表 3-1　位运算操作数与运算结果对照表

值 1	值 2	与	或	非（针对值 1）	异或
0	0	0	0	1	0
0	1	0	1	1	1
1	0	0	1	0	1
1	1	1	1	0	0

根据表 3-1 给出的运算结果，可以计算两个二进制数之间的位运算。例如，计算 10110110 和 11011101 的与、或、异或运算以及各自非运算的结果如下：

（1）10010100（与）。

（2）11111111（或）。

（3）01001001（10110110 的非运算）。

（4）00100010（11011101 的非运算）。

（5）01101011（异或）。

下面的例子创建两幅黑白图像，并让两幅图像分别进行与、或、非、异或运算，然后再选择一幅图像，并进行非运算。最后显示运算结果。

代码位置：src/advanced_image/bit_operation. py。

```
import cv2 as cv
import numpy as np

# 创建黑色图像 1
img1 = np.zeros((200, 200), dtype = 'uint8')
# 创建黑色图像 2
img2 = np.zeros((200, 200), dtype = 'uint8')
# 将黑色图像 1 中的某个区域设为白色
img1[50:150, 50:150] = 255
# 将黑色图像 2 中的某个区域设为白色
img2[100:200, 100:200] = 255
# 读取图像
img = cv.imread('./images/thanos.png')

# 对 img1 做非操作
Not = cv.bitwise_not(img1)
```

```
# 对 img1 和 img2 做与操作
And = cv.bitwise_and(img1, img2)
# 对 img1 和 img2 做或操作
Or = cv.bitwise_or(img1, img2)
# 对 img1 和 img2 做异或操作
Xor = cv.bitwise_xor(img1, img2)
# 对 img 做非操作
img_Not = cv.bitwise_not(img)

cv.imshow('img1', img1)
cv.imshow('img2', img2)
cv.imshow('Not', Not)
cv.imshow('And', And)
cv.imshow('Or', Or)
cv.imshow('Xor', Xor)
cv.imshow('Origin', img)
cv.imshow('Img_Not', img_Not)

cv.waitKey()
cv.destroyAllWindows()
```

运行程序,会看到如图 3-18 所示的 8 幅图像,从左到右,从上到下,分别是 img1 原图、img2 原图、img1 和 img2 的与运算,img1 和 img2 的或运算,img1 的非运算,img1 和 img2 的异或运算,img 原图,img 的非运算。

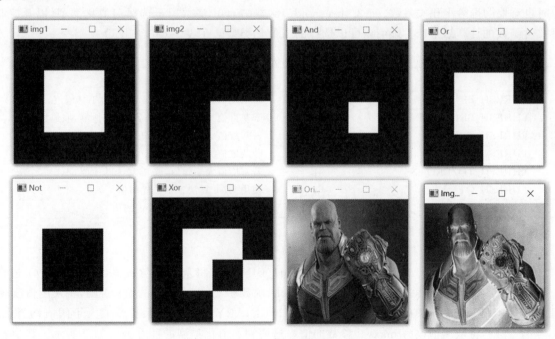

图 3-18 图像之间的与、或、非、异或运算

3.4 图像二值化

可以通过 np.zeros()函数生成黑色的图像,也可以将黑色图像的每一个像素值设置为 255,从而变成一幅白色的图像。这种非黑即白的图像的灰度值无论是什么数据类型,都只有最大值和最小值两种,

因此称这幅图像为二值图像。二值图像的色彩种类少,可以进行高度压缩,以节省存储空间。将非二值图像经过计算变成二值图像的过程称为图像的二值化,或称为阈值化。

OpenCV 4 提供了 cv2. threshold()函数和 cv2. adaptiveThreshold()函数用于实现图像的二值化。cv2. threshold()函数的原型如下:

```
cv2.threshold(src, thresh, maxval, type[, dst]) -> retval, dst
```

参数和返回值的含义如下:

(1) src:待二值化的图像,图像的数据类型只能是 uint 8 或 float 32,这与图像通道数目的要求和选择的二值化方法相关。

(2) thresh:二值化的阈值。

(3) maxval:二值化过程中的最大值。此参数只在 cv. THRESH_BINARY 和 cv. THRESH_BINARY_INV 两种二值化方法中才起作用,但在使用其他方法时也需要指定。

(4) type:图像二值化类型。

(5) dst:二值化后的图像,与输入图像有相同的尺寸、数据类型和通道数。

该函数是众多二值化函数的集成,这些函数共同实现了一个功能,就是给定一个阈值并计算所有灰度值与这个阈值的关系,得到最终的比较结果,并将结果通过值返回。该函数中有些阈值比较函数输出的灰度值并不是二值的,而是一个取值范围,不过为了体现常用的功能,这里仍然称其为二值化函数或者阈值比较函数。该函数的部分参数和返回值仅针对特定的算法才有用,即使不使用这些算法,在使用函数时也需要明确给出相关参数。cv2. threshold()函数的 type 参数用于选择二值化类型,以及控制哪些参数对函数的计算结果产生影响。可以选择的二值化类型已在表 3-2 中给出。

表 3-2　二值化类型

类　　型	值	作　　用
THRESH_BINARY	0	若灰度值大于阈值,取最大值,对于其他值,取 0
THRESH_BINARY_INV	1	若灰度值大于阈值,取 0,对于其他值,取最大值
THRESH_TRUNC	2	若灰度值大于阈值,取阈值,对于其他值,不变
THRESH_TOZERO	3	若灰度值大于阈值,不变,对于其他值,取 0
THRESH_TOZERO_INV	4	若灰度值大于阈值,取 0,对于其他值,不变
THRESH_OTSU	8	使用 Otsu 算法选择最优阈值
THRESH_TRIANGLE	16	使用三角形算法选择最优阈值

下面将对这些二值化类型进行详细的解释:

1. THRESH_BINARY 和 THRESH_BINARY_INV

这两个类型表示相反的二值化算法。THRESH_BINARY 将灰度值与阈值(thresh 参数)进行比较。如果灰度值大于阈值,就将灰度值改为 threshold 函数中 maxval 参数的值;否则,将灰度值改成0。THRESH_BINARY_INV 的作用正好与 THRESH_BINARY 相反。如果灰度值大于阈值,就将灰度值改为 0;否则,将灰度值改为 maxval 参数的值。这两种二值化类型的计算公式如下所示。其中 x 和 y 是图像中像素点的坐标;src(x,y)表示像素点(x,y)处的灰度值;thresh 表示阈值。

$$\begin{cases} \text{THRESH\_BINARY}(x,y) = \begin{cases} \text{maxval}, & \text{src}(x,y) > \text{thresh} \\ 0, & \text{其他} \end{cases} \\ \text{THRESH\_BINARY\_INV}(x,y) = \begin{cases} 0, & \text{src}(x,y) > \text{thresh} \\ \text{maxval}, & \text{其他} \end{cases} \end{cases} \tag{3-3}$$

2. THRESH_TRUNC

THRESH_TRUNC 类型相当于重新给图像的灰度值设定一个最大值,并将大于最大值的灰度值全部设置为新的最大值。具体规则是将灰度值与 thresh 参数进行比较,如果灰度值大于 thresh,则将灰度值改为 thresh;否则,保持灰度值不变。这种方法没有使用函数中 maxval 参数的值。因此,maxval 参数的值对 THRESH_TRUNC 类型没有影响。THRESH_TRUNC 类型的计算公式如下所示:

$$\text{THRESH\_TRUNC}(x,y) = \begin{cases} \text{threshold}, & \text{src}(x,y) > \text{thresh} \\ \text{src}(x,y), & \text{其他} \end{cases} \tag{3-4}$$

3. THRESH_TOZERO 和 THRESH_TOZERO_INV

这两个类型表示相反的阈值比较方法。THRESH_TOZERO 表示将灰度值与 thresh 参数进行比较,如果灰度值大于 thresh,则保持不变;否则,将灰度改为 0。THRESH_TOZERO_INV 与 THRESH_TOZERO 正好相反,将灰度值与 thresh 进行比较,如果灰度值小于或等于 thresh,则保持不变;否则,将灰度值改为 0。这两个类型都没有使用 threshold 函数中 maxval 参数的值,因此 maxval 参数的值对这两个类型没有任何影响。这两个类型的计算公式如下所示:

$$\begin{cases} \text{THRESH\_TOZERO}(x,y) = \begin{cases} \text{src}(x,y), & \text{src}(x,y) > \text{thresh} \\ 0, & \text{其他} \end{cases} \\ \text{THRESH\_TOZERO\_INV}(x,y) = \begin{cases} 0, & \text{src}(x,y) > \text{thresh} \\ \text{src}(x,y), & \text{其他} \end{cases} \end{cases} \tag{3-5}$$

前面几种二值化类型都支持输入多通道的图像,在计算时分别对每个通道进行像数值比较。

4. THRESH_OTSU 和 THRESH_TRIANGLE

THRESH_OTSU 和 THRESH_TRIANGLE 表示获取阈值的方法,并不是二值化算法的类型。这两种类型可以和前面 5 种类型一起使用,如 cv2. THRESH_BINARY 或 cv2. THRESH_OTSU。

前面 5 种类型在调用 cv2. threshold()函数时都需要人为地设置阈值,如果读者对图像不了解,设置的阈值很可能不合理,则会导致处理后的效果与自己期望的效果产生严重的偏差。这两个类型分别表示利用 Otsu 算法和三角形(TRIANGLE)算法结合图像灰度值分布特性获取二值化的阈值,并将阈值以函数返回值的形式给出。因此,如果把 cv2. threshold()函数的最后一个参数设置为这两个标志中的任何一个,那么函数的参数 thresh 将由系统自动给出,但是在调用函数的时候仍然不能省略。需要注意的是,目前 OpenCV4 中针对这两个类型只支持输入 8 位单通道类型的图像。

cv2. threshold()函数在全局只使用一个阈值,在实际情况下,由于光照不均匀及阴影的存在,全局只有一个阈值会使阴影处的白色区域也会被函数二值化成黑色区域,因此 cv2. adaptiveThreshold()函数提供了两种局部自适应阈值的二值化类型,该函数的原型如下:

```
cv2.adaptiveThreshold(src, maxValue, adaptiveMethod, thresholdType, blockSize,C[, dst]) -> dst
```

参数和返回值的含义如下:

(1) src:待二值化的图像,只能是 8 位单通道类型的图像。

(2) maxValue:二值化后的最大值,要求为非零数。

(3) adaptiveMethod:自适应确定阈值的方法,分为均值法(ADAPTIVE_THRESH_MEAN_C)和高斯法(ADAPTIVE_THRESH_GAUSSIAN_C)两种。

(4) thresholdType:图像二值化类型,只能是 THRESH_BINARY 或 THRESH_BINARY_INV 类型。

（5）blockSize：自适应确定阈值的像素邻域大小，一般取值为 3、5、7。

（6）C：从平均值或者加权平均值中减去的常数，可以为正数也可以为负数。

（7）dst：二值化后的图像，与输入图像有相同的尺寸、数据类型。

cv2.adaptiveThreshold()函数可将灰度图像转换成二值化的图像，通过均值法和高斯法自适应地计算 blockSize×blockSize 邻域内的阈值，之后进行二值化处理。其原理与前面的相同，此处不再赘述。

下面的例子使用不同二值化类型，以及 cv2.threshold()函数和 cv2.adaptiveThreshold()函数二值化装载的图像，并显示最终的处理结果。

代码位置：src/advanced_image/threshold.py。

```python
import cv2

# 读取图像并判断是否读取成功
alien = cv2.imread('./images/alien.jpg')
gray = cv2.cvtColor(alien, cv2.COLOR_BGR2GRAY)
# 彩色图像二值化
_, alien_B = cv2.threshold(alien, 125, 255, cv2.THRESH_BINARY)
_, alien_B_V = cv2.threshold(alien, 125, 255, cv2.THRESH_BINARY_INV)
cv2.imshow('alien_B', alien_B)
cv2.imshow('alien_B_V', alien_B_V)
# 灰度图像二值化
_, gray_B = cv2.threshold(gray, 125, 255, cv2.THRESH_BINARY)
_, gray_B_V = cv2.threshold(gray, 125, 255, cv2.THRESH_BINARY_INV)
cv2.imshow('gray_B', gray_B)
cv2.imshow('gray_B_V', gray_B_V)
# 灰度图像 TOZERO 变换
_, gray_T = cv2.threshold(gray, 125, 255, cv2.THRESH_TOZERO)
_, gray_T_V = cv2.threshold(gray, 125, 255, cv2.THRESH_TOZERO_INV)
cv2.imshow('gray_T', gray_T)
cv2.imshow('gray_T_V', gray_T_V)
# 灰度图像 TRUNC 变换
_, gray_TRUNC = cv2.threshold(gray, 125, 255, cv2.THRESH_TRUNC)
cv2.imshow('gray_TRUNC', gray_TRUNC)
# 灰度图像利用 Otsu 算法和三角形(TRIANGLE)算法二值化
new_book = cv2.imread('./images/new_book.png', cv2.IMREAD_GRAYSCALE)
_, new_book1_O = cv2.threshold(new_book, 100, 255, cv2.THRESH_BINARY | cv2.THRESH_OTSU)
_, new_book_T = cv2.threshold(new_book, 125, 255, cv2.THRESH_BINARY | cv2.THRESH_TRIANGLE)
cv2.imshow('new_book', new_book)
cv2.imshow('new_book_O', new_book)
cv2.imshow('new_book_T', new_book_T)
# 灰度图像自适应二值化
adaptive_mean = cv2.adaptiveThreshold(new_book, 255, cv2.ADAPTIVE_THRESH_MEAN_C, cv2.THRESH_BINARY, 13, 0)
adaptive_gauss = cv2.adaptiveThreshold(new_book, 255, cv2.ADAPTIVE_THRESH_GAUSSIAN_C, cv2.THRESH_BINARY, 13, 0)
cv2.imshow('adaptive_mean', adaptive_mean)
cv2.imshow('adaptive_gauss', adaptive_gauss)
cv2.waitKey(0)
cv2.destroyAllWindows()
```

运行程序，会显示如图 3-19 和图 3-20 所示的二值化效果。

图 3-19 外星人图像的二值化效果

图 3-20 书图像的二值化效果

第 13 集
微课视频

3.5 多阈值比较与 LUT

在前文介绍图像二值化的过程中，只对一个阈值进行了比较，如果需要对多个阈值进行比较，就需要用到映射表（Look-Up-Table，LUT）。简单来说，LUT 以灰度值作为索引，以灰度值映射后的数值作为表中的内容。例如，有一个长度为 5 的存放字符的数组 $P[a,b,c,d,e]$，LUT 就是通过这个数组将 0 映射成 a，将 1 映射成 b，以此类推，其映射关系为 $P[0]=a$，$P[1]=b$。

OpenCV4 提供了 cv2.LUT() 函数，用于实现灰度值的 LUT 功能，cv2.LUT() 函数的原型如下：

```
cv2.LUT(src, lut[, dst]) ->dst
```

参数和返回值的含义如下：

（1）src：输入图像。

（2）lut：256 个灰度值的映射表。

（3）dst：输出图像。

cv2.LUT() 函数用于实现灰度值的 LUT 功能，并将处理结果通过 dst 返回。src 参数仅支持 8 位的图像数据，但可以是多通道的图像。lut 参数是一个 256×1 的矩阵，其中存放着每个灰度值经过映射后的数值。如果 lut 参数是单通道的图像，则 src 中的每个通道都按照一个 LUT 进行映射；如果 lut 是多通道的图像,则 src 中的第 i 个通道按照 lut 参数的第 i 个通道的 LUT 进行映射。与之前的函数不同,该函数输出的图像(dst)的数据类型不需要和原图像的数据类型保持一致,而需要和 LUT 的数据类型保持一致,这是因为将原灰度值映射到新的空间时,需要与新空间中的数据类型保持一致。LUT 映射案例见表 3-3。

表 3-3　LUT 映射案例

原灰度值	0	1	2	3	···	100	101	102	···	252	253	254	255
映射后的值	0	0	0	0	···	100	100	100	···	255	255	255	255

下面的例子首先创建 3 个 LUT(256×1 的矩阵),然后将这 3 个 LUT 合成一个 LUT(256×1×3 的矩阵),最后分别使用创建的 3 个 LUT 转换灰度图像、使用创建的前两个 LUT 和合成的 LUT 转换彩色图像,并展示转换的结果。

代码位置:**src/advanced_image/lut. py**。

```python
import cv2
import numpy as np
import sys

# 创建第 1 个 LUT
LUT_1 = np.zeros(256, dtype = 'uint8')
LUT_1[101: 201] = 100
LUT_1[201:] = 255
# 创建第 2 个 LUT
LUT_2 = np.zeros(256, dtype = 'uint8')
LUT_2[101: 151] = 100
LUT_2[151: 201] = 150
LUT_2[201:] = 255
# 创建第 3 个 LUT
LUT_3 = np.zeros(256, dtype = 'uint8')
LUT_3[0: 101] = 100
LUT_3[101: 201] = 200
LUT_3[201:] = 255

# 合并 3 个 LUT
LUT = cv2.merge((LUT_1, LUT_2, LUT_3))
print('LUT_1:',LUT_1.shape)
print('LUT:',LUT.shape)

# 读取图像并判断是否读取成功
img = cv2.imread('./images/alien.jpg')
if img is None:
    print('Failed to read alien.jpg. ')
    sys.exit()
gray = cv2.cvtColor(img, cv2.COLOR_BGR2GRAY)
# 用第 1 个 LUT 处理灰度图像
gray_out1 = cv2.LUT(gray, LUT_1)
# 用第 2 个 LUT 处理灰度图像
gray_out2 = cv2.LUT(gray, LUT_2)
# 用第 3 个 LUT 处理灰度图像
gray_out3 = cv2.LUT(gray, LUT_3)
# 用第 1 个 LUT 处理彩色图像
img_out1 = cv2.LUT(img, LUT_1)
# 用第 2 个 LUT 处理彩色图像
```

```
img_out2 = cv2.LUT(img, LUT_2)
# 用合并后的 LUT 处理彩色图像
img_out3 = cv2.LUT(img, LUT)

# 展示结果
cv2.imshow('gray1', gray_out1)
cv2.imshow('gray2', gray_out2)
cv2.imshow('gray3', gray_out3)

cv2.imshow('out1', img_out1)
cv2.imshow('out2', img_out2)
cv2.imshow('out3', img_out3)
cv2.waitKey(0)
cv2.destroyAllWindows()
```

运行程序,会在终端输出如下内容,同时会弹出如图 3-21 和图 3-22 所示的 6 个窗口。

```
LUT_1: (256,)
LUT: (256, 1, 3)
```

图 3-21　使用单独的 LUT 处理灰度图像

图 3-22　使用单独的 LUT 和合并后的 LUT 处理彩色图像

从输出来看,创建的 3 个 LUT 是 256×1 的矩阵,合并后的 LUT 是 256×1×3 的矩阵。

图 3-21 所示的窗口从左到右分别是使用第 1 个 LUT、第 2 个 LUT 和第 3 个 LUT 的处理结果。

从代码和转换效果可以看出,在转换彩色图像(多通道图像)时,如果 LUT 是 256×1 的矩阵,那么多个通道都会使用同一个 LUT 完成转换,如果 LUT 是 256×1×3 的矩阵,那么彩色图像的多通道(这里是 3 个通道)会分别使用对应的 LUT 完成转换。

3.6　图像连接和图像变换

在很多应用场景中,是不能使用原始的图像的,例如。在网站上提交用户信息时要求提交照片,但有时用手机拍摄的照片的尺寸太大,不符合网站的要求,所以就需要对原始图像的尺寸进行调整。通常是将图像按等比例缩小。当然,如果图像中的人物或景色颠倒或歪了,还需要对图片进行旋转的操作。为了满足这些场景的需求,本节将介绍如何通过 OpenCV4 中的函数实现图像形状的变换,包括图像尺寸变换、图像翻转及图像旋转等。

3.6.1　图像连接

图像连接是指将两个具有相同高度或者宽度的图像水平或垂直连接在一起,也就是说,让一幅图像的边缘左右或上下紧挨着另一幅图像的边缘。图像连接常用于需要对两幅图像内容进行对比或者内容存在对应信息并显示对应关系的情况。例如,当使用线段连接两幅图像中相同的像素时,就需要先将两幅图像组成一幅新的图像,再连接相同的像素。

OpenCV4 中针对图像水平(左右)连接和垂直(上下)连接这两种方式提供了两个不同的函数。cv2. hconcat()函数用于实现图像的水平连接,该函数可以水平连接多幅图像,cv2. hconcat()函数的原型如下:

```
cv2.hconcat(src[, dst]) -> dst
```

参数和返回值的含义如下:

(1) src：元组类型,用于连接的图像矩阵的集合。

(2) dst：连接后的图像。

注意：src 可以输入任意多的图像,每一个图像矩阵作为元组的一个元素值。src 中所有图像的高度、数据类型和通道数必须相同。连接后的宽度是所有图像宽度的总和。

cv2. vconcat()函数用于实现图像的垂直连接。与 cv2. hconcat()函数类似,cv2. vconcat()函数同样可以连接多幅图像,原型如下:

```
cv2.vconcat(src[, dst]) -> dst
```

参数和返回值的含义如下:

(1) src：元组类型,用于连接的图像矩阵的集合。

(2) dst：连接后的图像。

下面的例子做了两件事:

(1) 使用 NumPy 数组定义两个矩阵,分别使用 cv2. vconcat()函数和 cv2. hconcat()函数垂直连接和水平连接两个矩阵,并输出连接结果。

(2) 使用 cv2. hconcat()函数和 cv2. vconcat()函数水平和垂直连接同一幅图像,组成 2×2 的图像。并展示连接结果。

代码位置：src/advanced_image/concat. py。

```python
import cv2
import numpy as np
import sys

# 矩阵的垂直连接和水平连接
# 定义矩阵 A 和 B
A = np.array([[1, 7], [2, 8]])
B = np.array([[4, 10], [5, 11]])
# 垂直连接
V_C = cv2.vconcat((A, B))
# 水平连接
H_C = cv2.hconcat((A, B))
print('垂直连接结果: \n{}'.format(V_C))
print('水平连接结果: \n{}'.format(H_C))

# 图像的垂直连接和水平连接
# 读取 4 幅图像
img00 = cv2.imread('./images/alien.jpg')
```

```
img01 = cv2.imread('./images/alien.jpg')
img10 = cv2.imread('./images/alien.jpg')
img11 = cv2.imread('./images/alien.jpg')
#判断是否读取成功
if img00 is None or img01 is None or img10 is None or img11 is None:
    print('Failed to read images.')
    sys.exit()

# 图像连接
# 水平连接
img0 = cv2.hconcat((img00, img01))
img1 = cv2.hconcat((img10, img11))
# 垂直连接
img = cv2.vconcat((img0, img1))
# 显示结果
cv2.imshow('img00', img00)
cv2.imshow('img01', img01)
cv2.imshow('img10', img10)
cv2.imshow('img11', img11)
cv2.imshow('img0', img0)
cv2.imshow('img1', img1)
cv2.imshow('img', img)
cv2.waitKey(0)
cv2.destroyAllWindows()
```

运行程序,会在终端输出如下内容:

```
垂直连接结果:
[[ 1  7]
 [ 2  8]
 [ 4 10]
 [ 5 11]]
水平连接结果:
[[ 1  7  4 10]
 [ 2  8  5 11]]
```

图 3-23 是连接成 2×2 图像的效果。

图 3-23　连接成 2×2 图像的效果

3.6.2　图像尺寸变换

图像尺寸变换实际上就是通过改变图像的长和宽，实现图像的缩放。改变图像的尺寸可以是等比例缩放，也可以是不等比例缩放（图像拉伸）。OpenCV4 提供了 cv2.resize()函数用于将图像修改成指定尺寸，该函数的原型如下：

```
cv2.resize(src, dsize[, dst[, fx[, fy[, interpolation]]]]) -> dst
```

参数和返回值的含义如下：

（1）src：输入图像。

（2）dsize：输出图像的尺寸。

（3）dst：输出图像。

（4）fx：水平轴的缩放比例因子，如果沿水平轴将图像放大为原来的 2 倍，则指定为 2。

（5）fy：垂直轴的缩放比例因子，如果沿垂直轴将图像放大为原来的 2 倍，则指定为 2。

（6）interpolation：插值方法的标志，可以选择的标志已在表 3-4 中给出。

表 3-4　插值方法中可以选择的标志

标　　志	值	描　　述
INTER_NEAREST	0	最近邻插值法
INTER_LINEAR	1	双线性插值法
INTER_CUBIC	2	双三次插值法
INTER_AREA	3	使用像素区域关系重新采样，首选用于图像缩小，图像放大时效果与 INTER_NEAREST 相似
INTER_LANCZOS4	4	Lanczos 插值法
INTER_LINEAR_EXACT	5	位精确双线性插值法
INTER_NEAREST_EXACT	6	位精确邻近插值法。效果与 PIL、scikit-image 或 MATLAB 中的最邻近法相同
INTER_MAX	7	用掩膜进行插值

cv2.resize()函数主要用来对图像尺寸进行缩放，并将尺寸修改后的图像通过值返回。src 参数表示需要修改尺寸的图像。dst 参数表示数据类型与输入图像相同的输出图像。dsize 参数或 fx 和 fy 参数均可用于调整输出图像的尺寸，但这两套参数在实际应用中只需要使用其中一套即可。如果同时使用这两套参数，那么 dsize 参数的优先级更高。dsize 与 fx 和 fy 可以根据下面的公式互相转换。

$$dsize = Size(round (fx * src.cols), round (fy * src.rows))$$

interpolation 参数表示图像插值方法。图像缩放相同的尺寸时选择不同的插值方法会展现不同的效果。一般来讲，如果要缩小图像，通常使用 INTER_AREA 标志会有较好的效果；而放大图像时，通常使用 INTER_CUBIC 或 INTER_LINEAR 标志会有比较好的效果。在这两个标志中，INTER_CUBIC 的计算速度较慢，INTER_LINEAR 的计算速度较快，但 INTER_CUBIC 比 INTER_LINEAR 的效果好。

下面的例子使用 resize 函数，分别按等比例缩放和不等比例缩放方式缩放图像，并在缩放的过程中使用不同的插值方法，以观察缩放效果。最后显示缩放后的结果。

代码位置：src/advanced_image/resize.py。

```
import cv2
import sys
```

```
# 以灰度方式读取图像,图像原始尺寸是 600 * 400
img = cv2.imread('./images/alien.jpg', cv2.IMREAD_GRAYSCALE)
# 如果读取图像失败,则直接退出程序
if img is None:
    print('Failed to read alien.jpg.')
    sys.exit()

# 用拉伸方式缩小图像,插值方法: INTER_AREA
small_img = cv2.resize(img, (100, 100), fx = 0, fy = 0, interpolation = cv2.INTER_AREA)
# 等比例缩小图像,插值方法: INTER_NEAREST
big_img1 = cv2.resize(small_img, (150, 100), fx = 0, fy = 0, interpolation = cv2.INTER_NEAREST)
# 等比例缩小图像,插值方法: INTER_LINEAR
big_img2 = cv2.resize(small_img, (150, 100), fx = 0, fy = 0, interpolation = cv2.INTER_LINEAR)
# 等比例缩小图像,插值方法: INTER_CUBIC
big_img3 = cv2.resize(small_img, (150, 100), fx = 0, fy = 0, interpolation = cv2.INTER_CUBIC)
# 下面的代码用于展示缩放后的效果
cv2.imshow('small', small_img)
cv2.imshow('big_img1', big_img1)
cv2.imshow('big_img2', big_img2)
cv2.imshow('big_img3', big_img3)
cv2.waitKey(0)
cv2.destroyAllWindows()
```

运行程序,会显示 4 个窗口,如图 3-24 所示。

图 3-24　缩放图像

由于原图的尺寸是 600×400,所以最左侧的图像很明显被拉伸了,而其他图像都是等比例缩小。

3.6.3　图像翻转变换

OpenCV4 中提供了 cv2.flip()函数用于图像的翻转,该函数的原型如下:

cv2.flip(src, flipCode[,dst]) -> dst

参数和返回值的含义如下:

(1) src:输入图像。

(2) flipCode:翻转方式的标志。如果值大于 0,表示绕 y 轴翻转;如果值等于 0,表示绕 x 轴翻转;如果值小于 0,表示同时绕 x 轴和 y 轴翻转。

(3) dst:输出图像。

下面的例子使用 cv2.flip()函数分别将图像绕 x 轴、绕 y 轴以及同时绕 x 轴和 y 轴翻转,并展示翻转的效果。

代码位置:src/advanced_image/flip.py。

```
import cv2 as cv
import sys
# 读取图像
```

```
img = cv.imread('./images/alien.jpg')
if img is None:
    print('Failed to read alien.jpg.')
    sys.exit()
# 绕 x 轴翻转
img_x = cv.flip(img, 0)
# 绕 y 轴翻转
img_y = cv.flip(img, 1)
# 同时绕 x 轴和 y 轴翻转
img_xy = cv.flip(img, -1)
# 展示结果
cv.imshow('img', img)
cv.imshow('img_x', img_x)
cv.imshow('img_y', img_y)
cv.imshow('img_xy', img_xy)
cv.waitKey(0)
cv.destroyAllWindows()
```

运行程序,会显示如图 3-25 所示的 4 幅图,其中从左到右,从上到下,分别是原图、绕 x 轴翻转、绕 y 轴翻转、同时绕 x 轴和 y 轴翻转。

图 3-25　图像翻转

3.6.4　图像仿射变换

在 OpenCV4 中,有函数可以直接完成图像的缩放和翻转,但没有函数可以直接翻转图像。在 OpenCV4 中,旋转图像需要依赖一个矩阵,这个矩阵称为旋转矩阵,而通过旋转矩阵旋转图像的过程称为图像仿射变换。

图像仿射变换需要先确定图像的旋转角度和旋转中心,之后再确定旋转矩阵,最终通过旋转矩阵实现图像旋转。OpenCV4 提供了 cv2.getRotationMatrix2D()函数用于计算旋转矩阵,提供了 cv2.warpAffine()函数用于实现图像的仿射变换。下面将介绍这两个函数的主要功能和使用方法。

cv2.getRotationMatrix2D()函数的原型如下:

```
cv2.getRotationMatrix2D(center, angle, scale) -> retval
```

参数和返回值的含义如下:

(1) center:图像旋转的中心。

(2) angle:图像旋转的角度,单位为度,正值代表逆时针旋转。

(3) scale:沿两条轴的缩放比例,可以实现旋转过程中的图像缩放。若不需要缩放,则输入 1。

(4) retval:返回的旋转矩阵,尺寸是 2×3。

如果已知旋转矩阵,可以不使用 cv2.getRotationMatrix2D()函数计算旋转矩阵,直接使用已知旋转矩阵即可。

旋转矩阵 $\boldsymbol{R}$ 的计算公式如下所示:

$$\boldsymbol{R} = \begin{bmatrix} \alpha & \beta & (1-\alpha)\text{center}x - \beta\text{center}.y \\ -\beta & \alpha & \beta\text{center}x + (1-\alpha)\text{center}.y \end{bmatrix} \tag{3-6}$$

其中 α 和 β 的公式如下所示,scale 表示图像旋转角度,center 表示图像旋转中心。

```
α = scale × cos(angle)
β = scale × sin(angle)
```

获得旋转矩阵后,通过 cv2.warpAffine()函数进行仿射变换就可以实现图像的旋转,cv2.warpAffine()函数的原型如下:

```
cv2.warpAffine(src, M, dsize[, dst[, flags[, borderMode[, borderValue]]]]) -> dst
```

参数和返回值的含义如下:

(1) src:输入图像。

(2) M:2×3 的旋转矩阵(也可以称为仿射矩阵)。

(3) dsize:输出图像的尺寸。

(4) dst:返回值或参数,仿射变换后的输出图像。与 src 参数的数据类型相同,但是尺寸与 dsize 相同。

(5) flags:插值方法的标志。

(6) borderMode:像素边界外推方法的标志。

(7) borderValue:填充边界使用的数值,默认情况下为 0。

cv2.warpAffine()函数可以对图像进行仿射变换(根据仿射矩阵的不同,会完成不同的变换,例如,如果仿射矩阵是旋转矩阵,那么图像就会旋转),并将变换后的结果通过返回值返回。该函数有多个参数,但是多数参数与前面介绍的图像尺寸变换函数中的对应的参数具有相同的含义。该函数中的 M 参数为通过 cv2.getRotationMatrix2D()函数得到的图像旋转矩阵。该函数中的 flags 参数相比图像尺寸变换增加了两个标志,二者可以与其他插值方法一起使用,见表 3-5。像素边界外推方法的标志见表 3-6。

表 3-5　图像仿射变换中补充的插值方法的标志

标　　志	值	描　　述
WARP_FILL_OUTLIERS	8	填充所有输出图像的像素。如果部分像素落在输入图像的边界外,那么它们的值设定为 fillval
WARP_INVERSE_MAP	16	表示参数 M 为输出图像到输入图像的反变换

表 3-6　像素边界外推方法的标志

标　　志	值	描　　述
BORDER_CONSTANT	0	用特定值填充,如 iiiii|abcdefg|iiiii
BORDER_REPLICATE	1	两端复制填充,如 aaaaa|abcdefg|ggggg
BORDER_REFLECT	2	倒序填充,fedcba|abcdefgh|hgfedcb
BORDER_WRAP	3	正序填充,如 cdefgh|abcdefgh|abcdefg
BORDER_REFLECT_101	4	不包含边界值倒序填充,如 gfedcb|abcdefgh|gfedcba
BORDER_TRANSPARENT	5	随机填充,如,uvwxyz|abcdefgh|ijklmno
BORDER_REFLECT101	4	与 BORDER_REFLECT_101 相同
BORDER_DEFAULT	4	与 BORDER_REFLECT_101 相同
BORDER_ISOLATED	16	不关心感兴趣区域之外的部分

在介绍了 cv2. getRotationMatrix2D()函数和 cv2. warpAffine()函数中每个参数的含义后,下面介绍一下仿射变换的概念。仿射变换就是图像旋转、平移和缩放操作的统称,也可以理解为线性变换和平移变换的叠加。仿射变换的数学表示是乘以一个线性变换矩阵再加上一个平移向量,其中线性变换矩阵为 2×2 的矩阵,平移向量为 2×1 的向量,至此读者可能理解了为什么旋转矩阵是一个 2×3 的矩阵。假设存在一个线性变换矩阵 A 和平移向量 b,两者与输入的 M 矩阵之间的关系如下所示:

$$M = \begin{bmatrix} A & b \end{bmatrix} = \begin{bmatrix} a_{00} & a_{01} & b_{00} \\ a_{10} & a_{11} & b_{10} \end{bmatrix} \tag{3-7}$$

根据旋转矩阵 A 和平移向量 b,以及图像像素坐标(x,y),仿射变换的数学原理如下,其中 T 是变换后的图像像素坐标:

$$T = A \begin{bmatrix} x \\ y \end{bmatrix} + b \tag{3-8}$$

仿射变换又称为三点变换,如果知道变换前后每张图像中 3 个像素坐标的对应关系,就可以求得仿射变换中的变换矩阵 M。OpenCV4 提供了利用 3 个对应像素来确定变换矩阵 M 的 cv2. getAffineTransform()函数,该函数的原型如下:

```
cv2.getAffineTransform(src,dst) -> retval
```

参数和返回值的含义如下:

(1) src:原图像中 3 个像素的坐标。

(2) dst:目标图像中 3 个像素的坐标。

(3) retval:返回的仿射矩阵 M。

cv2. getAffineTransform()函数可以通过变换前后像素坐标的对应关系计算仿射变换的旋转矩阵,并将计算结果通过 retval 返回。该函数的 src 参数和 dst 参数都是数据类型为 float32 的 ndarray 数组对象。在生成数组的时候,无须关注像素点的输入顺序,但是需要保证像素点的对应关系。该函数的返回值是一个 2×3 的仿射矩阵。

下面的例子使用 cv2. getRotationMatrix2D()函数根据旋转中心和旋转角度计算旋转矩阵,使用

cv2. getAffineTransform()函数根据图像旋转前后 3 个对应的像素点坐标计算旋转矩阵，最后使用
cv2. warpAffine()函数进行图像的仿射变换。

代码位置：src/advanced_image/warp_affine. py。

```python
import cv2 as cv
import numpy as np
import sys

# 读取图像
img = cv.imread('./images/alien.jpg')
if img is None:
    print('Failed to read alien. jpg.')
    sys.exit()
# 设置图像旋转角度
angle = 50
# 获取图像的高度和宽度
h, w = img.shape[:-1]
# 获取图像的尺寸
size = (w, h)
# 获取图像的中心点坐标
center = (w / 2.0, h / 2.0)
# 根据旋转中心和旋转角度计算图像的旋转矩阵
rotation0 = cv.getRotationMatrix2D(center, angle, 1)
# 进行图像的仿射变换
img_warp0 = cv.warpAffine(img, rotation0, size)

# 定义图像旋转前的 3 个点的坐标
src_points = np.array([[0, 0], [0, h - 1], [w - 1, h - 1]], dtype = 'float32')
# 定义图像旋转后的 3 个点的坐标
dst_points = np.array([[w * 0.14, h * 0.2], [w * 0.15, h * 0.7], [w * 0.81, h * 0.85]], dtype = 'float32')
# 根据图像旋转前后 3 个对应点的坐标计算图像的旋转矩阵
rotation1 = cv.getAffineTransform(src_points, dst_points)
# 进行图像的仿射变换
img_warp1 = cv.warpAffine(img, rotation1, size)

# 展示结果
cv.imshow('img_warp0', img_warp0)
cv.imshow('img_warp1', img_warp1)
cv.waitKey(0)
cv.destroyAllWindows()
```

运行程序，会看到如图 3-26 所示的旋转效果。

图 3-26　进行仿射变换后的旋转效果

3.6.5　图像透视变换

本节将介绍图像的透视变换,也称为投影映射。透视变换是指按照物体成像投影规律进行变换,即将物体重新投影到新的成像平面上,其原理如图 3-27 所示。透视变换常用于机器人视觉导航研究。由于相机视场与地面存在倾斜角,使得物体成像产生畸变,因此可以通过透视变换实现对物体图像的校正。透视变换前的图像和透视变换后的图像之间的变换关系可以用一个 3×3 的变换矩阵来表示,该矩阵可以通过两幅图像中 4 个对应点的坐标来计算,因此透视变换也可以称作 4 点变换。

与仿射变换一样,OpenCV 4 中提供了根据 4 个对应点计算变换矩阵的 cv2.getPerspectiveTransform() 函数和进行透视变换的 cv2.warpPerspective() 函数,接下来将介绍这两个函数的使用方法。

cv2.getPerspectiveTransform() 函数的原型如下:

cv2.getPerspectiveTransform(src, dst[, solveMethod]) -> retval

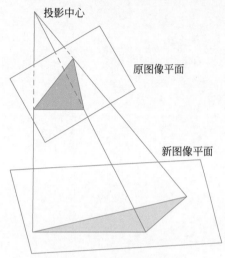

图 3-27　透视变换的原理

参数和返回值的含义如下:

(1) src:原图像中 4 个像素的坐标。

(2) dst:目标图像中 4 个像素的坐标。

(3) solveMethod:计算透视变换矩阵方法的标志,见表 3-7。

表 3-7　getPerspectiveTransform() 函数中选择计算透视变换矩阵方法的标志

标　　志	值	描　　述
DECOMP_LU	0	最佳主轴元素的高斯消元法
DECOMP_SVD	1	奇异值分解(SVD)方法
DECOMP_EIG	2	特征值分解法
DECOMP_CHOLESKY	3	Cholesky 分解法
DECOMP_QR	4	QR 分解法
DECOMP_NORMAL	16	使用归一化公式,可以与前面的标志一起使用

(4) retval:计算出的透视变换矩阵,并通过返回值返回该矩阵。

该函数可以计算透视变换的旋转矩阵,并将计算结果通过返回,该函数的 src 参数和 dst 参数都是数据类型为 float32 的 ndarray 数组对象。在生成数组的时候,并不需要关注像素的输入顺序,但 src 参数与 dst 参数的像素位置要一一对应。该函数的返回值是一个 3×3 的变换矩阵。该函数中的 solveMethod 参数用于根据 4 个对应点的坐标选择计算透视变换矩阵的方法,它可以选择的标志已在表 3-7 中给出,默认情况下选择的是最佳主轴元素的高斯消元法 DECOMP_LU。

cv2.warpPerspective() 函数的原型如下:

cv2.warpPerspective(src, M, dsize[, dst[, flags[, borderMode[, borderValue]]]]) -> dst

参数和返回值的含义如下:

（1）src：输入图像。

（2）M：3×3 的变换矩阵。

（3）dsize：输出图像的尺寸。

（4）dst：透视变换后的输出图像，与 src 的数据类型相同，但尺寸与 dsize 相同。

（5）flags：插值方法的标志。

（6）borderMode：像素边界外推方法的标志。

（7）borderValue：填充边界使用的数值，默认值为 0。

（8）dst：返回值，变化后的图像。

cv2. warpPerspective()函数可以对图像进行透视变换，并将变换后的图像通过 dst 返回。该函数中所有参数的含义与 cv2. warpAffine()函数中相应参数的含义相同，这里不再赘述。

下面的例子将照片中倾斜的二维码通过图像透视变换摆正。原图的 4 个点的坐标通过文本文件读取，最后显示原图和摆正后的二维码。

代码位置：src/advanced_image/warp_perspective. py。

```
import cv2
import numpy as np

# 读取图像
img = cv2.imread('./images/warp_perspective.png')
# 读取透视变换前四个角点的坐标(存储到 src_points 中)
points_path = './points.txt'
with open(points_path, 'r') as f:
    src_points = np.array([tx.split(' ') for tx in f.read().split('\n')], dtype = 'float32')

dst_size = 200                                    # 定义变换后二维码图像的尺寸
# 定义变换后二维码图像与原图对应的 4 个点的坐标
dst_points = np.array([[0.0, 0.0], [dst_size, 0.0], [0.0, dst_size], [dst_size, dst_size]], dtype =
'float32')
# 计算透视变换矩阵
rotation = cv2.getPerspectiveTransform(src_points, dst_points)
# 透视变换
img_warp = cv2.warpPerspective(img, rotation, (200,200))

# 展示结果
cv2.imshow('Origin', img)
cv2.imshow('img_warp', img_warp)
cv2.waitKey(0)
cv2.destroyAllWindows()
```

points. txt 文件的内容如下：

```
581.0 563.0
1255.0 613.0
477.0 1035.0
1353.0 1089.0
```

运行程序，会看到如图 3-28 所示的原图，以及如图 3-29 所示经过变换后的二维码。由于二维码倾斜的程度不同，所以并不一定能保证 100％变换为未倾斜的样式，但总体上是可以摆正的。

图 3-28　待变换的原图

图 3-29　变换后的二维码

3.6.6　极坐标变换

极坐标变换可以将图像从直角坐标系变换到极坐标系。这种变换可以将圆形图像变换为矩形图像，效果如图 3-30 所示。极坐标变换通常用于处理钟表、圆盘等图像。在变换的过程中，会将圆形图案边缘上的文字经过极坐标变换后，垂直排列在新图像的边缘，便于文字的识别和检测。

OpenCV4 提供了 cv2.warpPolar()函数用于实现图像的极坐标变换，该函数的原型如下：

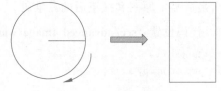

图 3-30　极坐标变换的效果

```
cv2.warpPolar(src, dsize, center, maxRadius, flags[, dst]) -> dst
```

参数和返回值的含义如下：

（1）src：原图像。

（2）dsize：目标图像的尺寸。

（3）center：极坐标变换时极坐标在原图像中的原点。

（4）maxRadius：变换时边界圆的半径。

（5）flags：插值方法与极坐标映射方法的标志。

（6）dst：参数或返回值，极坐标变换后的输出图像。

该函数实现了图像极坐标变换和半对数极坐标变换，并将变换后的图像通过值返回。该函数中的 src 参数可以是灰度图像也可以是彩色图像。center 参数同样适用于逆变换。maxRadius 参数决定了逆变换时的比例参数。flags 参数可选择的标志已在表 3-8 中给出。dst 参数是变换后的输出图像，它与输入图像有相同的数据类型和通道数。输出图像也会通过函数的返回值返回。

表 3-8　cv2.warpPolar()函数中 flags 参数可选择的标志

标　志	描　述
WARP_POLAR_LINEAR	极坐标变换
WARP_POLAR_LOG	半对数极坐标变换
WARP_INVERSE_MAP	逆变换

cv2.warpPolar()函数既可以对图像进行极坐标正变换，也可以进行逆变换，关键在于最后一个参数如何选择。

下面的例子使用 cv2.warpPolar()函数对表盘图像进行极坐标正变换，并对变换结果再进行极坐标逆变换，恢复原来的表盘。

代码位置：src/advanced_image/warp_polar.py。

```
import cv2 as cv

# 读取表盘图像
img = cv.imread('./images/dial.png')
h, w = img.shape[:-1]
# 计算极坐标在图像中的原点
center = (w / 2, h / 2)
# 极坐标正变换,变换后图像的尺寸是(300,600)
img_res = cv.warpPolar(img, (300, 600), center, center[0], cv.INTER_LINEAR + cv.WARP_POLAR_LINEAR)
# 极坐标逆变换,恢复原来的表盘
img_res1 = cv.warpPolar(img_res, (w, h), center, center[0], cv.INTER_LINEAR + cv.WARP_POLAR_LINEAR +
cv.WARP_INVERSE_MAP)

# 展示结果
cv.imshow('Origin', img)
cv.imshow('img_res', img_res)
cv.imshow('img_res1', img_res1)
cv.waitKey(0)
cv.destroyAllWindows()
```

运行程序,会看到如图 3-31 所示的结果。从左到右依次是表盘原图,正变换后的矩形表盘和逆变换后恢复的圆形表盘。

图 3-31　极坐标正变换和极坐标逆变换

恢复的圆形表盘没什么问题,但中间的矩形表盘的 3,在图像的上方和下方各保留一半,产生这种效果的原因是因为表盘上数字角度的问题,只需要将表盘图像按一定角度旋转,然后再进行极坐标正变换即可,下面是改进的源代码:

代码位置：src/advanced_image/warp_polar_new.py。

```
import cv2 as cv

# 读取表盘图像
img = cv.imread('./images/dial.png')

h, w = img.shape[:-1]
# 计算极坐标在图像中的原点
```

```
center = (w / 2, h / 2)
# 表盘旋转的角度(逆时针旋转12°)
angle = 12
# 表盘图像的尺寸
size = (w, h)
# 计算仿射变换矩阵
rotation = cv.getRotationMatrix2D(center, angle, 1)
# 进行仿射变换,逆时针旋转表盘图像
img = cv.warpAffine(img, rotation, size)
# 正极坐标变换
img_res = cv.warpPolar(img, (300, 600), center, center[0], cv.INTER_LINEAR + cv.WARP_POLAR_LINEAR)
# 逆极坐标变换
img_res1 = cv.warpPolar(img_res, (w, h), center, center[0], cv.INTER_LINEAR + cv.WARP_POLAR_LINEAR +
cv.WARP_INVERSE_MAP)

# 展示结果
cv.imshow('Origin', img)
cv.imshow('img_res', img_res)
cv.imshow('img_res1', img_res1)
cv.waitKey(0)
cv.destroyAllWindows()
```

运行程序,会看到如图 3-32 所示的效果。左侧的表盘逆时针旋转了 12°,中间经过变换的矩形表盘将 3 全部放到最下方,如果要将 3 放到上方,需要顺时针旋转一定的角度。而通过矩形表盘进行极坐标逆变换后的表盘也是逆时针旋转 12°的样子。

图 3-32　改进后的极坐标正变换和极坐标逆变换

3.7　感兴趣的区域(ROI)

人们有时只对一张图像中的部分区域感兴趣,若原图像尺寸比较大,如果为了处理原图中的一小块区域,就要处理整张图像,显然不值得,因此希望从原图像中截取部分图像后再进行处理。这个被截取的区域称为感兴趣区域(Region Of Interest,ROI),Python 中的 ROI 可以通过分片实现。下面将详细如何使用分片截取 ROI。

从原图中截取部分内容,就是将需要截取的部分在原图像中的位置标记出来。可以使用 Python 中

的分片技术对需要截取的部分进行提取,代码如下:

```
ROI = img[x1:x2,y1:y2]
```

参数和返回值的含义如下:

(1) ROI: 提取的感兴趣区域的结果,与 img 的数据类型相同。

(2) img: 感兴趣区域所在的原图像。

(3) x1: 感兴趣区域在原图像中左上角的 x 坐标。

(4) x2: 感兴趣区域在原图像中右下角的 x 坐标。

(5) y1: 感兴趣区域在原图像中左上角的 y 坐标。

(6) y2: 感兴趣区域在原图像中右下角的 y 坐标。

Python3 中的复制方式分为浅复制和深复制。浅复制就是只创建一个能够访问图像数据的变量。通过浅复制创建的变量访问的数据与原变量访问的数据相同,如果通过任意一个变量更改了数据,则通过另一个变量读取数据时会读取到更改之后的数据,也就是说,浅复制创建的变量与原变量共享相同的内存空间。本节介绍的图像截取,以及通过"="符号进行赋值的方式都是浅复制,在程序中需要慎重使用以避免更改原始数据。深复制在创建变量的同时会在内存中创建新的内存空间,用于存储数据,这些数据是从原变量指向的内存空间复制过来的。由于通过原变量访问的数据地址和通过新变量访问的数据地址不相同,所以即使改变了其中一个,另一个也不会改变。深复制可以通过 copy 函数实现。

下面的例子分别使用浅复制和深复制获取原图中的感兴趣区域(ROI),并修改原图的 ROI,最后展示效果。

代码位置: src/advanced_image/roi. py。

```
import cv2 as cv

# 读取图像并判断是否读取成功
img = cv.imread('./images/alien.jpg')

book = cv.imread('./images/book.png')

mask = cv.resize(book, (150, 150))
# 深复制
img1 = img.copy()
# 浅复制
img2 = img
# 截取图像的 ROI
ROI = img[110: 260, 110: 260]
# 深复制
ROI_copy = ROI.copy()
# 浅复制
ROI1 = ROI
img[110: 260, 110: 260] = mask
# 展示结果
cv.imshow('img + book1', img1)
cv.imshow('img + book2', img2)
cv.imshow('ROI_copy', ROI_copy)
cv.imshow('ROI1', ROI1)

cv.waitKey(0)
cv.destroyAllWindows()
```

在这段程序中,通过深复制创建了变量 img1,通过浅复制创建了变量 img2。img、img1 和 img2 一开始完全相同,都是原图。然后通过 Python 分片获取原图的 ROI,并且再次通过深复制创建了变量 ROI_Copy,通过浅复制创建了变量 ROI1,这两个变量一开始都表示 ROI 的图像。然后使用 mask(装载的另外的图像)修改原图的 ROI。由于 img1 和 ROI_copy 是通过深复制创建的变量,所以在修改原图时,这两个变量表示的图像是不变的,而 img2 和 ROI1 是通过浅复制创建的变量,所以当修改原图时,这两个变量表示的图像也同时发生了变化。

现在运行程序,会看到如图 3-33 所示的效果。上面两个图是 img1 和 ROI_copy 的效果,下面两个图是 img2 和 ROI1 的效果。很明显,上面两个图由于是深复制,所以没有改变;下面两个图由于是浅复制,所以都改变了。

图 3-33　用深复制与浅复制获取 ROI

3.8　图像金字塔

图像金字塔(Image Pyramids)是一种在不同的分辨率下对图像进行处理的技术。在 OpenCV 中,图像金字塔主要包含两种:高斯金字塔(Gaussian Pyramid)和拉普拉斯金字塔(Laplacian Pyramid)。

本节主要介绍这两种图像金字塔的原理和实现。

3.8.1 高斯金字塔

高斯金字塔是通过对图像进行高斯滤波,然后通过下采样来减少图像的分辨率。具体步骤如下。

(1) 将图像卷积(convolve)一个高斯核来平滑图像。高斯核可以用如下公式表示:

$$G(x,y) = (1/(2 \times \pi \times \sigma^2)) \times \exp(-(x^2 + y^2)/(2 \times \sigma^2))$$

其中,$G(x,y)$ 是高斯函数的值,σ 是标准差。

(2) 对平滑后的图像进行下采样。通常每次去除一行和一列,将图像的大小减半。

这样进行几次重复,就会得到一个金字塔,顶部是原图像的低分辨率版本。

cv2.pyrDown()函数在 OpenCV 中用于图像的下采样。通过该函数可以构建高斯金字塔,函数原型如下:

```
cv2.pyrDown(src[, dst[, dstsize[, borderType]]]) -> dst
```

参数和返回值的含义如下:

(1) src:输入图像。

(2) dst:输出图像,通常不需要设置此参数。

(3) dstsize:输出图像的大小,通常不需要设置此参数,因为默认是输入图像宽高的一半。

(4) borderType:像素外推类型,用于确定如何处理图像边界。默认情况下,它使用 cv2.BORDER_DEFAULT。

下面的例子使用 cv2.pyrDown()函数构建了高斯金字塔。

代码位置:src/advanced_image/gaussian_pyramid.py。

```python
import cv2

# 读取图像
image = cv2.imread('images/girl1.jpg')

# 构建高斯金字塔
gaussian_pyramid = [image]
for i in range(3):
    image = cv2.pyrDown(image)
    gaussian_pyramid.append(image)

# 显示高斯金字塔的图像
for i, img in enumerate(gaussian_pyramid):
    cv2.imshow(f'Gaussian Pyramid Level {i}', img)

# 等待按键关闭窗口
cv2.waitKey(0)
cv2.destroyAllWindows()
```

运行程序,会显示多个不同尺寸的窗口,在不同窗口显示不同大小的图像,如图 3-34 所示。

3.8.2 拉普拉斯金字塔

拉普拉斯金字塔是由高斯金字塔建立的。它用来重建图像的一种表示,通过拉普拉斯金字塔可以近似地重建原图像。

图 3-34　高斯金字塔

构建拉普拉斯金字塔的步骤如下。

（1）构建高斯金字塔。

（2）从高斯金字塔的顶层开始，对每一层的图像进行上采样，并与下一层的原图像相减，得到拉普拉斯金字塔的一层。

数学上表示为

L_i = G_i - expand(G_i+1)

其中，L_i 是拉普拉斯金字塔的第 i 层，G_i 是高斯金字塔的第 i 层，expand()表示图像的上采样并使用高斯核平滑。

这种方式可以看作是保留了通过高斯金字塔丢失的图像细节。

cv2.pyrUp()函数在 OpenCV 中用于图像的上采样。它们通常用于构建拉普拉斯金字塔，函数原型如下：

cv2.pyrUp(src[, dst[, dstsize[, borderType]]]) -> dst

参数和返回值的含义如下：

（1）src：输入图像。

（2）dst：输出图像，通常不需要设置此参数。

（3）dstsize：输出图像的大小，通常不需要设置此参数，因为默认是输入图像宽高的两倍。

（4）borderType：像素外推类型，用于确定如何处理图像边界。默认情况下，它使用 cv2. BORDER_DEFAULT。

下面的例子使用 cv2. pyrUp()函数构建了拉普拉斯金字塔。

代码位置：src/advanced_image/laplian_pyramid. py。

```python
import cv2
# 读取图像
image = cv2.imread('images/girl1.jpg')

# 构建高斯金字塔
gaussian_pyramid = [image]
for i in range(3):
    image = cv2.pyrDown(image)
    gaussian_pyramid.append(image)

# 构建拉普拉斯金字塔
laplacian_pyramid = []
for i in range(3):
    size = (gaussian_pyramid[i].shape[1], gaussian_pyramid[i].shape[0])
    expanded = cv2.pyrUp(gaussian_pyramid[i + 1], dstsize = size)
    laplacian = cv2.subtract(gaussian_pyramid[i], expanded)
    laplacian_pyramid.append(laplacian)

# 显示拉普拉斯金字塔的图像
for i, img in enumerate(laplacian_pyramid):
    cv2.imshow(f'Laplacian Pyramid Level {i}', img)

# 等待按键关闭窗口
cv2.waitKey(0)4343
cv2.destroyAllWindows()
```

运行程序，会显示 3 个窗口，效果如图 3-35 所示。

图 3-35　拉普拉斯金字塔

在使用拉普拉斯金字塔来计算图像之间的差异时，结果图像可能包含正值和负值。因为图像的像素值通常是无符号整数（范围为 0 到 255），所以负值无法正确表示，而正值中超过 255 的部分会被截断。

因此,直接显示拉普拉斯金字塔中的图像通常看起来像是黑色的,因为大部分的差异值都是非常小的。

为了更好地可视化拉普拉斯金字塔中的图像,可以对结果图像进行缩放和偏移,以便使所有的像素值都在 0 到 255 的范围内。

例如,可以通过下面的代码将拉普拉斯金字塔的图像缩放到 0 到 255 的范围内:

```
laplacian = cv2.convertScaleAbs(laplacian, alpha = 127.5, beta = 127.5)。
```

运行程序,会看到如图 3-36 所示效果。

图 3-36　改进后的拉普拉斯金字塔

3.9　本章小结

虽然本章与第 2 章同样讲了 OpenCV 中的图像处理技术,但本章的内容更高级,难度也更大一点,尤其是像拼接图像、图像连接、图像翻转、极坐标转换这些内容,是实现很多特效的基础,读者如果想自由驾驭 OpenCV,那么认真学习本章的内容是必选项。

## 第 4 章

绘 制 图 形

OpenCV 提供了很多用于绘制图像的函数,包括绘制直线的 cv2. line()函数、绘制矩形的 cv2. rectangle() 函数、绘制圆形的 cv2. circle()函数、绘制多边形的 cv2. polylines()函数和绘制文字的 cv2. putText()函数。本章会详细介绍这些函数的使用方法,并使用这些函数绘制各种图形及动画。

4.1 使用不同粗细和颜色的直线绘制"王"字

OpenCV 提供了用于绘制直线的 cv2. line()函数,该函数的原型如下:

```
cv2.line(img, pt1, pt2, color[, thickness[, lineType[, shift]]]) -> None
```

函数参数的含义如下:

(1) img:要绘制直线的图像。

(2) pt1:直线的起始点坐标,可以用元组(x1,y1)表示。

(3) pt2:直线的结束点坐标,可以用元组(x2,y2)表示。

(4) color:直线的颜色,可以用一个元组(b,g,r)表示,表示蓝色、绿色和红色的强度。

(5) thickness:直线的粗细,为正整数值。

(6) lineType:直线的类型,可以是 cv2. LINE_4、cv2. LINE_8、cv2. LINE_AA 中的一个。

(7) shift:像素坐标的小数点位数。

cv2. line()函数不返回任何值,但是它会修改输入的图像 img,在图像上添加一条直线。

下面的例子会使用 cv2. line()函数绘制 4 条不同颜色、不同粗细的直线,并组成一个"王"字。

代码位置:src/drawing/wang. py。

```python
import numpy as np
import cv2

# 创建一张黑色背景的图像
image = np.zeros((400, 400, 3), dtype = np.uint8)

# 计算水平直线的起始点和结束点
start_y = 100
end_y = 300
line_spacing = 50
start_x = 50
end_x = 350

# 绘制水平直线 1
```

第 15 集
微课视频

```
start_point = (start_x, start_y)
end_point = (end_x, start_y)
color = (0, 255, 0)                                        # 绿色
thickness = 10
cv2.line(image, start_point, end_point, color, thickness)

# 绘制水平直线 2
start_point = (start_x, start_y + line_spacing)
end_point = (end_x, start_y + line_spacing)
color = (0, 0, 255)                                        # 红色
thickness = 12
cv2.line(image, start_point, end_point, color, thickness)

# 绘制水平直线 3
start_point = (start_x, start_y + 2 * line_spacing)
end_point = (end_x, start_y + 2 * line_spacing)
color = (255, 0, 0)                                        # 蓝色
thickness = 20
cv2.line(image, start_point, end_point, color, thickness)

# 计算垂直直线的起始点和结束点
vertical_start_x = start_x + (end_x - start_x) // 2
vertical_start_y = start_y
vertical_end_y = start_y + 2 * line_spacing

# 限制垂直直线的位置不超过水平直线的范围
if vertical_start_x < start_x:
    vertical_start_x = start_x
if vertical_start_x > end_x:
    vertical_start_x = end_x

if vertical_start_y < start_y:
    vertical_start_y = start_y
if vertical_end_y > start_y + 2 * line_spacing:
    vertical_end_y = start_y + 2 * line_spacing

# 绘制垂直直线
start_point = (vertical_start_x, vertical_start_y)
end_point = (vertical_start_x, vertical_end_y)
color = (255, 255, 0)          # 青色
thickness = 10
cv2.line(image, start_point, end_point, color, thickness)

# 显示图像
cv2.imshow("Wang", image)
cv2.waitKey(0)
cv2.destroyAllWindows()
```

第 16 集
微课视频

运行程序，会显示如图 4-1 所示的效果。

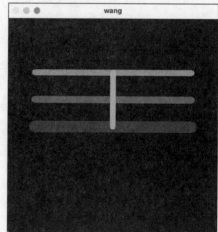

图 4-1　用直线绘制"王"字

4.2　绘制嵌套矩形

OpenCV 提供了用于绘制矩形的 cv2.rectangle() 函数，该函数的原型如下：

```
cv2.rectangle(img, pt1, pt2, color, thickness, lineType, shift) -> None
```

函数参数的含义如下：

（1）img：要绘制矩形的图像。

（2）pt1：矩形的左上角顶点坐标，以元组(x1,y1)的形式表示。

（3）pt2：矩形的右下角顶点坐标，以元组(x2,y2)的形式表示。

（4）color：矩形的颜色，以元组(B,G,R)的形式表示。B、G、R 分别表示蓝色、绿色和红色通道的颜色强度，每个通道的取值范围从 0 到 255。

（5）thickness：矩形的线宽，以整数值表示。如果为正数，则表示实心矩形的线宽。如果为负数（如 −1），则表示矩形内部填充。

（6）lineType：线条的类型，可以选择的值有 cv2.LINE_4、4-connected line（默认）、cv2.LINE_8 和 cv2.LINE_AA。

（7）shift：坐标点的小数位数。

cv2.rectangle()函数不返回任何值，但是它会修改输入的图像 img，在图像上添加一个矩形。

下面的例子使用 cv2.rectangle()函数绘制 4 个矩形，这 4 个矩形是嵌套的，类似俄罗斯套娃，一层包含一层。每一个矩形用不同颜色绘制，从外到内，矩形线宽分别是 20、15、10、5，并且相邻矩形框之间有一定的距离。

代码位置：src/drawing/rectangles.py。

```python
import cv2
import numpy as np

# 创建一个空白图像
image = np.zeros((500, 500, 3), dtype = np.uint8)

# 定义矩形的初始位置和大小
x = 50
y = 50
width = 400
height = 400

# 定义矩形的颜色和线宽
colors = [(255, 0, 0), (0, 255, 0), (0, 0, 255), (255, 255, 0)]
thicknesses = [20, 15, 10, 5]

# 定义相邻矩形之间的距离
padding = 20

# 绘制嵌套矩形
for i in range(4):
    # 计算当前矩形的位置和大小
    rect_x = x + i * (thicknesses[i] // 2 + padding)
    rect_y = y + i * (thicknesses[i] // 2 + padding)
    rect_width = width - i * (thicknesses[i] + padding * 2)
    rect_height = height - i * (thicknesses[i] + padding * 2)

    # 获取当前矩形的颜色和线宽
    color = colors[i]
    thickness = thicknesses[i]

    # 绘制当前矩形
    cv2.rectangle(image, (rect_x, rect_y), (rect_x + rect_width, rect_y + rect_height), color, thickness)
```

```
# 显示图像
cv2.imshow("Nested Rectangles", image)
cv2.waitKey(0)
cv2.destroyAllWindows()
```

运行代码,会看到如图 4-2 所示的效果。

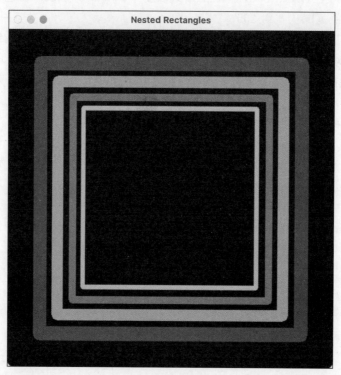

图 4-2　嵌套矩形

4.3　绘制圆形

OpenCV 提供了用于绘制圆形的 cv2.circle()函数,该函数的原型如下:

cv2. (img, center, radius, color[, thickness[, lineType[, shift]]]) -> None

函数参数的含义如下:

(1) img:这是输入图像,将在这个图像上绘制圆形。它应该是一个 NumPy 数组,这是 OpenCV 表示图像的方式。

(2) center:圆心的坐标,以像素为单位。这是一个包含两个元素的元组,如(x,y)。

(3) radius:圆的半径,以像素为单位。

(4) color:圆的颜色。对于灰度图像,它是一个单一的标量值。对于彩色图像,它是一个颜色的 BGR 值,如(255,0,0)代表蓝色。

(5) thickness:圆的线条粗细。如果这个值为正数,圆将被绘制为一个空心圆,线条的粗细为这个值。如果这个值为负数(例如,−1),圆将被填充。默认值为 1。

(6) lineType:这个参数定义了圆边界的类型。该参数的值可以是 cv2.LINE_8(默认值)、cv2.LINE_4

或 cv2. LINE_AA。

（7）shift：该参数代表了点坐标中的小数位数和半径值的小数位数。默认情况下这个值是 0。

cv2. circle()函数不返回任何值，但是它会修改输入的图像 img，在图像上添加一个圆形。

本节会利用 cv2. circle()函数实现一些有趣的程序，这些程序包括彩色同心圆、动态随机彩色实心圆和粒子爆炸效果。

4.3.1　绘制彩色同心圆

下面的例子使用 cv2. circle()函数绘制多个不同颜色的圆形，形成同心圆。

代码位置：src/drawing/concentric_circles. py。

```python
import cv2
import numpy as np

# 创建一个空白图像
image = np.zeros((500, 500, 3), dtype = np.uint8)

center_x = image.shape[1] // 2
center_y = image.shape[0] // 2

# 绘制同心圆
for radius in range(10, 250, 10):
    # 随机生成颜色
    color = np.random.randint(0, 256, 3).tolist()
    # 绘制圆形
    print(cv2.circle(image, (center_x, center_y), radius, color, thickness = 2))

# 显示图像
cv2.imshow("Concentric Circles", image)
cv2.waitKey(0)
cv2.destroyAllWindows()
```

第 17 集
微课视频

运行程序，会看到如图 4-3 所示效果。

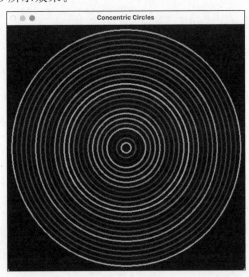

图 4-3　同心圆

4.3.2　动态随机彩色实心圆

　　本节的例子会在窗口中的随机位置不断绘制不同尺寸、不同颜色的实心圆,当产生 30 个随机圆后,清除所有的随机圆,再重新绘制,每 500 毫秒产生一个随机圆。

　　代码位置：src/drawing/random_circles. py。

```python
import cv2
import numpy as np
import random
import time

# 创建一个空白图像窗口
window_name = "random circle"
cv2.namedWindow(window_name)

# 定义窗口的宽度和高度
window_width = 800
window_height = 600

# 定义随机圆的清除阈值和产生间隔
clear_threshold = 30
circle_interval = 500                               # 毫秒

# 创建一个空白图像
image = np.zeros((window_height, window_width, 3), dtype = np.uint8)
# 存储随机圆的相关信息的列表
circles = []
while True:
    # 清空图像
    image.fill(0)
    # 绘制随机圆
    for circle in circles:
        # 获取圆的位置、半径和颜色
        center, radius, color, velocity = circle
        # 绘制实心圆
        cv2.circle(image, center, radius, color, -1)
        # 更新圆的位置
        center += velocity
    # 显示图像
    cv2.imshow(window_name, image)
    # 检测按键事件
    key = cv2.waitKey(1)

    # 如果按下 Esc 键,则退出循环
    if key == 27:
        break

    # 检查绘制的随机圆数量是否达到清除的阈值
    if len(circles) >= clear_threshold:
        # 清除所有的随机圆
        circles.clear()

    # 每经过 circle_interval 毫秒产生一个随机圆
    if len(circles) < clear_threshold and time.time() % (circle_interval / 1000) < 0.02:
        # 随机生成圆的位置、半径、颜色和速度
```

第 18 集
微课视频

```
center = (random.randint(0, window_width), random.randint(0, window_height))
radius = random.randint(5, 50)
color = (random.randint(0, 255), random.randint(0, 255), random.randint(0, 255))
velocity = np.array([random.uniform(-1, 1), random.uniform(-1, 1)])

# 将圆的相关信息添加到列表中
circles.append((center, radius, color, velocity))
```

```
cv2.destroyAllWindows()
```

运行程序,会看到窗口中不断绘制随机彩色实心圆,效果如图 4-4 所示。

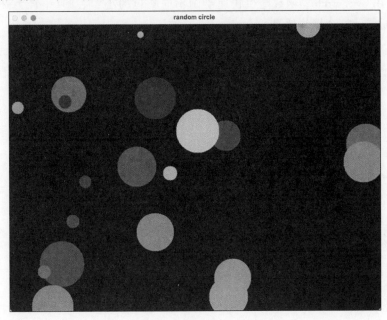

图 4-4 随机彩色实心圆

下面是对代码原理和实现步骤的详细解释。

(1) 创建图像窗口:使用 cv2.namedWindow()函数创建一个空白的图像窗口,并为其指定一个名称,这里命名为 random circle。

(2) 定义窗口尺寸和参数:定义窗口的宽度和高度,这里设定为 window_width=800 和 window_height=600。同时,定义了随机圆的清除阈值 clear_threshold 和每个圆的产生间隔 circle_interval。

(3) 创建空白图像:使用 np.zeros()函数创建一个空白图像,尺寸与窗口尺寸相同。

(4) 主循环:进入一个无限循环,用于持续显示随机圆。

(5) 清空图像:在每次循环开始时,使用 image.fill(0)将图像清空为黑色。

(6) 绘制随机圆:使用 for 循环遍历存储随机圆信息的 circles 列表,并使用 cv2.circle()函数绘制每个随机圆。根据存储的圆心位置、半径、颜色和速度信息进行绘制,并根据速度信息更新圆的位置。

(7) 显示图像:使用 cv2.imshow()函数将图像显示在窗口中。

(8) 检测按键事件:使用 cv2.waitKey(1)检测按键事件。如果按下 Esc 键(27 对应的键值),则退出循环,结束程序。

(9) 清除随机圆:检查绘制的随机圆数量是否达到清除阈值 clear_threshold。如果达到,则使用 circles.clear()清空存储随机圆信息的 circles 列表。

（10）产生随机圆：检查当前时间与上一次产生圆的时间间隔是否超过设定的 circle_interval。如果超过了间隔时间，就会随机生成新圆的位置、半径、颜色和速度，并将这些信息添加到 circles 列表中。

（11）结束程序：按下 Esc 键退出循环后，使用 cv2.destroyAllWindows() 函数关闭所有的图像窗口。

通过这段代码，可以在窗口中不断绘制随机圆，每隔一定时间产生一个新的圆。随机圆的位置、大小、颜色和速度都是随机生成的，从而实现了一个不断变化的随机圆绘制效果。

4.3.3 粒子爆炸

下面的例子利用 cv2.circle() 函数随机快速绘制不同颜色的小实心圆（半径为 2）来模拟爆炸的效果，并通过循环不断展示这个爆炸效果。

代码位置：src/drawing/particle_explosions.py。

```python
import cv2
import numpy as np
import random
import time

# 参数设置
num_particles = 1000            # 粒子数量
image_size = (500, 500)          # 图像尺寸
particle_lifetime = 200          # 粒子生命周期
explosion_force = 10             # 爆炸力度

# 创建一个空白图像
image = np.zeros((image_size[0], image_size[1], 3), dtype=np.uint8)

while True:
    # 清空图像
    image.fill(0)

    # 爆炸中心坐标
    explosion_center = (random.randint(0, image_size[1]), random.randint(0, image_size[0]))

    # 初始化粒子的位置、速度和生命周期
    positions = np.full((num_particles, 2), explosion_center, dtype=np.float64)
    velocities = np.random.normal(0, 1, (num_particles, 2))
    lifetimes = np.random.randint(0, particle_lifetime, num_particles)

    start_time = time.time()

    while time.time() - start_time < 1.0:
        # 更新粒子的速度和位置
        velocities += np.random.normal(0, 0.1, (num_particles, 2))
        positions += velocities * explosion_force

        # 减少粒子的生命周期
        lifetimes -= 1

        # 根据粒子生命周期绘制粒子
        for i in range(num_particles):
            if lifetimes[i] > 0:
                x, y = int(positions[i, 0]), int(positions[i, 1])
                color = (255, random.randint(0, 255), 0)
```

第 19 集
微课视频

```
            cv2.circle(image, (x, y), 2, color, -1)

        # 显示图像
        cv2.imshow("Explosion Effect", image)
        cv2.waitKey(1)

    # 按下 Esc 键退出循环
    if cv2.waitKey(1) == 27:
        break

cv2.destroyAllWindows()
```

运行程序,会看到如图 4-5 所示的效果。

图 4-5　爆炸效果

　　这个例子使用粒子系统来模拟爆炸效果,并通过定时触发重复生成爆炸来实现连续的效果。下面是对该例子的工作原理的详细解释。

　　(1) 参数设置:首先设置了一些参数,包括粒子的数量 num_particles、图像的尺寸 image_size、粒子的生命周期 particle_lifetime 和爆炸的力度 explosion_force。

　　(2) 创建图像:创建一个空白的图像,大小为指定的图像尺寸,用来绘制粒子。

　　(3) 主循环:进入一个主循环,在该循环中重复生成爆炸效果。

　　(4) 生成爆炸中心坐标:在每次循环开始时,使用 random.randint()函数在图像范围内随机生成新的爆炸中心坐标 explosion_center。

　　(5) 初始化粒子:为每个粒子初始化位置、速度和生命周期。粒子的位置 positions 被设置为初始的爆炸中心坐标。粒子的速度 velocities 是从正态分布中随机生成的一组值。粒子的生命周期 lifetimes 是随机生成的整数值,表示每个粒子在多少帧之后消失。

　　(6) 开始计时:使用 time.time()函数记录开始时间 start_time,用于计算经过的时间。

（7）粒子更新循环：在每个循环中，根据粒子的速度和爆炸力度更新粒子的位置。粒子的速度 velocities 会受到一些随机扰动的影响，以增加粒子的运动效果。然后，根据粒子的生命周期 lifetimes 减少其值，控制粒子的可见性。

（8）绘制粒子：根据粒子的位置和生命周期，使用 cv2.circle() 函数在图像上绘制每个粒子。使用随机颜色和固定的半径来绘制粒子。

（9）显示图像：通过 cv2.imshow() 函数显示图像，能够观察到爆炸效果。

（10）等待 1 秒：在每个爆炸效果生成完毕后，使用 time.time() 函数和开始时间 start_time 进行比较，当经过的时间达到 1 秒钟时，退出当前循环，进入下一次爆炸效果的生成。

（11）退出循环：按下 Esc 键退出主循环，程序结束运行。

通过这个例子，可以不断生成爆炸效果，每隔 1 秒产生一次爆炸，让粒子模拟爆炸的动态效果。还可以根据需要调整参数和粒子系统的设置，以获得不同的爆炸效果。

4.4　绘制椭圆形的眼睛

第 20 集
微课视频

下面的例子使用 cv2.ellipse() 函数和 cv2.circle() 函数绘制一个椭圆形的眼睛。椭圆的长宽比为 5∶2，填充为白色。在椭圆中有一个内切圆，填充为黑色。在内切圆中心，还有一个直径为 12 的红色实心小圆。绘制效果如图 4-6 所示。

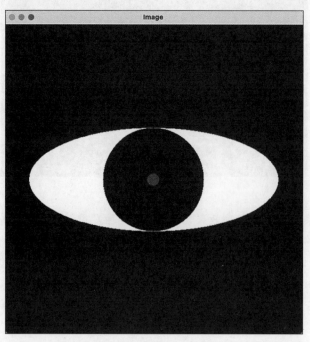

图 4-6　椭圆形的眼睛

下面先看一下 cv2.ellipse() 函数的原型：

```
cv2.ellipse(img, center, axes, angle, startAngle, endAngle, color[, thickness[, lineType[, shift]]]) -> None
```

函数参数和返回值含义如下：

（1）img：表示要在其上绘制椭圆的图像。

（2）center：表示椭圆中心的坐标。通常以元组形式给出，如(x,y)。

（3）axes：表示椭圆的长轴和短轴。同样以元组形式给出，如$(major\_axis\_length, minor\_axis\_length)$。

（4）angle：表示椭圆的旋转角度，以度为单位。这也是椭圆沿顺时针方向旋转的度数。

（5）startAngle 和 endAngle：表示要绘制的椭圆弧的开始角度和结束角度，也是以度为单位。这两个参数可以使人们在一个完整的椭圆中选择绘制一部分。例如，当 startAngle＝0，endAngle＝180 时，将会绘制半个椭圆。

（6）color：表示用于绘制椭圆的颜色。通常以 BGR 形式的元组给出，如$(255,0,0)$表示蓝色。

（7）thickness：表示线的厚度。如果设置为－1，则会填充椭圆。默认值是 1。

（8）lineType：表示线的类型。可以选择的类型有 cv2. LINE_8、cv2. LINE_4 和 cv2. LINE_AA 等。默认值是 cv2. LINE_8。

（9）shift：表示点坐标中小数点的位数。默认是 0。

完整的实现代码如下：

代码位置：src/drawing/eye. py。

```
# 导入需要的模块
import cv2
import numpy as np

# 创建一个黑色的空图像,尺寸为 600×600
img = np.zeros((600, 600, 3), np.uint8)

# 设置椭圆的中心点和轴长,旋转角度为 0
center = (300, 300)                          # 中心点
axes = (250, 100)                            # 长轴和短轴长度
angle = 0                                    # 旋转角度

# 用白色绘制一个填充的椭圆
cv2.ellipse(img, center, axes, angle, 0, 360, (255, 255, 255), -1)

# 根据椭圆的短轴长度绘制一个黑色的内切圆
cv2.circle(img, center, min(axes), (0, 0, 0), -1)

# 在内切圆的中心绘制一个直径为 12 的小圆,填充为红色
cv2.circle(img, center, 12, (0, 0, 255), -1)

# 显示图像
cv2.imshow("Image", img)

# 等待按键,然后关闭窗口
cv2.waitKey(0)
cv2.destroyAllWindows()
```

第 21 集
微课视频

4.5　绘制五角星

下面的例子在窗口上绘制一个正五角星，并填充为红色。在这个例子中，会用到 cv2. polylines()函数和 cv2. fillPoly()函数，其中 cv2. polylines()函数用于绘制多边形，cv2. fillPoly()函数用于填充多边形。在本例中，cv2. polylines()函数用于绘制五角星的轮廓，cv2. fillPoly()函数用于填充五角星。这两个函数的原型如下：

```
cv2.polylines(img, pts, isClosed, color[, thickness[, lineType[, shift]]]) -> None
cv2.fillPoly(img, pts, color[, lineType[, shift[, offset]]]) -> None
```

函数参数的含义如下：

（1）img 是目标图像，它是一个 8 位的 3 通道图像。

（2）pts 是一个列表，其中包含了要绘制的多边形的顶点。对于 cv2. polylines，它应该是一个形状为（−1,1,2）的 NumPy 数组，其中−1 表示任意数量的顶点，每个顶点有两个坐标。对于 cv2. fillPoly，它是一个列表，其中每个元素都是一个形状为（−1,1,2）的 NumPy 数组，表示一个要填充的多边形。

（3）isClosed 是一个布尔值，如果为 True，那么绘制的多边形将会是闭合的。

（4）color 是要绘制的多边形的颜色，它是一个 BGR 颜色的元组，如（255,0,0）表示蓝色。

（5）thickness 是线条的宽度，只对 cv2. polylines 有效。如果不指定，那么默认值是 1。

（6）lineType 是线条的类型，可以是 cv2. LINE_8、cv2. LINE_4、cv2. LINE_AA 中的一个，表示使用 8 连接、4 连接或抗锯齿线条。如果不指定，那么默认值是 cv2. LINE_8。

（7）shift 是坐标点的小数位数，如果不指定，那么默认值是 0。

（8）offset 是所有顶点的偏移量，只对 cv2. fillPoly 有效。如果不指定，那么默认值是（0,0）。

cv2. ploylines()函数和 cv2. fillPoly()函数不返回任何值，但 cv2. ploylines()和 cv2. fillPoly()函数会修改输入的图像 img，cv2. ploylines()函数在图像上添加一个多边形，而 cv2. fillPoly()函数会填充多边形。

代码位置：src/drawing/five_star. py。

```python
import numpy as np
import cv2
import math

# 创建一张黑色背景的图片
img = np.zeros((500, 500, 3), np.uint8) * 255

# 定义五角星的中心和大小
center_x = 250
center_y = 250
radius = 200

# 计算五角星的 10 个顶点
points = []
for i in range(10):
    if i % 2 == 0:                                  # 外圈的五个顶点
        r = radius
    else:                                           # 内圈的五个顶点
        r = radius * math.sin(math.pi / 10) / math.sin(math.pi * 2 / 5)
    points.append([
        center_x + r * math.cos(2 * math.pi * i / 10 - math.pi / 2),
        center_y + r * math.sin(2 * math.pi * i / 10 - math.pi / 2)
    ])

# 创建一个空的数组来保存正确顺序的顶点
star = np.zeros((10, 1, 2), np.int32)

# 将顶点按照正五角星的顺序放入数组
for i in range(10):
    star[i, 0] = points[i]

# 连接第一个和最后一个点,以闭合多边形
```

```
star = np.append(star, star[0]).reshape(-1, 1, 2)

# 绘制五角星的轮廓
cv2.polylines(img, [star], isClosed = True, color = (0, 0, 255), thickness = 3)

# 填充五角星
cv2.fillPoly(img, [star], color = (0, 0, 255))

# 显示图片
cv2.imshow('Filled Pentagram', img)
cv2.waitKey(0)
cv2.destroyAllWindows()
```

运行程序,会看到如图 4-7 所示的效果。

图 4-7 绘制五角星

4.6 绘制文本

OpenCV 提供了用于绘制文字的 cv2.putText()函数,使用这个函数不仅可以设置字体的样式、尺寸和颜色,还可以让字体呈现斜体的效果,以及控制文字方向,让文字呈现垂直镜像的效果。

cv2.putText()函数的原型如下:

cv.putText(img, text, org, fontFace, fontScale, color[, thickness[, lineType[, bottomLeftOrigin]]]) -> None

函数参数的含义如下:

(1) img:图像。cv2.putText()函数将在此图像上绘制文字。

(2) text:字符串。要在图像上绘制的文字。

(3) org:元组。它给出了文本框左下角的坐标(默认情况下)。例如,(10,50)意味着文本框左下角的坐标将位于图像的 10 像素右和 50 像素上的位置。

(4) fontFace:字体类型。详情见表 4-1。

表 4-1 字体类型

字 体 类 型	含 义
FONT_HERSHEY_SIMPLEX	这是一个类似于 Hershey Simplex 的字体,其中的字符有些是由直线构成的,有些则是由曲线构成的
FONT_HERSHEY_PLAIN	这是一个非常基本的字体,字符都是由直线构成的。相比于 SIMPLEX,PLAIN 字体的线条更加简单,不包含任何装饰
FONT_HERSHEY_DUPLEX	这种字体与 SIMPLEX 字体相似,但线条比 SIMPLEX 更粗,因此文字更加明显。它是一种双线字体,字体的轮廓是由两条平行的线条构成的
FONT_HERSHEY_COMPLEX	这种字体比 SIMPLEX 和 DUPLEX 字体更复杂,包含了更多的曲线和角。这是一种更加"复杂"和装饰性的字体
FONT_HERSHEY_TRIPLEX	这种字体比 DUPLEX 字体更粗,比 COMPLEX 字体更大。这是一种三线字体,即字体的轮廓是由三条平行线条构成的
FONT_HERSHEY_COMPLEX_SMALL	这种字体与 COMPLEX 字体类似,但字号较小
FONT_HERSHEY_SCRIPT_SIMPLEX	这种字体是手写样式的字体,它更加曲折和连贯
FONT_HERSHEY_SCRIPT_COMPLEX	这种字体与 SCRIPT_SIMPLEX 相似,但包含了更多的装饰和复杂的曲线

(5) fontScale:字体大小的标量因子。

(6) color:文本的颜色。例如,(255,0,0)代表蓝色。对于彩色图像,它是一个 BGR 的元组。

(7) thickness:线条的粗细。如果它是负数(例如,−1),则绘制填充的文本。

(8) lineType:线条类型。这个参数设定了用于绘制文本的线条的类型。可能的值包括 cv2.LINE_8、cv2.LINE_4、cv2.LINE_AA 中的一个,表示使用 8 连接、4 连接或抗锯齿线条。如果不指定,那么默认值是 cv2.LINE_8。

第 22 集
微课视频

(9) bottomLeftOrigin:这个标志如果为真,图像将被视为一个拓扑向下的位图(即原点在左下角)。默认值是 False,即原点在左上角。

这些字体在形状和风格上都有差异,有的适合简单的文本,有的适合复杂的文本。然而,OpenCV 不支持对字体进行更多的自定义,如更改字体家族或使用外部字体文件。如果需要更高级的字体控制,可能需要使用其他图形库,如 PIL/Pillow。

4.6.1 用不同字体绘制文字 OpenCV

下面的例子使用 cv2.putText()函数在窗口上绘制 8 行文字,每行文字使用表 4-1 中的一种字体。效果如图 4-8 所示。

代码位置:src/drawing/draw_text.py。

```
import cv2
import numpy as np

# 创建一个黑色背景的窗口,尺寸为 300×600,颜色通道为 3(即 RGB)
# 注意:在创建 NumPy 数组时,数组的形状(shape)是以(height, width)的形
# 式给出的,所以 width 是 300,height 是 600
window = np.zeros((600, 300, 3), dtype = 'uint8')

# 创建一个字体列表,包含 OpenCV 支持的所有字体
fonts = [cv2.FONT_HERSHEY_SIMPLEX, cv2.FONT_HERSHEY_PLAIN, cv2.FONT_
HERSHEY_DUPLEX,
        cv2.FONT_HERSHEY_COMPLEX, cv2.FONT_HERSHEY_TRIPLEX, cv2.FONT_
```

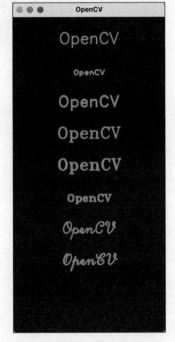

图 4-8 用各种字体绘制文本

```
HERSHEY_COMPLEX_SMALL,
        cv2.FONT_HERSHEY_SCRIPT_SIMPLEX, cv2.FONT_HERSHEY_SCRIPT_COMPLEX]

# 要绘制的文字
text = 'OpenCV'

# 选择文字的颜色,这里选择的是金色(在 BGR 颜色空间中)
color = (0, 215, 255)

# 线条的粗细
thickness = 2

# 设置第一行文字的 y 坐标,每写一行文字就向下移动 60 个像素
y = 50

# 对于字体列表中的每一种字体,都在窗口中绘制文字
for font in fonts:
    # 计算文字的尺寸,然后计算文字应该开始的 x 坐标(使得文字位于窗口的中心)
    (text_width, text_height), _ = cv2.getTextSize(text, font, 1, thickness)
    textX = (window.shape[1] - text_width) // 2

    # 在窗口中绘制文字
    cv2.putText(window, text, (textX, y), font, 1, color, thickness, cv2.LINE_AA)

    # 更新下一行文字的 y 坐标
    y += 60

# 显示窗口
cv2.imshow('OpenCV', window)

# 等待用户按任意键退出程序
cv2.waitKey(0)

# 关闭所有窗口
cv2.destroyAllWindows()
```

第 23 集
微课视频

注意:OpenCV 的 cv2.putText()函数并不直接支持绘制中文字符,这是因为 OpenCV 只支持 ASCII 码的字符绘制,而中文字符不在 ASCII 码的范围内。

4.6.2 绘制镜像中文效果

下面的例子使用 cv2.putText()绘制两行文字,第 1 行是正常的文字,第 2 行是第 1 行的镜像文字,效果如图 4-9 所示。

代码位置:src/drawing/mirror_text.py。

```
import cv2
import numpy as np

# 设置窗口的尺寸
win_width = 400
win_height = 300

# 创建一个黑色背景的窗口,尺寸为上述定义的宽和高,颜色通
# 道为 3(即 RGB)
window = np.zeros((win_height, win_width, 3), dtype = 'uint8')
```

图 4-9 镜像文字

```
# 设置需要绘制的文字和字体的基本属性
text = 'Hello World'
font = cv2.FONT_HERSHEY_SIMPLEX
fontScale = 2                                    # 字体大小
thickness = 2                                    # 线条粗细

# 计算文字的宽度和高度,然后计算文字应该开始的坐标(正中心)
(text_width, text_height), _ = cv2.getTextSize(text, font, fontScale, thickness)
textX = (window.shape[1] - text_width) // 2
textY = (window.shape[0] + text_height) // 2

# 定义文字的颜色,这里使用白色
color = (255, 255, 255)                          # BGR, not RGB. So for white color it is (255,255,255)

# 在窗口中绘制文字
cv2.putText(window, text, (textX, textY - text_height), font,
            fontScale, color, thickness, cv2.LINE_AA)

# 在窗口中绘制镜像文字
cv2.putText(window, text, (textX, textY + text_height), font,
            fontScale, color, thickness, cv2.LINE_AA, bottomLeftOrigin = True)

# 显示窗口
cv2.imshow('Mirror', window)

# 等待用户按任意键退出程序
cv2.waitKey(0)

# 关闭所有窗口
cv2.destroyAllWindows()
```

第 24 集
微课视频

4.6.3　图像上的旋转缩放文字

　　下面的例子会实现在图像上旋转和缩放文字的动画效果。首先在图像上绘制一行文本,然后通过在循环中不断改变文本的角度和尺寸,让这行文字可以从小到大、从大到小不断缩放,在缩放的同时,不断顺时针旋转,效果如图 4-10 所示。

图 4-10　不断旋转和缩放的文本

代码位置：src/drawing/rotate_text. py。

```python
import cv2
import numpy as np

# 装载一张图片
bg_image = cv2.imread('images/flower.png')

# 获取图片的宽度和高度
height, width, _ = bg_image.shape

# 文字设置
text = "OpenCV"
font = cv2.FONT_HERSHEY_SIMPLEX

# 角度和尺寸的初始值
angle = 0
size = 0.1

# 尺寸变化速度和角度变化速度
size_speed = 0.01
angle_speed = 1

# 尺寸变化的最大值和最小值
max_size = 2.0
min_size = 0.1

color = (0,255,255)
# 尺寸变化的方向,1表示放大,-1表示缩小
size_direction = 1

while True:
    # 复制背景图片
    img = bg_image.copy()

    # 获取文字的宽度和高度
    text_size, _ = cv2.getTextSize(text, font, size, 1)
    text_width, text_height = text_size

    # 计算文字的位置,使其在窗口中居中
    pos = (width // 2 - text_width // 2, height // 2 + text_height // 2)

    # 创建一个透明的图层,尺寸与背景图片一致
    text_img = np.zeros((height, width, 3), np.uint8)

    # 在透明图层上添加文字
    cv2.putText(text_img, text, pos, font, size, color, 1, cv2.LINE_AA)

    # 使用旋转矩阵进行旋转
    M = cv2.getRotationMatrix2D((width // 2, height // 2), angle, 1)
    rotated_text = cv2.warpAffine(text_img, M, (width, height))

    # 将旋转后的文字图层添加到背景图片上
    img = cv2.add(img, rotated_text)

    # 更新角度和尺寸
    angle = (angle + angle_speed) % 360
```

```
        size += size_speed * size_direction

        # 检查是否需要改变尺寸变化的方向
        if size > max_size or size < min_size:
            size_direction * = -1

        # 显示图片
        cv2.imshow('Rotating Text', img)

        # 按下 Esc 键退出
        if cv2.waitKey(1) == 27:
            break

cv2.destroyAllWindows()
```

4.7　本章小结

本章主要介绍了 OpenCV 中用于绘制基础图形的函数,包括线条、矩形、圆形、椭圆、多边形及文字等。其中涉及的主要函数有 cv2.line()、cv2.rectangle()、cv2.circle()、cv2.ellipse()、cv2.polylines()、cv2.fillPoly()和 cv2.putText()等。

通过学习这些函数,可以在 OpenCV 中绘制出各种基础图形,并设置图形的位置、颜色、粗细等属性。还可以利用这些函数绘制一些动画效果,如随机移动的圆形、爆炸特效,以及旋转缩放的文字等。这为后续在图像上进行更复杂的绘制和添加元素奠定了基础。

总体来说,本章内容较为基础和直观,但绘制图形是 OpenCV 中一个重要的功能。通过本章的学习,可以掌握在 OpenCV 中绘制各类基础图形的方法,为以后的图像处理提供了支持。这些绘制函数也可以组合使用,创作出更复杂的效果。

## 第5章

直　方　图

在图像处理和分析中,直方图扮演着至关重要的角色。它不仅是一种强大的工具,用于描述图像的亮度和颜色分布,还是一种实用的技术,可以广泛应用于图像增强、分割、识别和恢复等多个方面。通过了解直方图的基本原理和计算方法,可以深入挖掘图像的潜在信息,从而实现更精确和有效的图像处理。

在这一章将引导读者深入了解直方图的核心概念和应用方法。首先介绍直方图的基本定义和作用,然后逐步探讨如何在 Python OpenCV 中计算和绘制直方图。本章还将详细解释直方图在图像处理中的各种应用场景,以及如何使用特定的函数和技巧来实现这些应用。无论是图像处理的新手还是有经验的专家,本章都将为读者提供有益的见解和实用的技能。

通过本章的内容,将逐步深入探索直方图的世界,揭示图像背后的深层结构和丰富内涵。

5.1　直方图的计算和绘制

直方图是一种描述图像亮度分布的工具,可以帮助读者理解图像的亮度、颜色等属性。在 Python OpenCV 中,可以通过 cv2.calcHist() 函数来计算图像的直方图。

直方图在图像处理中有很多应用,以下是一些可能的用途和效果。

(1) 图像增强:利用直方图均衡化,可以增强图像的对比度,使图像更清晰。

(2) 背景减除:如果知道背景的颜色分布,可以通过比较图像的颜色直方图和背景的颜色直方图来找出前景物体。

(3) 图像分割:通过分析图像的亮度直方图,可以找出图像中不同的物体或者区域。

(4) 颜色识别:通过分析图像的颜色直方图,可以识别图像中的主要颜色。

(5) 图像检索:如果有一个图像数据库,可以通过比较图像的直方图来找出数据库中和给定图像类似的图像。

(6) 特殊视觉效果:例如,可以使用直方图规定图像的颜色分布,产生类似修图软件提供的滤镜[①]效果。

(7) 图像恢复:如果图像受到某种恒定的色彩偏移或亮度偏移的影响,可以通过分析图像的颜色直方图或亮度直方图,尝试恢复原始的图像。

---

① 滤镜是一种图像处理技术,可以修改图片的饱和度、对比度、亮度等属性,为图片添加特殊的视觉效果,使其看起来更有艺术感或者更符合用户的审美。

5.1.1　计算和绘制灰度图像的直方图

在图像处理中,直方图是一个统计工具,用于描绘像素值(从 0 到 255)的分布情况。对于灰度图像,直方图会展示图像中每种像素值的数量;对于彩色图像,则会有三个直方图,分别代表 R(红)、G(绿)、B(蓝)三个通道。

在 OpenCV 4 中,可以使用 cv2.calcHist() 函数来计算直方图。该函数的原型如下:

cv2.calcHist(images, channels, mask, histSize, ranges[, hist[, accumulate]]) -> hist

函数参数如下:

(1) images:原图像,图像为 uint8 或 float32 类型,函数会自动将 uint8 转换为 float32。

(2) channels:同样以列表的形式传入,它会告诉函数要统计哪个通道的直方图,如果是灰度图,它的值就是[0],如果是彩色图像的话,可以传入[0]、[1]或者[2],它们分别对应 B、G、R。

(3) mask:掩膜图像。要统计整个图像的直方图就把它设为 None。但是如果想统计图像某一部分的直方图的话,就需要制作一个掩膜图像。

(4) histSize:BIN 的数目。也应用方括号括起来,如[256]。

(5) ranges:像素值范围,通常为 [0,256]。

(6) hist:输出的直方图,是一个数组。

(7) accumulate:累积标志。如果设置了这个标志,在分配直方图时,开始时直方图不会被清空。这个特性允许从多个数组集合中计算出一个单一的直方图,或者随时间更新直方图。

下面的例子使用 cv2.calcHist() 函数计算灰度图像的直方图,并使用 matplotlib 绘制直方图。

代码位置:src/hist/calc_hist.py。

```python
import cv2
from matplotlib import pyplot as plt

# 读取图像
img = cv2.imread('images/flower.png',0)

# 计算直方图
hist = cv2.calcHist([img],[0],None,[256],[0,256])

plt.figure(figsize=(10,5))
plt.subplot(121), plt.imshow(img, 'gray'), plt.title('Input Image')
plt.subplot(122), plt.plot(hist), plt.title('Histogram')
plt.show()
```

运行程序,会看到如图 5-1 所示的效果。

图 5-1 所示的效果中,左侧是灰度图像,右侧是直方图。横坐标和纵坐标的含义如下。

(1) 横坐标:这是像素值(Pixel Value),在灰度图像中,这个值会在 0 到 255。在彩色图像中,每个通道(通常是红色、绿色和蓝色通道)都有各自的像素值。

(2) 纵坐标:这是频率(frequency),表示对应横坐标的像素值在图像中出现的次数。例如,纵坐标为 50 在横坐标为 10 处,意味着像素值为 10 的像素在图像中出现了 50 次。

因此,直方图基本上就是一个统计图,可以显示每种像素值在图像中的分布情况。通过分析直方图,可以了解到图像的亮度、对比度及像素值的分布等信息。

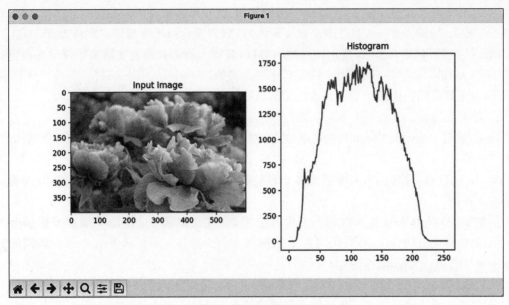

图 5-1　灰度图像的直方图

5.1.2　计算和绘制彩色图像的直方图

使用 matplotlib 库中 pyplot 模块的 plt.hist()函数可以直接统计并进行直方图的绘制,该函数的原型如下:

```
plt.hist(x, bins = None, range = None, density = False, weights = None, cumulative = False, bottom = None
histtype = 'bar', align = 'mid', orientation = 'vertical', rwidth = None, log = False, color = None, label = None
stacked = False, *, data = None, **kwargs) -> n, bits, patches
```

第 26 集
微课视频

函数参数的含义如下:

(1) x:输入的数据,可以是列表,NumPy 数组,或者是 pandas 数据帧。如果提供了多个数据序列,数据会堆叠起来。

(2) bins:表示直方图条形的个数。如果未指定,则默认为 10。

(3) range:形如(lower,upper),表示直方图统计的范围。默认为 None。

(4) density:如果设置为 True,将会把频次转换为概率密度。默认为 False。

(5) weights:每一个数据的权重,数组的形状和数据保持一致。默认为 None。

(6) cumulative:如果设置为 True,那么直方图将会是一个累积直方图。默认为 False。

(7) bottom:如果是数组,那么表示每一条直方图条形的底部位置;如果是标量,那么表示所有条形的底部位置。默认为 None。

(8) histtype:可选{'bar', 'barstacked', 'step', 'stepfilled'},默认为 'bar',表示直方图的类型。

(9) align:可选{'left', 'mid', 'right'},默认为 'mid',表示条形对齐方式。

(10) orientation:可选{'horizontal', 'vertical'},默认为 'vertical',表示直方图的方向。

(11) rwidth:条形的相对宽度,取值在 0 和 1 之间。默认为 None。

(12) log:如果设置为 True,将会用对数刻度绘制直方图。默认为 False。

(13) color:设置直方图的颜色。

（14）label：设置直方图的标签，可以在图例中使用。

（15）stacked：如果为 True，当有多个数据输入时，直方图会被堆叠起来。默认为 False。

（16）data：数据集，字典形式，使用该参数的时候，其他参数需要通过关键字字符串来指定。

（17）** kwargs：关键字参数，用于指定其他可选参数。

plt. hist()函数返回一个包含 3 个元素的元组，这 3 个元素的含义如下。

（1）n：数组或列表。表示每个 bin 中的频率（frequency）或者数量（count）。

（2）bins：数组。表示每个 bin 的边界。例如，对于 5 个 bins，bins 会返回 6 个值，分别代表了 5 个 bins 的上下边界。

（3）patches：这是一个列表，列表中的每个元素是一个 matplotlib. patches. Rectangle 对象，表示直方图中的每个矩形。

下面的例子是对 plt. hist()函数的一个简单应用，在这个案例中，用 data 描述了数据分布，通过 plt. hist()函数绘制直方图，bins 参数指定为 5，表明直方图会通过 5 个区间展示 data 中数据的分布。

代码位置：src/hist/simple_hist. py。

```
import matplotlib.pyplot as plt
data = [1, 1.1, 1.3, 2.2, 2.9, 3.0, 3.2, 3.3, 3.5, 3.7, 4.2, 5.1, 5.4, 5.8, 5.9]
n, bins, patches = plt.hist(data, bins = 5)
plt.show()
```

运行程序，效果如图 5-2 所示。

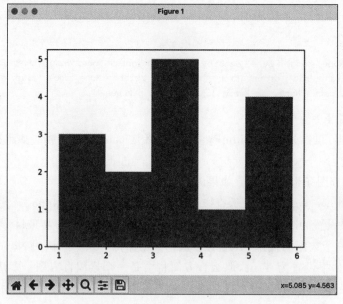

图 5-2　data 数据分布的直方图

从图 5-2 所示的直方图可以看出，在 4 到 5 区间内的数字是最少的，本例只有 4.2 一个。

下面的例子绘制了 flower. png 的彩色直方图，左侧显示的是原图，右侧显示的是直方图，效果如图 5-3 所示。在直方图中，R、G、B 的分布以不同颜色显示了出来。

代码位置：src/hist/hist_rgb. py。

```
import cv2
import matplotlib.pyplot as plt
```

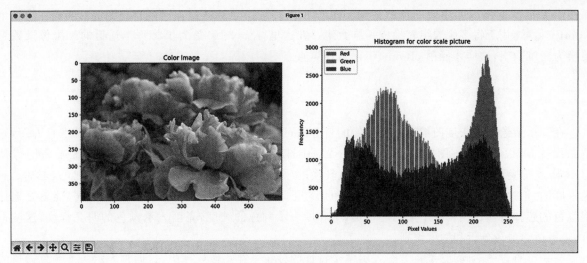

图 5-3　彩色图像的直方图

```
# 读取图像
img = cv2.imread('images/flower.png')

# OpenCV 默认的颜色顺序是 BGR,所以需要将其转换为 RGB 格式
img_rgb = cv2.cvtColor(img, cv2.COLOR_BGR2RGB)

# 创建一个 2×1 的子图布局
# 第一个子图用于显示彩色图像,第二个子图用于显示对应的直方图
fig, axs = plt.subplots(1, 2, figsize = (16,6))

# 在第一个子图中显示彩色图像
axs[0].imshow(img_rgb)
axs[0].set_title('Color Image')

# 拆分图像的三个通道
r, g, b = cv2.split(img_rgb)

# 在第二个子图中绘制红色通道的直方图
axs[1].hist(r.ravel(), bins = 256, color = 'red', alpha = 0.5)
# 在第二个子图中绘制绿色通道的直方图
axs[1].hist(g.ravel(), bins = 256, color = 'green', alpha = 0.5)
# 在第二个子图中绘制蓝色通道的直方图
axs[1].hist(b.ravel(), bins = 256, color = 'blue', alpha = 0.5)

# 设置图例和坐标轴标签
axs[1].legend(['Red', 'Green', 'Blue'])
axs[1].set_xlabel('Pixel Values')
axs[1].set_ylabel('Frequency')
axs[1].set_title('Histogram for color scale picture')

# 显示绘制的直方图
plt.show()
```

在这段代码中,axs[1]是对子图(subplot)的一个引用。在 fig, axs = plt.subplots(1, 2, figsize = (16,6))语句中,创建了一个一行两列的子图布局。axs 是一个包含这些子图的数组。在这个例子中,axs[0]指向第 1 个子图(原图),axs[1]指向第 2 个子图(直方图)。在 axs[1]这个子图上绘制直方图。

　　r. ravel()、g. ravel()和 b. ravel()分别是对图像红色、绿色和蓝色通道的引用。r. ravel()是一个 NumPy 函数,用于将多维数组转换成一维数组。在这里,r. ravel()是为了将每个通道的二维像素数组转换为一维数组,这样才能用 plt. hist()函数计算直方图。

5.2　二维直方图

　　在 5.1 节绘制了灰度图像和彩色图像的直方图,这些直方图只是一维直方图,类似一维直方图,还有二维直方图,这种直方图同样需要使用 cv2. calcHist()函数进行计算,但在计算前,需要将图像从 BGR 格式转换到 HSV 格式。需要进行格式转换的原因是 BGR 色彩空间(蓝色、绿色、红色)是基于颜色强度的,但这可能受到光照变化的影响。相比之下,HSV 色彩空间(色调、饱和度、亮度)能更好地捕捉颜色的感知特性。色调表示颜色的种类,饱和度表示颜色的纯度,亮度表示颜色的明亮程度,这使得 HSV 更适合颜色分析和颜色识别。

　　与一维直方图不同,二维直方图表示两个特征的分布。在图像处理中,这通常表示两个颜色通道的关系。例如,在 HSV 色彩空间中,读者可能想要了解色调(Hue)和饱和度(Saturation)之间的关系,或者色调和亮度(Value)之间的关系。

　　下面的例子将 flower. png 从 BGR 格式转换为 HSV 格式,然后使用 cv2. calcHist()函数计算二维直方图,最后使用 matplotlib. pyplot 模块的相关 API 绘制二维直方图,效果如图 5-4 所示。

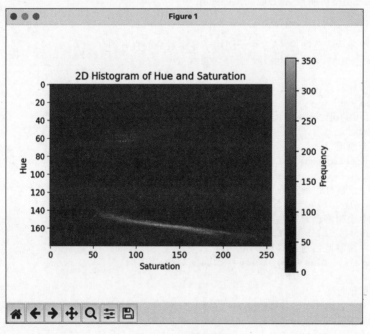

图 5-4　二维直方图

代码位置: src/hist/2d_hist. py。

```python
import cv2
import matplotlib.pyplot as plt

# 读取图像
image = cv2.imread('images/flower.png')
```

```
# 将 BGR 图像转换为 HSV 图像
hsv_image = cv2.cvtColor(image, cv2.COLOR_BGR2HSV)

# 计算色调(Hue)和饱和度(Saturation)的二维直方图
hist = cv2.calcHist([hsv_image], [0, 1], None, [180, 256], [0, 180, 0, 256])

# 可视化二维直方图
plt.imshow(hist, interpolation = 'nearest')
plt.title('2D Histogram of Hue and Saturation')
plt.xlabel('Saturation')
plt.ylabel('Hue')
plt.colorbar(label = 'Frequency')
plt.show()
```

在上面代码中，hist = cv2.calcHist([hsv_image],[0,1],None,[180,256],[0,180,0,256])是最核心的部分，下面是对传入 cv2.calcHist()函数的参数值的详细解释。

(1) hist：存储计算出的二维直方图的变量。

(2) [hsv_image]：图像源，以列表形式提供。在这种情况下，它是一个 HSV 格式的图像。

(3) [0,1]：表示要计算直方图的通道的索引。在这种情况下，索引 0 和 1 分别对应于 HSV 图像的色调(Hue)和饱和度(Saturation)通道。

(4) None：可选参数，表示掩膜。这里没有使用掩膜，所以该值为 None。

(5) [180,256]：每个通道的区间数(bins)。对于色调通道，有 180 个区间；对于饱和度通道，有 256 个区间。更多或更少的区间将改变直方图的粒度。

(6) [0,180,0,256]：每个通道的值范围。对于色调通道，范围是 0 到 180；对于饱和度通道，范围是 0 到 255。请注意，饱和度的上限设置为 256，这是因为 Python 的范围通常是半开的，所以这个范围实际上表示从 0 到 255。

第 28 集
微课视频

5.3　直方图的操作

本节主要介绍直方图的一些常用操作，这些操作包括归一化、比较、均衡化、匹配和反向投影。

5.3.1　直方图归一化

直方图归一化是将直方图的值范围调整到指定的范围(如 0 到 1)，从而使其与其他直方图更容易进行比较，也使其更适合进行进一步的分析和解释。

在 OpenCV4 中，使用 cv2.normalize()函数实现多种形式的归一化功能，该函数的原型如下：

```
cv2.normalize(src, dst[, alpha[, beta[, norm_type[, dtype[, mask]]]]]) -> dst
```

函数参数的含义如下：

(1) src：输入数组(如图像或直方图)。该参数的值应该是浮点型或双精度浮点型。

(2) dst：输出数组，与源数组具有相同的大小和类型。这通常是一个复制的源数组，用于存储归一化后的结果。

(3) alpha：归一化范围的下界。

(4) beta：归一化范围的上界。

(5) norm_type：归一化的类型。常见选项见表 5-1。

(6) dtype：当为负数时，输出数组的类型与源数组相同。否则，它与源数组的深度相符，并将按照给定的数据类型代码进行缩放。

（7）mask：操作掩膜，只处理掩膜中非零的元素。这允许读者选择性地归一化输入数组的一部分。

表 5-1　归一化类型

归一化类型	对应的值	含　　义	公　　式
cv2. NORM_INF	1	无穷范数，通过向量元素绝对值的最大值进行归一化，并可乘以系数 α 进行缩放	$x' = \dfrac{x}{\max|x|} \times \alpha$
cv2. NORM_L1	2	L1 范数是所有向量元素的绝对值之和。要使 L1 范数等于 α，可以通过右侧公式进行归一化	$x' = \dfrac{x}{\sum|x|} \times \alpha$
cv2. NORM_L2	4	L2 范数，也称为欧几里得范数，是所有向量元素的平方和的平方根。要使 L2 范数等于 α，可以通过右侧公式进行归一化	$x' = \dfrac{x}{\sqrt{\sum x^2}} \times \alpha$
cv2. NORM_MINMAX	32	线性归一化是将原始数据线性缩放到指定范围。对于给定的最小值 α 和最大值 β，线性归一化可以通过右侧公式表示	$x' = \dfrac{x-\min}{\max-\min} \times (\beta-\alpha) + \alpha$

表 5-1 中的公式涉及一些符号，这些符号的含义如下。

（1）x：原始数据值，可以是单个值或向量的元素。

（2）min：数据集中的最小值。在 cv2. NORM_MINMAX 归一化中使用，表示原始数据的最小值。

（3）max：数据集中的最大值。在 cv2. NORM_MINMAX 归一化中使用，表示原始数据的最大值。

（4）β：cv2. NORM_MINMAX 归一化的目标范围的最大值。

（5）α：cv2. NORM_MINMAX 归一化的目标范围的最小值，或 cv2. NORM_INF、cv2. NORM_L1、cv2. NORM_L2 的目标范数值。在 cv2. NORM_MINMAX 归一化中，所有归一化后的值都将在 α 和 β 之间。

（6）x'：归一化后的数据值。

下面的例子使用 cv2. calcHist()函数计算其直方图，然后使用 cv2. normalize()函数归一化该直方图，最后使用 matplotlib 来绘制原始直方图和归一化后的直方图，效果如图 5-5 所示。

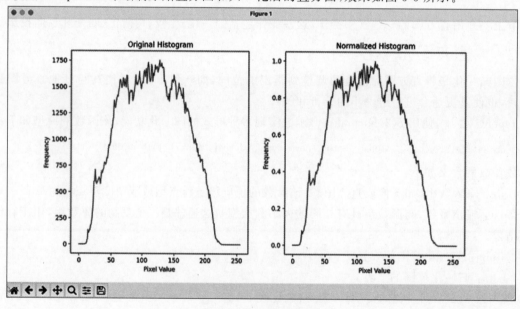

图 5-5　直方图归一化

代码位置：**src/hist/normalize.py**。

```python
import cv2
import numpy as np
import matplotlib.pyplot as plt

# 读取图像
image = cv2.imread('images/flower.png', cv2.IMREAD_GRAYSCALE)

# 计算直方图
hist = cv2.calcHist([image], [0], None, [256], [0, 256])

# 归一化直方图
# cv2.NORM_MINMAX 将值调整到指定的范围
# 最后的参数 [0,1] 是新的范围
normalized_hist = cv2.normalize(hist, hist.copy(), 0, 1, cv2.NORM_MINMAX)

plt.figure(figsize = (12, 6))

# 绘制原始直方图
plt.subplot(1, 2, 1)
plt.plot(hist)
plt.title('Original Histogram')
plt.xlabel('Pixel Value')
plt.ylabel('Frequency')

# 绘制归一化后的直方图
plt.subplot(1, 2, 2)
plt.plot(normalized_hist)
plt.title('Normalized Histogram')
plt.xlabel('Pixel Value')
plt.ylabel('Frequency')
plt.show()
```

第 29 集
微课视频

5.3.2 直方图比较

想比较两个图像的相似性时，可以使用直方图比较。直方图是表示图像像素强度分布的图表，可以用来度量图像的某些特性。

直方图表示的是像素强度在不同范围内的分布。两个完全不同的图像可能具有非常相似的直方图分布，因为直方图捕捉的是全局统计信息，而不是空间结构和局部特征。例如，两个具有相同颜色分布但具有完全不同纹理和结构的图像可能具有相似的直方图。

如果两个图像在视觉上非常相似，它们的直方图自然也会相似。图像的像素强度分布与其内容紧密相关，因此相似的图像通常会产生相似的直方图。但是，值得注意的是，即使图像相似，小的差异（如噪声或微小的光照变化）也可能导致直方图之间存在一些差异。

因此，使用直方图分布既不是两个图像相似性的充分条件，也不是必要条件，只是参考指标之一，如果要判断两个图像是否相似，还需要参考其他的指标。

OpenCV 库提供了 cv2.compareHist() 函数，用于比较两个图像的直方图，并通过不同的方法计算它们之间的相似性。cv2.compareHist() 函数的原型如下：

```
cv2.compareHist(H1, H2, method) -> retval
```

函数参数的含义如下：

（1）H1：第 1 个要比较的直方图，通常是由 cv2.calcHist()函数计算得到的。

（2）H2：第 2 个要比较的直方图。

（3）method：比较直方图的方法，详情见表 5-2。

（4）retval：返回值，一个浮点数，表示通过所选方法计算出的两个直方图之间的相似度。

表 5-2　比较直方图的方法

方　　法	对应的值	说　　明
cv2.HISTCMP_CORREL	0	相关性方法，计算两个直方图之间的相关性，值范围在−1 到 1。值越接近 1，直方图越相似
cv2.HISTCMP_CHISQR	1	卡方方法。计算两个直方图之间的卡方统计量，值越小，直方图越相似
cv2.HISTCMP_INTERSECT	2	交集方法。计算两个直方图之间的交集，值越大，直方图越相似
cv2.HISTCMP_BHATTACHARYYA	3	巴氏距离。计算两个直方图之间的巴氏距离，值越小，直方图越相似
cv2.HISTCMP_HELLINGER	3	这是巴氏距离(Bhattacharyya Distance)的另一个名称。这种比较方法基于概率分布之间的相似性，并用于衡量两个直方图或概率分布之间的相似性。巴氏距离值越小，意味着两个直方图越相似
cv2.HISTCMP_CHISQR_ALT	4	这是卡方统计量的另一种计算方式，它与 cv2.HISTCMP_CHISQR 有些不同。卡方统计量通常用于衡量两个概率分布（或直方图）之间的差异。不同的计算方式可能对某些特定情况更敏感
cv2.HISTCMP_KL_DIV	5	Kullback-Leibler 散度。计算两个直方图之间的 Kullback-Leibler 散度，值越小，直方图越相似

下面详细介绍这几种方法的原理。

1．cv2.HISTCMP_CORREL

衡量两个直方图的相关性或统计依赖性。值越接近 1，表示直方图越相似，如果两幅图像的直方图完全不相关，则计算值为 0。数学公式如下所示：

$$R = \frac{\sum (H_1 - \overline{H}_1)(H_2 - \overline{H}_2)}{\sqrt{\sum (H_1 - \overline{H}_1)^2 \sum (H_2 - \overline{H}_2)^2}} \tag{5-1}$$

式(5-1)中符号的描述如下：

（1）R：相关系数，衡量两个直方图的相似性。

（2）H_1、H_2：要比较的两个直方图。

（3）$\overline{H}_1$、$\overline{H}_2$：直方图 H_1 和 H_2 的平均值。

$\overline{H}_k$ 的数学公式如下所示：

$$\overline{H}_k = \frac{\sum H_k[i]}{n} \tag{5-2}$$

其中 $k=1,2$，$H_k[i]$ 表示直方图 H_k 中第 i 个值。

2．cv2.HISTCMP_CHISQR

衡量观察频率与期望频率之间的差异。如果两幅图像的直方图完全一致，则计算值为 0。两幅图像的相似性越低,计算值越大。数学公式如下所示。

$$\chi^2 = \sum \frac{(H_1[i] - H_2[i])^2}{H_2[i]} \tag{5-3}$$

式(5-3)中符号的描述如下:

(1) χ^2:卡方值。

(2) $H_1[i]$ 和 $H_2[i]$:直方图中第 i 个元素。

在这个公式中,$H_2[i]$ 通常被视为期望频率或期望分布,而 $H_1[i]$ 则被视为观察频率或观察分布。在计算观察值与期望值之间的差异时,使用期望值 $H_2[i]$ 作为分母有助于对差异进行标准化。换句话说,人们更关心观察值与期望值之间的相对差异,而不仅仅是绝对差异。

如果期望频率非常小但观察频率相对较大,那么即使绝对差异不大,相对差异也可能很重要。通过除以期望值,可以捕捉这种相对差异,并使结果对期望值的大小更敏感。

总体来说,除以 $H_2[i]$ 的选择反映了关心观察值与期望值之间的相对差异的事实,这在许多统计应用中是有意义的。

3. cv2. HISTCMP_INTERSECT

交集方法返回两个直方图中对应的最小值之和,值越大,直方图越相似。数学公式如下所示:

$$I = \sum \min(H_1[i], H_2[i]) \tag{5-4}$$

式(5-4)中符号的描述如下:

(1) I:交集值。

(2) $H_1[i]$ 和 $H_2[i]$:直方图中第 i 个元素。

4. cv2. HISTCMP_BHATTACHARYYA

计算两个直方图之间的巴氏距离,值越小,直方图越相似。数学公式如下所示:

$$D = \sqrt{1 - \frac{1}{\sqrt{\overline{H_1}\,\overline{H_2}N^2}} \sum \sqrt{H_1[i] \cdot H_2[i]}} \tag{5-5}$$

式(5-5)中符号的描述如下:

(1) D:巴氏距离。

(2) $H_1[i]$ 和 $H_2[i]$:直方图中第 i 个元素。

(3) $\overline{H}_1$、$\overline{H}_2$:直方图 H_1 和 H_2 的平均值。

(4) N:直方图的尺寸或长度。

5. cv2. HISTCMP_HELLINGER

海林格距离是巴氏距离的另一个名称。数学公式与 cv2. HISTCMP_BHATTACHARYYA 相同。

6. cv2. HISTCMP_CHISQR_ALT

一种不同的卡方统计计算。数学公式可能有所不同,具体取决于库的版本和实现。

7. cv2. HISTCMP_KL_DIV

计算两个直方图之间的 Kullback-Leibler 散度,值越小,直方图越相似。数学公式如下所示:

$$D_{KL} = \sum H_1[i] \cdot \log\left(\frac{H_1[i]}{H_2[i]}\right) \tag{5-6}$$

式(5-6)中符号的描述如下:

(1) D_{KL}:Kullback-Leibler 散度值。

（2）$H_1[i]$和$H_2[i]$：直方图中第i个元素。

下面的例子先将两幅彩色图像转换为灰度图像，然后使用 cv2. HISTCMP_CORREL 方法比较这两幅灰度图像的相似性，并分别显示两幅图像的灰度图像和对应的直方图曲线，并在终端输出两幅图像的相似度。

代码位置：src/hist/compare_hist. py。

```python
import cv2
import numpy as np
import matplotlib.pyplot as plt

# 读取两幅图像
image1 = cv2.imread('images/unicorn1.png', cv2.IMREAD_GRAYSCALE)
image2 = cv2.imread('images/unicorn2.png', cv2.IMREAD_GRAYSCALE)

# 计算直方图
hist1 = cv2.calcHist([image1], [0], None, [256], [0, 256])
hist2 = cv2.calcHist([image2], [0], None, [256], [0, 256])

# 归一化直方图(可选,但有助于比较)
cv2.normalize(hist1, hist1)
cv2.normalize(hist2, hist2)

# 比较直方图并打印相似度
correlation = cv2.compareHist(hist1, hist2, cv2.HISTCMP_CORREL)
print(f"图像的相似度(相关性): {correlation}")

# 显示两幅图像
plt.subplot(2, 2, 1)
plt.imshow(image1, cmap = 'gray')
plt.title('Image 1')
plt.subplot(2, 2, 2)
plt.imshow(image2, cmap = 'gray')
plt.title('Image 2')

# 显示两个直方图
plt.subplot(2, 2, 3)
plt.plot(hist1)
plt.title('Histogram of Image 1')
plt.subplot(2, 2, 4)
plt.plot(hist2)
plt.title('Histogram of Image 2')
plt.show()
```

第 30 集
微课视频

运行程序，会看到如图 5-6 所示的效果。并在终端输出如下的内容：

图像的相似度(相关性)：0.6439281845998308。

5.3.3　直方图均衡化

假设有一张在阴暗环境下拍摄的照片，其中许多细节隐藏在阴影中，整体亮度较低。在这张照片中，大部分像素值集中在较暗的范围内，导致图像缺乏对比度和动态范围。因此，图像的直方图（即像素强度的分布图）可能会偏向于低强度区域，高强度区域几乎没有像素，这样的图像在视觉上可能显得沉闷和单调。为了让图像的纹理突出显示出来，可以增加两个灰度值之间的差值，从而提高图像的对比度，这个过程称为图像直方图均衡化。

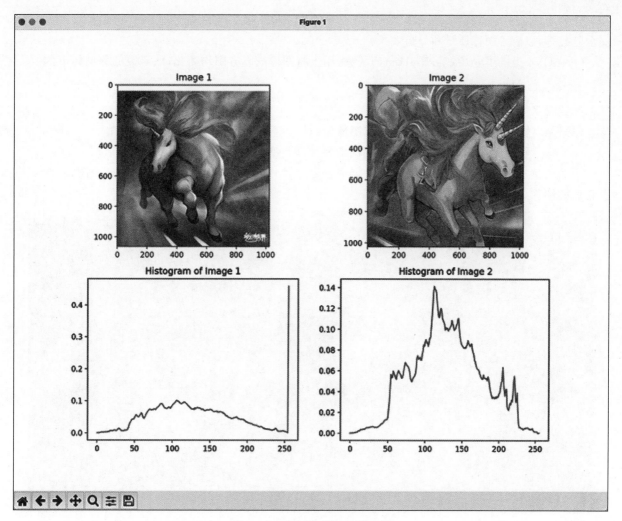

图 5-6　两幅图像的相似性比较

直方图均衡化的具体作用如下。

（1）增加对比度：通过重新分配像素强度，直方图均衡化可以使原本集中在某个区域的像素分散开来，从而增加整个图像的对比度。这有助于揭示原本隐藏在暗处的细节。

（2）改善视觉效果：通过增强图像的对比度，直方图均衡化可以使图像在视觉上更加引人注目和生动。

（3）增强特征识别：在图像处理和计算机视觉应用中，对比度较低的图像可能会影响特征检测和识别的准确性。通过使用直方图均衡化，可以使这些特征更容易被识别和跟踪。

下面是一个实际的案例。

在一个医学图像处理的场景，可能需要分析一组 X 射线图像来诊断患者的骨骼问题。如果某些图像因为曝光不足或设备限制而显得过于暗淡，关键的骨骼结构可能难以辨认。

在这种情况下，直方图均衡化就变得非常有用。通过应用这一技术，可以提高图像的对比度，使原本难以看清的骨骼结构变得清晰可见。这不仅可以帮助医生更准确地进行诊断，还可以支持自动化的图像分析工具更准确地识别和测量骨骼特征。

总体来说,直方图均衡化是一项强大的图像增强技术,可以广泛应用于许多领域,包括摄影、医学、安全监控等,以改善图像质量和分析效果。

OpenCV4 提供了 cv2.equalizeHist()函数,用于将图像的直方图均衡化,该函数的原型如下:

```
cv2.equalizeHist(src[, dst]) -> dst
```

参数含义如下:

(1) src:输入图像,必须是 8 位单通道图像。

(2) dst:输出图像,与输入图像具有相同的尺寸和类型。

下面的例子将图像的直方图均衡化,并同时显示了原图和均衡化后的图像,左侧是原图,右侧是均衡化后的图像,如图 5-7 所示。

图 5-7　直方图均衡化

代码位置:src/hist/equalize_hist.py。

```python
import cv2
import numpy as np

# 读取图像
image = cv2.imread('images/unicorn2.png')

# 将图像从 BGR 色彩空间转换到 HSV 色彩空间
hsv_image = cv2.cvtColor(image, cv2.COLOR_BGR2HSV)

# 将 HSV 图像分割为三个通道:H, S, V
h, s, v = cv2.split(hsv_image)

# 对 V 通道进行直方图均衡化
equalized_v = cv2.equalizeHist(v)

# 将均衡化后的 V 通道与原始的 H 和 S 通道合并
equalized_hsv_image = cv2.merge([h, s, equalized_v])
```

```
# 将均衡化后的 HSV 图像转换到 BGR 色彩空间
equalized_image = cv2.cvtColor(equalized_hsv_image, cv2.COLOR_HSV2BGR)

# 水平连接原始图像和均衡化后的图像,使它们在同一个窗口中显示
combined_image = np.hstack((image, equalized_image))

# 显示组合图像
cv2.imshow('Original and Equalized Image', combined_image)
cv2.waitKey(0)
cv2.destroyAllWindows()
```

5.3.4 直方图匹配

直方图匹配是一种图像处理技术,用于调整源图像的直方图,使其与参考图像的直方图相匹配。这可以改善图像的全局对比度和亮度特性,使图像在视觉上相似。直方图匹配主要包括以下步骤。

(1) 计算图像的直方图:统计源图像和参考图像的像素强度分布。

(2) 计算直方图的累积概率:计算两幅图像的累积直方图。

(3) 构建积累概率误差矩阵:比较源图像与参考图像的累积直方图。

(4) 生成映射表:根据累积概率误差矩阵生成像素强度的映射表。

(5) 应用映射表:将映射表应用于源图像以获得相匹配的直方图。

在这些步骤中涉及一些名词,下面是对这些名词的解释:

第 31 集
微课视频

(1) 累积概率(Cumulative Probability):累积概率是一种表示随机变量的取值在某个范围内概率的方法。对于直方图而言,累积概率是从直方图的第一个柱子开始,将每个柱子的概率值累加起来。这个累加的过程描述了图像中像素强度小于或等于某个特定值的概率。累积概率可以通过累积直方图表示,累积直方图的每个值就是对应强度值的累积概率。

(2) 累积概率误差矩阵(Cumulative Probability Error Matrix):累积概率误差矩阵用于直方图匹配过程中,描述源图像和参考图像的累积概率差异。通过计算源图像与参考图像的累积直方图之间的差值,可以得到每个强度值的累积概率误差。这个误差矩阵可以找到源图像中每个强度值与参考图像中哪个强度值的累积概率最接近,从而建立映射关系。

(3) 映射表(Mapping Table):映射表是一种数据结构,用于存储源图像中的强度值与参考图像中的强度值之间的对应关系。在直方图匹配中,映射表通过计算累积概率误差矩阵来生成,每个源强度值与参考强度值之间的映射关系都基于最小累积概率误差。映射表用于将源图像的强度值转换为参考图像中相应的强度值,从而使源图像的直方图与参考图像的直方图更接近。

总体来说,累积概率、累积概率误差矩阵和映射表是直方图匹配过程中的关键概念,它们共同用于将源图像的直方图转换为与参考图像的直方图相似的形状。

下面举一个直方图匹配的案例。

假设有以下源图像和参考图像的累积直方图:

(1) 源图像累积直方图:$[0.1, 0.2, 0.4, 0.8, 1.0]$。

(2) 参考图像累积直方图:$[0.05, 0.3, 0.5, 0.7, 1.0]$。

本例的直方图有 5 个值,表示 5 个像素强度等级,分别为强度 0、强度 1、强度 2、强度 3 和强度 4。例如,源图像累积直方图中的 0.1 表示源图像中有 10% 的像素具有强度 0 或更低的等级,0.2 表示源图像中有 20% 的像素具有强度 1 或更低等级,以此类推。这些值称为累积概率。

下一步需要计算积累概率误差矩阵,计算规则是扫描源图像累积直方图中的每一个累积概率,然后

计算这些累积概率与参考图像累积直方图中每一个累积概率的差值,用这些差值组成的矩阵称为积累概率误差矩阵。矩阵的每一行表示源图像累积直方图中的某一个累积概率与参考图像累积直方图中所有累积概率的差值。下面是计算源图像累积直方图中 0.1 的积累概率误差,这里的差值取绝对值即可。

(1) 0.1 与 0.05 的差值是 0.05。

(2) 0.1 与 0.3 的差值是 0.20。

(3) 0.1 和 0.5 的差值是 0.40。

(4) 0.1 和 0.7 的差值是 0.60。

(5) 0.1 和 1.0 的差值是 0.90。

所以,由此可知积累概率误差矩阵的第 1 行是 0.05、0.20、0.40、0.60、0.90,以此类推,可以计算积累概率误差矩阵剩下的 4 行,完整的积累概率误差矩阵如下所示:

$$\begin{bmatrix} 0.05 & 0.20 & 0.40 & 0.60 & 0.90 \\ 0.15 & 0.10 & 0.30 & 0.50 & 0.80 \\ 0.35 & 0.10 & 0.10 & 0.30 & 0.60 \\ 0.75 & 0.50 & 0.30 & 0.10 & 0.20 \\ 0.95 & 0.70 & 0.50 & 0.30 & 0.00 \end{bmatrix}$$

然后找到图像积累概率误差矩阵中每一行中最小的差值,如果存在两个或以上最小差值相同的情况,从左向右取第 1 个最小的差值,需要从 0 开始。这样,就会得到如下的映射表:

[0,1,1,3,4]

最后一步就是应用这个映射表。应用的规则是扫描源图像中的所有像素点,并利用映射表将参考图像中的某一个像素点映射到源图像中的当前像素点。其实就是用参考图像中的某一个像素点替换源图像中的某个像素点。前面的描述只是简单举例,在真实场景中,通常处理灰度图像时,映射表的长度是 256,每一个灰度值的像素点都会有对应的灰度值。

下面的例子根据前面描述的算法,根据参考图像(reference_image)匹配源图像(source_image),并最终生成了匹配后的图像(matched_image),匹配后图像的直方图的分布与参考图像的直方图分布相近,效果如图 5-8 所示。上方是图像,下方是图像对应的直方图;左侧是源图像,中间是参考图像,右侧是匹配后的图像。很明显,中间的直方图的分布与右侧的直方图的分布非常接近。

代码位置:src/hist/histogram_matching.py。

```python
import cv2
import numpy as np
import matplotlib.pyplot as plt
def compute_histogram(image):
    # 计算图像的直方图
    # image.flatten()将图像转换为一维数组
    # 256 为直方图的大小,[0, 256]为像素值的范围
    histogram, _ = np.histogram(image.flatten(), 256, [0, 256])
    return histogram

def compute_cumulative_histogram(histogram):
    # 计算直方图的累积分布(累积直方图)
    # 使用 np.cumsum 计算直方图的累积和
    # 然后除以直方图的总和进行归一化
    return np.cumsum(histogram) / float(histogram.sum())

def create_mapping(source_cumulative_histogram, reference_cumulative_histogram):
```

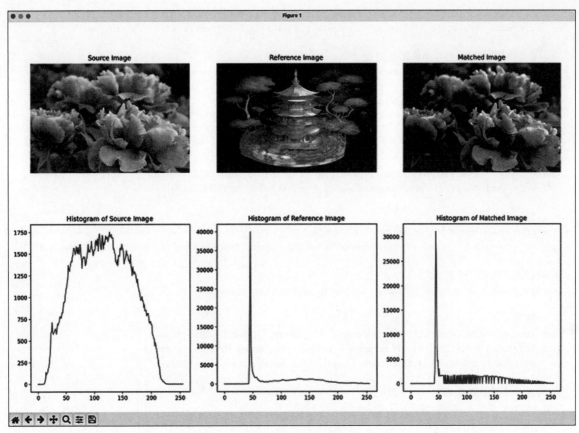

图 5-8 直方图匹配

```
    # 创建源图像和参考图像之间的映射
    mapping = np.zeros_like(source_cumulative_histogram)
    for i in range(256):
        # 对每一个源图像的累积概率值,在参考累积直方图中找到与之最接近的累积概率值的索引
        diff = np.abs(source_cumulative_histogram[i] - reference_cumulative_histogram)
        mapping[i] = np.argmin(diff)
    return mapping

def apply_mapping(image, mapping):
    # 将映射应用到源图像上,得到匹配后的图像
    matched_image = np.zeros_like(image)
    rows, cols = image.shape
    for i in range(rows):
        for j in range(cols):
            # 对每一个像素,使用映射表中对应的值替换
            matched_image[i, j] = mapping[image[i, j]]
    return matched_image

def histogram_matching(source_image, reference_image):
    # 直方图匹配主函数
    # 计算源图像和参考图像的直方图
    source_histogram = compute_histogram(source_image)
    reference_histogram = compute_histogram(reference_image)

    # 计算源图像和参考图像的累积直方图
```

```
        source_cumulative_histogram = compute_cumulative_histogram(source_histogram)
        reference_cumulative_histogram = compute_cumulative_histogram(reference_histogram)

        # 创建源图像到参考图像的映射表
        mapping = create_mapping(source_cumulative_histogram, reference_cumulative_histogram)
        # 应用映射表到源图像
        matched_image = apply_mapping(source_image, mapping)
        return matched_image


# 读取图像
source_image = cv2.imread('images/flower.png', cv2.IMREAD_GRAYSCALE)
reference_image = cv2.imread('images/pagoda.png', cv2.IMREAD_GRAYSCALE)

# 调整图像大小以匹配
if source_image.shape != reference_image.shape:
    reference_image = cv2.resize(reference_image, (source_image.shape[1], source_image.shape[0]))

# 调用直方图匹配函数
matched_image = histogram_matching(source_image, reference_image)

# 计算直方图
hist_source = cv2.calcHist([source_image], [0], None, [256], [0, 256])
hist_reference = cv2.calcHist([reference_image], [0], None, [256], [0, 256])
hist_matched = cv2.calcHist([matched_image], [0], None, [256], [0, 256])

# 创建 6 个子图的布局
fig, axes = plt.subplots(2, 3, figsize = (15, 10))
fig.tight_layout(pad = 2)

# 显示源图像和其直方图
axes[0, 0].imshow(source_image, cmap = 'gray')
axes[0, 0].set_title('Source Image')
axes[0, 0].axis('off')
axes[1, 0].plot(hist_source)
axes[1, 0].set_title('Histogram of Source Image')

# 显示参考图像和其直方图
axes[0, 1].imshow(reference_image, cmap = 'gray')
axes[0, 1].set_title('Reference Image')
axes[0, 1].axis('off')
axes[1, 1].plot(hist_reference)
axes[1, 1].set_title('Histogram of Reference Image')

# 显示匹配后的图像和其直方图
axes[0, 2].imshow(matched_image, cmap = 'gray')
axes[0, 2].set_title('Matched Image')
axes[0, 2].axis('off')
axes[1, 2].plot(hist_matched)
axes[1, 2].set_title('Histogram of Matched Image')
plt.show()
```

第 32 集
微课视频

5.3.5 直方图反向投影

直方图反向投影（Histogram Backprojection）是一种在图像处理和计算机视觉中用于目标识别或

图像分割的技术。可以使用这种技术来识别图像中与特定对象颜色分布相似的区域。

直方图反向投影的主要应用场景有以下几种。

（1）目标追踪：通过在连续的视频帧之间识别与特定颜色分布相匹配的区域，直方图反向投影可以用于追踪目标对象的位置和运动。

（2）皮肤检测与人脸识别：直方图反向投影可以用于检测图像中的皮肤区域，从而识别和跟踪人脸。

（3）图像分割：通过识别与特定颜色分布相匹配的区域，直方图反向投影可以用于分割图像中的不同区域或对象。

（4）颜色识别：可以用于识别图像中与给定颜色样本相匹配的区域，例如，可以用于工业质量控制中的颜色匹配。

（5）图像搜索和检索：通过比较图像的颜色直方图，可以识别具有相似颜色分布的图像，从而实现图像搜索和检索。

（6）手势识别：结合其他图像处理技术，可以使用直方图反向投影来识别和理解用户的手势。

（7）交互式图像分割：在图形设计和编辑应用中，用户可以选择图像的一部分作为目标样本，然后使用反向投影来选择所有与该样本具有相似颜色的区域。

（8）机器人视觉：在机器人导航和操纵任务中，可以使用直方图反向投影来识别特定的物体或标志。

（9）医学图像分析：在某些情况下，可以使用直方图反向投影来识别医学图像（如 MRI 或 CT 扫描）中与特定组织类型相匹配的区域。

（10）物体检测：在更复杂的物体检测框架中，直方图反向投影可作为特征提取和识别的一部分。

总的来说，直方图反向投影是一种强大的工具，可以在许多不同的应用场景中识别与特定颜色分布相匹配的区域。其灵活性和可定制性使它在许多领域中都成为一项有用的技术。

OpenCV4 提供了 cv2.calcBackProject()函数用于对直方图进行反向投影，该函数的原型如下：

```
cv2.calcBackProject(images, channels, hist, ranges, scale[, dst]) ->dst
```

参数含义如下：

（1）images：输入图像列表，用于计算反向投影的图像。

（2）channels：需要反向投影的通道的索引列表，例如，对于灰度图像，这是[0]，对于彩色图像，可以是[0]、[1]或[2]。

（3）hist：输入的直方图，通常是根据代表目标的图像区域计算得到。

（4）ranges：每个通道的直方图 bin 范围列表。

（5）scale：反向投影的可选比例因子。

（6）dst：输出反向投影图像。

下面的例子利用直方图反向投影，在原图中搜索 ROI，与 ROI 相似的部分会被高亮显示，其余部分保留原图，图 5-9 是 ROI，图 5-10 是原图和处理后的效果，左侧是原图，右侧是处理后的效果。

代码位置：src/hist/calcBackProject.py。

图 5-9　ROI

```
import cv2
import numpy as np
# 读取图像
image_path = "images/unicorn1.png"
image = cv2.imread(image_path)
# 定义 ROI
```

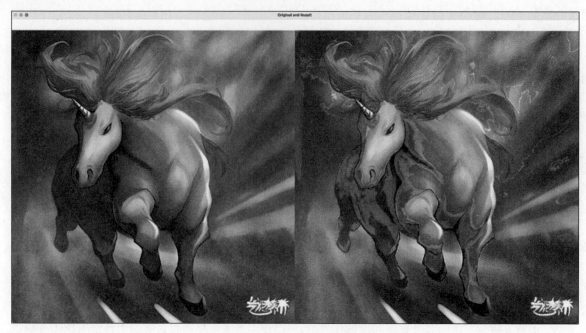

图 5-10　原图和处理后的效果

```
roi = image[100:200, 100:200]
cv2.imshow("ROI", roi)
# 将 ROI 和整个图像转换到 HSV 色彩空间
hsv_roi = cv2.cvtColor(roi, cv2.COLOR_BGR2HSV)
hsv_image = cv2.cvtColor(image, cv2.COLOR_BGR2HSV)
# 在 ROI 中计算直方图
roi_hist = cv2.calcHist([hsv_roi], [0], None, [180], [0, 180])
# 归一化直方图
cv2.normalize(roi_hist, roi_hist, 0, 255, cv2.NORM_MINMAX)
# 使用直方图反向投影查找与 ROI 相似的区域
dst = cv2.calcBackProject([hsv_image], [0], roi_hist, [0, 180], 1)
# 应用圆盘卷积
disc = cv2.getStructuringElement(cv2.MORPH_ELLIPSE, (5, 5))
cv2.filter2D(dst, -1, disc, dst)
# 应用彩色图
highlight = cv2.applyColorMap(dst, cv2.COLORMAP_JET)
# 将高亮显示的区域添加到原始图像中
result = cv2.addWeighted(image, 1, highlight, 0.3, 0)
# 将原始图像与 result 图像水平连接,使它们在同一个窗口中显示
combined_image = np.hstack((image, result))
cv2.imshow('Original and Result', combined_image)
cv2.waitKey(0)
cv2.destroyAllWindows()
```

在上面的代码中在对直方图进行反向投影之前,要先将图像从 BGR 转换到 HSV,然后进行归一化。下面解释一下为何要这样做。

1. 从 BGR 转换为 HSV

HSV(色相、饱和度、明度)色彩空间通常在直方图反向投影中使用,因为与典型 RGB 色彩空间相比它占据了以下一些优势。

(1)颜色分离:在 HSV 色彩空间中,色相(H)通道表示颜色类型,而饱和度(S)和亮度(V)通道表示颜色的强度和亮度。将颜色信息与亮度信息分离可以让反向投影对图像中的阴影和光照变化更加鲁棒[1]。

(2) 更好的颜色表示：HSV色彩空间中的色相通道提供了对颜色的直观表示。它允许在不受亮度和饱和度影响的情况下处理颜色，这在皮肤检测、植被检测等许多计算机视觉任务中是有益的。

(3) 颜色匹配：当人们想匹配或跟踪特定颜色时，使用色相通道可以更容易地完成任务。由于色相表示颜色的类型，可以通过仅比较色相通道来寻找与ROI具有相似颜色的区域。

在上述代码中，仅使用色相通道（第0个通道）来计算ROI的直方图和执行反向投影。这意味着仅关心颜色的类型，而不需要关心其强度和亮度。这有助于找到与ROI具有相似颜色的区域，即使它们的亮度和饱和度有所不同。

2. 直方图归一化

直方图归一化是将直方图的值范围调整到特定的范围（例如，0到255或0到1）的过程。这在直方图反向投影中很重要，主要有以下几个原因。

(1) 数值稳定性：通过将直方图的值范围调整到统一的范围，可以确保不同的图像和ROI产生的直方图在数值上是有可比性的。这有助于使算法在不同情况下的行为更加一致。

(2) 对比度增强：归一化还有助于提高反向投影结果的对比度。通过将直方图调整到可能值范围，可以更清晰地看到图像中与ROI匹配的区域。

(3) 缩放不变性：归一化有助于使结果对ROI大小的变化具有鲁棒性。由于归一化是基于比例的，所以更大或更小的ROI不会改变归一化后直方图的形状。这意味着不同大小的ROI可以产生相似的反向投影结果。

(4) 算法性能：在某些情况下，归一化可以提高算法的性能。归一化可以确保直方图的数值范围与图像的像素值范围相匹配，从而减少计算过程中的数值误差。

(5) 可解释性和调试：直方图归一化有助于理解和解释反向投影的结果。通过将值限制在可预测的范围内，可以更容易地理解反向投影是如何响应ROI的不同特性的。

总的来说，归一化是许多图像处理和计算机视觉算法中常见的预处理步骤，可以提高算法的稳定性、性能和可解释性。在直方图反向投影的上下文中，归一化有助于确保结果是可比较、可解释和对不同输入的鲁棒的。

在对直方图进行反向投影后，又应用了圆盘卷积和色彩图，以及将高亮显示的区域添加到原始图像中，下面是对这些操作的详细解释：

1. 应用圆盘卷积

应用圆盘卷积（或使用圆形结构元素的卷积）通常是图像处理中的一种滤波技术。这种操作可以实现平滑、模糊或增强图像中的特定特征。在直方图反向投影的上下文中，使用圆盘卷积有以下几个目的。

(1) 平滑反向投影结果：反向投影可能会产生噪点或粗糙的区域，特别是在处理包含许多微小细节和噪音的图像时。应用圆盘卷积可以平滑这些区域，使结果更加一致和自然。

(2) 连接相邻区域：圆盘卷积可以帮助连接反向投影中相邻但分离的区域。这有助于识别由于噪声或图像细节而被分割的较大连通区域。

---

[1] "鲁棒"（Robust）这个词在许多科学和工程领域中使用，特别是在计算机科学和统计学中。在这些背景下，鲁棒性通常是指一种系统、模型或算法在面对输入数据的小变动或存在某些异常值时，其输出或行为仍然相对稳定和准确的特性。

（3）模拟物体形状：如果正在跟踪的物体具有某种圆形特性，那么使用圆盘卷积可以增强这些特征。圆形结构元素可以更好地匹配与物体形状相似的区域。

（4）减少误报：圆盘卷积可以通过消除反向投影结果中的小孤立区域减少误报。

下面是一个使用圆盘卷积的示例代码片段。

```
# 创建一个圆形结构元素
disk_element = cv2.getStructuringElement(cv2.MORPH_ELLIPSE, (5, 5))
# 使用圆盘卷积平滑反向投影结果
smoothed_dst = cv2.filter2D(dst, -1, disk_element)
```

这里，cv2.getStructuringElement 函数用于创建一个半径。

2. 应用色彩图

cv2.applyColorMap()函数用于将单通道图像（通常是灰度图像）映射到彩色图像。这通过使用彩色来实现，使每个灰度级别都与特定的颜色相关联。这个函数在许多情况下非常有用，特别是想要通过使用颜色来强调某些特征或突出显示图像中的某些区域时。cv2.applyColorMap()函数的原型如下：

```
cv2.applyColorMap(src, colormap[, dst[, userColor]]) -> dst
```

参数含义如下：

（1）src：输入的单通道8位或32位浮点图像。

（2）colormap：指定要使用的颜色地图。OpenCV 提供了许多预定义的颜色映射，例如 cv2.COLORMAP_JET、cv2.COLORMAP_AUTUMN 等。

（3）dst：输出图像，与输入图像具有相同的大小和深度。

（4）userColor：用户定义的映射表，其中每一行定义了源图像的一个颜色。只有当 colormap 设置为 cv2.COLORMAP_USER 时才使用。

3. 将高亮显示的区域添加到原始图像中

cv2.addWeighted()函数用于对两个图像进行加权叠加。这允许将两个图像混合在一起，以便一个图像透过另一个图像可见。在这个例子中，它用于将彩色突出显示的区域添加到原始图像中。cv2.addWeighted()函数的原型如下：

```
cv2.addWeighted(src1, alpha, src2, beta, gamma[, dst[, dtype]]) -> dst
```

参数含义如下：

（1）src1：第一个输入数组，通常是图像。

（2）alpha：第一个数组的权重。

（3）src2：第二个输入数组，必须具有与 src1 相同的大小和通道数。

（4）beta：第二个数组的权重。

（5）gamma：可选的标量加数，加到权重和的结果上。

（6）dst：输出数组，具有与输入数组相同的大小和通道数。

（7）dtype：输出数组的深度。当设置为 -1 时，输出数组的深度与输入数组的深度相同。

5.4 图像模板匹配

图像模板匹配是一种在整个图像中寻找与给定模板最相似部分的技术。这个过程可以用于检测图像中特定物体的存在和位置。

在图像模板匹配中,模板通常是一幅与人们想在原图中找到的部分相似的小图像,这个小图像可以是原图中的确切部分,也可以是与想要检测的对象在外观上相似的图像。

以下是两种可能的情况。

(1) 模板是原图的一部分:如果确切知道想要在图像中找到的对象,并且已经有一个确切的原图中的实例,可以将其作为模板。例如,如果想在一系列图像中找到同一个特定的标志或物体,并且有包含该物体的一幅图像,可以从中裁剪出一部分作为模板。

(2) 模板是与部分相似的小图:如果想在图像中找到一类物体(例如,所有的汽车或所有的人脸),并且没有具体的原图中的实例,这时可以使用一个代表该类物体的小图像作为模板。这种情况下,模板匹配可能会更复杂,因为它需要与原图中不同的实例相匹配。

因此,模板既可以是原图的确切部分,也可以是与想要检测的对象相似的图像。选择哪种方法取决于具体需求和想要检测的对象的特性。

模板匹配是一种强大的图像分析技术,可广泛应用于许多不同领域和场景。以下是一些常见的应用场景。

(1) 物体识别和定位:模板匹配可以用于识别图像中特定的物体或特征,例如,工业自动化中的零件检测、零售业中的产品识别等。

(2) 图像对齐和配准:在医学图像分析、卫星图像处理等领域,模板匹配可以用于对齐和配准不同时间点或不同视角拍摄的图像。

(3) 人脸检测和识别:虽然现有更复杂的人脸识别算法,模板匹配在某些情况下仍可用于人脸的简单检测和识别。

(4) 缺陷检测:在制造业中,模板匹配可以用于自动检测产品的缺陷或不一致,如芯片的裂缝、布料的瑕疵等。

(5) 交通分析:通过识别和追踪车辆,模板匹配可以用于交通流量的分析和管理。

(6) 文档和文字识别:模板匹配可用于识别和分类扫描的文档、表单或收据,或者在 OCR(光学字符识别)系统中识别特定的字符或单词。

(7) 增强现实(AR)和虚拟现实(VR):模板匹配可以用于实时跟踪图像中的特定标记或物体,从而实现增强现实或虚拟现实应用。

(8) 视频监控和安全:在视频监控系统中,模板匹配可以用于实时识别和追踪特定的人员、车辆或其他物体。

(9) 导航和机器人视觉:在机器人导航和定位中,模板匹配可以帮助机器人识别特定的路标或方向标志。

(10) 游戏和娱乐:模板匹配还可以用于电脑游戏和娱乐应用中,如追踪玩家的动作或识别特定的游戏元素。

总体而言,模板匹配是一种通用的图像分析方法,可以适用于任何需要识别、定位或追踪特定图案或物体的场景。虽然复杂的场景可能需要更先进的机器学习或计算机视觉方法,但模板匹配在许多应用中仍然非常有用。

模板匹配的原理如下:

(1) 选择一个模板:模板是读者想要在图像中找到的一部分。它的大小可以自由选择,但它必须足够小以在图像中找到相应的部分,并足够大以包含足够的细节以便识别。

(2) 滑动窗口搜索:将模板在整个图像上滑动,将每个可能的位置与模板进行比较。

（3）相似性度量：在每个位置，比较模板与其所覆盖的图像部分之间的相似性。有很多种方式可以衡量这种相似性，例如，平方差、相关系数、归一化相关等。

（4）找到最佳匹配：找到使相似性度量最小化（或最大化）的位置。这个位置就是图像中与模板最匹配的地方。

OpenCV4 提供了 matchTemplate 函数用于图像模板匹配，该函数的原型如下：

```
cv.matchTemplate(image, templ, method[, result[, mask]]) -> result
```

参数含义如下：

（1）image：输入图像。它必须是 8 位或 32 位浮点数的单通道图像。这也是要在其中寻找模板的图像。

（2）templ：模板图像。它的类型和 image 的类型应该相同，尺寸应小于输入图像的尺寸。这是要在输入图像中寻找的部分。

（3）method：模板匹配的方法，详情见表 5-3。

（4）result：用于存储匹配结果。

（5）mask：一个掩膜，用于搜索过程中过滤某些像素。只在 cv2. TM_SQDIFF 和 cv2. TM_CCORR_NORMED 方法中支持。

表 5-3　模板匹配的方法

方　　法	值	描　　述
cv2. TM_SQDIFF	0	平方差匹配
cv2. TM_SQDIFF_NORMED	1	归一化平方差匹配
cv2. TM_CCORR	2	相关匹配
cv2. TM_CCORR_NORMED	3	归一化相关匹配
cv2. TM_CCOEFF	4	相关系数匹配
cv2. TM_CCOEFF_NORMED		归一化相关系数匹配

下面介绍这几个模板匹配方法的实现原理。

1. 平方差匹配（cv2. TM_SQDIFF）

此方法通过计算模板与图像部分的每个像素的平方差来衡量它们之间的相似性。当模板与滑动窗口完全匹配时，计算值为 0。两者匹配度越低，计算值越大。数学公式如下所示：

$$R(x,y) = \sum_{x',y'} (T(x',y') - I(x+x', y+y'))^2 \tag{5-7}$$

式（5-7）中，相关符号含义如下：

（1）$R(x,y)$：结果图像中的一个特定像素。其中 x,y 是结果图像中的坐标。该值表示原始图像的一个特定窗口与模板之间的匹配程度。$R(x,y)$ 就是 matchTemplate() 函数的返回值。如果原始图像的尺寸是 $W \times H$（宽度为 W，高度为 H），并且模板的尺寸是 $w \times h$，那么 result 矩阵的尺寸将会是 $(W-w+1, H-h+1)$。result 矩阵的每个元素 $R(x,y)$ 表示的是原始图像中以 (x,y) 为左上角的窗口与模板的匹配程度。因此，result 矩阵的尺寸与原始图像中可能的窗口位置的数量有关，这又与模板的大小有关。例如，如果原始图像的尺寸是 100×100，模板的尺寸是 5×5，那么 result 矩阵的尺寸将会是 96×96，因为原始图像中有 96×96 个可能的 5×5 窗口位置。

（2）$T(x',y')$：模板图像中坐标为 (x',y') 的像素的强度。模板是想要在原始图像中查找的小图像。

（3）$I(x+x',y+y')$：原始图像中坐标为$(x+x',y+y')$的像素的强度。这里的$(x+x',y+y')$表示原始图像中与模板对应的窗口内的一个特定坐标。

（4）x和y：表示原始图像中的坐标。当在原始图像中滑动模板进行匹配时，x和y定义了原始图像中的滑动窗口的左上角位置。

（5）x'和y'：表示模板图像中的坐标。它们定义了模板内的具体位置，并用于访问模板图像中的特定像素。

2. 归一化平方差匹配（cv2. TM_SQDIFF_NORMED）

这种方法将平方差方法进行归一化，使得输入结果归一化到 $0\sim1$，当模板与滑动窗口完全匹配时，计算值为 0，两者匹配度越低，计算值越大。数学公式如下所示：

$$R(x,y) = \frac{\sum_{x',y'}(T(x',y')-I(x+x',y+y'))^2}{\sqrt{\sum_{x',y'}T(x',y')^2 \cdot \sum_{x',y'}I(x+x',y+y')^2}} \tag{5-8}$$

3. 相关匹配（cv2. TM_CCORR）

相关匹配通过计算模板与图像部分的每个像素的乘积之和来衡量它们之间的相似性。匹配度越高，计算值越大。数学公式如下所示：

$$R(x,y) = \sum_{x',y'}(T(x',y') \cdot I(x+x',y+y')) \tag{5-9}$$

4. 归一化相关匹配（cv2. TM_CCORR_NORMED）

与相关匹配相似，但是将结果归一化，使得输入结果归一到 $0\sim1$。当模板与滑动窗口完全匹配时，计算值为 1；当两者完全不匹配时，计算值为 0。数学公式如下所示：

$$R(x,y) = \frac{\sum_{x',y'}(T(x',y') \cdot I(x+x',y+y'))}{\sqrt{\sum_{x',y'}T(x',y')^2 \cdot \sum_{x',y'}I(x+x',y+y')^2}} \tag{5-10}$$

5. 相关系数匹配（cv2. TM_CCOEFF）

此方法通过计算模板与图像部分的每个像素的相关系数来衡量它们之间的相似性。这种方法可以很好地解决模板图像和原图像之间由于亮度不同而产生的影响。在该方法中，模板与滑动窗口匹配度越高，计算值越大；匹配度越低，计算值越小。该方法的计算结果可以为负数。数学公式如下所示：

$$R(x,y) = \sum_{x',y'}(T'(x',y') \cdot I'(x+x',y+y')) \tag{5-11}$$

其中，计算 T' 和 I' 的数学公式如式（5-12）和式（5-13）所示：

$$T'(x',y') = T(x',y') - \frac{1}{w \cdot h}\sum_{x'=0}^{w-1}\sum_{y'=0}^{h-1}T(x',y') \tag{5-12}$$

$$I'(x+x',y+y') = I(x+x',y+y') - \frac{1}{w \cdot h}\sum_{x'=0}^{w-1}\sum_{y'=0}^{h-1}I(x+x',y+y') \tag{5-13}$$

其中，$T'(x',y')$ 和 $I'(x+x',y+y')$：分别表示模板和图像部分的去均值版本，即从每个像素值中减去相应图像或模板的平均强度。这在相关系数匹配方法中使用。

6. 归一化相关系数匹配（cv2. TM_CCOEFF_NORMED）

与相关系数匹配相似，但是将结果归一化，使得输入结果归一化到 $-1\sim1$。当模板与滑动窗口完全匹配时，计算值为 1，当两者完全不匹配时，计算结果为 -1。数学公式如下所示：

$$R(x,y) = \frac{\sum_{x',y'}(T'(x',y') \cdot I'(x+x',y+y'))}{\sqrt{\sum_{x',y'}T'(x',y')^2 \cdot \sum_{x',y'}I'(x+x',y+y')^2}} \tag{5-14}$$

下面的例子使用 matchTemplate() 函数在原图中匹配模板图像,并在匹配的区域用黑色框标识。图 5-11 是模板图像,图 5-12 是模板匹配原图后用黑框标识的效果。

图 5-11　模板图像

图 5-12　用黑框标识的原图

代码位置：src/hist/templates_match.py。

```
import cv2
# 读取图像
image = cv2.imread('../images/girl19.png', cv2.IMREAD_GRAYSCALE)

# 从图像中截取一个模板
template = image[0:230, 300:540]              # 这里的坐标可以根据需求进行调整
cv2.imshow('template', template)
# 选择一个模板匹配的方法
method = cv2.TM_CCOEFF_NORMED

# 使用 cv2.matchTemplate 进行模板匹配
result = cv2.matchTemplate(image, template, method)

# 获取匹配的位置
_, max_val, _, max_loc = cv2.minMaxLoc(result)
top_left = max_loc

# 计算模板的宽和高
w, h = template.shape[::-1]

# 画一个矩形来表示找到的区域
bottom_right = (top_left[0] + w, top_left[1] + h)
cv2.rectangle(image, top_left, bottom_right, 0, 2)

# 显示结果
cv2.imshow('Detected', image)
cv2.waitKey(0)
cv2.destroyAllWindows()
```

在上面的代码中，使用 cv2.matchTemplate() 函数在原图像上匹配模板。如果原图中没有与模板匹配的部分，cv2.matchTemplate() 函数仍会返回一个 result，但这个 result 的内容将与匹配程度有关。

具体来说：

（1）对于 cv2.TM_SQDIFF 和 cv2.TM_SQDIFF_NORMED 这两种方法，如果没有匹配项，最小值（min_val）将接近于 0，但最大值可能较大。

（2）对于其他方法，如果没有匹配项，最大值（max_val）可能接近 0，表示匹配的相似性较低。

在调用 cv2.minMaxLoc(result) 时，它将返回 result 中的最小值和最大值及其位置。如果没有匹配项，这些位置可能并不具有实际意义。在这种情况下，可能需要设置一个阈值，只有当最大值（或最小值，取决于使用的方法）超过这个阈值时，才将其视为有效匹配。

以下是一个示例代码段，展示了如何添加阈值检查。

```
result = cv2.matchTemplate(image, template, method)
_, max_val, _, max_loc = cv2.minMaxLoc(result)

threshold = 0.8                               # 例如，对于归一化方法，可能选择 0.8 作为阈值

if method in [cv2.TM_SQDIFF, cv2.TM_SQDIFF_NORMED]:
    # 对于这些方法，较小的值表示更好的匹配
    match = max_val < threshold
else:
    # 对于其他方法，较大的值表示更好的匹配
    match = max_val > threshold
```

```
if match:
    top_left = max_loc
    # 执行匹配操作
else:
    print("No match found.")
    top_left = None
```

在这个示例中，threshold 用于确定是否找到了有效的匹配。如果 max_val 不满足阈值条件，则代码将打印 No match found. ，并将 top_left 设置为 None，表示没有找到匹配项。

5.5　本章小结

本章主要介绍了 OpenCV 中有关直方图的相关内容，包括直方图的计算、绘制、操作等。具体来说，内容涵盖了以下几方面：

（1）直方图的计算和绘制，介绍了如何计算图像的直方图，以及如何使用 matplotlib 绘制直方图。

（2）二维直方图的计算，通过将图像转换到 HSV 格式，可以计算图像的二维直方图。

（3）直方图的各种操作，包括归一化、比较两个直方图的相似度、直方图均衡化、直方图反向投影等。这些操作在图像处理中有广泛的应用。

（4）模板匹配，介绍了如何使用 cv2. matchTemplate() 函数进行模板匹配，找到图像中与模板最匹配的区域。

通过学习本章内容，可以掌握 OpenCV 中直方图的基本概念、重要函数的使用、典型应用场景等，为后续图像处理算法的学习打下基础。与直方图相关的内容在计算机视觉和图像处理中有重要的作用。

## 第 6 章

图 像 滤 波

图像滤波是图像处理中非常基础和重要的操作,目的是改善图像质量,增强某些感兴趣的特征。常见的滤波方法包括线性滤波和非线性滤波。线性滤波基于像素邻域内的线性运算,如均值滤波、高斯滤波等。非线性滤波考虑更复杂的统计特性,如中值滤波、双边滤波等。选择不同的滤波器可以达到不同的处理效果,如平滑图像、去噪、保留边缘等。本章将详细介绍几种常用滤波方法及其在 Python 和 OpenCV 中的实现。

6.1 图像卷积

在图像处理中,卷积是对图像(可以看作一个二维矩阵)和一个小的矩阵(称为卷积核或者滤波器)的运算。这个运算是通过将卷积核在图像上滑动,然后计算卷积核和它覆盖的图像区域的对应元素的乘积之和,这个和就是结果图像在当前位置的像素值。这个过程会重复,直到卷积核覆盖了图像的所有位置。

第 34 集
微课视频

这个运算的效果取决于使用的卷积核。不同的卷积核会提取图像的不同特性,如边缘、纹理或者颜色等。这就是为什么在图像处理中,卷积是一个非常重要且强大的工具——它能从图像中提取出各种各样的特征,帮助人们理解和分析图像。

图像卷积的过程如下。

1. 选取卷积核

卷积核是一个小矩阵,尺寸通常是奇数,如 3×3、5×5 等。根据处理的效果不同,会选择不同的卷积核。例如,用于边缘检测的卷积核中可能包含负值,因为这样可以帮助人们检测出图像中亮度变化的区域。

在许多情况下,卷积核中的值会被归一化,这样它们的总和为 1。这是因为如果卷积核中的值总和为 1,那么卷积操作就不会改变图像的整体亮度。然而,这并不是一个必需的条件,有些卷积核中的值总和可能不为 1,具体取决于想要实现的效果。

如下矩阵是一个 3×3 的卷积核。

$$\begin{bmatrix} 1 & 0 & 1 \\ 0 & 1 & 0 \\ 1 & 0 & 1 \end{bmatrix} \tag{6-1}$$

2. 准备原图像

卷积核需要与原图像相互作用,所以要准备原图像,如下是一个 5×5 图像的矩阵。

$$
\begin{bmatrix}
138 & 124 & 93 & 12 & 17 \\
14 & 121 & 211 & 20 & 147 \\
45 & 201 & 215 & 60 & 144 \\
34 & 204 & 149 & 62 & 46 \\
147 & 37 & 92 & 204 & 106
\end{bmatrix} \tag{6-2}
$$

3. 进行运算

这一步是关键,在这一步开始让原图像与卷积核进行运算,运算的步骤如下。

(1) 将卷积核放在图像的左上角。

(2) 计算卷积核和它所覆盖的图像区域的每一个对应元素的乘积,然后把这些乘积的结果相加。

(3) 将相加得到的和替换卷积矩阵覆盖区域中心点的像素。

(4) 滑动卷积核到图像的下一个像素,然后重复上述过程。

(5) 当卷积核滑过图像的所有像素后,卷积过程结束。

现在将式(6-1)所示的卷积核覆盖式(6-2)所示的图像矩阵的左上角 3×3 的位置,然后根据规则有如下的计算公式:

$$1 \times 138 + 0 \times 124 + 1 \times 93 + 0 \times 13 + 1 \times 121 + 0 \times 211 + 1 \times 45 + 0 \times 201 + 1 \times 215 = 612$$

然后用 612 替换被覆盖区域中心位置的值,也就是 121。其他像素的运算以此类推。

4. 处理超过范围的值

会发现,在上一步的运算结果是 612,远远超过了 255(颜色值的范围是 0～255),对于这种情况,通常有如下两种常见的处理方法。

(1) 截断(Clipping):这是最简单的方法。直接将所有大于 255 的值设为 255。在 Python 中,可以使用 numpy.clip 函数来实现这个操作。这种方法的缺点是,它不保留任何大于 255 的值的信息,如果使用这种方法,那么 612 就会被处理成 255。

(2) 归一化(Normalization):这种方法更复杂一些,但是它能更好地保留原始数据的信息。首先,找到结果矩阵中的最小值和最大值。然后,将矩阵中的每个值减去最小值,再除以最大值和最小值的差。这样,所有的值都会被映射到 0～1 的范围内。然后,可以将这些值再乘以 255,得到新的在 0～255 的像素值。在 Python 中,还可以使用 cv2.normalize() 函数来实现这个操作。

具体选用哪种方法取决于个人的需求。一般来说,归一化能更好地保留原始图像的信息,但如果只关注像素值是否超过了一个特定的阈值,那么截断可能足够了。

5. 填充图形矩阵

到现在为止,图形卷积的计算已经完成,但会发现,图像矩阵的最外层 1 个像素厚度的一圈没有被计算到,因为卷积核的尺寸是 3×3,所以最外层的像素点不会被替换。为了解决这个问题,需要填充图像矩阵,也就是在图像的外面添加一圈额外的像素,添加像素的厚度由卷积核的尺寸决定,如果卷积核的尺寸是 $(2 \times n + 1, 2 \times n + 1)$,那么就需要在图像矩阵外面添加厚度为 n 的额外像素。添加后的效果如下所示。

$$
\begin{bmatrix}
0 & 0 & 0 & 0 & 0 & 0 & 0 \\
0 & 138 & 124 & 93 & 12 & 17 & 0 \\
0 & 14 & 121 & 211 & 20 & 147 & 0 \\
0 & 45 & 201 & 215 & 60 & 144 & 0 \\
0 & 34 & 204 & 149 & 62 & 46 & 0 \\
0 & 147 & 37 & 92 & 204 & 106 & 0 \\
0 & 0 & 0 & 0 & 0 & 0 & 0
\end{bmatrix}
$$

利用填充后的图像矩阵,就可以计算原图像的左上角像素点了,公式如下:

$$1 \times 0 + 0 \times 0 + 1 \times 0 + 0 \times 0 + 1 \times 138 + 0 \times 124 + 1 \times 0 + 0 \times 14 + 1 \times 121 = 259$$

这个计算结果也超过了255,所以要经过处理,将处理后的值替换原图像矩阵左上角的138。

OpenCV4提供了cv2.filter2D()函数,用于进行图像卷积操作,该函数的原型如下:

cv2.filter2D(src, ddepth, kernel[, dst[, anchor[, delta[, borderType]]]])。

参数的含义如下:

(1) src:源图像,该图像应该是一个n维数组,如一个常见的二维图像。

(2) ddepth:目标图像的深度,这个参数可以设置为-1,表示让目标图像和源图像有相同的深度。

(3) kernel:卷积核(或者叫作滤波器),它是一个单通道浮点型数组。滤波器的大小不一定要和原图像一样大。

(4) dst:目标图像,它是一个n维数组,用来存储滤波后的图像。

(5) anchor:卷积核的锚点,表示卷积核元素中的"热点"。默认值是$(-1, -1)$,表示锚点位于核心矩阵的中心。锚点就是核在进行卷积时在原图像上游走的重心。

(6) delta:在卷积之后,可以给每个像素添加一个可选值,增加亮度。默认情况下,这个参数为0。

(7) borderType:表示如何处理边界。它的值可以是cv2.BORDER_CONSTANT,cv2.BORDER_REPLICATE等。有时候,如果滤波器的尺寸比图像要大,那么函数会自动选择cv2.BORDER_CONSTANT模式。

下面的例子使用均值滤波器[①]让图像变得模糊,效果如图6-1所示。

图6-1 让图像变得模糊

---

① 一种线性滤波方法,主要用来减少图像噪声,并且会使图像变得更加模糊。它的原理是将每个像素点的值,替换为该像素点周围像素点的平均值。这样,一个像素点的值受到其周围邻域像素点的影响。如果邻域内有噪声点,那么噪声点的值会被邻域内其他像素点的值所淡化,达到降噪的效果。

代码位置：src/filters/filter2d. py。

```python
import cv2
import numpy as np

# 读入图像
img = cv2.imread('../images/girl20.png')

# 创建一个 5×5 的均值滤波器
kernel = np.ones((5, 5), np.float32) / 25

# 使用 cv2.filter2D 函数对图像进行卷积操作
dst = cv2.filter2D(img, -1, kernel)

# 将两个图像沿水平方向合并
combined = np.hstack((img, dst))

# 显示合并后的图像
cv2.imshow('Original and Filtered Image', combined)

# 等待用户按键,然后关闭窗口
cv2.waitKey(0)
cv2.destroyAllWindows()
```

6.2 生成图像噪声

第 35 集
微课视频

图像噪声是指在图像采集和传输过程中,由于各种原因引入的不应存在的、不必要的、随机的信息,它使图像质量下降,给图像的进一步处理和分析带来困扰。噪声是由于许多原因引起的,包括环境噪声、传感器不足、传输过程中的干扰等。

图像噪声的产生原因可以分为以下几种:

(1) 图像采集过程中的噪声:在图像采集过程中,可能会因为设备本身的问题(如传感器不精确)、环境的问题(如光线条件、电磁干扰)等导致噪声的产生。

(2) 图像传输过程中的噪声:在图像从图像采集设备传输到计算机或者其他设备的过程中,可能会因为电磁干扰、线路故障等问题导致噪声的产生。

(3) 图像处理过程中的噪声:在图像处理过程中,由于处理算法本身的问题或者计算误差,也可能导致噪声的产生。

图像噪声通常会以各种形式表现出来,包括椒盐噪声、高斯噪声、斑点噪声等。根据噪声的特性,可以选择不同的去噪算法来处理这些噪声,以提高图像的质量。

6.2.1 椒盐噪声

椒盐噪声,也被称为脉冲噪声,是一种常见的图像噪声类型。它在图像中呈现为随机出现的明亮和暗淡的像素,看起来像是在图像上撒了椒盐,因此得名。明亮的像素被称为"盐"噪声,暗淡的像素被称为"椒"噪声。

椒盐噪声通常由以下原因引起:

(1) 数据传输错误:在图像的数字传输过程中,由于通信信道的噪声干扰,会引入错误,这些错误可能改变一些像素的值,造成椒盐噪声。

（2）图像采集设备的故障：如果图像采集设备（如摄像头）的某些像素传感器出现故障，那么它们可能会始终读取最高值（像"盐"噪声）或最低值（像"椒"噪声），这种故障可能会在整个图像中产生随机的椒盐噪声。

（3）模拟至数字转换错误：在图像信号从模拟到数字的转换过程中，如果 ADC（模拟—数字转换器）出现问题，可能会在转换过程中引入噪声。

椒盐噪声的影响可以通过各种图像处理技术来减少，例如，中值滤波器就非常适合去除椒盐噪声，因为它们可以用邻域内的中值来替代受影响的像素，从而消除异常的亮或暗像素。

由于椒盐噪声会随机产生在图像中的任何一个位置，因此要生成椒盐噪声，需要使用随机函数。在本例中会使用 NumPy 中的 np. random. randint()函数来生成随机数，该函数的原型如下：

```
np.random.randint(low [, high[, size[, dtype]]]) -> output
```

参数含义如下：

（1）low：如果 high 不为 None，则 low 是随机整数的最小可能值（包含）。如果 high＝None，则 low 是随机整数的最大可能值（不包含），最小可能值为 0。

（2）high：如果 high 不为 None，这是随机整数的最大可能值（不包含）。如果 high＝None，参数 low 定义了随机整数的上限。

（3）size：用于定义生成随机数的数量。size 可以是一个整数，表示生成随机数的数量；或者是一个形状元组，表示生成一个这样形状的数组，其中的元素是随机数。

（4）dtype：用于定义生成的整数的数据类型。默认情况下，数据类型是 long。

np. random. randint()函数返回一组指定范围内的随机整数，数量和形状由 size 参数定义。如果 size＝None，则函数返回一个随机整数。

下面的例子使用 np. random. randint()函数随机产生一组噪声（5％的像素点），并为 RGB 图像的每一个通道添加噪声点，最后显示原图和添加了噪声的图像，左侧是原图，右侧是添加了噪声的图像，效果如图 6-2 所示。

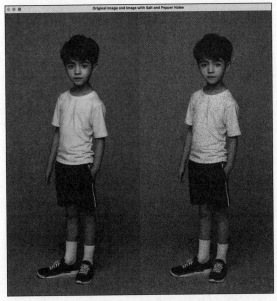

图 6-2　原图和添加了噪声的图像的对比

为彩色图像添加噪声的步骤如下。

（1）读取原始图像：使用 OpenCV 的 cv2.imread() 函数来读取要添加噪声的图像。注意，图像将会以矩阵的形式被读入，其中每个像素由三个整数值构成，分别代表红、绿、蓝三种颜色通道。

（2）确定噪声比例：需要确定添加的噪声应占据图像中的哪个比例。例如，可能希望 5％ 的像素受到噪声的影响。

（3）生成噪声：需要生成一定数量的随机噪声。假如希望添加椒盐噪声，那么一半的噪声像素应随机设为最小值（通常是 0，对应于"椒"），另一半的噪声像素应随机设为最大值（通常是 255，对应于"盐"）。这些噪声像素值将会用来替换图像中的某些像素值。

（4）确定噪声位置：需要确定哪些像素将会被替换为噪声。这通常通过随机选取图像中的像素位置来实现。

（5）应用噪声：现在可以遍历每个颜色通道（红、绿、蓝），并在每个通道的图像上将选定的像素替换为对应的噪声像素。需要注意的是，由于每个颜色通道都被独立地添加噪声，因此最终的噪声图像将会是彩色的。

（6）显示或保存噪声图像：添加噪声后，可以使用 OpenCV 的 cv2.imshow() 函数来显示添加噪声后的图像，或者使用 cv2.imwrite() 函数将其保存到磁盘。

代码位置：src/filters/add_salt_pepper_noise.py。

```python
import cv2
import numpy as np

# 读取图像
img = cv2.imread('../images/girl18.png')        # 这里替换为所需图像路径
img_original = img.copy()                        # 创建一个副本用于显示
rows, cols, chns = img.shape

# 添加椒盐噪声
# 假设将 5% 的像素设置为椒盐噪声
noise_percent = 0.05
num_noise_pixels = int(rows * cols * noise_percent)

# 为每个通道都添加噪声
for i in range(chns):
    # 生成噪声
    noise = np.random.randint(0, 2, size = num_noise_pixels, dtype = np.uint8)
    # 其中一半是盐噪声,像素值为255; 一半是椒噪声,像素值为0
    noise[:num_noise_pixels // 2] = 255              # 盐噪声
    noise[num_noise_pixels // 2:] = 0                # 椒噪声

    # 在图像上随机分布这些噪声像素
    noise_positions = np.random.randint(0, rows * cols, size = num_noise_pixels)

    # 创建一个副本,用于添加噪声
    img_noisy = img[:, :, i].copy().reshape(rows * cols)

    # 添加噪声
    img_noisy[noise_positions] = noise

    # 将图像 reshape 回原来的形状
    img[:, :, i] = img_noisy.reshape(rows, cols)
```

```
# 水平合并原图像和添加噪声后的图像
img_concat = np.hstack((img_original, img))

# 显示原图像和添加噪声后的图像
cv2.imshow('Original Image and Image with Salt and Pepper Noise', img_concat)
cv2.waitKey(0)
cv2.destroyAllWindows()
```

在数字图像处理中,椒盐噪声是一种特殊类型的噪声,它通常在图像传感器的损坏像素或数据传输过程中的位错误等情况中出现。这种噪声在图像中会形成随机出现的黑色和白色的像素,分别被称为"椒"噪声和"盐"噪声。

盐噪声是指随机出现的白色像素,即像素值为最大值(在 8 位图像中是 255)。这种噪声像图像中撒了盐一样,因此得名"盐"噪声。

椒噪声则是指随机出现的黑色像素,即像素值为最小值(在 8 位图像中是 0)。这种噪声在图像中看起来像撒了黑椒,因此得名"椒"噪声。

因此,在上面代码中看到的:

```
noise[:num_noise_pixels // 2] = 255          # 盐噪声
noise[num_noise_pixels // 2:] = 0            # 椒噪声
```

是将噪声的一半设置为白色(盐噪声),另一半设置为黑色(椒噪声)。

6.2.2 高斯噪声

第 36 集
微课视频

高斯噪声,也称为正态噪声,是数字图像和信号处理中常见的一种噪声。它是因为各种随机过程(例如,电子设备中的热噪声,或者数据传输过程中的误差)引起的,它们的概率密度函数服从高斯分布(正态分布)。在图像中,这种噪声表现为各个像素强度的随机波动。

高斯分布是一种连续概率分布,其概率密度函数如下所示:

$$P(x) = \frac{1}{\sqrt{2\pi\sigma^2}} e^{-\frac{(x-\mu)^2}{2\sigma^2}} \tag{6-3}$$

在式(6-3)所示的概率密度函数中涉及的符号的解释如下:

(1) x 和 $P(x)$。x 是可能的像素值,$P(x)$ 是得到这个像素值的概率。

(2) 均值(Mean)。μ,这是一个数学期望,表示所有值的平均水平。在图像噪声中,μ 表示噪声的期望强度,计算公式如下所示:

$$\mu = \frac{1}{n} \sum_{i=1}^{n} x_i \tag{6-4}$$

(3) 标准差(Standard Deviation)。σ,这是一个度量数据分布的宽度的量。在图像噪声中,σ 表示噪声强度的变异程度,计算公式如下所示:

$$\sigma = \sqrt{\frac{1}{n} \sum_{i=1}^{n} (x_i - \mu)^2} \tag{6-5}$$

下面的例子为图像添加了高斯噪声,效果如图 6-3 所示。左侧是原图,右侧是添加了噪声的图像。

代码位置:src/filters/add_gaussian_noise.py。

```
import cv2
import numpy as np
```

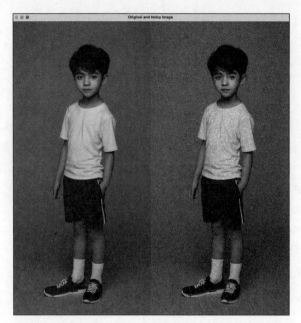

图 6-3　原图与高斯噪声对比

```python
# 加载图像
image = cv2.imread('../images/girl18.png')
image_original = image.copy()                    # 创建一个副本用于显示
# 将图像数据转换为浮点数
image = np.float64(image)

# 设置噪声的强度
mu, sigma = 0, 0.1

# 创建高斯噪声
noise = np.random.normal(mu, sigma, image.shape)

# 将噪声添加到原图像上
noisy_image = np.clip(image + noise * 255, 0, 255)   # 使用 np.clip 确保添加噪声后的像素值在 0～255

# 将数据类型转换回 uint8
noisy_image = np.uint8(noisy_image)

# 合并原图和噪声图
combined_image = np.hstack((image_original, noisy_image))

# 显示图像
cv2.imshow('Original and Noisy Image', combined_image)
cv2.waitKey(0)
cv2.destroyAllWindows()
```

在上面的代码中,使用 np.float64(image) 将图像数据转换为浮点数格式,是为了确保接下来的计算精度。

在计算机图像处理中,常规的图像数据类型是 8 位无符号整型(uint8),像素值的范围在 0～255。然而,在进行一些数学运算(例如,添加噪声,做一些滤波运算等)的时候,可能会需要更高的精度和动态范围,比如负值或者大于 255 的值。因此,将图像数据转换为浮点数可以避免精度损失,或者也可以避免溢出错误。

在计算完成后，为了显示或保存图像，通常会将数据类型再转换为 uint8，并做相应的截断和缩放处理，确保所有像素值在合理范围内。

上面代码中的 mu 和 sigma 分别代表生成高斯噪声的均值和标准差，它们决定了噪声的强度。实际上，这是高斯分布的两个关键参数。高斯分布的均值(mu)决定了分布的中心位置，标准差(sigma)决定了分布的宽度。在图像处理中，通常会让 mu 等于 0，也就是添加的噪声以 0 为中心，这样可以使添加的噪声在亮度上既有正也有负，不会改变图像的总体亮度。

至于 sigma(标准差)，它决定了噪声的强度。一个更大的 sigma 意味着更宽的分布，也就是噪声的强度更大，会给图像添加更多的随机性。这个值应该根据实际的需求来设定。在这个例子中，sigma 设定为 0.1，是一个相对较小的值，添加的噪声将相对较弱。如果希望添加的噪声更强，可以尝试增大 sigma 的值。但请注意，这个值也不能设置得太大，否则噪声可能会完全掩盖住图像的内容。在实际应用中，这个值通常是通过试验来确定的。

mu(均值)和 sigma(标准差)的取值范围理论上可以是任何实数。不过在具体应用中，取值通常会有一定的限制或者约束。

对于高斯噪声，mu 代表的是噪声的平均强度。如果把图像的像素值归一化到[0,1]，那么 mu 通常会设置在 0 附近，这样可以确保添加的噪声不会让图像的总体亮度发生太大的变化。

对于 sigma(标准差)，这个值通常需要根据实际的需求来设定。sigma 的大小决定了噪声的强度。较大的 sigma 值会产生较强的噪声，较小的 sigma 值则会产生较弱的噪声。如果 sigma 的值过大，那么添加的噪声可能会将原图像的内容完全掩盖掉。另一方面，如果 sigma 的值过小，那么添加的噪声可能会几乎看不出来。

第 37 集
微课视频

因此，mu 和 sigma 的具体取值通常需要根据实际应用的需求，以及具体的图像内容来决定，通常会需要进行一些实验来找到最合适的值。

6.2.3 泊松噪声

泊松噪声是一种在图像中常见的噪声类型，尤其在低照度下拍摄的图像中。它是由于光子计数的离散性导致的噪声，光子到达图像传感器的情况服从泊松分布。这意味着，在给定时间段内，某像素接收到的光子数量是随机的，但是有一个平均值。因此，泊松噪声的影响对暗区域(光子少)相对会更明显。

在模拟泊松噪声的时候，需要考虑的一个重要因素是光子数量的平均值。光子数量的平均值可以由图像的像素强度表示，通常情况下，像素强度越高，光子数量的平均值越大。

生成泊松噪声可以使用 numpy.random.poisson() 函数生成服从泊松分布的随机数。在泊松分布中，只有一个参数 λ(或称为速率参数)，表示单位时间(或单位面积)内随机事件的平均发生率。numpy.random.poisson() 函数的主要参数就是这个 λ。

使用 numpy.random.poisson() 函数时，可以指定 λ 值和需要生成的随机数的数量。该函数将返回指定数量的服从泊松分布的随机数。

在图像处理中，可以用这个函数来模拟泊松噪声，方法是将图像的每个像素值视为 λ，然后用 numpy.random.poisson() 函数生成新的像素值。这样就可以在图像中添加泊松噪声。

numpy.random.poisson() 函数的原型如下：

```
numpy.random.poisson(lam = 1.0, size = None) -> output
```

参数含义如下：

（1）lam：float 或 float 列表。表示 λ（也就是泊松分布的期望值），默认值为 1.0。如果 lam 是一个数组，那么每一个元素就作为一个独立的 λ 值，生成对应的随机数。lam 必须大于或等于 0。

（2）size：int 或 int 元组。表示生成随机数的数量，如果不指定，则返回一个单独的随机数。如果指定为一个整数 n，则生成 n 个随机数。如果指定为一个元组（m,n,k,…），则生成一个形状为（m,n,k,…）的数组，数组的每一个元素都是一个随机数。

numpy.random.poisson()函数返回一个指定数量的、服从泊松分布的随机数。如果 size 参数没有被指定，返回一个单独的随机数。如果 size 参数被指定了，则返回一个形状为 size 的数组，数组的每一个元素都是一个随机数。

下面的例子向图像上添加泊松噪声，并在同一个窗口的左侧显示原图，在右侧显示添加了泊松噪声的图像，效果如图 6-4 所示。

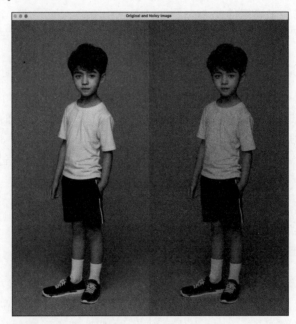

图 6-4　泊松噪声

代码位置：src/filters/add_poisson_noise.py。

```python
import numpy as np
import cv2

# 打开图像
image = cv2.imread('../images/girl21.png')
# 将 image 复制一份副本用于显示
image_original = image.copy()
# 将图像数据转换为浮点数
image = np.float64(image)

# 添加泊松噪声
noise = np.random.poisson(image)

# 将噪声数据归一化到 0～255
noise = (noise - noise.min()) / (noise.max() - noise.min()) * 255
```

```
# 将噪声数据转换为 8 位无符号整数
noise = np.uint8(noise)

# 将原图像和添加噪声的图像合并
combined = np.hstack((image_original, noise))

# 显示图像
cv2.imshow('Original and Noisy Image', combined)
cv2.waitKey(0)
cv2.destroyAllWindows()
```

注意：由于泊松分布只定义在非负整数上，因此在模拟泊松噪声时，需要保证图像的像素值都是非负的。另外，由于泊松噪声的强度取决于图像的像素强度，因此，不同区域的噪声强度可能会有所不同。

6.2.4 条纹噪声

条纹噪声，也被称为条带噪声或扫描线噪声，通常是由于硬件故障或系统误差导致的。它表现为在图像中呈现出一种规律性的条纹或线条。例如，在某些扫描设备或者某些成像设备中，由于设备的硬件问题或者设备的频率同步问题，可能会在成像过程中产生一些条纹。这些条纹在视觉上会严重干扰图像的正常信息，给图像的进一步处理和分析带来麻烦。

添加条纹噪声的步骤如下：

（1）获取图像尺寸：首先需要获取图像的行数、列数和通道数，以便创建相同尺寸的条纹模式。

（2）创建条纹模式：创建一个与原始图像具有相同尺寸和通道数的零数组。然后，将每隔固定行数的行设置为白色（值为 255），这就形成了条纹模式。读者可以根据需要调整条纹的粗细和间隔。

（3）添加条纹噪声：使用 cv2.add() 函数将条纹模式添加到原始图像上。这个函数会将两个输入数组中对应的元素值相加，如果结果超过 255（对于 uint8 类型的数组），那么结果会被截断为 255。因此，添加条纹模式会将原始图像中对应的像素值增加，从而形成明显的白色条纹。

第 38 集
微课视频

（4）显示结果：最后将原始图像和添加了条纹噪声的图像水平合并，然后显示出来。这样，就可以清楚地看到条纹噪声的影响。

总的来说，添加条纹噪声的步骤相当直接和简单。主要的挑战在于如何创建一个合适的条纹模式，以模拟实际情况下可能出现的各种条纹噪声。

下面的例子为图像添加条纹噪声，并在同一个窗口的左侧显示原图，在右侧显示添加了条纹噪声的图像，效果如图 6-5 所示。

代码位置：src/filters/add_stripe_noise.py。

```
import cv2
import numpy as np

def add_stripe_noise(image):
    # 获取图像的尺寸
    rows, cols, _ = image.shape
    # 创建一个空的条纹模式,形状和输入图像相同
    stripe_pattern = np.zeros((rows, cols, _), np.uint8)
    # 在模式中创建条纹
    for i in range(rows):
        if i % 50 == 0:                          # 每50行创建一个条纹
            stripe_pattern[i, :, :] = 255
```

图 6-5　条纹噪声

```
# 将条纹模式添加到输入图像上
image_with_stripe_noise = cv2.add(image, stripe_pattern)
return image_with_stripe_noise


# 读取图像
image = cv2.imread('../images/girl22.png')
# 创建原图像的副本
original = image.copy()
# 添加条纹噪声
image_with_stripe_noise = add_stripe_noise(image)
# 将原图像和添加噪声后的图像水平合并
combined = np.hstack((original, image_with_stripe_noise))
# 显示合并后的图像
cv2.imshow('Original and Image with Stripe Noise', combined)
cv2.waitKey(0)
cv2.destroyAllWindows()
```

6.3　线性滤波

线性滤波在图像处理中是一种基于邻域操作的技术。其基本思想是将滤波器(也称为卷积核或掩膜)放在图像的一个像素上,然后用该滤波器下的像素与滤波器中的对应权值相乘的加权平均值替换该像素。该操作将在整个图像上重复,从而得到一个新的滤波后的图像。

常见的线性滤波技术包括均值滤波、高斯滤波、中值滤波和可分离滤波等。

线性滤波的主要应用场景如下。

(1)图像平滑/模糊:低通滤波器,如高斯滤波,用于去除图像中的高频噪声。

(2)边缘检测:高通滤波器,如 Sobel 或 Laplacian,可以帮助突出图像中的边缘。

(3)图像锐化:通过强调边缘或增加高频组件来增强图像的细节。

（4）特征提取：如使用特定的滤波器掩膜来检测图像中的特定模式或纹理。

线性滤波是图像处理中的基本技术，并且是很多高级图像处理、计算机视觉和机器学习任务的预处理步骤。

6.3.1 使用均值滤波让图像变模糊

均值滤波，也经常被称为平均滤波，是一种简单的滤波技术，它的核心思想是用像素及其邻居的平均值来替代该像素的值。均值滤波是线性滤波的一种，它对图像的每个像素使用相同的权重。

均值滤波的工作原理如下：

（1）定义一个窗口，通常是一个正方形（例如，3×3、5×5、7×7等）。

（2）该窗口在图像上移动，每次滑动都覆盖一部分图像。

（3）对窗口内的所有像素值计算平均值。

（4）使用该平均值替代中心像素的值。

（5）滑动窗口并重复该过程，直至处理整个图像。

均值滤波的主要应用场景：

（1）图像平滑：均值滤波器是一种低通滤波器，其主要目的是减少图像的高频信息。高频信息包括噪声、边缘和其他细微的纹理信息。通过滤除这些高频信息，图像会变得更加平滑。

（2）去噪：均值滤波对于去除图像中的随机噪声（如盐噪声和椒噪声）非常有效。由于噪声是随机的和高频的，均值滤波通过平均窗口内的像素值可以有效地消除或减少噪声。

第39集
微课视频

（3）模糊：在某些应用中，可能希望模糊图像以隐藏细节或为后续处理做准备。均值滤波可以提供这样的模糊效果。

注意：尽管均值滤波对于去除噪声非常有效，但它也会导致边缘和细节信息的丢失，使图像失去锐度。因此，在需要保留边缘信息的应用中，可能需要使用更复杂的滤波器或技术。

OpenCV4提供了cv2.blur()函数，用于实现图像的均值滤波，该函数的原型如下：

```
cv2.blur(src, ksize[, dst[, anchor[, borderType]]]) -> dst
```

参数含义如下：

（1）src（numpy.ndarray）：输入图像。它应该是8位或浮点32位单通道或多通道图像。

（2）ksize：元组类型。一个二维的卷积核大小，通常表示为（w,h）。例如，（5,5）表示一个5×5的卷积核。

（3）dst：numpy.ndarray类型。输出图像，它的大小和类型与src相同。

（4）anchor：元组类型。卷积核的锚点位置，通常指卷积核的中心。默认值是（−1，−1），意味着锚点位于卷积核的中心。在大多数情况下，不需要更改此参数。

（5）borderType：int类型值。像素边界外推法的标志。

下面的例子使用均值滤波让图像变得更模糊，这里使用（15,15）尺寸的卷积核，效果如图6-6所示，左侧是原图，右侧是使用均值滤波处理后的图像。卷积核的尺寸越大，图像越模糊。

代码位置：src/filters/mean_filtering.py。

```python
import cv2
import numpy as np

def mean_filtering(image_path, ksize = (15, 15)):
```

图 6-6   均值滤波

```
"""
```

对输入的图像进行均值滤波。

```
参数：
    image_path (str)：输入图像的路径。
    ksize (tuple)：滤波器大小,默认为 5×5。
返回：
    numpy.ndarray：水平合并后的图像。
"""
# 读取图像
image = cv2.imread(image_path)

# 使用 OpenCV 的 blur 函数进行均值滤波
blurred_image = cv2.blur(image, ksize)

# 将原图与滤波后的图像水平合并
concatenated_image = np.hstack((image, blurred_image))
return concatenated_image


if __name__ == "__main__":
    image_path = "../images/girl10.png"
    result = mean_filtering(image_path)

    # 显示合并后的图像
    cv2.imshow("Original vs Mean Filtered", result)
    cv2.waitKey(0)
    cv2.destroyAllWindows()
```

6.3.2   使用高斯滤波去噪

高斯滤波是一种基于高斯函数(也就是正态分布函数)的线性滤波器,用于将高斯函数作为滤波核与图像进行卷积,实现对图像的平滑处理。基于高斯函数的特性,离中心越远的像素对滤波结果的影响越小。高斯滤波用一个有空间变量的高斯函数卷积来达到图像平滑效果,主要用于消除高斯噪声并使图像平滑。

高斯滤波的基础是高斯函数,其一维形式如下所示:

$$G(x) = \frac{1}{\sigma\sqrt{2\pi}}\mathrm{e}^{-\frac{x^2}{2\sigma^2}} \tag{6-6}$$

其中,σ 是标准差,控制着函数的"宽度"。

对于二维图像处理,使用二维高斯函数,如下所示:

$$G(x,y) = \frac{1}{2\pi\sigma^2}\mathrm{e}^{-\frac{x^2+y^2}{2\sigma^2}} \tag{6-7}$$

这个二维高斯函数可以用来构造一个卷积核,然后用这个核与图像进行卷积来达到平滑或去噪的效果。

高斯滤波的实现步骤如下。

(1) 确定高斯卷积核的大小,通常选择奇数大小如 $3\times3,5\times5$ 等。

(2) 用指定的 σ,计算高斯卷积核的值。

(3) 将高斯核与图像进行卷积,以获得滤波后的图像。

高斯滤波有以下主要应用场景。

(1) 图像去噪:高斯滤波是一种低通滤波器,它可以有效去除高频噪声。

(2) 图像平滑:在图像处理和计算机视觉中,往往需要对图像进行平滑处理,以便减少图像中的细节和噪声。

(3) 图像模糊:在某些应用中,可能需要模糊图像,例如,在背景模糊或景深效果中。

(4) 作为其他算法的预处理步骤:例如,在边缘检测之前先进行高斯滤波,可以减少错误的边缘响应。

(5) 尺度空间与图像金字塔:高斯滤波用于创建不同尺度的图像,用于特征检测和图像匹配。

总的来说,高斯滤波在图像处理领域是一个非常基础且重要的工具,它的应用非常广泛,从简单的图像平滑到复杂的图像分析和计算机视觉任务都有涉及。

现在以 5×5 图像矩阵和 3×3 高斯核为例来说明高斯滤波的处理过程。

图像矩阵如下所示,其中,矩形区域内的部分是本例要与卷积核相乘的矩阵。

$$\begin{bmatrix} 10 & 20 & 30 & 40 & 50 \\ 60 & 70 & 80 & 90 & 100 \\ 110 & 120 & 130 & 140 & 150 \\ 160 & 170 & 180 & 190 & 200 \\ 210 & 220 & 230 & 240 & 250 \end{bmatrix} \tag{6-8}$$

高斯核(以常见的 3×3 高斯核为例,数值已归一化)如下所示:

$$\begin{bmatrix} 1/16 & 2/16 & 1/16 \\ 2/16 & 4/16 & 2/16 \\ 1/16 & 2/16 & 1/16 \end{bmatrix} \tag{6-9}$$

现将高斯核放在图像的一个小窗口上,并进行对应位置的元素乘法,然后求和。以图像中心为例(即 130):由于高斯核的尺寸是 3×3,所以取 130 周围一个像素的点,形成一个 3×3 的矩阵,也就是

式(6-8)所示黑框中的部分。然后将这个 3×3 的矩阵与式(6-6)所示的高斯核相乘,如下所示:

$$\begin{bmatrix} 70 & 80 & 90 \\ 120 & 130 & 140 \\ 170 & 180 & 190 \end{bmatrix} \times \begin{bmatrix} 1/16 & 2/16 & 1/16 \\ 2/16 & 4/16 & 2/16 \\ 1/16 & 2/16 & 1/16 \end{bmatrix} \qquad (6\text{-}10)$$

计算矩阵卷积的规则是将两个矩阵对应的元素相乘,然后将所有的乘积相加,最后会得到一个数。具体计算过程如下:

$70\times(1/16)+80\times(2/16)+90\times(1/16)+120\times(2/16)+130\times(4/16)+140\times(2/16)+170\times(1/16)+180\times(2/16)+190\times(1/16)=130.625$

经过高斯滤波后,原图中的元素 130 变为了 130.625。这个过程在图像的每一个像素上重复。对于边缘像素点,可以通过填充的方式处理。关于填充的具体细节读者可以参阅 6.1 节的内容。

最后,新图像中的该位置的像素值会更新为计算得到的值 130.625(通常在实际实现时会进行四舍五入)。

这是高斯滤波的基本原理和计算过程,通过对图像中的每一个像素进行这样的操作,可以实现对图像的平滑处理,从而达到模糊或去噪的效果。

可能有读者会比较关注一个问题,为什么高斯滤波可以模糊或去噪呢?现在就来解释这个问题。

当提到高斯滤波器(或称为高斯核、高斯卷积核)时,通常指的是基于二维高斯函数构造的卷积核。使用这个高斯滤波器进行卷积,无论是平滑图像还是去噪,其核心都是基于这个高斯函数。

(1)平滑效果:高斯滤波器中心的权值最大,而离中心越远的权值越小。当与图像进行卷积时,每个像素的新值是其邻域内像素值的加权平均。因此,图像中的高频部分(如噪声或边缘)会被平滑掉,这就是高斯滤波可以实现平滑效果的主要原因。

(2)去噪效果:在现实世界的图像中,噪声通常表现为尖锐的、随机的变化。高斯滤波器有助于消除这些随机的尖锐变化。对于噪声,它们通常是图像的高频分量,而高斯滤波会减弱高频分量,从而达到去噪的效果。

下面的例子演示了如何通过高斯滤波对图像进行去噪处理,效果如图 6-7 所示。左侧是原图,中间是带噪声的图像,右侧是去噪后的效果。

图 6-7　用高斯滤波去噪

代码位置:src/filters/gaussian_filtering.py。

```
import cv2
```

```
import numpy as np
def add_gaussian_noise(image, mean = 0, std = 25):
    """为图像添加高斯噪声"""
    row, col, ch = image.shape
    gauss = np.random.normal(mean, std, (row, col, ch))
    noisy_image = np.clip(image + gauss, 0, 255).astype(np.uint8)
    return noisy_image
def main():
    # 读取图像
    image = cv2.imread('../images/girl8.png')

    # 添加高斯噪声
    noisy_image = add_gaussian_noise(image)

    # 使用高斯滤波进行降噪
    denoised_image = cv2.GaussianBlur(noisy_image, (9, 9), 3)

    # 将原始图像、噪声图像和降噪后的图像水平合并
    combined_image = np.hstack((image, noisy_image, denoised_image))

    # 显示合并后的图像
    cv2.imshow('Original - Noisy - Denoised', combined_image)
    cv2.waitKey(0)
    cv2.destroyAllWindows()
if __name__ == "__main__":
    main()
```

可能有很多读者看到上面的代码会产生一些疑问,例如,代码中并没有指定是平滑还是去噪,如何处理就是去噪了呢?如何调整平滑或去噪的效果呢?下面就来为读者解决这些疑问。

第 41 集
微课视频

在高斯滤波中,处理效果的主要参数是高斯核的尺寸和标准差(σ)。

平滑或去噪的效果是由高斯核的尺寸和标准差决定的。

1. 平滑效果

(1)高斯核的尺寸:核越大,平滑效果越强。例如,使用 7×7 的高斯核会比使用 3×3 的高斯核产生更加平滑的效果。但是,过大的核可能会导致图像过于模糊。

(2)标准差(σ):值越大,权重分布越广,因此平滑效果更强。较小的 σ 值会使权重集中在核的中心,导致较轻微的平滑。

2. 去噪效果

(1)去噪实际上是一种平滑过程,其目标是保留图像的主要结构和特征,同时去除高频噪声。因此,为了去噪,通常会选择适当大小的核和 σ 值。

(2)考虑到噪声通常表现为高频分量,使用高斯滤波可以有效地去除这些高频噪声,同时尽量保留图像的主要内容。

总的来说,选择适当的核大小和 σ 值是一个平衡过程。核和 σ 的选择应基于具体的应用场景和目标。对于大多数应用,选择核的大小为 3×3、5×5 或 7×7,并为 σ 选择 $0.8 \sim 2$ 的值通常会得到不错的效果。但在某些情况下,可能需要进行实验以确定最佳的参数组合。

6.3.3　使用可分离滤波让图像变得模糊

可分离滤波是指一种特殊类型的二维滤波,该滤波器可以被分解为两个独立的一维滤波器:一个在水平方向,另一个在垂直方向。因此,对于一个二维图像,可以先进行一次水平方向的滤波,接着再进

行垂直方向的滤波,从而实现和直接使用二维滤波器相同的效果,而计算量则会大大减少。

可分离滤波的实现原理如下:

假设有一个二维滤波器 H 可以表示为两个一维滤波器 h_1 和 h_2 的外积:$H = h_1 h_2^T$。

其中,H 是二维滤波器,h_1 是水平方向上的一维滤波器,而 h_2^T 是垂直方向上的一维滤波器的转置。

可分离滤波的实现步骤如下:

(1)分解:首先确定一个二维滤波器是否是可分离的。如果是可分离的,找到其在水平和垂直方向上的一维滤波器。

(2)水平滤波:使用水平方向的一维滤波器对图像逐行进行滤波。

(3)垂直滤波:使用垂直方向的一维滤波器对第(2)步的结果逐列进行滤波。

第(2)步和第(3)步可以交换顺序,先进行垂直滤波再进行水平滤波,结果是一样的。

可分离滤波有如下的应用场景。

(1)图像模糊:高斯滤波是一个经典的可分离滤波器。通过先进行水平方向的高斯滤波,然后再进行垂直方向的高斯滤波,可以实现和直接使用二维高斯滤波相同的效果,但计算效率更高。

(2)图像导数:Sobel、Prewitt 和 Scharr 等滤波器用于边缘检测的一阶导数也是可分离的。

(3)性能优化:在某些实时图像处理任务中,为了提高计算效率,可以尝试使用可分离滤波代替非可分离滤波。

可分离滤波的主要优势是提供了一种更为高效的计算方法,特别是对于大尺寸的滤波器,它可以显著减少所需的计算量。

OpenCV4 提供了 cv2.sepFilter2D()函数,用于可分离滤波,该函数的原型如下:

```
cv2.sepFilter2D(src, ddepth, kernelX, kernelY[, dst[, anchor[, delta[, borderType]]]]) -> dst
```

参数含义如下:

(1)src:输入图像。

(2)ddepth:目标图像的深度。

(3)kernelX:沿水平方向应用的一维滤波器(卷积核)。

(4)kernelY:沿垂直方向应用的一维滤波器(卷积核)。

(5)dst:输出图像。与源图像具有相同的大小和通道数。

(6)anchor:锚点是卷积核的相对位置,该位置指明了卷积核中需要放在当前像素上的点的位置。默认值(-1,-1)表示锚点位于核中心。

(7)delta:在卷积操作后,可以选择添加一个可选的值到输出像素中。默认值为 0。

(8)borderType:像素边界外推法的标志。

该函数应用两个一维滤波器,而不是一个二维滤波器。这使得处理时间减少,尤其是当滤波器大小增大时。在函数内部,它首先在水平方向上应用 kernelX,然后在垂直方向上应用 kernelY。

下面的例子使用可分离滤波器让图像变得模糊,效果如图 6-8 所示。左侧是原图,右侧是经过可分离滤波器处理后的图像。

代码位置:src/filters/separable_gaussian_blur.py。

```python
import cv2
import numpy as np

# 加载图像
```

图 6-8　可分离滤波器

```
image_path = '../images/girl15.png'        # 替换为所需要的图像路径
img = cv2.imread(image_path)                # 这里加载彩色图像

# 创建一维高斯滤波器
ksize = 11                                  # 滤波器大小
sigma = 2                                   # 标准差
gaussian_filter = cv2.getGaussianKernel(ksize, sigma)

# 使用可分离滤波对彩色图像进行高斯模糊
img_blurred = cv2.sepFilter2D(img, -1, gaussian_filter, gaussian_filter)

# 将原图和滤波后的图像水平合并
result = np.hstack((img, img_blurred))

# 显示合并后的图像
cv2.imshow('Original and Blurred', result)
cv2.waitKey(0)
cv2.destroyAllWindows()
```

在使用可分离滤波器之前,要确定使用的一维滤波器是否可分离。例如,高斯滤波器就是一个可分离的滤波器。

对于二维高斯函数,它的定义如下所示:

$$G(x,y) = \frac{1}{2\pi\sigma^2} e^{-\frac{x^2+y^2}{2\sigma^2}} \tag{6-11}$$

这个二维高斯函数可以被分解为两个一维高斯函数的乘积:$G(x,y) = G(x) \times G(y)$。其中,一维高斯函数如下所示:

$$\begin{cases} G(x) = \dfrac{1}{\sqrt{2\pi}\sigma} e^{-\frac{x^2}{2\sigma^2}} \\[3mm] G(y) = \dfrac{1}{\sqrt{2\pi}\sigma} e^{-\frac{y^2}{2\sigma^2}} \end{cases} \tag{6-12}$$

所以,当使用高斯滤波对图像进行滤波时,实际上可以先在水平方向上使用一维高斯滤波,然后再在垂直方向上使用一维高斯滤波。这种分解方法大大减少了所需的计算量,因为对于每个像素,只需要进行两次一维卷积,而不是进行一次二维卷积。

OpenCV4 并没有直接提供 API 以判断某一个二维滤波器是否可以拆分成两个一维滤波器的乘积,不过可以使用数值方法,如奇异值分解(SVD),来间接地确定一个滤波器是否可分离。

如果一个二维滤波器的 SVD 只有一个显著的奇异值(其他的奇异值非常小或接近零),那么该滤波器可以被认为是可分离的。此外,该滤波器可以表示为这个奇异值及对应的左奇异向量和右奇异向量的外积。

下面的例子使用 OpenCV 和 NumPy 来判断一个给定的二维滤波器是否可分离。

代码位置:src/filters/is_filter_separable.py。

```python
import numpy as np
import cv2
def is_filter_separable(kernel, threshold = 1e - 5):
    """
    判断一个二维滤波器是否可分离

    参数:
    - kernel: 二维滤波器
    - threshold: 用于判断奇异值是否足够小的阈值

    返回:
    - Bool 值,True 表示滤波器可分离,False 表示不可分离
    """
    # 使用 NumPy 的 SVD 函数
    U, s, Vt = np.linalg.svd(kernel)

    # 判断除了最大的奇异值之外的奇异值是否都很小
    return np.sum(s[1:] > threshold) == 0

# 判断一个二维高斯滤波器是否可分离
gaussian_kernel = cv2.getGaussianKernel(5, 1.5) * cv2.getGaussianKernel(5, 1.5).T
print(gaussian_kernel)
print(is_filter_separable(gaussian_kernel))            # 应该返回 True
```

上面的代码判断高斯滤波器是否可以拆分,运行程序,会输出 True。如果要判断其他滤波器是否可拆分,将高斯滤波器的卷积核换成这种滤波器生成的卷积核即可。

6.4 非线性滤波

与线性滤波不同,非线性滤波不仅仅依赖于像素值和滤波器权重的线性组合。非线性滤波器的输出可能取决于其邻域像素的排序、统计特性或其他非线性计算。

常见的非线性滤波包括中值滤波器(Median Filter)、双边滤波器(Bilateral Filter)等。

主要应用场景如下。

(1)噪声去除:特定类型的噪声,如椒盐噪声,可以通过非线性滤波器;如中值滤波器,进行高效处理。

(2)边缘保留平滑:双边滤波器非常适合在平滑图像的同时保留边缘。

(3)图像增强:通过形态学操作(如使用最大值和最小值滤波器)可以增强或凸显图像中的特定结构。

(4)图像恢复:例如,非局部均值滤波可以用于恢复由于各种原因(如运动模糊、噪声等)而变得模糊或损坏的图像。

(5)形态学图像处理:用于图像分割、特征提取等任务。

总体上,非线性滤波通常在处理特定类型的噪声或特定的图像结构时提供更好的性能,尤其是在需要保留图像细节或边缘的情况下。

6.4.1 使用中值滤波去噪

中值滤波是一种非线性的滤波技术,主要用于消除图像中的椒盐噪声。它的原理是在图像的每一个像素处,使用该像素及其邻近像素(例如,在 3×3、5×5 的窗口内)的中位数来替代该像素的值。

中值滤波的实现步骤如下。

(1)遍历图像中的每一个像素。

(2)对于每一个像素,选取一个邻域(例如 3×3、5×5 的窗口),然后将窗口内的像素值排序。

(3)取排序后的中位数作为新的像素值。

(4)将新的像素值替代原像素的位置。

由于中位数具有排除极端值的特性,因此,中值滤波对于消除孤立的噪声点特别有效。

中值滤波的应用场景如下。

(1)消除椒盐噪声:中值滤波是通过对图像中每个像素的邻域(如 3×3、5×5 的窗口)进行排序,并将该像素的值替换为其邻域内的中值来工作的,因此对于随机分布的噪声,如椒盐噪声,具有很好的消除效果。

第 42 集
微课视频

(2)保留边缘信息:与某些线性滤波器(如均值滤波)不同,中值滤波在消除噪声的同时,可以相对较好地保留图像的边缘信息。

(3)图像的预处理:可以减少后续步骤中的噪声干扰。

总之,中值滤波是一种非常实用的噪声消除技术,特别是对于消除椒盐噪声。其主要的优势在于它能够有效地消除噪声,同时保留图像的细节和结构。

下面的例子详细解释了中值滤波的实现过程。

首先,选择一个 5×5 的图像矩阵 I 和一个 3×3 的邻域 N 作为示例。其中 5×5 的图像矩阵如下所示:

$$I = \begin{bmatrix} 1 & 3 & 5 & 2 & 8 \\ 4 & 12 & 15 & 2 & 7 \\ 7 & 25 & 3 & 8 & 5 \\ 2 & 3 & 1 & 7 & 9 \\ 6 & 8 & 4 & 6 & 10 \end{bmatrix} \tag{6-13}$$

想要对图像矩阵的中心点 $I(3,3)$ 进行中值滤波。就需要以 $I(3,3)$ 为中心的 3×3 的邻域矩阵。这个邻域矩阵就是式(6-13)中黑框内的部分,如下所示:

$$N = \begin{bmatrix} 12 & 15 & 2 \\ 25 & 3 & 8 \\ 3 & 1 & 7 \end{bmatrix} \tag{6-14}$$

为了应用中值滤波，首先将邻域矩阵 N 的所有元素列出并排序：

$$N_{sorted} = \{1,2,3,3,7,8,12,15,25\}$$

取中间值，即 $N_{sorted}(5)=7$ 作为 $I(3,3)$ 的新值，所以，滤波后的矩阵 I' 的中心值 $I'(3,3)$ 会被更新为 7，因此，I' 如下所示：

$$I' = \begin{bmatrix} 1 & 3 & 5 & 2 & 8 \\ 4 & 12 & 15 & 2 & 7 \\ 7 & 25 & 7 & 8 & 5 \\ 2 & 3 & 1 & 7 & 9 \\ 6 & 8 & 4 & 6 & 10 \end{bmatrix} \tag{6-15}$$

其他像素点的计算方法类似。

OpenCV4 提供了对图像进行中值滤波操作的 cv2.medianBlur() 函数，该函数的原型如下：

cv2.medianBlur(src, ksize[, dst]) -> dst

参数含义如下：

（1）src：数据类型是 numpy.ndarray，带中值滤波的图像，该图像应为 1-通道或 3-通道的 8-bit 无符号整数图像。

（2）ksize：数据类型是 int，滤波器的孔径线性尺寸（即邻域的大小）。通常是大于 1 的奇数（例如，3、5、7、…）。如果该参数值是 1，表示该函数不执行任何操作。

（3）dst：数据类型是 numpy.ndarray，输出图像。与源图像（src）有相同的尺寸和类型。

下面的例子使用中值滤波去除图像中的椒盐噪声，效果如图 6-9 所示。左侧是原图，中间是带有椒盐噪声的图像，右侧是处理后的图像。很明显，使用中值滤波处理椒盐噪声的效果要比使用高斯滤波处理椒盐噪声的效果好很多。

图 6-9　使用中值滤波去除椒盐噪声

代码位置：src/filters/median_blur_filtering.py。

```python
import cv2
import numpy as np

# 添加椒盐噪声
def add_salt_and_pepper_noise(image, amount = 0.02):
    # 获取图像的高度、宽度和通道数
    rows, cols, channels = image.shape
```

```
# 创建噪声遮罩
noise = np.random.rand(rows, cols, channels)
# 创建椒盐噪声图像
salt_and_pepper = np.where(noise < amount, 255, image)
salt_and_pepper = np.where(noise > 1 - amount, 0, salt_and_pepper)
return salt_and_pepper


# 读入原图
img = cv2.imread('../images/girl18.png')


# 添加椒盐噪声
noise_img = add_salt_and_pepper_noise(img, 0.05)


# 使用中值滤波处理椒盐噪声
median_blurred = cv2.medianBlur(noise_img, 5)


# 水平合并原图、噪声图像和处理后的图像
merged_image = np.hstack((img, noise_img, median_blurred))


# 显示处理后的图像
cv2.imshow('Original | Noisy | Median Filtered', merged_image)
cv2.waitKey(0)
cv2.destroyAllWindows()
```

6.4.2　使用双边滤波去噪

双边滤波(Bilateral Filtering)是一种非线性的滤波方法,用于边缘保留的图像去噪。与其他线性滤波(如高斯滤波)不同,双边滤波在平滑图像时保留了边缘信息。这种滤波方法结合了空间的近邻和像素值的相似性来定义滤波的权重。

第43集
微课视频

双边滤波是一种边缘保留的滤波技术,主要用于图像去噪而不破坏图像的细节部分。以下是双边滤波的一些常见应用场景。

(1) 图像去噪:双边滤波器是一种非常有效的去噪工具,尤其是在需要保留图像细节(如边缘和纹理)的情况下。

(2) 图像增强:双边滤波可以增强图像的某些细节,使其更加清晰。

(3) HDR 成像:在高动态范围(HDR)图像的制作中,双边滤波器可以用于将不同曝光的图像结合起来,同时保留详细的信息。

(4) 细节增强与减少:通过微调双边滤波的参数,可以加强或减少图像的某些细节,如皮肤平滑等。

(5) 深度图去噪:在计算机视觉和增强现实(AR)应用中,深度相机产生的深度图可能会带有噪声。双边滤波器可以帮助清理这些噪声,同时保留物体的边缘。

(6) 图像抽象化:双边滤波也可以用于艺术效果,通过消除某些细节而保留主要的结构,可以创建一种图像的抽象表示。

(7) 三维模型去噪:双边滤波器不仅可以应用于图像,还可以应用于三维数据,如点云数据,用于去噪和平滑。

由于双边滤波器能够很好地保留图像的细节,所以它在许多图像处理和计算机视觉任务中都是一种非常有用的工具。

双边滤波器的实现原理如下。

(1) 双边滤波器基于两个权重函数:

① 空间权重 s：取决于像素之间的空间距离，通常用高斯函数表示。

② 强度权重[①] r：取决于像素值或强度之间的差异，通常用高斯函数表示。

（2）最终的权重 w 由这两个权重的乘积给出：$w(p,q)=s(p,q)\times r(p,q)$。其中，$p$ 是当前像素，q 是其邻域中的一个像素。

对于每个像素 p，双边滤波的输出是其邻域像素的加权平均值，其中权重由上述权重函数给出。

具体地，双边滤波的公式如下所示：

$$I_{\text{filtered}}(p)=\frac{\sum\limits_{q\in N}I(q)\times w(p,q)}{\sum\limits_{q\in N}w(p,q)} \tag{6-16}$$

式（6-16）中数学符号解释如下：

（1）$I_{\text{filtered}}(p)$：p 像素点计算后的值。

（2）$I(q)$：p 像素点邻域中像素点 q 的值。

（3）$w(p,q)$：最终的权重。

（4）N：p 像素点的邻域，也就是 neighborhood(p)。

$w(p,q)$ 是通过 $s(p,q)$ 和 $r(p,q)$ 的乘积算出的，下面详细描述了如何计算 $s(p,q)$ 和 $r(p,q)$。

1. 空间权重 $s(p,q)$

$s(p,q)$ 的计算公式如下所示：

$$s(p,q)=e^{-\frac{\|p-q\|^2}{2\sigma_s^2}} \tag{6-17}$$

其中，σ 是空间高斯函数的标准差，决定了权重下降的速度（也即影响范围）。$\|p-q\|$ 表示的是欧氏距离，即两点之间的直线距离。在二维空间中，如果 $p=(x_1,y_1)$ 和 $q=(x_2,y_2)$，则 p 和 q 之间的欧氏距离计算公式如下所示：

$$\|p-q\|=\sqrt{(x_2-x_1)^2+(y_2-y_1)^2} \tag{6-18}$$

在多维空间中，该定义可以自然地扩展。

所以，在双边滤波的公式中使用 $\|p-q\|$ 时，实际上是在计算像素 p 和 q 之间的空间距离。

2. 强度权重 $r(p,q)$

这是基于像素强度或值 $I(p)$ 和 $I(q)$ 之间的差异的高斯函数。当 $I(p)$ 和 $I(q)$ 接近时，这个权重接近 1，当它们的差异增大时，这个权重减小。计算公式如下所示：

$$r(p,q)=e^{-\frac{|I(p)-I(q)|^2}{2\sigma_r^2}} \tag{6-19}$$

其中，σ_r 是强度高斯函数的标准差，决定了权重下降的速度。

所以，当说起双边滤波器考虑了空间和强度信息时，实际上是说它考虑了像素之间的物理距离（$s(p,q)$）和它们的强度差异（$r(p,q)$）。

在实际应用中，可以通过调整 σ_s 和 σ_r 的值来获得不同的效果。增加 σ_s 可以扩大滤波器的空间范

[①] 在不同的文献或教程中，读者可能会发现不同的称呼（如强度权重或颜色相似性权重），但它们描述的是相同的概念。这种权重考虑了当前像素与中心像素之间的强度差异或颜色差异。强度权重：通常用于灰度图像，它基于当前像素与中心像素之间的强度差异（亮度差异）。颜色相似性权重：用于彩色图像，它基于当前像素与中心像素之间的颜色差异。在双边滤波的上下文中，这两个术语可以视为等价的，它们描述了相同的概念，只是应用于不同类型的图像。在灰度图像中，关注强度差异；而在彩色图像中，关注的是颜色差异。

围,而增加 σ_r 可以允许更大的强度差异被考虑在内,这意味着更多的细节/边缘信息会被保留。

OpenCV4 提供了对图像进行双边滤波操作的 cv2. bilateralFilter()函数,该函数的原型如下:

```
cv2.bilateralFilter(src, d, sigmaColor, sigmaSpace[, dst[, borderType]]) -> dst
```

(1) src:要处理的源图像。

(2) d:滤波时所使用的直径。如果这个值是非正数,那么 d 会从 sigmaSpace 中计算得出。

(3) sigmaColor:颜色空间的滤波器的 sigma 值。这决定了哪些颜色在色彩空间中被认为是相似的。颜色之间的距离大于这个 sigmaColor 值的像素在更新时不会被考虑。

(4) sigmaSpace:坐标空间的滤波器的 sigma 值。这决定了哪些像素被认为是空间的邻居。坐标空间的距离大于 sigmaSpace 的像素在更新时不会被考虑。

(5) dst:输出的目标图像。其大小和类型与 src 相同。

(6) borderType:用于定义图像边界的像素外推方式。这主要是在应用核函数时对边界像素进行处理的方式。默认是 cv2.BORDER_DEFAULT。其他可能的值有 cv2.BORDER_CONSTANT、cv2.BORDER_REFLECT、cv2.BORDER_REFLECT_101、cv2.BORDER_WRAP 等。

下面的例子使用双边滤波去除图像上的椒盐噪声,并将原图、带有椒盐噪声的图像和处理后的图像显示在窗口上,如图 6-10 所示。

图 6-10　用双边滤波去除图像的椒盐噪声

代码位置:src/filters/bilateral_denoising_filtering.py。

```python
import cv2
import numpy as np

# 为图像添加椒盐噪声的函数
def add_salt_and_pepper_noise(image, amount):
    noise = np.random.random(image.shape[:2])
    salt = np.where(noise < amount/2)
    pepper = np.where(noise > 1 - amount/2)

    noisy_img = image.copy()
    for channel in range(image.shape[2]):
        noisy_img[salt[0], salt[1], channel] = 255
        noisy_img[pepper[0], pepper[1], channel] = 0

    return noisy_img
```

```python
# 读取图像
image_path = "../images/girl15.png"
image = cv2.imread(image_path)

# 如果读取图像失败,退出程序
if image is None:
    print("Error loading image. Please check the path.")
    exit()

# 添加椒盐噪声
noise_img = add_salt_and_pepper_noise(image, 0.02)

# 使用双边滤波进行去噪
denoised_img = cv2.bilateralFilter(noise_img, 9, 400, 400)

# 水平合并原图、有噪声的图像和处理后的图像
concatenated = np.hstack((image, noise_img, denoised_img))

# 显示合并后的图像
cv2.imshow("Original | Noisy | Denoised", concatenated)
cv2.waitKey(0)
cv2.destroyAllWindows()
```

6.5　本章小结

经过一段学习之旅,读者深入了解了图像滤波背后的奥秘,并特别关注了图像卷积这一神奇的工具。就像画家手中的调色盘,不同的卷积核提供了无数的可能性,让图像焕发出新的生命。从简单的边缘检测到复杂的纹理提取,学会了如何让图像说话,如何让它传达想要的信息。这是一个充满创意和技术的旅程,希望它能为读者未来的图像处理项目提供灵感和指导。不要忘记,每一张图像都有其故事,而各位读者正拥有讲述这些故事的工具。

<table>
<tr><td>第 7 章
CHAPTER 7</td><td># 图像形态学操作</td></tr>
</table>

图像形态学是数字图像处理的核心领域,致力于分析和处理图像中的结构和形状。本章将深入探讨像素距离与连通域的概念,以及形态学操作的基本方法,例如,膨胀、腐蚀、开运算和闭运算等。像素距离帮助人们量化图像中两点之间的关系,从而为更复杂的形态学操作提供基础。膨胀和腐蚀是形态学中最基础的操作,它们为人们提供了强化或削弱图像中特定结构的手段。此外,本章还会介绍其他常见的形态学操作,以及它们在图像处理中的应用。

7.1 像素距离与连通域

在图像处理中,经常需要对图像的结构和特性进行定量和定性的分析。这就需要对像素之间的关系以及它们在图像中的组织方式进行深入了解。其中,像素距离和连通域是两个核心概念。

第 44 集
微课视频

7.1.1 计算像素距离

像素距离指的是在图像中两个像素之间的距离。这既可以是它们在直角坐标系中的欧氏距离,也可以是它们在图像网格中的"步数"距离(例如,上下左右移动或对角线移动)。常见的距离有如下几种:

(1) 欧氏距离(Euclidean Distance):直接计算两点之间的直线距离。

(2) 曼哈顿距离(Manhattan Distance,又称街区距离):仅通过垂直和水平移动来计算两点之间的距离。

(3) 切比雪夫距离(Chebyshev Distance,又称棋盘距离):在一个无限大的棋盘上,一个国王从一点移动到另一点所需要的最小步数。

下面分别解释这 3 种距离:

1. 欧氏距离

欧氏距离是两点之间的直线距离,也就是常规的几何距离。其在二维平面上的公式如下所示。

$$d(p,q) = \sqrt{(q_x - p_x)^2 + (q_y - p_y)^2} \tag{7-1}$$

欧氏距离公式符号描述如下:

(1) $d(p,q)$:欧氏距离。

(2) p_x 和 p_y:分别表示点 p 的 x 和 y 坐标,坐标从 0 开始。

(3) q_x 和 q_y:分别表示点 q 的 x 和 y 坐标。

示例:

假设有一个 5×5 的图像矩阵,如下所示,并假设我们要计算点 $p(2,2)$ 和 $q(4,4)$ 的欧氏距离。

$$\begin{bmatrix} 0 & 0 & 0 & 0 & 0 \\ 0 & 0 & 0 & 0 & 0 \\ 0 & 0 & p & 0 & 0 \\ 0 & 0 & 0 & 0 & 0 \\ 0 & 0 & 0 & 0 & q \end{bmatrix} \tag{7-2}$$

p 和 q 两点的欧氏距离如下所示:

$$d(p,q) = \sqrt{(4-2)^2 + (4-2)^2} = \sqrt{4+4} = \sqrt{8} \tag{7-3}$$

2. 曼哈顿距离

曼哈顿距离,也称为街区距离,是网格上从一个像素到另一个像素所需的水平和垂直步数的总和。其在二维平面上的公式如下:

$$d(p,q) = |q_x - p_x| + |q_y - p_y| \tag{7-4}$$

示例:计算式(7-2)5×5的图像矩阵中 $p(2,2)$ 和 $q(4,4)$ 两点的曼哈顿距离,结果如下:

$$d(p,q) = |4-2| + |4-2| = 2 + 2 = 4$$

3. 切比雪夫距离

切比雪夫距离,或称棋盘距离,描述的是在一个无限的棋盘上,国王从一个点到另一个点所需要的最小步数。其在二维平面上的公式如下:

$$d(p,q) = \max(|q_x - p_x|, |q_y - p_y|) \tag{7-5}$$

在棋盘上,国王可以进行8个方向的移动,这些移动方向可以分为三类:垂直、水平和对角。

当人们想计算两个点之间的切比雪夫距离时,实际上是在询问:"国王需要至少多少步来从点 p 走到点 q?"

为了回答这个问题,现在考虑几种可能的场景:

(1)水平或垂直移动:如果两个点在同一行或同一列上,那么国王只需要水平或垂直地移动。在这种情况下,步数是两点之间的列数或行数之差。

(2)对角移动:如果两点既不在同一行也不在同一列上,那么国王可以选择对角线移动。在对角线上移动一步,会同时改变行和列。因此,对于对角移动,需要的步数是两点行坐标之差与列坐标之差中的较小值。

(3)组合移动:在完成对角移动后,国王可能还需要进行额外的水平或垂直移动来到达目标点。但是,这些额外的步数不会超过对角移动的步数。

因此,为了找到从点 p 到点 q 所需的最小步数,只需确定国王在任一方向(水平或垂直)上需要移动的最大步数。这就是为什么使用水平坐标之差和垂直坐标之差的最大值作为切比雪夫距离的原因。

示例:计算式(7-2)5×5的图像矩阵中 $p(2,2)$ 和 $q(4,4)$ 两点的切比雪夫距离结果如下:

$$d(p,q) = \max(4-2, 4-2) = \max(2,2) = 2$$

OpenCV4提供了用于计算图像中不同像素之间距离的cv2.distanceTransformWithLabels()函数,该函数的原型如下:

```
cv2.distanceTransformWithLabels(src, distanceType, maskSize[, dst[, labels[, labelType]]]) -> dst, labels
```

参数含义如下:

(1)src:输入图像,通常为8位单通道二值图像。

(2)distanceType:用于指定所使用的距离类型。常见的类型在表7-1中给出。

（3）maskSize：距离变换掩膜矩阵的尺寸。

（4）dst：输出图像，与输入图像的尺寸相同。保存了每个非零像素到最近零像素的距离。

（5）labels：标签输出图像。这些标签为每个非零像素提供了它所对应的零像素的标识。

（6）labelType：标签类型。常见的类型在表 7-2 中给出。

表 7-1 常见的距离类型

距离类型	值	含义
cv2.DIST_USER	−1	自定义距离
cv2.DIST_L1	1	曼哈顿距离，$d(p,q)=\mid q_x-p_x\mid+\mid q_y-p_y\mid$
cv2.DIST_L2	2	欧氏距离，$d(p,q)=\sqrt{(q_x-p_x)^2+(q_y-p_y)^2}$
cv2.DIST_C	3	切比雪夫距离，$d(p,q)=\max(\mid q_x-p_x\mid,\mid q_y-p_y\mid)$

表 7-2 标签类型

标签类型	值	含义
cv2.DIST_LABEL_CCOMP	0	每个连接组件的所有非零像素具有相同的标签值
cv2.DIST_LABEL_PIXEL	1	每个非零像素标记为它所对应的零像素

cv2.distanceTransformWithLabels()函数用于实现图像的距离变换，也就是统计图像中所有像素距离零像素的最短距离，并将距离变换后的图像及对应的标签数组通过值返回。

cv2.distanceTransformWithLabels()函数对图像进行距离变换时会生成 Voronoi 图[1]，但有时只是为了实现对图像的距离变换，并不需要使用 Voronoi 图。而使用 cv2.distanceTransformWithLabels()函数就必须创建一个 ndarray 对象，用于存放 Voronoi 图，而这会占用大量的内存资源，所以如果只想实现图像的距离变换，可以使用 cv2.distanceTransform()函数。该函数的原型如下：

cv2.distanceTransform(src, distanceType, maskSize[, dst[, dstType]]) -> dst

参数含义如下：

（1）src：输入图像，通常为 8 位单通道二值图像。

（2）distanceType：用于指定所使用的距离类型。常见的类型已在表 7-1 中给出。

（3）maskSize：距离变换掩膜矩阵的尺寸。

（4）dst：输出图像，与输入图像的尺寸相同。保存了每个非零像素到最近零像素的距离。

cv2.distanceTransform()函数相当于 cv2.distanceTransformWithLabels()函数的简易版，其中同名参数的含义完全相同。

下面的例子使用 cv2.distanceTransform()函数计算曼哈顿距离、欧氏距离和切比雪夫距离，并将图像的二值形式（Original Binary Image）和 3 个距离分别用 gray 和 jet 色彩映射进行展示，效果如图 7-1 所示。

代码位置：src/graphic_morphology/distance.py。

```
import cv2
import matplotlib.pyplot as plt
```

---

[1] Voronoi 图（也称为 Voronoi 剖分或 Voronoi 分解）是一个分区平面为多个区域的方法，这些区域基于给定的一组点，并确保每个区域内的所有位置都离其对应的给定点比离任何其他给定点更近。Voronoi 图的主要应用领域计算机图形学、游戏、地理信息系统（GIS）、生物学、航空航天、材料科学、无线通信和网络、机器人技术、几何和计算几何、流行病学等。

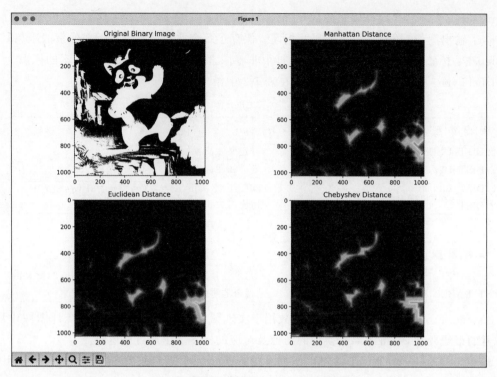

图 7-1　像素距离的 jet 色彩映射展示

```python
# 从文件中读取图像
image_path = "../images/girl14.png"
image = cv2.imread(image_path, cv2.IMREAD_GRAYSCALE)
print(image.shape)
# 将图像二值化
_, binary_image = cv2.threshold(image, 127, 255, cv2.THRESH_BINARY_INV)

# 计算曼哈顿距离
manhattan_distance = cv2.distanceTransform(binary_image, cv2.DIST_L1, 3)

# 计算欧氏距离
euclidean_distance = cv2.distanceTransform(binary_image, cv2.DIST_L2, 3)
print(euclidean_distance)
# 计算切比雪夫距离
chebyshev_distance = cv2.distanceTransform(binary_image, cv2.DIST_C, 3)

# 使用 matplotlib 显示结果
plt.figure(figsize = (12, 8))

plt.subplot(2, 2, 1)
plt.imshow(binary_image, cmap = "gray")
plt.title("Original Binary Image")

plt.subplot(2, 2, 2)
plt.imshow(manhattan_distance, cmap = "jet")
plt.title("Manhattan Distance")

plt.subplot(2, 2, 3)
plt.imshow(euclidean_distance, cmap = "jet")
```

```
plt.title("Euclidean Distance")

plt.subplot(2, 2, 4)
plt.imshow(chebyshev_distance, cmap = "jet")
plt.title("Chebyshev Distance")

plt.tight_layout()
plt.show()
```

从图 7-1 所示的 3 个距离的成像效果看,左上角呈现红黄绿等颜色,而右侧普遍是蓝色或更深的颜色,这种效果是由 jet 色彩映射决定的。

在 jet 色彩映射中,映射方式如下:

(1) 较低的值(如 0)会被映射为蓝色或更深的颜色。

(2) 中间的值被映射为绿色或相近的颜色。

(3) 较高的值被映射为红色或相近的颜色。

这里的值是 cv2.distanceTransform()函数返回的距离数组中的值,较低、中间和较高的值是在这个距离数组中相对高低的值。

由于距离计算会计算当前像素点距离最近的 0 值像素点的距离,而图像左上角都是白色的,所以在这一部分的像素点的距离普遍都很高,因此会呈现红色、黄色、绿色等效果。而右侧存在很多黑色区域,所以距离值较低,因此会呈现深色(蓝、黑等)。

7.1.2　连通域分析

第 45 集
微课视频

在图像处理中,一个连通域通常被定义为具有相似特性的像素的集合,并且它们在空间上是相互连接的。这些特性可以是像素的颜色、亮度、纹理等。为了更形象地理解这些特性,可以将它想象为图像中的一个连续的对象或形状。例如,在一幅照片中,一个团队的所有成员穿着红色球衣,他们的球衣在某种意义上形成一个或多个连通域,因为颜色是相似的。然而,与球衣不接触的背景或其他物体就不被视为这个连通域的一部分。

连通域分析是图像处理中的一个关键步骤,它的目的是找到、标识并分析图像中的所有连通域。这种分析可以帮助读者理解图像中的结构、形状和对象。当图像中的每个连通域都被成功标识后,可以对它们进行进一步的处理,如计算其面积、周长、质心位置等。此外,连通域分析还常常用于对象检测、形状识别、图像分割等多种应用。例如,如果要在一幅照片中检测人脸,连通域分析可能首先确定每张脸的大致位置和大小,然后再用其他技术进一步精细化。

简而言之,图像中的连通域代表了具有相似特性的一组像素,而连通域分析则是确定、标记和描述这些连通域的过程。

连通域的分析在计算机视觉和图像处理中是一个核心问题,有多种算法可以解决它。以下是一些常用的连通域分析算法:

(1) 两遍扫描算法(Two-pass Algorithm):这是最常用的连通域算法。第一次通行标记图像的每个元素,建立标签之间的等价关系。第二次通行通过合并等价标签来修复图像。

(2) 种子填充算法(Seed Fill Algorithm):该算法从一个种子点开始,然后扩展到所有相邻的相似像素。可以使用堆栈或队列来实现。

(3) 扫描线种子填充(Scan-line Seed Fill Algorithm):这是种子填充算法的变种,使用了水平扫描线的概念。

（4）并查集（Union-find）：该算法在连通域分析中也很有用，特别是存在大量连通域或复杂数据结构的情况。

（5）链码（Chain Codes）：这是描述连通域边界的一种方法。算法将边界表示为一系列连接的直线段。

（6）水平线合并（Run-length Encoding）：通过考虑连续的像素段而不是单个像素来加速连通域的标记过程。

以上算法在特定的应用场景和特定类型的图像中具有各自的优点和缺点。在实际应用中，选择哪种算法往往取决于具体的需求和待处理的数据特性。

连通域分析是标识和标记图像中的连续像素区域的过程，通常在二值图像上执行。这些连续像素区域（或连通组件）可以是4-连通或8-连通。

（1）4-连通：只考虑像素的水平和垂直邻居。

（2）8-连通：除了水平和垂直邻居，还考虑对角线邻居。

下面来分析一个 5×5 的二值图像矩阵，如下所示：

$$\boldsymbol{M}=\begin{pmatrix}1 & 0 & 0 & 0 & 1\\1 & 0 & 1 & 1 & 1\\0 & 0 & 0 & 1 & 0\\1 & 1 & 0 & 1 & 1\\1 & 1 & 1 & 0 & 0\end{pmatrix} \qquad (7\text{-}6)$$

其中，1 表示前景像素，0 表示背景像素。

进行 4-连通分析的步骤如下。

（1）从左上角开始，从上到下，从左到右扫描图像。

（2）当遇到第一个前景像素（值为 1）时，为其分配一个标签（例如，标签 2）。

（3）继续扫描，将所有连续的、邻近的前景像素也标记为相同的标签。使用 4-连通性。

（4）如果遇到新的前景像素区域，分配新的标签。

（5）如此继续，直到所有的前景像素都被标记。

进行 4-连通分析后，会得到如下所示标记连通域的 5×5 图像矩阵：

$$\boldsymbol{M}_{\text{labeled}}=\begin{pmatrix}2 & 0 & 0 & 0 & 3\\2 & 0 & 4 & 4 & 4\\0 & 0 & 0 & 4 & 0\\5 & 5 & 0 & 4 & 4\\5 & 5 & 5 & 0 & 0\end{pmatrix} \qquad (7\text{-}7)$$

这些标记的含义如下：

（1）标记 2：代表左上角的 1 连通区域。

（2）标记 3：代表右上角的 1 连通区域。

（3）标记 4：代表中间至右下角的连通区域。

（4）标记 5：代表左下角的连通区域。

此外，标记 1 通常保留为背景。这就是为什么从标签 2 开始的原因。

数学上，连通域分析可以表示为图理论中的组件标识问题。具体的算法，如两趟算法，涉及的数学并不复杂，主要是算法逻辑和联合查找数据结构。

OpenCV4 提供了用于分析图像中不同连通域的 cv2. connectedComponentsWithAlgorithm() 函数,该函数的原型如下:

```
cv2.connectedComponentsWithAlgorithm(image, connectivity, ltype, ccltype[, labels]) -> retval, labels
```

参数含义如下:

(1) image:输入的二值图像,背景应该是黑色(0),前景应该是白色(非 0)。

(2) connectivity:标记连通域时使用的连通种类。4 或 8,分别表示 4-连通和 8-连通,默认是 8。

(3) ltype:标签的输出类型。可以设置为 cv2. CV_32S 或 cv2. CV_16U。默认为 cv2. CV_32S。在 OpenCV 中,cv2. CV_16U 和 cv2. CV_32S 用于表示图像数据类型。具体来说,cv2. CV_16U 是一个 16 位无符号整数类型。U 代表 unsigned(无符号),而 16 代表它使用 16 位存储。因此,它可以表示的整数范围是 0 到 65535。cv2. CV_32S 是一个 32 位有符号整数类型。S 代表 signed(有符号),而 32 代表它使用 32 位存储。它可以表示的整数范围是 -2^{31} 到 $2^{31}-1$。

(4) ccltype:标记连通域使用的算法类型标志,具体的算法类型如表 7-3 所示。

(5) labels:标记不同连通域后的输出图像。

cv2. connectedComponentsWithAlgorithm() 函数用于计算二值图像中连通域的个数,在图像中将不同连通域使用不同的数字进行标记,并将结果通过值返回。其中标记 0 表示图像中的背景区域,同时函数返回一个 int 类型的值,用于表示图像中连通域的数量。

表 7-3　标记连通域使用的算法类型

算法类型	值	含义
cv2. CCL_DEFAULT	-1	Spaghetti 算法用于 8-连通,Spaghetti4C 算法用于 4-连通
cv2. CCL_WU	0	SAUF 算法同时用于 8-连通和 4-连通
cv2. CCL_GRANA	1	BBDT 算法用于 8-连通,SAUF 算法用于 4-连通
cv2. CCL_BOLELLI	2	Spaghetti 算法用于 8-连通,Spaghetti4C 算法用于 4-连通
cv2. CCL_SAUF	3	与 cv2. CCL_WU 相同。建议使用带有算法名称的标志(CCL_SAUF),而不是使用第一作者名称的标志(CCL_WU)
cv2. CCL_BBDT	4	与 cv2. CCL_GRANA 相同。建议使用带有算法名称的标志(CCL_BBDT),而不是使用第一作者名称的标志(CCL_GRANA)
cv2. CCL_SPAGHETTI	5	与 cv2. CCL_BOLELLI 相同。建议使用带有算法名称的标志(CCL_SPAGHETTI),而不是使用第一作者名称的标志(CCL_BOLELLI)

cv2. connectedComponentsWithAlgorithm() 函数很灵活,但参数太多,调用起来太麻烦,所以 OpenCV4 又提供了一个简化版本的 cv2. connectedComponents() 函数,该函数的原型如下:

```
cv2.connectedComponents(image[, labels[, connectivity[, ltype]]]) -> retval, labels
```

cv2. connectedComponents() 函数比 cv2. connectedComponentsWithAlgorithm() 函数少了 ccltype 参数,该参数用来指定标记连通域的算法类型,其他参数与 cv2. connectedComponentsWithAlgorithm() 函数的同名参数的含义完全相同。cv2. connectedComponents() 函数采用的算法类型是 cv2. CCL_WU,也就是说,调用 cv2. connectedComponents() 函数,相当于调用 ccltype 参数值为 cv2. CCL_WU 的 cv2. connectedComponentsWithAlgorithm() 函数。

下面的例子使用 cv2. connectedComponents() 函数分析了图像的连通域,并使用不同的颜色表示不同的连通域,最后将原图与标记连通域的图像同时显示在一个窗口中,左侧是原图,右侧是标记连通域的图像,如图 7-2 所示。

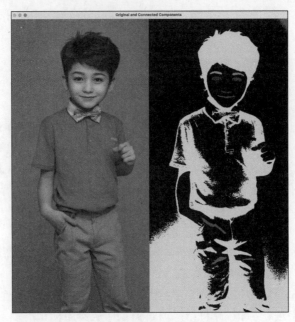

图 7-2　标记连通域的图像

代码位置：src/graphic_morphology/connected_components.py。

```python
import cv2
import numpy as np

# 读取图像
image_rgb = cv2.imread('../images/girl10.png')                          # 以灰度模式读取图像
image = cv2.imread('../images/girl10.png', cv2.IMREAD_GRAYSCALE)        # 以灰度模式读取图像

# 使用简单的阈值化将图像转换为二值图像
_, binary_image = cv2.threshold(image, 127, 255, cv2.THRESH_BINARY_INV)  # 这里使用逆阈值,使前景对象是白色

# 使用 connectedComponents()函数找到连通组件
retval, labels = cv2.connectedComponents(binary_image)

# 创建一个空彩色图像来绘制标记后的连通组件
output_image = np.zeros((image.shape[0], image.shape[1], 3), dtype=np.uint8)

# 为每个连通组件分配一种颜色
colors = []
for i in range(1, retval):                                              # 从 1 开始是因为 0 是背景的标签
    colors.append(list(np.random.randint(0, 255, 3)))

# 填充输出图像
for y in range(output_image.shape[0]):
    for x in range(output_image.shape[1]):
        if labels[y, x] != 0:                                          # 0 是背景
            output_image[y, x] = colors[labels[y, x] - 1]

# 将原始图像转换为三通道以便合并
image_colored = cv2.cvtColor(image, cv2.COLOR_GRAY2BGR)

# 水平合并图像
```

```
combined_image = np.hstack((image_rgb, output_image))

# 显示合并后的图像
cv2.imshow('Original and Connected Components', combined_image)
cv2.waitKey(0)
cv2.destroyAllWindows()
```

cv2.connectedComponentsWithAlgorithm()函数和 cv2.connectedComponents()函数只能对连通域分析和标记，无法获取连通域的统计信息，如果想同时对连通域进行标记，并获取连通域的统计信息，需要使用另外两个函数：cv2.connectedComponentsWithStatsWithAlgorithm()和 cv2.connectedComponentsWithStats()。这两个函数唯一的区别就是 cv2.connectedComponentsWithStatsWithAlgorithm()可以通过 ccltype 参数指定标记连通域的算法类型。cv2.connectedComponentsWithStatsWithAlgorithm()函数的原型如下：

```
cv2.connectedComponentsWithStatsWithAlgorithm(image, connectivity, ltype, ccltype[, labels[, stats[,
centroids]]]) -> retval, labels, stats, centroids
```

参数含义如下：

（1）image：输入的二值图像，背景应该是黑色(0)，前景应该是白色(非 0)。

（2）connectivity：标记连通域时使用的连通种类。4 或 8，分别表示 4-连通和 8-连通，默认是 8。

（3）ltype：标签的输出类型。可以设置为 cv2.CV_32S 或 cv2.CV_16U。默认为 cv2.CV_32S。

（4）ccltype：标记连通域使用的算法类型标志，具体的算法类型如表 7-3 所示。

（5）labels：标记不同连通域后的输出图像。

（6）stats：不同连通域的统计信息矩阵。

（7）centroids：每个连通域的质心坐标。

cv2.connectedComponentsWithStatsWithAlgorithm()函数的返回值 stats 是一个矩阵，其中每行对应一个连通域的统计信息。具体来说，stats 的每行都包含如下几个统计信息：

（1）左上角 x 坐标(stats[label,cv2.CC_STAT_LEFT])：连通域的外接矩形的左上角的 x 坐标。

（2）左上角 y 坐标(stats[label,cv2.CC_STAT_TOP])：连通域的外接矩形的左上角的 y 坐标。

（3）宽度(stats[label,cv2.CC_STAT_WIDTH])：连通域的外接矩形的宽度。

（4）高度(stats[label,cv2.CC_STAT_HEIGHT])：连通域的外接矩形的高度。

（5）面积(stats[label,cv2.CC_STAT_AREA])：连通域中的像素数量。

其中，label 是连通域的标签，从 0 开始。标签为 0 的连通域通常是背景。

当需要分析连通域的特征(如大小、形状、位置等)时，这些统计信息是非常有用的。

cv2.connectedComponentsWithStats()函数的原型如下：

```
cv2.connectedComponentsWithStats(image[, labels[, stats[, centroids[, connectivity[, ltype]]]]]) ->
retval, labels, stats, centroids
```

参数含义如下：

（1）image：输入的二值图像，背景应该是黑色(0)，前景应该是白色(非 0)。

（2）connectivity：标记连通域时使用的连通种类。4 或 8，分别表示 4-连通和 8-连通，默认是 8。

（3）ltype：标签的输出类型。可以设置为 cv2.CV_32S 或 cv2.CV_16U。默认为 cv2.CV_32S。

（4）labels：标记不同连通域后的输出图像。

（5）stats：不同连通域的统计信息矩阵。

（6）centroids：每个连通域的质心坐标。

下面的例子不仅使用 cv2.connectedComponentsWithStats()函数分析了图像的连通域，而且还输出了与连通域相关的信息。被标记的连通域图像如图 7-3 所示。左侧是原图，右侧是被标记的连通域图像。

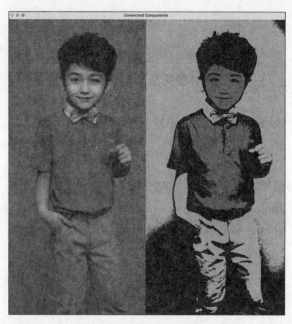

图 7-3　被标记的连通域图像

代码位置：src/graphic_morphology/connected_components_with_stats.py。

```python
import cv2
import numpy as np

# 读取图像
image = cv2.imread('../images/girl11.png', cv2.IMREAD_COLOR)

# 将彩色图像转换为灰度图像
gray = cv2.cvtColor(image, cv2.COLOR_BGR2GRAY)

# 使用二值化将图像转换为二值图像
_, binary = cv2.threshold(gray, 128, 255, cv2.THRESH_BINARY)

# 使用 connectedComponentsWithStats 函数获取连通域及其统计信息
num_labels, labels, stats, centroids = cv2.connectedComponentsWithStats(binary, connectivity = 8)

# 创建一个彩色的输出图像
output_image = np.zeros((image.shape), dtype = np.uint8)

# 为每个连通域赋予不同的颜色
colors = np.random.randint(0, 255, size = (num_labels, 3), dtype = np.uint8)
colors[0] = [0, 0, 0]                                    # 背景颜色设为黑色

for label in range(1, num_labels):
    output_image[labels == label] = colors[label]
    # 打印连通域的统计信息
```

```
    x, y, w, h, area = stats[label]
    cx, cy = centroids[label]
    print(f"连通域{label}: 位置=({x},{y}), 宽度={w}, 高度={h}, 面积={area}, 质心=({cx:.2f},{cy:.2f})")

# 将原图与输出图像水平合并
combined_image = np.hstack((image, output_image))

# 显示合并后的图像
cv2.imshow('Connected Components', combined_image)
cv2.waitKey(0)
cv2.destroyAllWindows()
```

运行程序,会输出如下的连通域信息:

```
连通域1: 位置=(0,0), 宽度=800, 高度=800, 面积=295772, 质心=(350.27,475.85)
连通域2: 位置=(767,0), 宽度=33, 高度=23, 面积=516, 质心=(787.09,9.02)
连通域3: 位置=(388,25), 宽度=1, 高度=1, 面积=1, 质心=(388.00,25.00)
连通域4: 位置=(470,25), 宽度=1, 高度=1, 面积=1, 质心=(470.00,25.00)
连通域5: 位置=(413,26), 宽度=1, 高度=1, 面积=1, 质心=(413.00,26.00)
连通域6: 位置=(465,27), 宽度=1, 高度=1, 面积=1, 质心=(465.00,27.00)
......
```

7.2 腐蚀与膨胀

腐蚀(Erosion)和膨胀(Dilation)是图像处理中的两种基本的形态学操作。它们在许多图像分析任务中都发挥着重要的作用,如图像去噪、细节强化、结构分离等。

第46集
微课视频

7.2.1 腐蚀

腐蚀是图像处理中的一种基本操作,属于形态学转换的一部分。腐蚀操作会依据给定的核(通常称为结构元素)来消减图像前景物体的边界。具体来说,它会考查结构元素与其对应的图像部分,并仅当结构元素下的所有像素都是1时,结构图像的中心像素才被设置为1(仅针对二值图像)。

腐蚀过程示例如下。

假设有一个 5×5 的图像矩阵 I,如下所示:

$$I = \begin{bmatrix} 0 & 0 & 1 & 0 & 0 \\ 0 & 1 & 1 & 1 & 0 \\ 0 & 1 & 1 & 1 & 0 \\ 0 & 1 & 1 & 1 & 0 \\ 0 & 0 & 1 & 0 & 0 \end{bmatrix} \tag{7-8}$$

式(7-9)是一个 3×3 的结构元素 M。

$$M = \begin{bmatrix} 1 & 1 & 1 \\ 1 & 1 & 1 \\ 1 & 1 & 1 \end{bmatrix} \tag{7-9}$$

当 3×3 的结构元素 M 的中心对齐到图像矩阵 I 的第2行第2列时,它覆盖的部分如下所示:

$$\begin{bmatrix} 0 & 0 & 1 \\ 0 & 1 & 1 \\ 0 & 1 & 1 \end{bmatrix} \tag{7-10}$$

这块区域并不完全是1,因此输出图像的对应像素(第2行第2列)应该是0。也就是在这次腐蚀后,*I*的第2行第2列的值从1变成了0,以此类推,可以计算*I*中其他元素的值。

对于图像矩阵*I*的边缘像素,在形态学操作中,通常有几种处理方式:

(1) 零填充(Zero Padding):这是最简单的方法,即假设图像外部的像素都是零。在腐蚀操作中,如果使用零填充,边缘像素在大多数情况下会被置为零。

(2) 镜像填充(Mirror Padding):这种方法将图像的边缘像素值沿着边界反射复制出去,这样做可以确保对边界附近的处理不会引入过多的伪像。

(3) 复制填充(Replicate Padding):这种方法复制边缘的最后一个像素值,填充到边界之外,这意味着图像的边缘像素会被复制到外部。

(4) 不处理:另一种策略是不对边界进行处理,这意味着输出图像可能会比原始图像小。

选择哪种边界处理方法取决于具体的应用。在某些情况下,零填充可能就足够了,但在其他情况下,例如,在处理高频内容[①]的图像时,使用镜像填充可能会更合适。

图像腐蚀过程中使用的结构元素可以根据需求自己生成,但为了方便,OpenCV4 提供了 cv2. getStructuringElement()函数,用于生成常用的矩形结构元素、十字结构元素和椭圆结构元素。该函数的原型如下:

```
cv2.getStructuringElement(shape, ksize[, anchor]) -> retval
```

参数含义如下:

(1) shape:结构元素的形状,见表 7-4。

(2) ksize:结构元素的尺寸,即宽度和高度。例如,一个 3×3 的矩形结构元素可以用(3,3)表示。

(3) anchor:结构元素的锚点,默认为中心点。通常默认值就足够了。

表 7-4 结构元素的形状标志

标　　志	值	含　　义
cv2. MORPH_RECT	0	矩形结构元素,所有元素都为1
cv2. MORPH_CROSS	1	十字结构元素,中间的列和行的元素为1
cv2. MORPH_ELLIPSE	2	椭圆结构元素,矩形的内切椭圆元素为1

OpenCV4 提供了用于图像腐蚀的 cv2. erode()函数,该函数的原型如下:

```
cv2.erode(src, kernel[, dst[, anchor[, iterations[, borderType[, borderValue]]]]]) -> dst
```

参数含义如下:

(1) src:输入的待腐蚀图像。

(2) kernel:用于腐蚀操作的结构元素。

(3) dst:输出图像。

(4) anchor:结构元素的锚点,默认为中心点。通常默认值就足够了。

(5) iterations:腐蚀操作的迭代次数,默认为1。

(6) borderType:用于指定图像边界的像素外推策略。默认是 cv2. BORDER_CONSTANT(常量边界,表示为图像外部添加一个固定的颜色值)。其他选项包括 cv2. BORDER_REPLICATE(复制边界

---

① 在图像处理中,在提到高频内容时,通常指的是图像中的快速变化部分或细节部分。这些可以是图像中的边缘、纹理或其他微小的细节。与之相反的是低频内容,它代表图像中的平滑或慢速变化部分,例如,渐变背景或大的均匀颜色区域。

像素）、cv2. BORDER_REFLECT（镜像边界像素）等。

（7）borderValue：当 borderType 为 cv2. BORDER_CONSTANT 时，用于指定边界外的颜色。

下面的例子使用 cv2. getStructuringElement（）函数产生了一个结构元素，通过 cv2. erode（）函数利用这个结构元素腐蚀图像，在这幅图像上有一个绿色的仙人球，而经过腐蚀后的仙人球的细刺很多都模糊甚至消失了，如图 7-4 所示，左上角是原图，右上角是经过腐蚀后的图像，左下角是原图连通域标记图像，右下角是经过腐蚀后的图像的连通域标记图像。

图 7-4　腐蚀图像

代码位置：src/graphic_morphology/erode. py。

```
import cv2
import numpy as np
def compute_connected_components(binary_image):
    # 获取连通域
    num_labels, labels = cv2.connectedComponents(binary_image)
    # 打印连通域的数量
    print(f"Number of connected components: {num_labels - 1}")    # 减 1 是因为背景也被计算为一个连通域
    # 使用不同的颜色标记每一个连通域
    # 将标签线性缩放到[0,179](因为 HSV 色调范围是 0～179)。这样,每个标签都会得到一个不同的色调值
    label_hue = np.uint8(179 * labels / np.max(labels))
    # 创建一个与 label_hue 形状和类型相同的数组,其所有元素均为 255。这将用于饱和度和亮度通道
    blank_ch = 255 * np.ones_like(label_hue)
    # 使用合并函数将色调、饱和度和亮度通道合并为一个三通道的 HSV 图像
```

```
                labeled_img = cv2.merge([label_hue, blank_ch, blank_ch])
                # 将 HSV 图像转换为 BGR 图像,这样可以更方便地显示或保存
                labeled_img = cv2.cvtColor(labeled_img, cv2.COLOR_HSV2BGR)
                # 将背景(其标签色调值为 0)设置为黑色。这步骤主要是为了在可视化时排除背景
                labeled_img[label_hue == 0] = 0
                return labeled_img
# 读取彩色图像
image = cv2.imread('../images/cactus.png')                               # 替换为所需要的图片路径

# 转为灰度图像
gray = cv2.cvtColor(image, cv2.COLOR_BGR2GRAY)

# 二值化图像
_, binary = cv2.threshold(gray, 127, 255, cv2.THRESH_BINARY)

# 使用 getStructuringElement 函数生成 3×3 的矩形结构元素
kernel = cv2.getStructuringElement(cv2.MORPH_RECT, (3, 3))

# 使用结构元素对图像进行腐蚀操作
eroded_image_color = cv2.erode(image, kernel, iterations = 1)

# 使用结构元素对二值图像进行腐蚀操作
eroded_image_binary = cv2.erode(binary, kernel, iterations = 1)

# 对原始图像统计连通域并标记
print("For the original image:")
labeled_original = compute_connected_components(binary)

# 对腐蚀后的二值图像统计连通域并标记
print("\nFor the eroded image:")
labeled_eroded = compute_connected_components(eroded_image_binary)

# 水平合并原图和腐蚀后的图像
horizontal_merge1 = np.hstack((image, eroded_image_color))

# 水平合并标记了连通域的两个图像
horizontal_merge2 = np.hstack((labeled_original, labeled_eroded))

# 将两个水平合并后的图像垂直合并
final_merge = np.vstack((horizontal_merge1, horizontal_merge2))

# 显示最终合并的图像
cv2.imshow('Combined Image', final_merge)
cv2.waitKey(0)
cv2.destroyAllWindows()
```

运行程序,会在终端输出如下内容:

```
For the original image:
Number of connected components: 696

For the eroded image:
Number of connected components: 375
```

很明显,经过腐蚀后的图像,连通域数量明显减少了,这是因为很多独立的连通域经过腐蚀后都连接到了一起,形成了一个连通域。

经过腐蚀的图像通常有如下效果：

（1）减小前景物体的大小：在二值图像中，白色区域（前景）通常会缩小。

（2）消除噪声：腐蚀可以消除图像中的小的噪声或小的物体。

（3）分开连在一起的物体：如果两个前景物体靠得很近，腐蚀可能会分开它们。

在上面的代码中，对彩色图像执行了腐蚀操作，会产生如下的效果：

（1）颜色强度的减弱：图像的明亮部分会变暗，阴暗的部分则变得更加明显。

（2）边缘的消失或变细：物体的边缘可能会变得更细或完全消失。

（3）总体的模糊效果：物体的细节可能会变得不那么明显。

7.2.2 膨胀

膨胀操作与腐蚀操作的作用恰好相反，它会增加图像中的高亮区域。当结构元素与图像的任何高亮区域接触时，输出图像的中心像素将被设置为高亮值。

膨胀和腐蚀的关系为：

（1）膨胀可以看作增大图像中的高亮区域或填充暗区域的过程。

（2）腐蚀是减小图像中的高亮区域或扩大暗区域的过程。

1. 膨胀的原理

假设图像矩阵是 A，结构元素是 B。用 B 的中心点与 A 中的每一个像素点重合。只要 B 中所有为 1 的点覆盖的 A 中的高亮区域，那么 B 覆盖的 A 区域都会被设置为高亮。

对于二值图像，高亮就是像素值为 1（或 255）的点，也就是白色为高亮。对于灰度图像和彩色图像，情况稍微复杂一些。

第 47 集
微课视频

1）灰度图像

对于灰度图像（每个像素的值范围通常为 0～255），高亮通常指的是像素值较高的区域。但具体的高亮值取决于上下文和任务。在某些情况下，可能需要设置一个阈值来定义哪些像素应被视为高亮。例如，可以认为像素值大于 200 的区域是高亮。

2）彩色图像

彩色图像通常在 RGB 色彩空间中表示，其中每个像素由三个颜色通道的值组成（红色、绿色和蓝色）。在这种情况下，定义高亮区域更为复杂。一种常见的方法是首先将 RGB 图像转换为灰度或其他色彩空间（如 HSV，其中 V 代表亮度），然后再为这个新空间设置阈值。

对于腐蚀和膨胀操作，当应用于非二值图像（如灰度或彩色图像）时，操作不再依赖于像素是否高亮。相反，腐蚀将考虑局部区域的最小值，而膨胀将考虑局部区域的最大值。

如果想在彩色或灰度图像上明确定义并操作高亮区域，通常需要先应用阈值操作来产生一个二值掩膜或二值图像，然后再进行腐蚀和膨胀。

2. 膨胀过程示例

式（7-11）是一个 5×5 的二值图像矩阵。其中，像素值为 1 的位置被视为高亮区域。

$$A = \begin{bmatrix} 0 & 0 & 0 & 0 & 0 \\ 0 & 1 & 0 & 1 & 0 \\ 0 & 0 & 1 & 0 & 0 \\ 0 & 1 & 0 & 1 & 0 \\ 0 & 0 & 0 & 0 & 0 \end{bmatrix} \tag{7-11}$$

式(7-12)是一个 3×3 的矩形结构元素。

$$B = \begin{bmatrix} 1 & 1 & 1 \\ 1 & 1 & 1 \\ 1 & 1 & 1 \end{bmatrix} \tag{7-12}$$

现在,将 B 的中心位置与 A 的第 2 行第 2 列位置对齐,如下所示:

$$\begin{bmatrix} 0 & 0 & 0 & 0 & 0 \\ 0 & \boxed{1} & 0 & 1 & 0 \\ 0 & 0 & 1 & 0 & 0 \\ 0 & 1 & 0 & 1 & 0 \\ 0 & 0 & 0 & 0 & 0 \end{bmatrix} \quad \begin{bmatrix} 1 & 1 & 1 \\ 1 & \boxed{1} & 1 \\ 1 & 1 & 1 \end{bmatrix} \tag{7-13}$$

在式(7-13)中,方框标出的是两个矩阵中心位置。由此可以看到,结构元素 B 完全与 A 在这个位置上的 3×3 子矩阵重叠。由于结构元素 B 中 1 至少有一个像素值为 1 的位置与原图像 A 中像素值为 1 的位置重叠,因此,A 的相应 3×3 子矩阵的所有位置都将被设置为 1。

根据这个规则,A 使用结构元素 B 膨胀后,A 的所有元素的值是 1。

OpenCV4 提供了用于图像碰撞的 cv2.dilate()函数,该函数的原型如下:

```
cv2.dilate(src, kernel[, dst[, anchor[, iterations[, borderType[, borderValue]]]]]) -> dst
```

参数含义如下:

(1) src:输入图像,即待膨胀的图像。它应该是 8 位、单通道(通常为灰度)的图像。

(2) kernel:结构元素,用于定义膨胀操作的性质。这通常是使用 cv2.getStructuringElement()函数创建的一个矩阵。

(3) dst:输出图像,即膨胀后的图像。与源图像大小和类型相同。

(4) anchor:结构元素的锚点,表示结构元素中的一个特定像素,通常位于结构元素的中心。默认值是(−1,−1),表示结构元素的中心。

(5) iterations:膨胀操作应该被应用的次数。默认值是 1。

(6) borderType:用于指定图像边界的像素外推策略。默认是 cv2.BORDER_CONSTANT(常量边界,表示为图像外部添加一个固定的颜色值)。其他选项包括 cv2.BORDER_REPLICATE(复制边界像素)、cv2.BORDER_REFLECT(镜像边界像素)等。

(7) borderValue:当边界模式是 cv2.BORDER_CONSTANT 时,用于填充的值。默认是 0。

下面的例子使用 cv2.getStructuringElement()函数产生了一个结构元素,通过 cv2.dilate()函数利用这个结构元素碰撞图像,效果如图 7-5 所示,左上角是原图,右上角是经过膨胀后的图像,左下角是原图连通域标记图像,右下角是经过膨胀后的图像的连通域标记图像。

代码位置:src/graphic_morphology/dilate.py。

```python
import cv2
import numpy as np


def mark_connected_components(img):
    """标记图像中的连通域,并返回连通域的数量"""
    # 将彩色图像转换为灰度图像
    gray = cv2.cvtColor(img, cv2.COLOR_BGR2GRAY)
```

图 7-5 膨胀图像

```python
# 二值化图像
_, binary = cv2.threshold(gray, 127, 255, cv2.THRESH_BINARY)

# 找到连通域
num_labels, labels = cv2.connectedComponents(binary)

# 使用不同的颜色为每个连通域上色
output = np.zeros((img.shape), dtype = np.uint8)
for label in range(1, num_labels):
    color = [int(j) for j in np.random.randint(0, 255, 3)]    # 随机颜色
    output[labels == label] = color

return output, num_labels - 1                                 # 返回标记的图像和连通域的数量

# 读取图像
image = cv2.imread('../images/girl10.png')

# 使用 cv2.getStructuringElement()函数生成一个 5×5 的结构元素（矩形）
kernel = cv2.getStructuringElement(cv2.MORPH_RECT, (5, 5))

# 使用 cv2.dilate()函数进行膨胀操作
dilated_image = cv2.dilate(image, kernel, iterations = 1)

# 对 A 和 B 进行连通域分析并标记
marked_image, count_A = mark_connected_components(image)
marked_dilated_image, count_B = mark_connected_components(dilated_image)
```

```
print(f"原图像的连通域数量：{count_A}")
print(f"膨胀图像的连通域数量：{count_B}")

# 将 A 与 B 和对应的标记图像 C 与 D 进行合并
horizontal_merged_original = np.hstack((image, dilated_image))
horizontal_merged_marked = np.hstack((marked_image, marked_dilated_image))

# 将两个水平合并后的图像垂直合并
vertical_merged = np.vstack((horizontal_merged_original, horizontal_merged_marked))

# 显示合并后的图像
cv2.imshow('dilate', vertical_merged)
cv2.waitKey(0)
cv2.destroyAllWindows()
```

运行程序，会输出如下内容：

```
原图像的连通域数量：206
膨胀图像的连通域数量：32
```

很明显，膨胀后，连通域数量明显减少了。

对于彩色图像或灰度图像，膨胀操作会导致边缘变得模糊，尤其是在亮度或颜色突变的地方。这是因为膨胀在非二值图像上的工作方式与二值图像上略有不同。

在二值图像上进行膨胀操作时，膨胀只考虑是否有像素与结构元素接触。如果有，那么结构元素的中心像素在输出图像中将被设置为高亮。

但是，当我们在彩色或灰度图像上进行膨胀时，膨胀将查找结构元素覆盖的区域内的最大值（对于每个通道），然后将该最大值赋予输出图像的中心像素。这意味着边缘区域的颜色或亮度可能会扩散到其周围的区域，从而导致模糊的效果。

为了更好地理解这个效果，考虑一个简单的场景：在灰度图像中，有一个白色的对象（像素值255）位于较暗的背景（像素值50）上。膨胀操作将导致白色对象的边缘向外扩散，使得原先暗色的背景区域的像素值接近255。

如果不希望膨胀操作影响图像的颜色或亮度，但仍想保持对象的形状，那么最好首先将图像转换为二值图像，对其进行膨胀，然后使用膨胀后的二值图像作为掩膜来提取原始图像中的对象。

7.3 形态学操作

在计算机视觉和图像处理中，特别是在 OpenCV 中，形态学操作是一种用于图像处理的基本方法，主要用于分析和处理图像结构的工具。形态学主要处理的对象是二值图像，但它也可以扩展到灰度图像。

形态学操作通常基于一个简单的图像变换原理：用一个小的二值图像（称为结构元素或核）在输入图像上滑动，并根据结构元素和输入图像之间的相对位置对输入图像应用某种操作。

结构元素可以有各种形状和大小，例如，矩形、椭圆或十字形等。主要形态学操作包括膨胀（Dilation）、腐蚀（Erosion）、开运算（Opening）、闭运算（Closing）、形态学梯度（Morphological Gradient）、顶帽运算（Top Hat）和黑帽运算（Black Hat）等。

形态学操作在各种图像处理任务中非常有用，如噪声去除、孔洞填充、边缘检测等。

7.3.1 开运算

开运算是形态学操作中的一个基本操作,它首先对图像进行腐蚀操作,然后进行膨胀操作。这一操作主要用于去除小的物体、噪声或者断开物体之间的细小连接。

在二值图像处理中,开运算可以消除细小的白色噪声,同时保持大的白色物体的大小基本不变,或者用于消除与物体相连接的细长的白色分支。

开运算的工作原理如下。

(1) 腐蚀:在腐蚀操作中,一个结构元素在图像上移动。如果结构元素可以完全放在图像的前景色区域内(通常是白色),则输出图像的中心像素值保持不变,否则它被设为背景色(通常是黑色)。这导致小的物体和细节被腐蚀掉。

(2) 膨胀:膨胀是腐蚀的相反操作。如果结构元素与图像的前景色部分重叠,那么输出图像的中心像素就被设置为前景色。这会增加前景物体的尺寸,并恢复被腐蚀掉的大的物体。

当先进行腐蚀再进行膨胀时,小的物体和细节会在腐蚀阶段被去除,而在膨胀阶段大的物体会被恢复,但是消失的小物体不会再回来。

OpenCV4 没有提供用于图像开运算的函数,只是提供了图像腐蚀和膨胀运算不同组合形式的 cv2. morphologyEx()函数,该函数的原型如下:

`cv2.morphologyEx(src, op, kernel[, dst[, anchor[, iterations[, borderType[, borderValue]]]]]) -> dst`

参数含义如下:

(1) src:输入图像。可以是单通道的灰度图像或多通道的彩色图像。

(2) op:形态学操作的类型。具体的值见表 7-5。

(3) kernel:结构元素,可以使用 cv2. getStructuringElement 函数创建。

(4) dst:输出图像,与输入图像具有相同的大小和类型。

(5) anchor:锚点,表示结构元素的中心点。默认值为(-1,-1),这意味着锚点位于结构元素的中心。一般情况下,默认值就足够好。

(6) iterations:应用指定形态学操作的次数。默认值为 1。

(7) borderType:用于处理图像边界的像素外推方式,具体的值见表 7-6。

(8) borderValue:如果 borderType 选择的是 cv2. BORDER_CONSTANT,此参数表示常数值。

第 48 集
微课视频

表 7-5 形态学操作类型

类 型	值	含 义
cv2. MORPH_ERODE	0	图像腐蚀
cv2. MORPH_DILATE	1	图像膨胀
cv2. MORPH_OPEN	2	开运算(先腐蚀,再膨胀)
cv2. MORPH_CLOSE	3	闭运算(先膨胀,再腐蚀)
cv2. MORPH_GRADIENT	4	形态学梯度(膨胀与腐蚀的差值)
cv2. MORPH_TOPHAT	5	顶帽运算(原始输入与开运算的差值)
cv2. MORPH_BLACKHAT	6	黑帽运算(闭运算与原始输入的差值)
cv2. MORPH_HITMISS	7	Hit-or-Miss 操作(仅适用于二值图像)

表7-6 像素外推方式

像素外推方式	值	含 义
cv2.BORDER_CONSTANT	0	补充一个常数值
cv2.BORDER_REPLICATE	1	复制最后一个元素
cv2.BORDER_REFLECT	2	反射边界元素,例如,"fedcba|abcdefgh|hgfedcb"
cv2.BORDER_WRAP	3	循环方式
cv2.BORDER_REFLECT_101 或 cv2.BORDER_DEFAULT	4	反射边界元素,但不包括最后一个元素,例如,"gfedcb|abcdefgh|gfedcba"

cv2.morphologyEx()函数的功能非常强大,因为它允许用户以一种简单的方式应用多种形态学操作。

开运算也可以应用于彩色图像。当对彩色图像应用形态学操作时,每个颜色通道(如红色、绿色和蓝色)都会独立地进行处理。具体来说,结构元素(或称为核)会分别应用于每个通道,就像处理三个独立的灰度图像一样。

但是,应注意以下几点:

(1)颜色丢失:由于形态学操作的本质,应用于彩色图像可能会导致一些颜色信息丢失,特别是在颜色过渡的区域。

(2)颜色混合:在边缘和过渡区域,由于每个通道独立处理,可能会出现不同的颜色混合。

(3)应用场景:尽管开运算可以应用于彩色图像,但形态学操作更常用于二值图像或灰度图像,因为它们主要关注图像结构和形状,而不是颜色信息。

下面的例子使用cv2.morphologyEx()函数分别对灰度图像和彩色图像进行开运算,效果如图7-6所示。

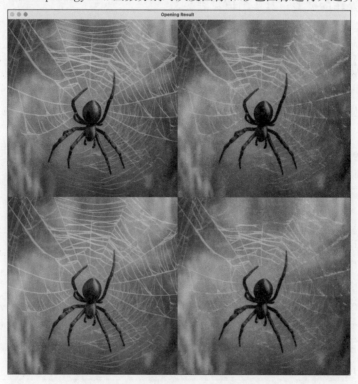

图7-6 开运算

　　图7-6的左上角是灰度原图,右上角是开运算处理后的灰度图。左下角是彩色原图,右下角是开运算处理后的彩色图。从图中可以看到,经过开运算后的图像,不管是灰度图像,还是彩色图像,比较细的蜘蛛丝都变细或消失了,而作为主体的蜘蛛仍然保留。

　　代码位置：src/graphic_morphology/opening. py。

```python
import cv2
print(cv2.BORDER_WRAP)
# 读取原图像
img_gray = cv2.imread('../images/spider.png', cv2.IMREAD_GRAYSCALE)    # 读取为灰度图像
img_color = cv2.imread('../images/spider.png', cv2.IMREAD_COLOR)       # 读取为彩色图像

# 创建一个 5×5 的矩形结构元素
kernel = cv2.getStructuringElement(cv2.MORPH_RECT, (5, 5))

# 使用 cv2.morphologyEx()函数进行灰度图像和彩色图像的开运算
opening_gray = cv2.morphologyEx(img_gray, cv2.MORPH_OPEN, kernel)
opening_color = cv2.morphologyEx(img_color, cv2.MORPH_OPEN, kernel)
print(opening_color.shape)

# 将灰度图像转换为 3 通道图像
img_gray_3channel = cv2.cvtColor(img_gray, cv2.COLOR_GRAY2BGR)
opening_gray_3channel = cv2.cvtColor(opening_gray, cv2.COLOR_GRAY2BGR)

# 对图像进行水平合并
horizontal_merge_gray = cv2.hconcat([img_gray_3channel, opening_gray_3channel])
horizontal_merge_color = cv2.hconcat([img_color, opening_color])

# 对上面的结果进行垂直合并
vertical_merge = cv2.vconcat([horizontal_merge_gray, horizontal_merge_color])

# 显示合并后的结果
cv2.imshow('Opening Result', vertical_merge)
cv2.waitKey(0)
cv2.destroyAllWindows()
```

第 49 集
微课视频

7.3.2　闭运算

　　闭运算是形态学操作的一种,主要用于闭合物体内部的小洞或小黑点。它是先进行膨胀操作,然后进行腐蚀操作。

　　开运算和闭运算的主要区别如下。

　　1. 操作顺序

　　(1) 开运算:首先进行腐蚀,然后进行膨胀。

　　(2) 闭运算:首先进行膨胀,然后进行腐蚀。

　　2. 主要目的和效果

　　(1) 开运算:目标是消除小的白色噪声(前景),分离粘连的物体,并平滑物体的边界。经过腐蚀操作后,小的白色区域或突出部分可能会被完全消除;随后的膨胀操作主要用于恢复物体的形状。

　　(2) 闭运算:目标是消除小的黑色噪声(背景),闭合物体内的小孔或裂缝,并平滑物体的边界。经过膨胀操作后,小的黑色区域或空隙可能会被完全填充;随后的腐蚀操作主要用于恢复物体的形状。

　　3. 应用场景

　　(1) 开运算:通常用于消除由于噪声或其他因素产生的小的白色区域(或噪声),并分离粘连在一起

的物体。

（2）闭运算：通常用于消除物体内部的小黑色区域（或空隙）和断裂。

4. 去噪效果

虽然它们都可以进行去噪，但对于图像中的噪声类型，它们有不同的喜好。

（1）开运算：更适合去除小的白色噪声点。

（2）闭运算：更适合去除小的黑色噪声点。

综上所述，开运算和闭运算在形态学操作中都有其独特的作用。选择哪一个运算取决于图像中存在的问题类型和处理目标。在某些情况下，可能需要连续使用开运算和闭运算（或反之）来实现最佳的图像处理效果。

下面的例子使用闭运算去掉人物脸部的黑斑，效果如图 7-7 所示。左上角是灰度原图，右上角是闭运算处理后的灰度图。左下角是彩色原图，右下角是闭运算处理后的彩色图。

图 7-7　闭运算去掉美女脸部的黑斑

代码位置：src/graphic_morphology/closing.py。

```
import cv2

# 读取原图像
img_gray = cv2.imread('../images/girl_dot2.png', cv2.IMREAD_GRAYSCALE)    # 读取为灰度图像
img_color = cv2.imread('../images/girl_dot2.png', cv2.IMREAD_COLOR)       # 读取为彩色图像

# 创建一个 7×7 的矩形结构元素
```

```
kernel = cv2.getStructuringElement(cv2.MORPH_RECT, (7, 7))

# 使用 cv2.morphologyEx()函数进行灰度图像和彩色图像的闭运算
closing_gray = cv2.morphologyEx(img_gray, cv2.MORPH_CLOSE, kernel)
closing_color = cv2.morphologyEx(img_color, cv2.MORPH_CLOSE, kernel)

# 将灰度图像转换为 3 通道图像,以便与彩色图像合并
img_gray_3channel = cv2.cvtColor(img_gray, cv2.COLOR_GRAY2BGR)
closing_gray_3channel = cv2.cvtColor(closing_gray, cv2.COLOR_GRAY2BGR)

# 对图像进行水平合并
horizontal_merge_gray = cv2.hconcat([img_gray_3channel, closing_gray_3channel])
horizontal_merge_color = cv2.hconcat([img_color, closing_color])

# 对上面的结果进行垂直合并
vertical_merge = cv2.vconcat([horizontal_merge_gray, horizontal_merge_color])

# 显示合并后的结果
cv2.imshow('Closing Result', vertical_merge)
cv2.waitKey(0)
cv2.destroyAllWindows()
```

尽管通过上面的代码可以去掉人物脸上的黑斑,但由于闭运算的特性,结构元素的尺寸越大,图像就越模糊。所以从图 7-7 所示的效果可以看出,经过闭运算处理过的图像,整体看都比较模糊。为了解决这个问题,可以通过 ROI 的方式只对图像的一部分做闭运算,这样就避免了整个图像变模糊的情况。效果如图 7-8 所示。在图 7-8 中,通过 ROI 只处理了人物右脸的黑斑,所以左脸的黑斑仍然会保留。而且图像整体仍然与原图一样。

代码位置:src/graphic_morphology/closing_roi.py。

```
import cv2
# 读取原图像
img_gray_original = cv2.imread('../images/girl_dot2.png', cv2.IMREAD_GRAYSCALE)# 读取为灰度图像
img_gray = img_gray_original.copy()                                    # 创建一个备份,以便后续处理
img_color_original = cv2.imread('../images/girl_dot2.png', cv2.IMREAD_COLOR)   # 读取为彩色图像
img_color = img_color_original.copy()                                  # 创建彩色图像的备份

# 创建一个 7×7 的矩形结构元素
kernel = cv2.getStructuringElement(cv2.MORPH_RECT, (7, 7))

# 定义 ROI 的坐标:(x, y, width, height)
x, y, w, h = 291, 212, 52, 52                              # 例如,选择图像上的一个 52×52 的区域

# 对灰度图像的 ROI 进行闭运算
roi_gray = img_gray[y:y + h, x:x + w]
closing_gray_roi = cv2.morphologyEx(roi_gray, cv2.MORPH_CLOSE, kernel)
img_gray[y:y + h, x:x + w] = closing_gray_roi

# 对彩色图像的 ROI 进行闭运算
roi_color = img_color[y:y + h, x:x + w]
closing_color_roi = cv2.morphologyEx(roi_color, cv2.MORPH_CLOSE, kernel)
img_color[y:y + h, x:x + w] = closing_color_roi

# 将原始和闭运算后的灰度图像都转换为 3 通道图像,以便与彩色图像合并
img_gray_original_3channel = cv2.cvtColor(img_gray_original, cv2.COLOR_GRAY2BGR)
img_gray_3channel = cv2.cvtColor(img_gray, cv2.COLOR_GRAY2BGR)
```

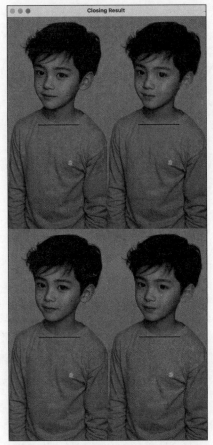

图 7-8　对图像的一部分做闭运算

```
# 对图像进行水平合并
horizontal_merge_gray = cv2.hconcat([img_gray_original_3channel, img_gray_3channel])
horizontal_merge_color = cv2.hconcat([img_color_original, img_color])
# 对上面的结果进行垂直合并
vertical_merge = cv2.vconcat([horizontal_merge_gray, horizontal_merge_color])

# 显示合并后的结果
cv2.imshow('Closing Result', vertical_merge)
cv2.waitKey(0)
cv2.destroyAllWindows()
```

7.3.3　形态学梯度运算

形态学梯度运算用于突出显示图像中的边界。具体来说,形态学梯度运算是图像的膨胀与腐蚀之间的差异。

在形态学的上下文中,形态学梯度运算的结果如下:

$$梯度(f)=膨胀(f)-腐蚀(f) \tag{7-14}$$

其中,f 表示输入图像或输入函数。膨胀(f)表示输入图像 f 经过膨胀操作后的结果。腐蚀(f)表示输入图像 f 经过腐蚀操作后的结果。

所以,当从膨胀后的图像中减去腐蚀后的图像时,得到的结果是形态学的梯度,这实际上是突出显示图像中边缘的一种方式。这是因为膨胀会增大图像中的白色区域,而腐蚀会缩小它,所以两者之间的差异通常会表示为边缘。

形态学梯度运算通过计算膨胀与腐蚀之间的差异来突出显示边缘,但这并不意味着白色区域始终代表图像的边缘。这里的白色区域是指前景色,而不仅仅是物理上的白色。在二值图像中,通常白色是前景色,黑色是背景色。

当对二值图像执行膨胀操作时,前景色(通常是白色)的区域会扩大,会吞噬周围的背景色。相反,腐蚀操作会缩小前景色的区域,会让背景色蚕食前景。

这样,形态学的梯度(即膨胀与腐蚀之间的差异)会突出显示前景与背景之间的边界,因为这些地方在膨胀和腐蚀之间的变化最为显著。

所以,可以说形态学梯度突出显示了前景与背景之间的边缘,而不仅仅是"白色区域是图像的边缘"。

对于彩色图像,情况会更复杂一些。彩色图像由多个通道组成,通常为红、绿、蓝 3 个通道(RGB)。在进行形态学操作时,每个通道都是独立处理的。

对于彩色图像的每个通道,膨胀操作会增大该通道中的亮部(更高的像素值),而腐蚀操作会缩小亮部。所以,说"白色"或"亮部"时,实际上是指每个通道中的高像素值部分,而不仅仅是灰度图像中的白色。

因此,对于彩色图像,形态学梯度的计算方式与二值或灰度图像的计算方法相同,但是独立地在每个通道上执行。最终的形态学梯度图像是 RGB 三个通道的梯度结果合并起来的。

总的来说,对于彩色图像:

(1)膨胀操作会在每个通道中增大亮部。

(2)腐蚀操作会在每个通道中减小亮部。

(3)形态学梯度是膨胀与腐蚀之间的差异,独立地在 RGB 三个通道上计算,并将结果合并为一个彩色图像。这会突出显示颜色边界和颜色变化区域。

在形态学梯度的上下文中,差异或变化的地方(即膨胀与腐蚀之间的差异最大的地方)通常对应于边缘。这些差异或变化通常会在形态学梯度图像中显示为较亮的区域。

如果一个区域在原图中就是均匀的亮色,并没有什么变化或结构,那么在经过形态学梯度处理后,这个区域可能并不会显示明显的边缘。但是,如果一个区域有明显的亮度变化或颜色变化,尤其是在小范围内,那么这些变化的地方在形态学梯度图中会被突出显示为边缘。

因此,可以说较亮且不均匀的区域在形态学梯度图中更可能被识别为边缘。

下面举一个例子来更好地说明边缘的识别。

(1)想象一个简单的灰度图像,其中有一个中间亮度值(比如说 127)的圆形物体,背景是黑色(0)。

(2)对该图像进行膨胀操作后,圆形物体的边界会扩大,使得其外边缘变亮。

(3)对同一图像进行腐蚀操作,圆形物体的边界会缩小,使得其内边缘变暗。

(4)现在,使用形态学梯度计算膨胀和腐蚀之间的差异。结果是圆形物体的边缘会更亮,因为这是两者之间差异最大的区域。

但这并不意味着原图中所有接近 255 的值都是边缘。在形态学梯度图中,边缘表示亮区域,但原始图像中的边缘并不一定是最亮或最暗的部分。

对于彩色图像,每个通道独立进行膨胀和腐蚀操作。形态学梯度结果会突出显示那些在 RGB 通道中具有显著差异的区域,这些区域可能是物体的边缘或颜色变化的区域。

形态学梯度运算的特点有以下几点。

(1) 边缘检测:形态学梯度运算可以被用作边缘检测的工具,因为它突出显示了图像的边界。

(2) 高亮变化:在图像中,那些具有高度变化或突然的灰度变化的区域会在梯度图像中被高亮显示。

(3) 区分前景和背景:对于那些前景和背景之间有明确边界的图像,梯度可以很好地区分它们。

形态学梯度运算有以下应用场景。

(1) 图像分割:可以帮助确定 ROI。

(2) 特征提取:在某些应用中,边缘和轮廓信息是关键特征。

(3) 图像增强:突出显示某些区域以提高可视性。

形态学梯度运算和图像梯度运算存在一些区别。OpenCV 中的梯度运算和形态学梯度运算可能会让人混淆,但它们是不同的概念。

1. 形态学梯度运算

(1) 形态学梯度是膨胀和腐蚀操作之间的差异,它被用来突出显示图像中的边缘。

(2) 具体来说,它的计算方式是:gradient= dilation(image)−erosion(image)。

(3) 在 OpenCV 中,可以使用 cv2. MORPH_GRADIENT 参数与 morphologyEx()函数结合使用来实现。

2. 图像梯度运算

(1) 图像梯度运算指计算图像的导数,常用于边缘检测。

(2) OpenCV 提供了 Sobel、Scharr 和 Laplacian 等函数来计算图像的 x 和 y 方向的梯度。

(3) 结果通常是突出显示边缘的图像。

如果在讨论形态学操作的上下文,那么提到的梯度就是形态学的梯度。但是,在其他图像处理的上下文中,尤其是边缘检测,所提到的梯度很可能指的是图像的 x 和 y 方向的导数。

下面的例子对图像进行形态学梯度运算,效果如图 7-9 所示。左侧是原图,右侧是经过形态学梯度运算处理后,只剩下边缘的图像。

图 7-9 形态学梯度运算

代码位置：src/graphic_morphology/morphological_gradient.py。

```python
import cv2

# 读取原始彩色图像
img = cv2.imread('../images/girl1.png', cv2.IMREAD_COLOR)

# 创建一个 5×5 的矩形结构元素
kernel = cv2.getStructuringElement(cv2.MORPH_RECT, (5, 5))

# 使用 OpenCV 的 cv2.morphologyEx()函数进行梯度计算
gradient_img = cv2.morphologyEx(img, cv2.MORPH_GRADIENT, kernel)

# 将原始图像和梯度处理后的图像水平合并
merged_result = cv2.hconcat([img, gradient_img])

# 显示合并后的图像
cv2.imshow('Original vs Gradient', merged_result)
cv2.waitKey(0)
cv2.destroyAllWindows()
```

7.3.4 顶帽运算

顶帽运算（Top Hat）是原始图像与其开运算之后的结果的差异。具体来说，顶帽运算是原图像减去其开运算的结果。

1. 顶帽运算的原理

顶帽运算的公式可以表示为

第 51 集
微课视频

$$顶帽(f) = f - 开运算(f) \tag{7-15}$$

这里的 f 是原始图像，而开运算(f)是对原始图像进行的开运算结果。

由于开运算是先进行腐蚀再进行膨胀，所以顶帽运算可以去除小的亮区域（在二值图像中是白色对象）或其他噪声。因此，顶帽运算的结果突出了那些被开运算去除的亮部分。

2. 顶帽运算的使用场景

（1）背景平滑：顶帽运算可以帮助从图像中减去不规则的背景，使背景更加均匀。

（2）高亮小的亮部分或噪声：在某些应用中，可能需要检测到图像中小的明亮对象或局部的亮度峰值。顶帽运算可以突出这些区域，使它们与背景有更大的对比度。

（3）补偿光照不均：在某些情况下，图像可能受到不均匀光照的影响，导致亮度不均匀。顶帽运算可以用来补偿这种光照不均，使得图像更加均匀。

（4）纹理分析：在纹理分析或特征提取中，顶帽运算有时用来突出纹理中的某些特征。

总之，顶帽运算是形态学中的一种有用工具，它可以用来强调图像中小的明亮结构、补偿光照或进行纹理分析。

顶帽运算在应用时会考虑结构元素（也被称为核）的尺寸。结构元素的尺寸对这两种形态学运算的效果有很大的影响。

（1）结构元素尺寸越大，结果会捕获到原始图像中与结构元素尺寸相近或更大的局部明亮区域，这些区域在开运算后被去除。换句话说，较大的结构元素会使顶帽运算对较大的明亮区域变化更为敏感，而对较小的明亮噪声或细节则不太敏感。

（2）结构元素尺寸越小，结果会捕获到原始图像中较小的明亮区域或噪声，这些在开运算后被去除。这意味着较小的结构元素使得顶帽运算对细微的明亮变化或噪声更为敏感。

总结：结构元素的尺寸决定了运算对图像中的哪种尺寸特征变得敏感。较大的结构元素捕获大的特征变化，而较小的结构元素捕获细微的特征变化或噪声。在实际应用中，选择适当的结构元素尺寸是非常关键的，因为它会直接影响形态学运算的结果和效果。

下面的例子使用顶帽运算处理图像，效果如图 7-10 所示。左侧是原图，右侧是经过顶帽处理过的图像，只显示出了比较亮的部分。

图 7-10　顶帽运算

第 52 集
微课视频

代码位置：src/graphic_morphology/top_hat. py。

```python
import cv2
import numpy as np

# 读取彩色图像
img = cv2.imread('../images/pic22.png')

# 使用一个 9×9 的核进行形态学开运算
kernel = np.ones((9,9),np.uint8)
opening = cv2.morphologyEx(img, cv2.MORPH_TOPHAT, kernel)

# 执行顶帽运算：原图减去开运算的结果
tophat = cv2.subtract(img, opening)

# 将原图和顶帽处理后的图像水平合并
merged = cv2.hconcat([img, tophat])

# 显示结果
cv2.imshow("Top-Hat Operation on Color Image", merged)
cv2.waitKey(0)
cv2.destroyAllWindows()
```

7.3.5　黑帽运算

在形态学中，黑帽运算(Black Hat)是图像膨胀与原图像之间的差异和图像腐蚀与原图像之间的差

异的组合。其公式为

$$黑帽(f) = 闭运算(f) - f \tag{7-16}$$

这里的 f 是原始图像,而闭运算(f)是对原始图像进行的闭运算结果。

1. 黑帽运算的原理

(1)闭运算:首先对图像进行腐蚀操作,然后再进行膨胀操作。这有助于关闭图像内部的小孔,消除小黑点,并修复物体上的小断裂。

(2)原图像减去闭运算结果:这将突出显示原始图像中由于闭运算而被移除或修改的区域。这实际上是形态学操作中的残差。

2. 黑帽运算的使用场景

(1)高亮边界与噪声:黑帽运算可以帮助高亮由于闭运算而消除的小孔和小噪声。

(2)提取图像细节:它可以帮助提取某些特定的图像特征或细节,这些细节在闭运算后被移除。

(3)图像增强:在某些情况下,将黑帽运算的结果添加回原始图像可以增强图像中的某些特征。

(4)文本识别与分析:在处理文字或其他复杂形态的对象时,黑帽运算可以帮助高亮文字之间的空隙或笔画中断裂的部分。

总体而言,黑帽运算是形态学工具集中的一种高级工具,可以用于多种图像处理和计算机视觉任务,尤其是当需要分析或增强图像中的细节和局部特征时。

黑帽运算在应用时会考虑结构元素(也被称为核)的尺寸。结构元素的尺寸对这两种形态学运算的效果有很大的影响:

(1)结构元素尺寸越小,结果会凸显出原始图像中与结构元素尺寸相近或更大的局部暗区域,这些区域在闭运算后被增强或添加。因此,较大的结构元素使黑帽运算对较大的暗区域变化更为敏感,而对较小的暗噪声或细节则不太敏感。

(2)结构元素尺寸越小,结果会凸显出原始图像中较小的暗区域或噪声,这些在闭运算后被增强或添加。这意味着较小的结构元素使得黑帽运算对细微的暗区变化或噪声更为敏感。

下面的例子使用顶帽运算处理图像,效果如图 7-11 所示。左侧是原图,右侧是经过黑帽处理过的图像,其中暗的部分被突出显示了。

图 7-11 黑帽运算

代码位置：src/graphic_morphology/black_hat.py。

```python
import cv2
import numpy as np

# 读入图像
img = cv2.imread('../images/pic22.png', cv2.IMREAD_COLOR)

# 定义结构元素
kernel_size = 9
kernel = cv2.getStructuringElement(cv2.MORPH_RECT, (kernel_size, kernel_size))

# 使用黑帽运算
blackhat = cv2.morphologyEx(img, cv2.MORPH_BLACKHAT, kernel)

# 将原图和经过黑帽处理的图像水平合并
merged = cv2.hconcat([img, blackhat])

# 显示结果
cv2.imshow('Black Hat Operation', merged)
cv2.waitKey(0)
cv2.destroyAllWindows()
```

顶帽运算和黑帽运算都是衍生自基本的形态学操作（腐蚀和膨胀），但它们的目标和结果是不同的。在特定的图像或使用特定的结构元素时，它们可能产生相似的结果，但这两者的核心目的和大多数场景下的效果是有区别的。

（1）顶帽运算：它是原始图像与开运算之后的图像的差异，其作用是突出那些在开运算中被移除的亮部分。

（2）黑帽运算：它是闭运算之后的图像与原始图像的差异，其作用是突出那些在闭运算中新增的暗部分。

在某些特定的图像上，特别是在那些边界、噪声或其他微小特征不是很明显的图像上，两种操作可能会产生相似的结果。但在大多数情况下，尤其是当图像中存在明显的局部明亮或暗淡区域时，这两者的效果应该是可以区分的。

要了解它们在给定图像上的确切效果，最好的方法是实际应用它们，并仔细观察结果。此外，读者还可以尝试不同大小和形状的结构元素，以进一步了解这两种操作是如何对图像产生影响的。

如果在实际应用中觉得两者效果相似，可能是由于以下原因造成的。

（1）选择的结构元素不够理想。

（2）图像的特性（如噪声水平、明暗部分的分布）导致了这种现象。

为了得到有区别的结果，可以尝试调整结构元素的大小和形状，或选择其他类型的图像进行测试。

7.3.6　击中击不中变换

击中击不中变换（Hit-and-Miss Transformation）是形态学操作中的一个操作，主要应用于二值图像上。在 OpenCV 中，这一变换是通过形态学的操作进行的，它可以帮助人们在图像中找到与某个结构元素匹配的特定形状。

1. 击中击不中变换的实现步骤：

使用一个如下所示的 3×3 的结构元素 **A**，其中元素可以是：1、−1 或 0。

$$A = \begin{bmatrix} 1 & 1 & 0 \\ 1 & -1 & 0 \\ 0 & 0 & 0 \end{bmatrix} \tag{7-17}$$

1、−1 和 0 的含义如下：

（1）1：期望的前景像素。

（2）−1：期望的背景像素。

（3）0：不关心的像素位置。

1）将 A 分解成 B 和 C

将 A 分解为两个结构元素 B 和 C，分别表示击中部分和击不中部分，如下所示：

$$B = \begin{bmatrix} 1 & 1 & 0 \\ 1 & 0 & 0 \\ 0 & 0 & 0 \end{bmatrix}, \quad C = \begin{bmatrix} 0 & 0 & 0 \\ 0 & 1 & 0 \\ 0 & 0 & 0 \end{bmatrix} \tag{7-18}$$

其中 B 和 C 的规则如下：

（1）结构元素 B（击中部分）：将 A 中的 −1 和 0 都设为背景（0），并保留 1。

（2）结构元素 B（击不中部分）：将 A 中的 1 和 0 都设为背景（0），而 −1 则设为前景（1）。

2）腐蚀操作

接下来进行腐蚀操作。

（1）使用结构元素 B 对原始图像进行腐蚀，得到结果 R1。

（2）使用结构元素 C 对原始图像的补集[①]（即前景和背景翻转的图像）进行腐蚀，得到结果 R2。

最后，对上述两个腐蚀的结果进行逻辑与操作，得到最终结果。

2. 补充说明

在击中击不中变换中，结构元素 A 中的 −1 通常代表不想在该位置被看到的像素值，也就是说，在原图像中，该位置应该是背景。因此，在进行腐蚀操作时，希望这些位置在原图像中是背景。

对于二值图像来说，通常前景是 1，背景是 0。使用腐蚀操作时，结构元素中的 1 表示希望在原图像中看到的前景，而结构元素中的 0 则表示不关心原图像中的值。

但 −1 在结构元素中有特殊的含义，它表示希望在原图像中看到的是背景（0）。所以，当为 C 定义结构元素时，将 −1 转换为 1。这是为了确保当用 C 对原图像进行腐蚀时，只有那些与 C 中 1 对应的原图像位置为背景的像素会在输出中为前景。所以 C 要与原图像的补集进行腐蚀操作，相当于 C 与原图像进行腐蚀操作时，C 中 1 的位置与原图像对应位置的元素是 0 时才算匹配，这样才会将 C 覆盖区域中心位置的元素设置为前景（1）。

这种转换确保已经正确地检测了原图像中与结构元素完全匹配的部分。

3. 击中击不中变换的应用场景

（1）特定模式或形状的检测：击中击不中变换非常适合于检测特定的模式或形状，特别是在二值图像中。例如，可以检测图像中的特定方向上的线条或边缘。

（2）细化和骨架化：击中击不中变换经常用于实现图像的细化和骨架化。这些技术旨在减少图像中对象的宽度，直到它们变成单像素的宽度。

（3）去除孤立的噪声点：对于那些在形态学滤波后仍然存在的孤立噪声点，击中击不中变换是一种

---

① 二值图像矩阵的补集就是将矩阵中的 1 变为 0，0 变为 1，相当于将黑白颠倒。

有效的去除方法。

（4）分割和标记：在复杂的图像处理任务中，击中击不中变换可以用于辅助对象的分割和标记，特别是已知想要检测的对象的精确形状或模式时。

（5）提取特定的图像特征：例如，可以使用击中击不中变换来提取图像中的角点或交叉点。

（6）图像修复：在某些情况下，击中击不中变换可以用于修复损坏的或缺失的部分，当已知损坏区域的结构或模式时。

击中击不中变换通常应用于二值图像，因为它依赖于明确的前景和背景分割。但这并不意味着它不能应用于彩色图像，只是应用的方式和理解会有所不同。

对于彩色图像，通常的方法是将其分解为三个颜色通道（如 RGB 或 HSV），然后对每个通道单独进行二值化和形态学操作。

如果想在彩色图像上使用击中击不中变换，具体步骤为：

（1）通道分解：首先将彩色图像分解为三个单独的通道。

（2）通道二值化：对于每个通道，可能需要设置一个阈值或使用其他方法进行二值化。

（3）执行变换：在每个二值化的通道上应用击中击不中变换。

（4）合并结果：最后，将三个通道的结果合并，得到最终的彩色输出图像。

这种方法可能并不总是有效或直观，因为通道之间的相关性可能会在分解和合并的过程中丢失。此外，需要为每个通道设置适当的阈值，这可能会使过程变得更为复杂。

总的来说，虽然理论上可以在彩色图像上使用击中击不中变换，但在实践中，直接应用这种方法可能会导致不直观或难以解释的结果。更常见的做法是先将彩色图像转换为灰度或二值图像，然后应用击中击不中变换。

在 OpenCV4 中，将 cv2.morphologyEx() 函数的 op 参数值设置为 cv2. MORPH_HITMISS，就可以进行击中击不中变换。

下面的例子使用击中击不中变换处理彩色图像，挑出图像中接近于白色的部分，并标记为红色，如图 7-12 所示。左侧是原图，右侧是将白色部分标记为红色的图像。

图 7-12　击中击不中变换

代码位置：src/graphic_morphology/hit_miss.py。

```python
import cv2
import numpy as np

# 读取图像
image = cv2.imread('../images/girl4.png')

# 转换为灰度图像用于二值化
gray = cv2.cvtColor(image, cv2.COLOR_BGR2GRAY)

# 二值化图像
_, binary = cv2.threshold(gray, 230, 255, cv2.THRESH_BINARY)

# 定义用于击中击不中变换的结构元素
# 这里要检测 3×3 的白色像素块
kernel = np.array([
    [1, 1, 1],
    [1, 1, 1],
    [1, 1, 1]

], dtype = np.uint8)

# 应用击中击不中变换
hitormiss = cv2.morphologyEx(binary, cv2.MORPH_HITMISS, kernel)

# 在原图上标记这些区域
marked_image = image.copy()
marked_image[hitormiss == 255] = [0, 0, 255]                    # 使用红色标记

# 水平合并原图像和标记后的图像以进行对比
combined_image = np.hstack((image, marked_image))

# 显示合并后的图像
cv2.imshow('Hit or Miss Transformation', combined_image)
cv2.waitKey(0)
cv2.destroyAllWindows()
```

第 54 集
微课视频

7.3.7　图像细化

图像细化在计算机视觉和图像处理中是一个常见的操作。它的作用是将对象的宽度减少到单像素宽度,这样可以得到对象的骨架表示。在 OpenCV 中,图像细化主要处理二值图像。

1. 图像细化的原理

图像细化算法通常基于迭代过程,图像的边缘像素逐步被移除,直到无法再移除为止。一个常用的细化算法是 Zhang-Suen 算法。

Zhang-Suen 算法的基本步骤是:

(1) 遍历图像中的每个像素。

(2) 根据某些条件(如 8 邻域的像素配置)确定是否应该移除像素。

(3) 对图像逐步修剪,直到不再有像素可以被移除。

这个迭代过程确保图像的基本结构被保留下来,而多余的像素被去除。

2. 图像细化的应用场景

(1) 手写体识别:通过细化手写字迹,可以得到更精简的骨架,便于进一步地特征提取和识别。

（2）形态学分析：在生物学或医学图像中，细化可以帮助识别和分析微观结构。

（3）道路追踪：在卫星或航拍图像中，细化可以用于提取道路或河流的中心线。

（4）对象识别：细化可以作为前处理步骤，减少不必要的像素信息，便于后续的模式匹配或特征提取。

（5）骨架化网络：在网络或图的表示中，可以使用细化算法来简化图的结构。

OpenCV4 提供了用于将二值图像细化的 cv2. ximgproc. thinning()函数，该函数的原型如下：

```
cv2.ximgproc.thinning(src[, dst[, thinningType]]) -> dst
```

参数含义如下：

（1）src：输入图像，它必须是一个 8 位的单通道的图像（二值图像或灰度图像）。

（2）dst：输出图像。它也是一个 8 位的单通道二值图像。

（3）thinningType：细化算法类型。OpenCV 提供了两种算法类型：cv2. ximgproc. THINNING_ZHANGSUEN（Zhang-Suen 细化算法）和 cv2. ximgproc. THINNING_GUOHALL（Guo-Hall 细化算法）。其中 cv2. ximgproc. THINNING_ZHANGSUEN 是默认值。

下面的例子使用 cv2. thinning()函数细化图像中的文字，效果如图 7-13 所示。左侧是原图的二值图像形式，右侧是结果细化后的图像。

图 7-13　图像细化

代码位置：**src/graphic_morphology/thinning. py**。

```
import cv2
import numpy as np
# 读取灰度图像
img = cv2.imread('../images/opencv.png', cv2.IMREAD_GRAYSCALE)
if img is None:
```

```
      print("图像加载失败!")
      exit()
print(cv2.ximgproc.THINNING_GUOHALL)
# 使用 cv2.ximgproc.thinning 函数进行细化
thinned_img = cv2.ximgproc.thinning(img, cv2.ximgproc.THINNING_ZHANGSUEN)

# 将原始图像与细化后的图像进行水平连接
combined = np.hstack((img, thinned_img))

# 显示图像
cv2.imshow('Original and Thinned Image', combined)
cv2.waitKey(0)
cv2.destroyAllWindows()
```

7.4 本章小结

本章深入探讨了图像形态学的基础概念和操作。像素距离揭示了图像中的空间关系,提供了一种量化和定性的方法来分析图像中的结构和特性。此外,还了解了几种主要的形态学操作,如膨胀、腐蚀、开运算和闭运算等,这些操作提供了处理和修改图像结构的手段。

形态学操作有着非常广泛的应用场景。例如,在医学图像处理中,可以利用这些操作来强化或消除细胞或组织的结构,帮助医生更好地检测和识别异常。在工业制造中,形态学操作可以有效地检测产品上的微小缺陷,确保产品质量。在视频监控领域,形态学操作可以帮助人们从复杂的背景中提取出移动的目标。

本章为读者铺设了图像形态学的坚实基础,使读者能够更好地理解和应用这些技术来解决实际问题。为了更好地掌握这些知识,建议读者在实际项目中应用本章的内容,通过不断的实践和尝试来加深对这些概念和技术的理解。

第8章

CHAPTER 8

图 形 检 测

本章将详细介绍如何使用 OpenCV 进行各种图形检测与分析。首先,探索形状检测的基本概念,包括如何在图像中检测直线,如何使用最小二乘法进行直线拟合,以及圆形的识别。随后,是图像的轮廓,这是一个非常有趣的部分,这部分将学习如何提取和显示各种图像,从简单的几何形状到复杂的人物肖像。在此过程中,还将讨论如何计算轮廓的面积、长度,以及如何得到轮廓的外接矩形和多边形。矩的计算部分将介绍如何从图像中提取有用的特征,并介绍如何使用这些特征进行简单的形状识别。最后,将深入探讨点集拟合,这是一种非常强大的技术,可以帮助读者更好地理解图像中的数据。而在本章的最后,将了解如何使用 OpenCV 进行二维码检测,这是现代应用中常见的一种需求。

这一章充满了实用的技术和方法,无论是新手还是有经验的开发者,都会从中受益匪浅。

8.1 形状检测

第 55 集
微课视频

本节主要介绍基本的形状检测技术,包括直线检测、直线拟合和圆形检测。

8.1.1 直线检测

在 OpenCV 中,直线检测是常见的任务,通常使用 Hough 变换来实现。Hough 变换的核心思想是将图像空间转换到参数空间。对于直线来说,可以使用极坐标表示法,即 r 和 θ。其中 r 是原点到直线的距离,θ 是该直线与 x 轴的夹角。

直线检测有以下应用场景。

(1) 图像中的道路、建筑物等边缘检测。

(2) 图纸、设计图、图表中的线条检测。

(3) 检测图像中的裂纹或其他线状结构。

(4) 游戏、机器人路径规划中的环境检测。

OpenCV 4 提供了 cv2.HoughLines()和 cv2.HoughLinesP()函数来实现 Hough 变化,这两个函数的详细介绍如下。

cv2.HoughLines()函数的原型如下:

cv2.HoughLines(image, rho, theta, threshold[, lines[, srn[, stn[, min_theta[, max_theta]]]]]) -> lines

参数含义如下:

(1) image:这应该是一个二值图像,如 Canny 边缘检测的输出。

(2) rho:参数空间中的 r 精度,表示以像素为单位的距离。这是一个浮点数,通常设置为1。

（3）theta：参数空间中的 θ 精度。这是一个浮点数，通常设置为 np. pi/180，表示 1 度。

（4）threshold：累加器中的某个单元格的值超过此阈值时，会认为其对应的 r 和 θ 参数代表一条直线。换句话说，它是累加器的一个阈值，只有超过了这个数量的点共线时，才认为存在一条直线。

（5）srn 和 stn：这两个参数与多尺度 Hough 变换有关。如果这两个参数都设为零，那么标准的 Hough 变换会被使用。否则，它们只是累加器的除数。srn 设置距离分辨率的除数，而 stn 设置角度分辨率的除数。简单地说，这些参数允许读者使用更稀疏的累加器，这会加快计算速度，但可能会牺牲一些精度。

（6）min_theta 和 max_theta：提供对要检测角度的范围的更精确控制。这些参数定义了希望检测的直线的角度范围。例如，可以设置这两个参数，使函数只检测与 x 轴垂直的直线。

（7）lines：返回值，是一个包含检测到的直线参数的列表，其中每条直线由其 r 和 θ 参数表示。其中 r 是原点到直线的距离，θ 是该直线与 x 轴的夹角。

cv2. HoughLinesP()函数的原型如下：

```
cv2.HoughLinesP(image, rho, theta, threshold[, lines[, minLineLength[, maxLineGap]]]) -> lines
```

参数含义如下：

（1）image：经过 Canny 边缘检测后的二值图像。

（2）rho：参数空间中的 r 精度，通常取 1。

（3）theta：参数空间中的 θ 精度。这是一个浮点数，通常设置为 np. pi/180，意味着参数空间中的 θ 精度是 1 度。

（4）threshold：要"检测"为一条直线的交点的最小数量。只有在累加器中的某个单元格的值超过此阈值时，才认为该单元格对应的 r 和 θ 参数代表一条直线。

（5）minLineLength：线段的最小长度。比这个更短的线段将会被拒绝。这是一个可选参数，如果不设置，默认为 0。

（6）maxLineGap：线段之间的最大允许间隙，以使它们被视为单个线段。这也是一个可选参数，如果不设置，默认为 0。

（7）lines：返回值，是一个包含检测到的线段的列表，其中每条线段由其起点和终点的坐标表示，也就是（x_start，y_start，x_end，y_end）。

cv2. HoughLines()函数和 cv2. HoughLinesP()函数都是 OpenCV 4 中基于 Hough 变换的直线检测方法，但它们之间存在一些关键差异。

1. 返回的信息类型

（1）cv2. HoughLines()函数：返回的是直线的参数 (r, θ)，其中 r 是原点到直线的距离，θ 是该直线与 x 轴的夹角。

（2）cv2. HoughLinesP()函数：返回的是线段的两个端点坐标，即 $[(x1, y1, x2, y2), \dots]$。

2. 方法的基础

（1）cv2. HoughLines()函数：基于标准的 Hough 变换。

（2）cv2. HoughLinesP()函数：基于概率的 Hough 变换（Probabilistic Hough Transform）。概率 Hough 变换不是为每个点都在参数空间中画曲线，而是从一组点中随机选取一个子集并在参数空间中为这个子集的点画曲线，从而减少计算量。

3. 灵活性

（1）cv2. HoughLines()函数：检测图像中存在的直线，但不能区分短线段和长线。

（2）cv2. HoughLinesP()函数：可以指定线段的最小长度（minLineLength）和线段之间的最大间隙（maxLineGap），从而更灵活地检测短线段。

4. 使用场景

（1）cv2. HoughLines()函数：更适用于需要检测图像中的长直线或不需要具体的线段起始和结束位置的应用。

（2）cv2. HoughLinesP()函数：当用户关心线段的实际起始和结束位置或需要检测短线段时，它会更有用。

综上，选择是否使用 cv2. HoughLines()函数或 cv2. HoughLinesP()函数取决于具体的需求。如果只关注图像中的完整直线，并不需要知道其在图像中的具体位置，那么 cv2. HoughLines()函数是合适的。但如果关注线段的起始和结束位置，那么 cv2. HoughLinesP()函数会更有用。

在讨论 Hough 变换中的 r 和 θ 时，所指的原点不是图像坐标系中的$(0,0)$点。这里的原点指的是极坐标系的原点。

在 Hough 变换中，每一条直线可以用两个参数 r 和 θ 来描述。其中，θ 是直线与 x 轴的夹角，而 r 是直线到极坐标系原点的最短（垂直）距离。

为了具体说明，想象一下直线在笛卡儿坐标系（我们常用的 x-y 平面）中的表示。一条直线可以表示为 $y = mx + b$，其中 m 是斜率，b 是截距。但这样的表示对于垂直于 x 轴的直线是有问题的。为了避免这个问题，可以使用极坐标系来描述直线，即使用 r 和 θ。

在此表示法中：

（1）r 是从极坐标系原点到直线的最短距离（垂直距离）。

（2）θ 是该垂线与 x 轴的夹角。

通过这种方式，可以用 r 和 θ 唯一地描述笛卡儿坐标系中的任何直线，无论它是否垂直于 x 轴。

下面的例子分别使用 cv2. HoughLines()和 cv2. HoughLinesP()函数识别一幅图像中的所有直线，并分别用红色和绿色绘制识别出来的直线，效果如图 8-1 所示。左侧是原图，中间是通过 cv2. HoughLines()函数识别直线的效果，右侧是通过 cv2. HoughLinesP()函数识别直线的效果。由此可以看到，使用 cv2. HoughLines()函数几乎识别出了所有的直线，而 cv2. HoughLinesP()函数识别出了大多数直线，只是有的直线只识别出了一部分，所以绘制的是线段。

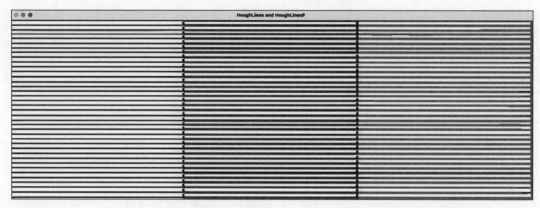

图 8-1　用 cv2. HoughLines()函数和 cv2. HoughLinesP()函数识别直线

代码位置：src/graphics_detection/HoughLines. py。

```
import cv2
```

```python
import numpy as np

# 读取图像
imageA = cv2.imread('../images/lines.png')
imageB = imageA.copy()
imageC = imageA.copy()
# 转为灰度图像
gray = cv2.cvtColor(imageA, cv2.COLOR_BGR2GRAY)

# 使用 cv2.Canny() 函数边缘检测
edges = cv2.Canny(gray, 50, 150)

# 使用 cv2.HoughLines() 函数进行直线检测
lines = cv2.HoughLines(edges, 1, np.pi/180, 200)

# 在图像 B 上绘制 cv2.HoughLines() 函数检测到的直线
if lines is not None:
    for line in lines:
        rho, theta = line[0]
        a = np.cos(theta)
        b = np.sin(theta)
        x0 = a * rho
        y0 = b * rho
        x1 = int(x0 + 1000 * (-b))
        y1 = int(y0 + 1000 * (a))
        x2 = int(x0 - 1000 * (-b))
        y2 = int(y0 - 1000 * (a))
        cv2.line(imageB, (x1, y1), (x2, y2), (0, 0, 255), 2)

# 使用 cv2.HoughLinesP() 进行直线检测
linesP = cv2.HoughLinesP(edges, 1, np.pi/180, 50, minLineLength=50, maxLineGap=10)

# 在图像 C 上绘制 cv2.HoughLinesP() 函数检测到的线段
if linesP is not None:
    for line in linesP:
        x1, y1, x2, y2 = line[0]
        cv2.line(imageC, (x1, y1), (x2, y2), (0, 255, 0), 2)

# 将 A、B、C 图像水平合并
merged_image = np.hstack((imageA, imageB, imageC))

# 显示合并后的图像
cv2.imshow('Merged Image', merged_image)
cv2.waitKey(0)
cv2.destroyAllWindows()
```

cv2.HoughLines() 函数和 cv2.HoughLinesP() 函数并不适合所有的场景，对于本例，比较适合使用 HoughLines 函数，因为该函数检测图像中的直线并返回参数 r 和 θ。其输出是直线，这意味着它们是无限长的。因此，即使一条直线在图像中只有一小部分，HoughLines 函数也会检测到并将其绘制为完整的直线（也就是该直线的延长线）。对于查找图像中存在的整体直线结构，这可能是有用的。

而 cv2.HoughLinesP() 函数是基于概率 Hough 变换的实现，它返回的是线段而不是整条直线。这意味着它可以检测到图像中的较短的线段，并返回它们的起点和终点。这使得 cv2.HoughLinesP() 函数更适合在图像中查找线段或较短的直线结构,如裂缝、边缘等。例如,将图像换成.. /images/hedgepig. png,识别效果如图 8-2 所示。由于刺猬身上的刺都是线段,所以使用 cv2. HoughLines()函数并没有识别出来多少,所有被识别出来的刺都绘制了整条直线(相当于线段的延长线),而cv2. HoughLinesP()函数识别出了大多数刺和少部分胡须,这些都是线段。

图 8-2　用 cv2. HoughLines()函数和 cv2. HoughLinesP()函数识别线段

8.1.2　直线拟合

第 56 集
微课视频

直线拟合通常指的是从一系列点中找出最能代表这些点分布的直线。这背后涉及的数学方法和原理可以非常复杂,但基本的概念并不难理解。以下是对直线拟合的详细描述。

1. 直线拟合的基本思想

想象一下,有一组散布在平面上的点,现在想找到一条直线,使这条直线尽可能地接近所有的点。这条最接近的直线,就是所谓的最佳拟合直线。

2. 如何拟合

(1) 最小二乘法:这是最常用的拟合方法。其核心思想是最小化所有点到拟合直线的垂直距离的平方和。具体来说,如果数据点有坐标$(x_1, y_1), (x_2, y_2), \cdots, (x_n, y_n)$,而拟合直线的方程是 $y = mx + b$,那么希望最小化误差函数如下所示:

$$E = \sum_{i=1}^{n} (y_i - (mx_i + b))^2 \tag{8-1}$$

使用微积分对式(8-1)关于 m 和 b 求偏导,并令其为零,可以求得 m 和 b 的值,从而得到最佳拟合直线。

(2) 其他方法:除了最小二乘法,还有其他一些方法可以用于直线拟合,如 RANSAC、Huber loss等。这些方法在数据中存在大量异常值时很有用。

3. 噪声的影响

在现实世界的数据收集过程中,很少有数据是完美无误的。数据中的误差和不确定性被称为噪声。噪声可以由很多因素引起,例如,测量误差、环境因素或数据传输中的干扰。

对于直线拟合,噪声有两个主要影响。

(1) 准确性降低:如果噪声太大,拟合出的直线可能与真实的模型偏离很远。

(2) 过拟合:如果尝试用复杂的模型来拟合噪声,可能会得到在训练数据上看起来很好,但在新数据上表现很差的模型。这被称为过拟合。

4. 如何处理噪声

(1) 数据清洗：一种方法是尽可能地从数据源中去除噪声，例如，通过滤波、异常值检测或其他预处理方法。

(2) 鲁棒拟合：使用诸如 RANSAC 或 Huber loss 之类的方法，可以减少异常值或噪声点对拟合结果的影响。

(3) 正则化：在模型中添加正则化项可以减少模型的复杂度，从而避免过拟合。

总的来说，直线拟合是一个强大的工具，可以帮助读者从散列的数据中找出潜在的模式和趋势。但同时，为了获得有意义的结果，需要对数据的质量、来源和噪声有深入的了解，并采用合适的技术和方法来处理这些挑战。

OpenCV4 提供了用于直线拟合的 cv2.fitLine() 函数，该函数的原型如下：

```
cv2.fitLine(points, distType, param, reps, aeps[, line]) -> line
```

参数含义如下：

(1) points：想要拟合直线的点集。

(2) distType：用于直线拟合的距离类型。具体值将在后面进行描述。

(3) param：该参数与所选的 distType 有关。对于大多数距离类型，它不起作用，可以设置为 0。

(4) reps：对于几何精度的递归终止条件。在大多数情况下，一个小值，如 0.01，就足够了。

(5) aeps：对于方向向量精度的递归终止条件。通常情况下，一个值，如 0.01，也是足够的。

(6) line：输出直线的参数。对于二维直线，这是一个 4 元素的数组 $(vx,vy,x0,y0)$；对于三维线，这是一个 6 元素的数组 $(vx,vy,vz,x0,y0,z0)$。其中，$(vx,vy,[vz])$ 是直线的方向向量，$(x0,y0,[z0])$ 是直线上的一个点。vx,vy 是直线的单位方向向量。这意味着向量的长度为 1，并指向直线的方向。对于二维直线，$x0$ 和 $y0$ 是直线上的一个点。通常，这个点是输入点集的质心（见后面的解释）。有了这 4 个参数，就可以表示直线上的任何点 x,y 使用以下公式：

$$\begin{cases} x = x0 + t \cdot vx \\ y = y0 + t \cdot vy \end{cases} \tag{8-2}$$

其中，t 是一个标量，代表了从点 $x0,y0$ 沿方向 vx,vy 的距离。当改变 t 的值，可以获得直线上的不同点。这种表示方法与传统的斜率—截距形式 $y=mx+b$ 不同，但它更适合表示垂直的线（在斜率—截距形式中垂直线的斜率是无穷大），并且可以轻松地转换为其他直线的表示形式。

5. distType 参数的详细描述

用于直线拟合的距离类型，可用的距离类型如下。

(1) cv2.DIST_L1，也称为 L1 范数或曼哈顿距离。它是点到直线的垂直距离的绝对值，计算公式如下所示：

$$L_1(p,\ell) = |\, y_p - (mx_p + b)\,| \tag{8-3}$$

其中，$p = (x_p, y_p)$ 是数据点，ℓ 是直线 $y = mx + b$。

(2) cv2.DIST_L2，也称为 L2 范数或欧氏距离。它是点到直线的垂直距离的平方。公式如下所示：

$$L_2(p,\ell) = (y_p - (mx_p + b))^2 \tag{8-4}$$

(3) cv2.DIST_L12，是 L1 和 L2 范数的混合，公式如下所示：

$$L_{12}(p,\ell) = \sqrt{|\, y_p - (mx_p + b)\,|} \tag{8-5}$$

（4）cv2.DIST_FAIR，Fair 的鲁棒距离[①]公式如下所示：

$$L_{welsch}(p,\ell)=c^2 \cdot \left(1-\exp\left(-\frac{(y_p-(mx_p+b))^2}{2c^2}\right)\right) \tag{8-6}$$

（5）cv2.DIST_WELSCH，Welsch 的鲁棒距离公式如下所示。

$$L_{welsch}(p,\ell)=c^2 \cdot \left(1-\exp\left(-\frac{(y_p-(mx_p+b))^2}{2c^2}\right)\right) \tag{8-7}$$

（6）cv2.DIST_HUBER，Huber 距离在误差小于某个阈值时类似于 L2 距离，而在误差大于该阈值时类似于 L1 距离。数学公式如下所示：

$$L_{huber}(p,\ell)=\begin{cases}\dfrac{1}{2}(y_p-(mx_p+b))^2, & \text{if } |\,y_p-(mx_p+b)\,|\leqslant c \\[2mm] c \cdot |\,y_p-(mx_p+b)\,|-\dfrac{1}{2}c^2, & \text{其他}\end{cases} \tag{8-8}$$

其中，c 是 Huber 损失的阈值，决定了从平方误差（L2 范数）到线性误差（L1 范数）的转换点。

6. 质心

质心是一组点的平均位置或中心。在二维平面上，给定一组点$(x_1,y_1),(x_2,y_1),\cdots,(x_n,y_n)$，这些点的质心$(x_g,y_g)$可以通过如下所示的公式计算：

$$\begin{cases}x_g=\dfrac{1}{n}\displaystyle\sum_{i=1}^{n}x_i \\[3mm] y_g=\dfrac{1}{n}\displaystyle\sum_{i=1}^{n}y_i\end{cases} \tag{8-9}$$

其中，n 是点的数量。简而言之，质心的 x 坐标是所有点 x 坐标的平均值，而质心的 y 坐标是所有点 y 坐标的平均值。

在更高的维度中，这个概念也是类似的。例如，在三维空间中，每个坐标（x、y 和 z）的质心是其对应坐标值的平均值。

质心在很多领域都很有用，包括计算机图形学、机器人技术、统计和计算机视觉等。

下面的例子是用 fitLine 函数拟合直线。程序中给出了 $y=x$ 直线上的坐标，为了模拟数据采集过程中产生的噪声，在部分坐标中添加了噪声。程序拟合出的直线很好地逼近了真实的直线。这个例子会输出执行的斜率及拟合后的直线方程，以及显示出拟合直线和直线上的点。效果如图 8-3 所示。

代码位置：src/graphics_detection/fitLine.py。

```
import cv2
import numpy as np
import matplotlib.pyplot as plt
# 1. 生成 y = x上的点,并添加噪声
# 创建直线上的坐标
x = np.linspace(0, 100, 25)                    # 从 0 到 100 创建 25 个点
y = x.copy()
# 为部分坐标添加噪声,模拟数据采集过程中的误差
noise = np.random.randn(25) * 5                # 创建噪声,均值为 0,标准差为 5
```

---

① 鲁棒距离（Robust Distance）在统计和计算机视觉中指的是一种对异常值（Outliers）具有韧性或鲁棒性的距离计算方式。传统的距离度量方法，如欧氏距离，对异常值非常敏感。而鲁棒距离试图降低这些异常值在距离计算中的影响。

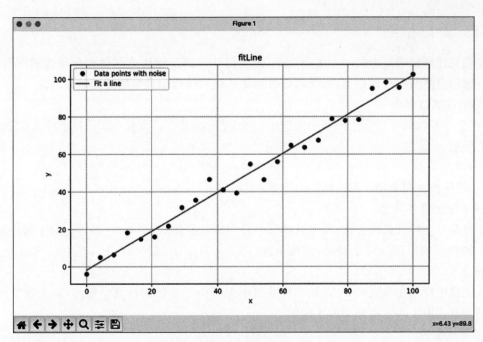

图 8-3　直线拟合

```
y += noise
points = np.column_stack((x, y)).astype(np.float32)
# 2. 使用 cv2.fitLine()函数进行直线拟合
[vx, vy, x0, y0] = cv2.fitLine(points, cv2.DIST_L2, 0, 0.01, 0.01)
# 3. 使用 cv2.fitLine()函数的输出来获取直线的方程
# 直线的方向向量是(vx, vy),通过点(x0, y0)。可以获得直线的方程
# (y - y0) / vy = (x - x0) / vx
# => y = (vy/vx) * x + (y0 - (vy/vx) * x0)
slope = vy/vx
intercept = y0 - slope * x0
print(f"拟合直线的斜率为{slope[0]}")
print(f"拟合直线的方程为 y = {slope[0]}x + {intercept[0]}")
# 4. 绘制拟合后的直线及所有点
# 计算直线的两个端点
start_point = (0, intercept[0])
end_point = (100, slope[0] * 100 + intercept[0])

plt.figure(figsize = (10, 6))
plt.plot(points[:, 0], points[:, 1], 'bo', label = 'Data points with noise')
plt.plot([start_point[0], end_point[0]], [start_point[1], end_point[1]], 'r-', label = 'Fit a line')
plt.legend()
plt.title("fitLine")
plt.xlabel("x")
plt.ylabel("y")
plt.grid(True)
plt.show()
```

运行程序,会在终端输出如下的内容:

拟合直线的斜率为: 1.036500096321106
拟合直线的方程为: y = 1.036500096321106x + -1.71588134765625

8.1.3　圆形检测

圆形检测是计算机视觉中的一个重要任务,尤其在处理涉及球体或其他圆形物体的图像时。霍夫变换是进行圆形检测的一种经典方法,其核心思想是从输入图像中提取特定形状信息。

1. 圆形的基本数学表示

首先,需要知道如何在数学上表示一个圆。一个圆可以用中心坐标 (a,b) 和半径 r 来表示。其数学公式如下所示:

$$(x-a)^2 + (y-b)^2 = r^2 \tag{8-10}$$

其中,x 和 y 是任何在圆上的点的坐标。

2. 霍夫变换的基本原理

霍夫变换是一个特征提取方法,用于从图像中检测简单的形状,如直线、圆等。对于每个形状,它都使用一个不同的参数空间。对于直线,是极坐标 (ρ,θ)。对于圆,是 (a,b,r),其中,a 和 b 是圆心的坐标,r 是圆的半径。

在输入图像中检测边缘点时,可以在参数空间中为每个可能的圆投票。最终,在参数空间中,获得最多投票的参数将用于表示检测到的实际圆。

3. 圆的霍夫变换

(1) 边缘检测:首先,通常会对图像进行边缘检测,例如,使用 Canny 边缘检测器。这是因为只对形状的轮廓感兴趣,而不是内部的信息。

(2) 建立累加器:为了存储每个可能的圆的投票,需要一个三维的累加器,每个维度对应于圆的一个参数 a,b,r。

(3) 对每个边缘点投票:对于图像中的每个边缘点 x,y,可以考虑它可能属于的所有可能的圆。这意味着,对于每个可能的圆心 (a,b),都会有一个对应的半径 r,满足上述的圆公式。因此,对于每个边缘点,在累加器中为所有可能的圆心和半径投票。

(4) 检测圆心:在累加器中,最终得票最多的位置 (a,b,r) 将对应于图像中检测到的圆。

需要注意以下几点。

(1) 霍夫变换需要大量的计算,特别是对于圆形,因为它需要三维的参数空间。

(2) 对于非常密集或相互靠近的圆,霍夫变换可能会检测到多个潜在的位置,因此后处理和验证步骤可能是必要的。

总的来说,霍夫变换是一个强大的工具,尤其是当读者有关于检测到的形状的先验知识时(例如,知道可能的半径范围)。这使读者能够有效地从图像中提取形状信息。

OpenCV4 提供了用于进行圆形检测的 cv2. HoughCircles() 函数,该函数基于霍夫变换原理实现圆形检测,原型如下:

```
cv2.HoughCircles(image, method, dp, minDist[, circles[, param1[, param2[, minRadius[, maxRadius]]]]]) ->
circles
```

参数含义如下:

(1) image:待检测圆形的输入图像。

(2) method:定义检测方法,目前唯一实现的方法是 cv2. HOUGH_GRADIENT。

(3) dp:图像分辨率与霍夫图像分辨率的比率。dp=1 表示它们有相同的分辨率。

(4) minDist:图像中检测到的圆心之间的最小距离。

（5）param1：这 Canny 边缘检测器的较高阈值。Canny 检测器使用两个阈值（高和低）来检测强边缘和弱边缘，param1 代表较高的阈值。通常，低阈值自动设置为高阈值的一半。

（6）param2：这个参数与圆的中心检测有关。它是一个累加器的阈值，它决定了在累加器中多少投票可以认为是圆的中心的位置。较小的值可能会检测到更多的假圆，而较大的值可能只会检测到较明显的圆。

（7）minRadius：输出圆的最小半径。

（8）maxRadius：输出圆的最大半径。

下面的例子检测图像中圆形的铜镜，并用绿色绘制出检测到的圆形铜镜，如图 8-4 所示。

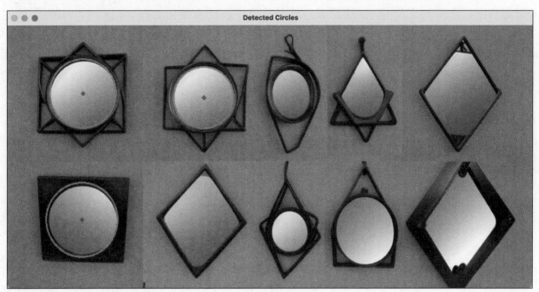

图 8-4　圆形检测

代码位置：src/graphics_detection/HoughCircles. py。

```
import cv2
import numpy as np

# 读取图像
image = cv2.imread('../images/mirrors.png', cv2.IMREAD_COLOR)
gray = cv2.cvtColor(image, cv2.COLOR_BGR2GRAY)

# 使用 cv2.HoughCircles()函数进行圆检测
circles = cv2.HoughCircles(gray, cv2.HOUGH_GRADIENT, dp = 1, minDist = 30, param1 = 100, param2 = 120,
minRadius = 5, maxRadius = 150)

if circles is not None:
    circles = np.uint16(np.around(circles))
    for i in circles[0, :]:
        # 画圆
        cv2.circle(image, (i[0], i[1]), i[2], (0, 255, 0), 2)
        # 画圆心
        cv2.circle(image, (i[0], i[1]), 2, (0, 0, 255), 3)

cv2.imshow('Detected Circles', image)
cv2.waitKey(0)
cv2.destroyAllWindows()
```

8.2 图像的轮廓

本节主要介绍图像轮廓的相关技术,主要内容包括检测和绘制轮廓、计算轮廓面积和长度、计算轮廓的外接矩形和外接多边形、点到轮廓的距离、凸包检测,以及 Canny 边缘检测。

8.2.1 绘制几何图像的轮廓

轮廓是图像中具有相同灰度值的点的曲线,通常用来表示物体的边界。它不仅限于白色物体在黑色背景中的情况。在 OpenCV 中,查找轮廓的前提是图像经过阈值化处理,得到一个二值图像,这样图像中只有黑和白两种颜色。然后寻找白色区域的外部边界,得到的闭合曲线就是这个白色物体的轮廓。所以对于彩色图像或灰度图像,先要将其二值化,然后就可以转换为在黑色背景中查找白色物体的操作。也就是说,从某种意义上说,轮廓可以看作在黑色背景中的白色物体的边缘连续点的一个简单的曲线。

OpenCV4 提供了用于查找图像中轮廓的 cv2.findContours()函数,该函数的原型如下:

cv2.findContours(image, mode, method[, contours[, hierarchy[, offset]]]) -> contours, hierarchy

参数含义如下:

(1) image:应当传入一个二值图像,这是一个单通道的图像,其中物体是白色的,背景是黑色的。注意这个函数会修改源图像。

(2) mode:轮廓检索模式,具体取值见表 8-1。

(3) method:轮廓逼近方法,具体取值见表 8-2。

(4) contours:输出参数,是一个 Python 列表,其中每个项都是一个轮廓,轮廓本身是点的列表。

(5) hierarchy:输出参数,包含有关图像拓扑的信息,是一个 N×4 的 NumPy 数组,其中 N 是检测到的轮廓数量。

(6) offset:可选的偏移参数,如果提供了,那么所有返回的轮廓点都会相对于该参数偏移。

表 8-1 轮廓检索模式

轮廓检索模式	值	描　　述
cv2.RETR_EXTERNAL	0	检索外部的轮廓
cv2.RETR_LIST	1	检索所有的轮廓,但并不创建父子关系
cv2.RETR_CCOMP	2	检索所有轮廓并将它们组织为两层结构:顶层是物体的外部边界,底层是物体的内部的孔的边界
cv2.RETR_TREE	3	检索所有轮廓并重构嵌套的轮廓的整个层次

表 8-2 轮廓逼近方法

轮廓逼近方法	值	描　　述
cv2.CHAIN_APPROX_NONE	0	存储所有的轮廓点
cv2.CHAIN_APPROX_SIMPLE	2	只存储水平、垂直、对角线的终点
cv2.CHAIN_APPROX_TC89_L1	3	使用 Teh-Chain 链逼近算法的 L1 版本
cv2.CHAIN_APPROX_TC89_KCOS	4	使用 Teh-Chain 链逼近算法的 KCOS 版本

为了方便开发人员清晰地辨识轮廓,并且最后能将轮廓画出来,OpenCV4 提供了用于绘制轮廓的 cv2.drawContours()函数,该函数的原型如下:

```
cv2.drawContours(image, contours, contourIdx, color[, thickness[, lineType[, hierarchy[, maxLevel[,
offset]]]]]) -> image
```

参数含义如下：

（1）image：要绘制轮廓的图像。

（2）contours：从 findContours 函数获得的轮廓。

（3）contourIdx：指定要绘制的轮廓的索引，如果要绘制所有轮廓，则设置为−1。

（4）color：轮廓的颜色。

（5）thickness：线条的厚度，如果设置为−1，则会填充轮廓。

（6）lineType：线的类型，如 cv2.LINE_8,cv2.LINE_AA 等。

（7）hierarchy：findContours 返回的层次结构。

（8）maxLevel：绘制轮廓的最大等级，如果设置为 0，则只绘制指定的轮廓；如果设置为 1，绘制轮廓及其所有的子轮廓，以此类推。

（9）offset：所有轮廓点的偏移量。

下面的例子使用 cv2.findContours()函数查找图像中的轮廓，并使用 cv2.drawContours()函数绘制所有找到的轮廓，以及不同索引的轮廓，效果如图 8-5 所示，左上角是原图，其余部分分别是绘制所有的轮廓，或者索引为 0 到 3 的轮廓。

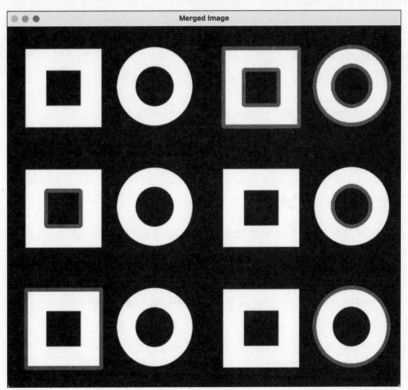

图 8-5　绘制轮廓

代码位置：src/graphics_detection/draw_contours.py。

```
import cv2

# 读取图像并转为灰度图像
```

```python
image = cv2.imread('../images/shape.png')
gray = cv2.cvtColor(image, cv2.COLOR_BGR2GRAY)

# 二值化图像
_, thresh = cv2.threshold(gray, 127, 255, cv2.THRESH_BINARY)

# 查找轮廓
contours, _ = cv2.findContours(thresh, cv2.RETR_LIST, cv2.CHAIN_APPROX_SIMPLE)

# 创建一个列表来保存所有的图像版本
images = [image]

# 添加绘制所有轮廓的图像版本
all_contours = image.copy()
cv2.drawContours(all_contours, contours, -1, (0, 0, 255), 6)
images.append(all_contours)

# 添加绘制单个轮廓的图像版本
for i in range(4):
    single_contour = image.copy()
    cv2.drawContours(single_contour, contours, i, (0, 0, 255), 6)
    images.append(single_contour)

# 检查是否有足够的轮廓进行绘制,如果没有,则复制原图像
while len(images) < 6:
    images.append(image.copy())

# 使用 vconcat 和 hconcat 合并图像
top_row = cv2.hconcat(images[:2])
middle_row = cv2.hconcat(images[2:4])
bottom_row = cv2.hconcat(images[4:])
merged_image = cv2.vconcat([top_row, middle_row, bottom_row])

cv2.imshow('Merged Image', merged_image)
cv2.waitKey(0)
cv2.destroyAllWindows()
```

第 59 集
微课视频

8.2.2　绘制人物肖像的轮廓

下面的例子将识别并绘制彩色图像中的轮廓。首先要将彩色图像二值化,然后再进行识别,最后直接在彩色图像上绘制。效果如图 8-6 所示。使用 cv2.findContours()函数检测出了图像中人物肖像的大部分轮廓,不过还有一部分未检测出来,使用后面介绍的 Canny 边缘检测效果会更好一些。

代码位置:src/graphics_detection/draw_portrait_contours.py。

```python
import cv2

# 读取图像
image = cv2.imread('../images/girl19.png')
# 保存原始图像的一个副本
original_image = image.copy()
# 转换为灰度图像
gray = cv2.cvtColor(image, cv2.COLOR_BGR2GRAY)

# 二值化图像
_, binary = cv2.threshold(gray, 127, 255, cv2.THRESH_BINARY_INV) # 这里使用 THRESH_BINARY_INV 是因为轮
# 廓通常在白色对象上检测得更好
```

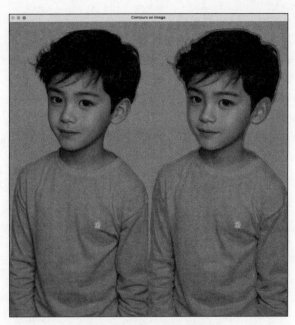

图 8-6　绘制人物肖像轮廓

```
# 查找轮廓
contours, _ = cv2.findContours(binary, cv2.RETR_EXTERNAL, cv2.CHAIN_APPROX_SIMPLE)

# 在原始图像上绘制轮廓
cv2.drawContours(image, contours, -1, (0, 0, 255), 5)
# 将原图与轮廓图进行水平合并
merged_image = cv2.hconcat([original_image, image])
# 显示图像
cv2.imshow('Contours on Image', merged_image)
cv2.waitKey(0)
cv2.destroyAllWindows()
```

第 60 集
微课视频

8.2.3　轮廓面积

轮廓的面积是图像中轮廓所围成的区域的大小。轮廓面积在计算机视觉和图像处理中有许多应用。以下是轮廓面积的一些常见应用场景。

（1）物体尺寸估计：在某些应用中，例如，制造业质量检测，可能需要估计对象的尺寸来确定其是否满足质量标准。

（2）过滤噪声：在处理图像轮廓时，一些小的轮廓可能是由于噪声或不相关的小对象引起的，通过计算轮廓面积并设置一个阈值，可以比较容易地滤除这些不相关的轮廓。

（3）对象分类：在某些应用中，可以通过对象的面积来分类。例如，在农业应用中，可能需要根据大小对果实进行分类。

（4）计数细胞或其他生物物体：在生物学和医学成像中，经常需要计算细胞或其他生物结构的数量和大小。通过计算轮廓面积，可以实现这些功能。

（5）形态学分析：在材料科学中，形态学分析用于分析和描述材料的微观结构。轮廓面积可以提供关于孔洞、裂纹和其他微观特征的有用信息。

（6）计算填充率：在某些应用中，如对纺织品或纸张的质量检测，可能需要计算某些特定模式或纹理的填充率。轮廓面积可以用于计算这些区域的大小。

（7）动态分析：在视频分析或动作捕捉中，轮廓面积的变化可以用来检测和分析物体的动态行为，如扩张、收缩或振动。

（8）分水岭分割：在复杂的图像分割任务中，分水岭算法可以用来区分接触的物体；轮廓面积可以帮助确定分割结果的有效性。

（9）安全和监控：在监视摄像头的输出中，突然出现的大面积轮廓可能表示有物体进入了场景，如车辆或人。

（10）交互式应用：在一些增强现实或虚拟现实应用中，通过分析手部或其他物体的轮廓面积，可以为用户提供交互反馈。

OpenCV4 提供了用于计算轮廓面积的 cv2.contourArea()函数，该函数的原型如下：

```
cv2.contourArea(contour[, oriented]) -> retval。
```

参数含义如下：

（1）contour：这是将要计算面积的轮廓，通常是一个点的列表，例如，从 cv2.findContours()函数得到的轮廓数据。

（2）oriented：这是一个布尔值，默认为 False。当设置为 True 时，该函数将返回一个有方向的面积。结果的绝对值与无方向的面积相同，正负号表示轮廓的方向（顺时针或逆时针）。大多数情况下，读者可能只对无方向的面积感兴趣，因此可以省略此参数或设置为 False。

（3）retval：这是计算得到的轮廓面积，以像素数为单位。

下面的例子通过比较图像中每个轮廓的面积，分别绘制出了所有轮廓，面积从大到小排在前 5 的轮廓，以及面积最大的轮廓。效果如图 8-7 所示。左上角是原图，右上角绘制出了所有的轮廓，左下角绘制出了轮廓面积排名前 5 的轮廓，右下角绘制出了面积最大的轮廓。在一般情况下，满足条件的轮廓的面积都比较大，所以从图 8-7 所示的效果可以看出，轮廓的面积越大，越能满足需求，而且排除了很多轮廓噪声（面积较小的轮廓）。

代码位置：src/graphics_detection/contour_area.py。

```python
import cv2

# 读取图像
image = cv2.imread('../images/girl32.png')
image1 = image.copy()
image2 = image.copy()
# 保存原始图像的一个副本
original_image = image.copy()

# 转换为灰度图像
gray = cv2.cvtColor(image, cv2.COLOR_BGR2GRAY)

# 二值化图像
_, binary = cv2.threshold(gray, 127, 255, cv2.THRESH_BINARY_INV)

# 查找轮廓
contours, _ = cv2.findContours(binary, cv2.RETR_EXTERNAL, cv2.CHAIN_APPROX_SIMPLE)

# 计算所有轮廓的面积并与其索引一起存储
```

图 8-7 轮廓面积

```
contour_areas = [(cv2.contourArea(c), idx) for idx, c in enumerate(contours)]

# 根据面积对轮廓进行排序,取面积最大的前 3 个轮廓
sorted_contours1 = sorted(contour_areas, key = lambda x: x[0], reverse = True)[:5]
sorted_contours2 = sorted(contour_areas, key = lambda x: x[0], reverse = True)[:1]
cv2.drawContours(image, contours, -1, (0, 0, 255), 3)
# 仅绘制面积最大的前 5 个轮廓
for _, idx in sorted_contours1:
    cv2.drawContours(image1, contours, idx, (0, 0, 255), 3)
    print('轮廓面积: ', contour_areas[idx][0])

# 仅绘制面积最大的轮廓
for _, idx in sorted_contours2:
    cv2.drawContours(image2, contours, idx, (0, 0, 255), 3)

# 将原图与轮廓图进行水平合并
merged_image1 = cv2.hconcat([original_image, image])
merged_image2 = cv2.hconcat([image1, image2])
merged_image = cv2.vconcat([merged_image1, merged_image2])
# 显示合并后的图像
cv2.imshow('contour area', merged_image)
cv2.waitKey(0)
cv2.destroyAllWindows()
```

执行上面的代码,会输出面积排名前 5 的轮廓面积,如下所示:

```
轮廓面积: 367068.5
轮廓面积: 4572.0
轮廓面积: 1874.0
轮廓面积: 895.0
轮廓面积: 688.0
```

8.2.4 轮廓长度

轮廓的长度,也被称为轮廓的周长或轮廓的弧长,表示轮廓曲线的总长度。轮廓长度主要有如下应用场景。

(1) 形状识别:轮廓的长度与面积之比可以帮助区分不同的形状。

(2) 物体跟踪:在连续的图像帧中,物体的轮廓长度可能会发生变化,这可以用于检测物体的动作或状态的变化。

(3) 特征提取:轮廓长度可以作为物体的一个特征,用于分类或识别任务。

(4) 图像修复和增强:对于一些损坏或模糊的图像,可以基于轮廓长度来估算丢失或模糊的部分。

OpenCV4 提供了 cv2.arcLength()函数用于计算轮廓的长度,该函数的原型如下:

```
cv2.arcLength(curve, closed) -> retval
```

参数含义如下:

(1) curve:轮廓或曲线的二维像素点。

第 61 集
微课视频

(2) closed:一个布尔值,表示轮廓是否是封闭的。如果是封闭的轮廓,如一个圆,则为 True;否则为 False。

(3) retval:返回所给定轮廓的周长或弧长。其返回值是一个浮点数,表示轮廓或弧线的长度。

下面的例子通过比较图像中每个轮廓的长度,分别绘制出了所有轮廓,轮廓长度从大到小排在前 3 的轮廓,以及最长的轮廓。效果如图 8-8 所示。左上角是原图,右上角绘制出了所有的轮廓,左下角绘制出了轮廓长度排名前 3 的轮廓,右下角绘制出了最长的轮廓。在一般情况下,满足条件的轮廓的长度都比较大,所以从图 8-8 所示的效果可以看出,轮廓的长度越大,越能满足需求,而且排除了很多轮廓噪声(长度较小的轮廓)。

代码位置:src/graphics_detection/contour_length. py。

```python
import cv2

# 读取图像
image = cv2.imread('../images/girl34.png')

# 保存原始图像的一个副本
original_image = image.copy()

# 转换为灰度图像
gray = cv2.cvtColor(image, cv2.COLOR_BGR2GRAY)

# 二值化图像
_, binary = cv2.threshold(gray, 127, 255, cv2.THRESH_BINARY_INV)

# 查找轮廓
contours, _ = cv2.findContours(binary, cv2.RETR_EXTERNAL, cv2.CHAIN_APPROX_SIMPLE)
```

图 8-8 轮廓长度

```
# 计算所有轮廓的长度
contour_lengths = [(cv2.arcLength(c, True), c) for c in contours]
# 按长度排序
sorted_contours = sorted(contour_lengths, key = lambda x: x[0], reverse = True)

# 绘制所有轮廓
all_contours = original_image.copy()
cv2.drawContours(all_contours, contours, -1, (0, 0, 255), 3)

# 绘制长度最长的前 3 个轮廓
top3_contours = original_image.copy()
for index, c in sorted_contours[:3]:
    cv2.drawContours(top3_contours, [c], -1, (0, 0, 255), 3)
    length = cv2.arcLength(c, True)
    length_text = f"Length: {length:.2f}"
    print('轮廓长度: ', length_text)


# 绘制最长的轮廓
longest_contour = original_image.copy()
cv2.drawContours(longest_contour, [sorted_contours[0][1]], -1, (0, 0, 255), 3)

# 合并图像
top_row = cv2.hconcat([original_image, all_contours])
bottom_row = cv2.hconcat([top3_contours, longest_contour])
```

```
merged_image = cv2.vconcat([top_row, bottom_row])

# 显示合并后的图像
cv2.imshow('contour_length', merged_image)
cv2.waitKey(0)
cv2.destroyAllWindows()
```

运行上面的程序，会输出最长的 3 个轮廓的长度。

```
轮廓长度：Length: 5641.42
轮廓长度：Length: 399.42
轮廓长度：Length: 256.17
```

8.2.5　轮廓外接矩形

在计算机视觉和图像处理中，在谈论关于轮廓或形状的外接矩形时，通常是指该轮廓或形状的包围矩形。这些矩形可以是：

1. 最大外接矩形（Bounding Rectangle）

（1）包围轮廓的最大矩形。

（2）通常是与图像坐标轴平行的。

OpenCV4 中提供了用于计算最大外接矩形的 cv2. boundingRect()函数，该函数的原型如下：

```
cv2.boundingRect(array) ->(x,y,w,h)
```

参数含义如下：

（1）array：表示输入的灰度图像或二维点集。

（2）(x,y,w,h)：返回值，其中(x,y)是矩形左上角的坐标，w 和 h 分别是矩形的宽度和高度。

2. 最小外接矩形（Minimum Bounding Rectangle or Rotated Rectangle）

（1）包围轮廓的最小矩形。

（2）可能是与图像坐标轴斜的，即它可能是旋转的。

OpenCV4 中提供了用于计算最小外接矩形的 cv2. minAreaRect()函数，该函数的原型如下：

```
cv2.minAreaRect(points) ->((cx, cy), (width, height), rotate)
```

第 62 集
微课视频

参数含义如下：

（1）points：输入的二维点集合。

（2）((cx,cy),(width,height),rotate)：返回值，这是一个 Box2D 结构，其中包括 3 个元素：矩形中心(cx,cy)、矩形的宽度和高度(width,height)，以及矩形的旋转角度(rotate)。

轮廓外接矩阵的应用场景如下。

（1）文档扫描和纠正：在扫描一个稍微倾斜的文档时，找到文档的最小外接矩形有助于纠正这个倾斜。

（2）物体跟踪：在跟踪物体时，外接矩形可以为算法提供一个物体存在的大致区域。

（3）形状分析：通过比较一个形状的实际面积和它的外接矩形的面积，可以得到形状的紧凑性或扩展性的估计。

下面的例子分别使用 cv2. boundingRect()函数和 cv2. minAreaRect()函数计算图像中物品的最大外接矩形和最小外接矩形，并使用不同的颜色绘制出这两类矩形，效果如图 8-9 所示。左侧是原图，右侧是绘制了最大外接矩形(绿色)和最小外接矩形(红色)的图。

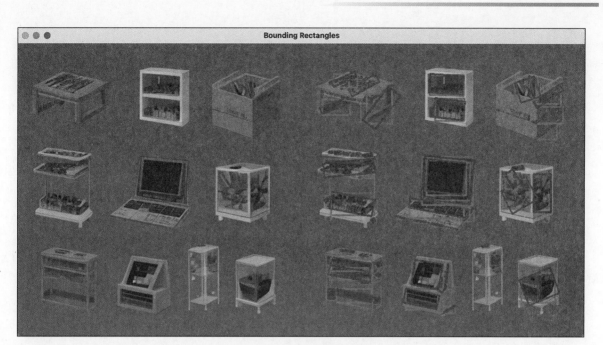

图 8-9 绘制轮廓外接矩形

代码位置：src/graphics_detection/draw_bounding_rectangles. py。

```python
import cv2
import numpy as np
# 读取图像
image = cv2.imread('../images/stuff.png')

# 保存原始图像的一个副本
original_image = image.copy()

# 转换为灰度图像
gray = cv2.cvtColor(image, cv2.COLOR_BGR2GRAY)

# 二值化图像
_, binary = cv2.threshold(gray, 127, 255, cv2.THRESH_BINARY_INV)

# 查找轮廓
contours, _ = cv2.findContours(binary, cv2.RETR_EXTERNAL, cv2.CHAIN_APPROX_SIMPLE)

for c in contours:
    # 使用 boundingRect 得到最大外接矩形
    x, y, w, h = cv2.boundingRect(c)
    cv2.rectangle(image, (x, y), (x + w, y + h), (0, 255, 0), 2)

    # 使用 minAreaRect 得到最小外接矩形
    rect = cv2.minAreaRect(c)
    box = cv2.boxPoints(rect)
    box = np.int0(box)                        # 将浮点数转为整数
    cv2.polylines(image, [box], True, (0, 0, 255), 2)
# 合并图像
merged_image = cv2.hconcat([original_image, image])
# 显示合并后的图像
cv2.imshow('Bounding Rectangles', merged_image)
```

```
cv2.waitKey(0)
cv2.destroyAllWindows()
```

8.2.6　轮廓外接多边形

使用轮廓外接矩形有时会产生较大的误差，这是因为很多物体明显与矩形有很大差异。所以为了更好地包裹轮廓，可以使用轮廓外接多边形，用多边形围起来的区域会更接近真实物体的面积。

轮廓外接多边形主要有如下应用场景。

（1）形状识别：通过近似多边形，可以帮助识别基本的形状。例如，有三个顶点的近似多边形可能是一个三角形，而有四个顶点的可能是一个矩形。

（2）数据简化：对于含有大量点的轮廓，可以使用轮廓外接多边形来减少点的数量，从而简化数据，并加速后续的计算。

（3）视觉效果：在某些视觉应用中，希望显示的边界更加简洁或平滑，这时可以使用此函数来获得简化后的边界。

OpenCV4 提供了用于计算外接多边形的 cv2.approxPolyDP()函数，该函数的原型如下：

cv2.approxPolyDP(curve, epsilon, closed[, approxCurve]) –> approxCurve

参数含义如下：

（1）curve：原始的轮廓点。

第 63 集
微课视频

（2）epsilon：精度参数。它是原始轮廓到其近似轮廓的最大距离。使用此参数可以控制得到的近似多边形的顶点数量。较小的 epsilon 值会产生与原始轮廓更接近的多边形，而较大的 epsilon 值会产生更简化的多边形。

（3）closed：一个布尔值，表示多边形是否封闭。对于封闭的多边形，如矩形、圆形，此参数设为 True。如果轮廓不是封闭的，如直线，则此参数设为 False。

（4）approxCurve：输出的近似的轮廓点。

下面的例子使用 cv2.approxPolyDP()函数计算图中人物肖像的外接多边形，并使用红色绘制外接多边形。效果如图 8-10 所示。左侧是原图，右侧是绘制了轮廓外接多边形的图。

代码位置：src/graphics_detection/polygon_approximation.py。

```python
import cv2
# 读取图像
image = cv2.imread('../images/girl32.png')
source = image.copy()
# 将图像转换为灰度格式
gray = cv2.cvtColor(image, cv2.COLOR_BGR2GRAY)

# 使用 Otsu 算法进行二值化
_, binary = cv2.threshold(gray, 0, 255, cv2.THRESH_BINARY_INV + cv2.THRESH_OTSU)

# 寻找图像中的轮廓
contours, _ = cv2.findContours(binary, cv2.RETR_EXTERNAL, cv2.CHAIN_APPROX_SIMPLE)

# 对于每个找到的轮廓
for contour in contours:
    # 计算原始轮廓的周长
    perimeter = cv2.arcLength(contour, True)
    # 计算 contour 的面积
```

图 8-10　绘制轮廓外接多边形

```
area = cv2.contourArea(contour)
# 观察输出的面积,只有 1 个轮廓的面积明显超过其他轮廓的面积(远远超过 1000)
# 所以这里进行过滤,除了这个面积最大的轮廓,忽略其他的轮廓
if area < 10000:
    continue
print(area)

# 使用 cv2.approxPolyDP()函数计算轮廓的近似多边形
epsilon = 0.001 * perimeter          # 这里的 0.001 是一个经验值,可以根据需要调整
approx = cv2.approxPolyDP(contour, epsilon, True)

# 在原图上绘制找到的近似多边形
cv2.drawContours(image, [approx], 0, (0, 0, 255), 3)
merged_image = cv2.hconcat([source, image])
# 创建一个窗口显示处理后的图像
cv2.imshow('Approximated Polygons', merged_image)

# 等待按键
cv2.waitKey(0)
cv2.destroyAllWindows()
```

第 64 集
微课视频

运行程序,会在终端输出 363460.5,这就是人物轮廓的面积。

8.2.7　点到轮廓的距离

在计算机视觉和图形学中,经常需要计算一个点到一个轮廓(或者说是一个闭合路径)的距离。此距离通常是指点到轮廓上的最近点的欧氏距离。具体地说,对于一个给定的点,可以通过遍历轮廓上的所有点,计算这些点与给定点之间的距离,并找出其中的最小值。然而,这种方法的计算量较大,所以在实际应用中,会使用更加高效的算法来计算这个距离。

OpenCV4 提供了用于计算点到轮廓距离的 cv2.pointPolygonTest()函数,该函数可以有效地计算点到轮廓的距离。函数背后的实现是基于 Matoušek,Sharir 和 Welzl 在 1995 年的论文中描述的算法。这个算法本身就是为了快速、有效地计算点到轮廓的距离。

点到轮廓距离主要有如下应用场景。

（1）形状匹配：比较两个形状的相似性时，可以计算形状上的点到另一个形状的距离。

（2）交互应用：例如，在图形用户界面或游戏中，根据鼠标的位置来检测其是否在某个形状内部或附近。

（3）碰撞检测：在物理模拟或游戏中，检测点是否接近或碰撞到一个对象。

cv2. pointPolygonTest()函数的原型如下：

cv2.pointPolygonTest(contour, pt, measureDist) -> retval

参数含义如下：

（1）contour：表示轮廓的二维点集。

（2）pt：要测试的二维点(x,y)。

（3）measureDist：布尔值。如果为 True（默认值），则计算并返回点到轮廓的有符号距离。如果为 False，函数只返回点的位置（−1、0 或 1）。

（4）retval：返回值。如果 measureDist=False，返回−1（点在轮廓外部）、0（点在轮廓上）、1（点在轮廓内部）。如果 measureDist=True：返回回点到轮廓的有符号距离，负数轮廓外部点到轮廓的距离，0 表示点在轮廓上，正数表示轮廓内部点到轮廓的距离。

下面的例子挑选第 2 个轮廓中的质心作为计算到轮廓距离的点，并使用 cv2. pointPolygonTest() 函数计算前 5 个轮廓到该点的距离。

代码位置：src/graphics_detection/point_polygon_distance.py。

```python
import cv2
import numpy as np

# 读取图像
img = cv2.imread("../images/girl2.png")
# 转换为灰度图像
gray = cv2.cvtColor(img, cv2.COLOR_BGR2GRAY)
# 使用阈值进行二值化
_, thresh = cv2.threshold(gray, 127, 255, cv2.THRESH_BINARY)
# 寻找轮廓
contours, _ = cv2.findContours(thresh, cv2.RETR_EXTERNAL, cv2.CHAIN_APPROX_SIMPLE)

# 从第 2 个轮廓中选择一个点,这里使用轮廓的质心
chosen_contour_idx = 1
M = cv2.moments(contours[chosen_contour_idx])
cX = int(M["m10"] / M["m00"])
cY = int(M["m01"] / M["m00"])
chosen_point = (cX, cY)
print(f"从第{chosen_contour_idx + 1}个轮廓中选择的点是: {chosen_point}")

# 校验轮廓数量
if len(contours) < 5:
    print("轮廓数量少于 5 个")
else:
    # 计算该点到前 5 个轮廓的距离
    for i in range(5):
```

```
distance = cv2.pointPolygonTest(contours[i], chosen_point, True)
print(f"该点到第{i+1}个轮廓的距离是: {distance:.2f} ", "在轮廓外部" if distance < 0 else "在轮
廓外部")
```

运行程序,会在终端输出如下的内容:

```
从第 2 个轮廓中选择的点是: (221, 761)
该点到第 1 个轮廓的距离是: -82.87　 在轮廓外部
该点到第 2 个轮廓的距离是: 5.00　 在轮廓内部
该点到第 3 个轮廓的距离是: -172.53　 在轮廓外部
该点到第 4 个轮廓的距离是: -29.00　 在轮廓外部
该点到第 5 个轮廓的距离是: -183.50　 在轮廓外部
```

从输出结果可以看出,由于该点取自第 2 个轮廓中的质点,该点距离第 2 个轮廓的距离是 5.00,由于是正值,所以该点(质点)在轮廓的内部,其他 4 个距离都是负值,所以该点位于其他 4 个轮廓的外部。

8.2.8　凸包检测

凸包也称为凸壳或凸包围,是一个凸形的多边形,用于包裹一个给定的形状或数据点集合。在二维平面上,当给定了一组点后,这些点的凸包可以被想象成一个紧绷的橡皮筋环绕在这些点上形成的形状。

凸包与轮廓在定义上有如下差异。

(1) 轮廓:是图像中所有连续的点所组成的曲线,可以是凸的也可以是凹的。

(2) 凸包:对于给定的点集或形状,凸包可以看作是该点集的最小凸边界。另一种形象的解释是,想象点集是钉子,然后把一根有弹性的橡皮筋放在这些钉子上,当松开橡皮筋时,它会紧贴着最外层的钉子,这时的橡皮筋就是凸包。

第 65 集
微课视频

凸包有如下优势与用途。

(1) 简化形状分析:在复杂形状分析中,使用凸包可以简化对象,从而更快速地进行某些计算。

(2) 凸性检测:可以用来检测一个形状是否是凸的。通过比较形状和其凸包之间的区域,可以确定形状是否有凹部分。

(3) 碰撞检测:在计算机图形学和游戏开发中,凸包常用于碰撞检测,因为处理凸形状的碰撞比处理凹形状的碰撞要简单得多。

(4) 物体姿态估计:在计算机视觉中,凸包与对象的轮廓结合使用,可以估计物体的姿态。

凸包与轮廓有如下区别。

(1) 凸包总是凸的,而轮廓可以是凹的。

(2) 对于凹形状,其凸包不会包含形状内的所有点,而轮廓会。

(3) 凸包是轮廓的简化版本,它提供了物体的粗略定位。

凸包检测有如下应用场景。

(1) 图像处理:凸包常被用于图像处理中,例如,物体检测、形状分析和识别等。

(2) 计算几何:凸包在多个几何问题的求解中都有应用,如最小包围圆计算、最小包围长方形等。

(3) 数据分析:在散点图上定义外围区域,有助于数据的异常值检测和聚类分析。

(4) 游戏开发:碰撞检测、导航和 AI 决策等。

OpenCV4 提供了用于凸包检测的 cv2.convexHull()函数,该函数的原型如下:

```
cv2.convexHull(points[, hull[, clockwise[, returnPoints]]]) -> hull
```

参数含义如下：

（1）points：输入的二维点集。

（2）hull：输出的结果，通常不需要设置。

（3）clockwise：布尔值。如果为 True，则输出的凸包是顺时针方向的；否则，是逆时针方向的。

（4）returnPoints：布尔值。如果为 True，则返回凸包上的坐标点；如果为 False，则返回输入点集对应的索引。

（5）hull：返回值，凸包轮廓的点集。

下面的例子使用 cv2.convexHull()函数检测图像中所有轮廓的凸包，并用红色线条绘制了所有凸包，效果如图 8-11 所示。左侧是绘制了轮廓的图像，右侧是绘制了凸包的图像。

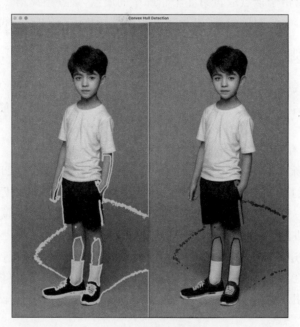

图 8-11　凸包检测

代码位置：src/graphics_detection/convex_hull_detection.py。

```python
import cv2
import numpy as np

# 读取图像
img = cv2.imread("../images/girl11.png")
gray = cv2.cvtColor(img, cv2.COLOR_BGR2GRAY)
_, thresh = cv2.threshold(gray, 127, 255, cv2.THRESH_BINARY)

# 寻找轮廓
contours, _ = cv2.findContours(thresh, cv2.RETR_EXTERNAL, cv2.CHAIN_APPROX_SIMPLE)

# 绘制原图
original_with_contours = img.copy()
cv2.drawContours(original_with_contours, contours, -1, (0,255,0), 3)

# 对每个轮廓计算凸包并绘制
hull_img = img.copy()
for contour in contours:
```

```
    hull = cv2.convexHull(contour)
    cv2.drawContours(hull_img, [hull], -1, (0,0,255), 3)

# 水平合并两张图像
combined = np.hstack((original_with_contours, hull_img))

# 显示图像
cv2.imshow("Convex Hull Detection", combined)
cv2.waitKey(0)
cv2.destroyAllWindows()
```

8.2.9　Canny 边缘检测

Canny 边缘检测是一种多阶段的边缘检测方法。其主要步骤如下。

(1) 噪声去除：由于边缘检测对图像中的噪声非常敏感，首先使用 5×5 的高斯滤波器对图像进行平滑处理，以消除噪声。

(2) 计算图像梯度强度和方向：对平滑后的图像使用 Sobel 滤波器在水平和垂直方向上计算梯度，从而获得梯度的方向和强度。

(3) 非极大值抑制：此步骤将确保边缘的宽度为 1 像素。这是通过沿着梯度方向检查像素是否是局部最大值来实现的。

(4) 双阈值检测：确定潜在的和真正的边缘。边缘可以分为强边缘、弱边缘或非边缘。强边缘通常继续到最后的结果，而弱边缘则根据其连接性决定是否包含。

(5) 边缘跟踪：弱边缘像素由强边缘像素激活。如果它们不被任何强边缘连接，那么它们将被去除。

第 66 集
微课视频

Canny 边缘检测主要有如下应用场景。

(1) 图像分割：识别图像中的物体。

(2) 形状检测：在图像中识别和分类不同的形状。

(3) 特征提取：为图像识别、跟踪和其他相关任务提取必要的信息。

OpenCV4 提供了用于 Canny 边缘检测的 cv2.Canny()函数，该函数的原型如下：

```
cv2.Canny(image, threshold1, threshold2[, edges[, apertureSize[, L2gradient]]]) -> edges
```

参数含义如下：

(1) image：输入图像。

(2) threshold1：第一个阈值。

(3) threshold2：第二个阈值。

(4) edges：输出的边缘图像。

(5) apertureSize：Sobel 算子的孔径大小。默认为 3，表示内核大小为 3×3。

(6) L2gradient：一个布尔值，如果为 True，使用更精确的 L2 范数进行梯度大小计算，否则使用 L1 范数（默认为 False）。

下面的例子使用 cv2.Canny()函数检测图像的边缘，并绘制出了检测出的边缘，效果如图 8-12 所示。左侧是原图，右侧是绘制图像边缘的图。

代码位置：src/graphics_detection/canny.py。

```
import cv2
```

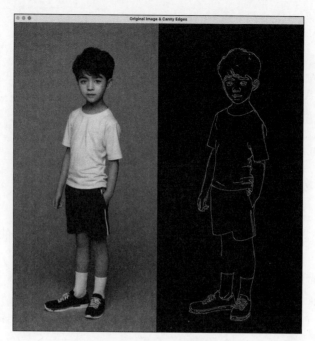

图 8-12　Canny 边缘检测

```python
import numpy as np

# 读取图像
img = cv2.imread("../images/girl20.png")

# 使用 cv2.Canny()函数进行边缘检测
edges = cv2.Canny(img, 100, 200)

# 将 Canny 边缘检测的结果转换为 BGR 格式,以便与原图像合并
edges_colored = cv2.cvtColor(edges, cv2.COLOR_GRAY2BGR)

# 水平合并原始图像与 Canny 边缘检测结果
merged = np.hstack((img, edges_colored))

# 显示合并后的图像
cv2.imshow("Original Image & Canny Edges", merged)
cv2.waitKey(0)
cv2.destroyAllWindows()
```

8.3　矩的计算

矩(Moments)是图像分析和计算机视觉领域的一种基本工具,它提供了关于对象或图像形状的数量信息。矩的概念最初来自力学和统计学,但后来被应用于图像分析,特别是对于对象的形状描述和特征提取。

在二维连续空间中,物体 P 的 $p+q$ 阶矩的定义如下所示:

$$M_{pq} = \int_{-\infty}^{\infty} \int_{-\infty}^{\infty} x^p y^q f(x,y) \, \mathrm{d}y \, \mathrm{d}x \tag{8-11}$$

其中，$f(x,y)$ 是图像的强度或二值图像上的某个区域。对于数字图像，该积分可以变为如下所示的求和形式：

$$M_{pq} = \sum_x \sum_y x^p y^q f(x,y) \tag{8-12}$$

物体 P 的 $p+q$ 阶矩可以被视为图像或物体形状的特定数学特性的加权和。这里的阶是一个数学术语，用于描述多项式的幂或导数的数量。在矩的上下文中，阶描述了对图像坐标 x 和 y 进行加权的方式。

矩主要包括空间矩、中心矩和 Hu 矩，下面会详细介绍这些矩的原理和计算方法，以及基于 Hu 矩的轮廓匹配。

8.3.1 空间矩和中心矩

空间矩描述了图像的某些几何和光度特性。空间矩是直接根据图像函数的原始空间坐标计算的。对于数字图像，空间矩的计算公式如下所示：

$$M_{pq} = \sum_x \sum_y x^p y^q f(x,y) \tag{8-13}$$

其中，p 和 q 是矩的阶数，$f(x,y)$ 是图像的强度。

中心矩是关于对象的质心或中心的矩。它提供了有关对象形状的重要信息，而不考虑其在图像中的具体位置。中心矩的计算公式如下所示：

$$\mu_{pq} = \sum_x \sum_y (x-x_c)^p (y-y_c)^q f(x,y) \tag{8-14}$$

其中，x_c 和 y_c 是对象的质心坐标，计算公式如下所示：

$$\begin{cases} x_c = \dfrac{M_{10}}{M_{00}} \\ y_c = \dfrac{M_{01}}{M_{00}} \end{cases} \tag{8-15}$$

第 67 集
微课视频

归一化中心矩是中心矩的一个变种，它的作用是消除物体大小对矩的影响。这样，不同大小的同形物体（例如，由相同的图形，但不同的尺寸构成）可以具有相似的归一化中心矩。它们主要用于形状识别和分类，特别是当物体的大小变化可能产生问题时。

归一化中心矩的计算公式如下所示：

$$\eta_{pq} = \frac{\mu_{pq}}{\mu_{00}^{\frac{p+q}{2}+1}} \tag{8-16}$$

其中：

（1）η_{pq} 是 $p+q$ 阶的归一化中心矩。

（2）μ_{pq} 是 $p+q$ 阶的中心矩。

（3）μ_{00} 是零阶中心矩，也等于物体的面积。

归一化一般是对中心矩进行的，因为中心矩考虑了物体的位置和形状。空间矩主要用于计算物体的质心和面积等基本属性，这些属性本身就是物体的基本特征，所以不需要对空间矩进行归一化。但如果有特殊的应用需求，也可以为空间矩定义一个归一化方法。

OpenCV4 提供了用于计算图像空间矩和中心矩的 cv2.moments() 函数，该函数的原型如下：

```
cv2.moments(array, binaryImage = None) -> retval
```

参数含义如下：

（1）array：输入数组或图像。

（2）binaryImage：如果设置为 True，则将所有非零像素视为 1，这在二值图像中很有用。

（3）retval：返回值，字典类型，其中包含了各种矩的值，如 m00、m10、m01、mu20 等。

cv2. moments()函数返回一个字典类型的值，其中 key 表示不同的矩，表 8-3 是不同 key 对应的矩的类型。

表 8-3　cv2. moments()函数返回字典中的 key 对应的矩的类型

矩的类型	cv2. moments()函数返回字典中的 key
空间矩	m00、m10、m01、m20、m11、m02、m30、m21、m12、m03
中心矩	mu20、mu11、mu02、mu30、mu21、mu12、mu03
归一化中心矩	nu20、nu11、nu02、nu30、nu21、nu12、nu03

下面的例子使用 cv2. moments()函数计算图像中面积最大的轮廓的各种矩，并输出计算结果。

代码位置：src/graphics_detection/calculate_image_moments. py。

```python
import cv2

# 读取图像
img = cv2.imread("../images/girl20.png", 0)          # 确保路径是正确的

# 使用阈值进行二值化
_, thresh = cv2.threshold(img, 127, 255, cv2.THRESH_BINARY)

# 寻找轮廓
contours, _ = cv2.findContours(thresh, cv2.RETR_EXTERNAL, cv2.CHAIN_APPROX_SIMPLE)

# 找到最大的轮廓
max_contour = max(contours, key = cv2.contourArea)

# 计算轮廓的矩
M = cv2.moments(max_contour)

# 打印矩值
print("空间矩:")
for key, value in M.items():
    if key.startswith('m'):
        print(f"{key} = {value:.2f}")

print("\n中心矩:")
for key, value in M.items():
    if key.startswith('mu'):
        print(f"{key} = {value:.2f}")

print("\n归一化中心矩:")
for key, value in M.items():
    if key.startswith('nu'):
        print(f"{key} = {value:.2f}")
```

运行程序，会在终端输出如下的内容：

```
空间矩:
m00 = 133713.00
```

```
m10  = 46895463.67
m01  = 57062189.00
m20  = 21018858685.50
m11  = 20725883806.17
m02  = 26223761969.50
m30  = 11206702390523.10
m21  = 9834292874884.00
m12  = 9743287172183.20
m03  = 12722407111901.50
mu20 = 4571807819.00
mu11 = 713186379.66
mu02 = 1872401866.36
mu30 = 628200534047.48
mu21 = 364215180221.02
mu12 = −62546431290.02
mu03 = −66715562472.09
```

中心矩：
```
mu20 = 4571807819.00
mu11 = 713186379.66
mu02 = 1872401866.36
mu30 = 628200534047.48
mu21 = 364215180221.02
mu12 = −62546431290.02
mu03 = −66715562472.09
```

归一化中心矩：
```
nu20 = 0.26
nu11 = 0.04
nu02 = 0.10
nu30 = 0.10
nu21 = 0.06
nu12 = −0.01
nu03 = −0.01
```

第 68 集
微课视频

8.3.2 Hu 矩

Hu 矩是 7 个从图像矩派生出来的不变量(或称为不变矩)，由 Ming-Kuei Hu 在 1962 年首次提出，主要用于图像的形状匹配和识别。这 7 个矩都是旋转、比例和位置的不变量，这意味着无论形状如何旋转、缩放或平移，这些矩的值都是不变的。因此，它们在物体识别中特别有用，尤其是不需要知道物体的确切定位和方向的情况。

通常说的"不变量"，是指这些特定的量在某些变换下保持不变。在 Hu 矩的情境中，这些不变量对以下变换是不变的：

(1) 旋转：无论形状如何旋转，这些矩的值不变。

(2) 缩放(尺度)：无论形状的大小如何变化，这些矩的值都在一个确定的比例下变化，但它们的相对关系不变。

(3) 平移：无论形状在图像中的位置如何变化，这些矩的值不变。

这 7 个不变量用于描述和区分不同的形状。由于它们在上述变换下都是不变的，因此它们经常被用于图像分析和形状识别，因为这些不变量为不同的形状提供了一个独特的指纹。

这 7 个 Hu 矩的公式如下：

$$\Phi_1 = \eta_{20} + \eta_{02}$$

$$\Phi_2 = (\eta_{20} - \eta_{02})^2 + 4\eta_{11}^2$$

$$\Phi_3 = (\eta_{30} - 3\eta_{12})^2 + (3\eta_{21} - \eta_{03})^2$$

$$\Phi_4 = (\eta_{30} + \eta_{12})^2 + (\eta_{21} + \eta_{03})^2$$

$$\Phi_5 = (\eta_{30} - 3\eta_{12})(\eta_{30} + \eta_{12})[(\eta_{30} + \eta_{12})^2 - 3(\eta_{21} + \eta_{03})^2] + (3\eta_{21} - \eta_{03})(\eta_{21} + \eta_{03})[3(\eta_{30} + \eta_{12})^2 - (\eta_{21} + \eta_{03})^2]$$

$$\Phi_6 = (\eta_{20} - \eta_{02})[(\eta_{30} + \eta_{12})^2 - (\eta_{21} + \eta_{03})^2] + 4\eta_{11}(\eta_{30} + \eta_{12})(\eta_{21} + \eta_{03})$$

$$\Phi_7 = (3\eta_{21} - \eta_{03})(\eta_{30} + \eta_{12})[(\eta_{30} + \eta_{12})^2 - 3(\eta_{21} + \eta_{03})^2] - (\eta_{30} - 3\eta_{12})(\eta_{21} + \eta_{03})[3(\eta_{30} + \eta_{12})^2 - (\eta_{21} + \eta_{03})^2]$$

其中，η 是归一化的中心矩。

Hu 矩有如下应用场景。

（1）形状匹配：在数字图像处理中，经常需要在一堆形状中找到与给定形状相似或匹配的形状。由于 Hu 矩对于基本的图像变换有不变性，所以它经常被用作形状的特征描述符，以实现形状之间的匹配。

（2）物体识别：在计算机视觉任务中，经常需要从图像中识别和分类物体。Hu 矩可以作为物体形状的特征，与其他特征（如纹理、颜色等）结合使用，提高识别的准确性。

（3）手势识别：在交互式应用程序或游戏中，手势识别起着关键作用。Hu 矩可以用于识别手的形状，从而识别特定的手势。

（4）字符识别：在文档扫描和光学字符识别（OCR）应用中，可以使用 Hu 矩识别和分类字符与数字。

（5）医学图像分析：在医学图像处理中，需要对器官、肿瘤或其他结构进行精确的分割和识别。Hu 矩可以作为这些结构的一个特征，帮助在图像中识别它们。

（6）视频监控：在视频监控应用中，可以使用 Hu 矩来识别和跟踪移动物体，特别是在需要对物体进行分类或识别的情况下。

总的来说，由于 Hu 矩的不变性，它在多种需要进行形状分析和物体识别的应用中都非常有用。

OpenCV4 提供了用于计算 Hu 矩的 cv2.HuMoments()函数，该函数的原型如下：

```
cv2.HuMoments(m[, hu]) -> hu
```

参数含义如下：

（1）m：输入的图像矩。

（2）hu：返回值，Hu 矩的矩阵。

下面的例子使用 cv2.HuMoments()函数计算图像中面积最大的轮廓的 Hu 矩，并输出 7 个不变量。

代码位置：src/graphics_detection/calculate_image_hu_moments.py。

```python
import cv2

# 读取图像
img = cv2.imread("../images/girl21.png", 0)

# 使用阈值进行二值化
_, thresh = cv2.threshold(img, 127, 255, cv2.THRESH_BINARY)
```

```
# 寻找轮廓
contours, _ = cv2.findContours(thresh, cv2.RETR_EXTERNAL, cv2.CHAIN_APPROX_SIMPLE)

# 取最大的轮廓
c = max(contours, key = cv2.contourArea)

# 计算轮廓的矩
M = cv2.moments(c)

# 使用 HuMoments 函数计算 Hu 矩
hu = cv2.HuMoments(M)

# 输出 Hu 矩
for i in range(7):
    print(f"Hu moment {i + 1} = {hu[i][0]:.5f}")
```

运行程序,会在终端输出如下的内容:

```
Hu moment 1 = 0.32984
Hu moment 2 = 0.03636
Hu moment 3 = 0.00225
Hu moment 4 = 0.00038
Hu moment 5 = -0.00000
Hu moment 6 = 0.00001
Hu moment 7 = 0.00000
```

8.3.3 使用 Hu 矩识别字母

由于 Hu 矩具有旋转、平移和缩放不变性,因此,可以通过 Hu 矩实现图像轮廓的匹配。OpenCV4 提供了利用 Hu 矩匹配的 cv2.matchShapes() 函数,该函数的原型如下:

```
cv2.matchShapes(contour1, contour2, method, parameter) -> retval
```

参数含义如下:

(1) contour1:第 1 个轮廓或灰度图像。

(2) contour2:第 2 个轮廓或灰度图像。

(3) method:比较方法,具体值见表 8-4。

(4) parameter:应用于方法的特定参数。当前,所有的比较方法都不使用它,所以它的值被设置为 0。

第 69 集
微课视频

表 8-4　method 参数的值

method 参数的值	数值	公　式
cv2.CONTOURS_MATCH_I1	1	这种方法基于以下公式计算两个形状之间的距离: $$d(H_1, H_2) = \sum_{i=1}^{7} \| h1_i - h2_i \|$$ 其中,H_1 和 H_2 分别是两个形状的 Hu 矩的对数变换值
cv2.CONTOURS_MATCH_I2	2	这种方法使用以下公式计算两个形状之间的距离: $$d(H_1, H_2) = \sum_{i=1}^{7} \frac{(h1_i - h2_i)^2}{h1_i^2}$$

续表

method 参数的值	数值	公　式
cv2. CONTOURS_MATCH_I3	3	这种方法的计算公式是： $$d(H_1, H_2) = \sum_{i=1}^{7} \frac{|h1_i - h2_i|}{|h1_i|}$$ 其中，h_1 和 h_2，是两个形状的 Hu 矩的对数变换值的第 i 个元素

　　下面的例子使用 cv2. matchShapes()函数匹配英文字母 C，如果匹配成功，用红色绘制匹配成功的轮廓。包含字母 C 的图像效果如图 8-13 所示。被匹配的图像效果如图 8-14 所示。其中，C 用红色绘制了轮廓，说明该字母已被匹配。

图 8-13　包含字母 C 的图像

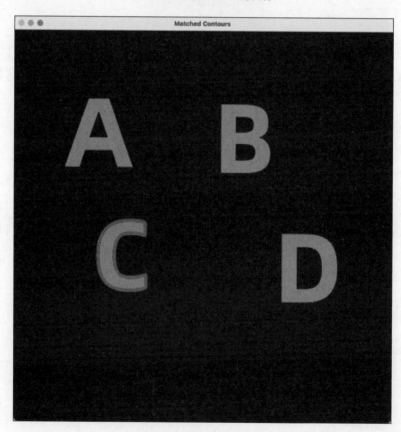

图 8-14　成功匹配字母 C

代码位置：src/graphics_detection/letter_shape_matching. py。

```python
import cv2
def extract_contours(image_path):
    image = cv2.imread(image_path, cv2.IMREAD_GRAYSCALE)
    _, thresh = cv2.threshold(image, 127, 255, cv2.THRESH_BINARY_INV)
    contours, _ = cv2.findContours(thresh, cv2.RETR_LIST, cv2.CHAIN_APPROX_SIMPLE)
    return contours
# 加载包含多个字母的图像和单个字母的图像
letters = cv2.imread("../images/letters.png")
single_letter = cv2.imread("../images/ref_letter.png")

# 获取两个图像的轮廓
letters_contours = extract_contours("../images/letters.png")
single_contour = extract_contours("../images/ref_letter.png")[0]

# 计算单个字母图像的 Hu 矩
single_moments = cv2.moments(single_contour)
single_hu_moments = cv2.HuMoments(single_moments)

# 遍历 letters 图像中的每一个轮廓
for contour in letters_contours:
    moments = cv2.moments(contour)
    hu_moments = cv2.HuMoments(moments)
    # 使用 cv2.matchShapes()函数比较 Hu 矩
    match_value = cv2.matchShapes(single_contour, contour, cv2.CONTOURS_MATCH_I1, 0)
    # 如果两个轮廓的 Hu 矩非常接近,绘制该轮廓
    if match_value < 0.1:
        cv2.drawContours(letters, [contour], -1, (0, 0, 255), 5)

# 显示匹配的轮廓
cv2.imshow("letter", single_letter)
cv2.imshow("Matched Contours", letters)
cv2.waitKey(0)
cv2.destroyAllWindows()
```

第 70 集
微课视频

8.4 点集拟合

点集拟合是通过数学模型对一组离散的点进行近似或表示的过程。在计算机视觉和图像处理中,点集拟合常常用于近似、描述或识别形状。

点集拟合在计算机视觉和图像处理领域有广泛的应用。以下是一些常见的应用场景。

（1）对象检测和识别：例如,检测图片中的物体边界,然后使用拟合技术确定该物体的大致形状（如圆、椭圆、多边形等）。

（2）数据简化：在图形和数据可视化中,有时需要简化复杂的数据集。拟合技术可以帮助读者从海量数据中提取基本特征。

（3）动态物体跟踪：在视频分析或机器人视觉中,拟合技术可以用来跟踪物体的运动路径。

（4）机器人和计算机插图：例如,在机器人的抓取任务中,机器人可以使用拟合技术确定物体的形状,并决定如何最佳地抓取它。

（5）三维建模和重建：在三维扫描和建模中,点云数据常常需要通过拟合技术进行处理,从而得到一个连续的三维表面。

（6）计算机动画和游戏设计：拟合技术也用于创建更逼真的动画效果或为游戏物体提供一个更简洁的碰撞边界。

（7）医学图像处理：例如，确定身体的某部分（如器官或肿瘤）的边界，并拟合其形状。

（8）地理信息系统（GIS）：地形或其他地理特征的点云数据也可以通过拟合技术进行简化和分析。

总的来说，任何需要从散乱的数据点中推断或识别出有意义结构的场景都可能会使用点集拟合技术。

OpenCV4 提供了 cv2.minEnclosingTriangle() 函数，用于寻找二维点集的最小包围三角形，该函数的原型如下：

```
cv2.minEnclosingTriangle(points[, triangle]) -> retval, triangle
```

参数含义如下：

（1）points：输入的二维点集。

（2）retval：返回值，一个浮点数，表示所计算的最小包围三角形的面积。

（3）triangle：返回值一个由三个顶点组成的数组，表示最小包围三角形。

OpenCV4 提供了 cv2.minEnclosingCircle() 函数，用于寻找二维点集的最小包围圆形，该函数的原型如下：

```
cv2.minEnclosingCircle(points) -> center, radius
```

参数含义如下：

（1）points：输入的二维点集。

（2）center：圆心坐标。

（3）radius：圆的半径。

下面的例子在窗口上随机产生了一些随机点，并且分别使用 cv2.minEnclosingTriangle() 函数和 cv2.minEnclosingCircle() 函数拟合这些随机点，并绘制最小包围三角形和最小包围圆形，效果如图 8-15 所示。

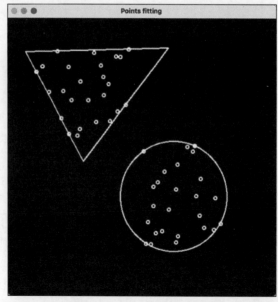

图 8-15　拟合三角形和圆形

代码位置：src/graphics_detection/points_fitting_example.py。

```python
import numpy as np
import cv2

# 创建一个黑色背景
bg = np.zeros((550, 550), np.uint8)

# 创建左上部分的随机点用于三角形
triangle_points = np.random.randint(50, 250, (25, 1, 2))

# 创建右下部分的随机点用于圆形
circle_points = np.random.randint(250, 450, (25, 1, 2))

# 画出这些点
for pt in triangle_points:
    cv2.circle(bg, tuple(pt[0]), 3, (255, 255, 255), 2)

for pt in circle_points:
    cv2.circle(bg, tuple(pt[0]), 3, (255, 255, 255), 2)

# 对于三角形点集进行拟合
retval, triangle = cv2.minEnclosingTriangle(triangle_points)

for i in range(3):
    cv2.line(bg, tuple(triangle[i][0].astype(int)), tuple(triangle[(i + 1) % 3][0].astype(int)), (255,
255, 255), 2)

# 对于圆形点集进行拟合
(x, y), radius = cv2.minEnclosingCircle(circle_points)
center = (int(x), int(y))
radius = int(radius)
cv2.circle(bg, center, radius, (255, 255, 255), 2)

# 显示图像
cv2.imshow("Points fitting", bg)
cv2.waitKey(0)
cv2.destroyAllWindows()
```

第71集
微课视频

8.5 二维码检测

二维码识别的原理和过程是一个相当复杂的领域，下面是精简但全面的描述。

1. 结构理解

（1）二维码由黑白方块（也叫模块）组成。它具有三个位置探测图案，位于二维码的三个角上，用于帮助定位码的位置。

（2）除了位置探测器，还有对齐模式、时序模式和数据区域。

2. 检测

（1）扫描图像以查找三个位置探测图案。这通常是通过检测固定比例的黑白比例变化来完成的。

（2）使用找到的位置探测器的中心来估算二维码的几何变换和倾斜，并对其进行矫正。

3. 解码

（1）读取二维码的数据部分。

（2）使用纠错算法（如 Reed-Solomon 纠错算法）处理数据，修复因噪声或畸变导致的错误。

（3）解析修复后的数据以获取存储的信息。

4. 数据解析

（1）识别出的数据可能是一个 URL、文本或其他数据格式。

（2）根据应用需求对这些数据进行进一步的处理或操作。

OpenCV4 提供了 QRCodeDetector 类，用于检测和识别二维码。该类提供了多个方法可用于完成这些工作，这些方法包括用于检测二维码的 detect 方法，用于识别二维码的 decode 方法，将 detect 与 decode 融合的 detectAndDecode 方法，用于识别多个二维码的 detectAndDecodeMulti 方法。

detect 方法的原型如下：

```
cv2.QRCodeDetector.detect(img[,points]) -> retval, points
```

参数含义如下：

（1）img：待检测是否含有二维码的灰度图像或彩色图像。

（2）points：包含二维码的小四边形的 4 个顶点的坐标，也就是二维码的 4 个顶点的坐标。

（3）retval：返回值，如果图像包含二维码，则返回 True，否则返回 False。

decode 方法的原型如下：

```
cv2.QRCodeDetector.decode(img, points[,straight_qrcode]) -> retval, straight_qrcode
```

参数含义如下：

（1）img：待检测是否含有二维码的灰度图像或彩色图像。

（2）points：包含二维码的小四边形的 4 个顶点的坐标，也就是二维码的 4 个顶点的坐标。

（3）straight_qrcode：返回值，返回矫正后的、正方形的二维码图像。这可以用于可视化或其他后续处理。

（4）retval：返回值，包含二维码的解码内容的字符串。如果解码失败，则该值为空字符串。

detectAndDecode 方法的原型如下：

```
cv2.QRCodeDetector.detectAndDecode(img[,points[,straight_qrcode]]) -> retval,points,straight_qrcode
```

参数含义如下：

（1）img：待检测是否含有二维码的灰度图像或彩色图像。

（2）points：包含二维码的小四边形的 4 个顶点的坐标，也就是二维码的 4 个顶点的坐标。

（3）straight_qrcode：返回值，返回矫正后的、正方形的二维码图像。这可以用于可视化或其他后续处理。

（4）retval：返回值，包含二维码的解码内容的字符串。如果解码失败，则该值为空字符串。

detectAndDecodeMulti 方法的原型如下：

```
cv2.QRCodeDetector.detectAndDecodeMulti(img[, points[, straight_code]]) -> retval, decoded_info, points, straight_code
```

参数含义如下：

（1）img：待检测是否含有二维码的灰度图像或彩色图像。

（2）points：包含二维码的小四边形的 4 个顶点的坐标，也就是二维码的 4 个顶点的坐标。

（3）straight_qrcode：返回值，返回校正后的、正方形的二维码图像。这可以用于可视化或其他后续处理。

（4）retval：返回值，包含二维码的解码内容的字符串。如果解码失败，该值为空字符串。

（5）decoded_info：返回值，一个字符串的列表，每一个字符串代表一个检测到的二维码的解码内容。

下面的例子检测图像中的二维码，如果检测到二维码，用红色矩形标识二维码，并识别二维码的内容，将识别到的内容放到二维码的上方，如图 8-16 所示。

图 8-16 二维码检测

代码位置：src/graphics_detection/qrcode_detector. py。

```
import cv2

# 初始化 QRCodeDetector 对象
qrDecoder = cv2.QRCodeDetector()

# 读取图像
image = cv2.imread('../images/qrcode.png')

# 使用 detectAndDecodeMulti 方法检测和解码二维码
retval, decoded_info, points, straight_qrcode = qrDecoder.detectAndDecodeMulti(image)

# 如果检测到了二维码
```

```
if retval:
    for i in range(len(decoded_info)):
        # 在图像上标记出二维码
        cv2.polylines(image, [points[i].astype(int).reshape((-1, 1, 2))], True, (0, 0, 255), 5)
        cv2.putText(image, decoded_info[i], (int(points[i][0][0]), int(points[i][0][1]) - 20),
        cv2.FONT_HERSHEY_SIMPLEX, 0.8, (0, 0, 255), 2)
    cv2.imshow('QR code detection', image)
    cv2.waitKey(0)
    cv2.destroyAllWindows()
else:
    print("No QR codes were detected.")
```

8.6　本章小结

本章深入探讨了 OpenCV 中的图形检测技术,涉及多种形状、结构和模式的检测与分析。从基本的形状检测开始,首先了解了如何在图像中识别直线、拟合直线和检测圆形。随后,通过对图像轮廓的学习,掌握了轮廓的提取、分析和绘制,这使读者能够处理从简单图形到复杂物体的各种场景。

矩的计算部分提供了一种强大的工具,可以从图像中提取关键特征,并为形状识别提供必要的信息。点集拟合进一步扩展了工具箱,使读者能够更好地理解和解释图像数据。

最后,二维码检测部分展示了 OpenCV 在现代应用中的实用性,二维码在日常生活中随处可见,学到的技术为处理这些情境提供了强大的支持。

总的来说,本章为读者提供了一系列的方法和技术,帮助读者在实际项目中成功地应用图形检测。无论是为了图像分析、物体跟踪还是其他计算机视觉任务,这些知识都是不可或缺的。

## 第 9 章

模 板 匹 配

模板匹配（Template Matching）是一种在大图像中寻找和识别小块子图像（称为模板）的方法。这是一个基本的模式识别方法。其基本思路是，通过滑动模板图像在输入图像上进行比较，找到与模板图像最相似的位置。

9.1 模板匹配函数

模板是被查找的目标图像，查找模板出现在原始图像中的哪个位置的过程叫模板匹配。OpenCV4提供了用于目标匹配的 cv2.matchTemplate() 函数，该函数的原型如下：

cv2.matchTemplate(image, templ, method[, result[, mask]]) -> result

参数含义如下：

（1）image：输入图像，8 位或 32 位浮点数。

（2）templ：模板图像，它必须小于或等于输入图像的大小，并且和输入图像有相同的数据类型。

（3）method：指定匹配方法，可以是上面提到的其中一种，例如，cv2.TM_CCOEFF，cv2.TM_CCORR_NORMED 等，详细的描述见表 9-1。

表 9-1　匹配方法

匹 配 方 法	值	含 　 义
TM_SQDIFF	0	平方差匹配方法。此方法计算了模板和图像中的每个可能的子图像之间的平方差。最小的差异对应于最佳匹配。所以，在这种情况下，minMaxLoc 返回的最小值对应于最佳匹配。计算公式如下： $$R(x,y) = \sum_{x',y'} (T(x',y') - I(x+x', y+y'))^2$$ 其中 R 是结果，T 是模板，I 是图像。理想情况下，对于完美的匹配，平方差将是零
TM_SQDIFF_NORMED	1	归一化平方差匹配方法。与 TM_SQDIFF 类似，但是归一化以 0 到 1 的值
TM_CCORR	2	相关匹配方法。这是模板和图像子图像之间的多重关系。最大值对应于最佳匹配
TM_CCORR_NORMED	3	归一化相关匹配方法

续表

匹配方法	值	含　义
TM_CCOEFF	4	相关系数匹配方法。它计算了模板和图像子图像之间的相关性。最大值对应于最佳匹配。计算公式如下： $$R(x,y) = \sum_{x',y'} (T'(x',y') \cdot I'(x+x',y+y'))$$ 其中： • $T' = T(x',y') - 1/(w \times h) \sum_{x''} \sum_{y''} T(x'',y'')$ • $I' = I(x+x',y+y') - 1/(w \times h) \sum_{x'',y''} I(x+x'',y+y'')$ w 和 h 是模板的宽度和高度
TM_CCOEFF_NORMED	5	归一化相关系数匹配方法

（4）result：输出图像，其大小为$(W-w+1) \times (H-h+1)$，其中 W 和 H 是输入图像的宽和高，w 和 h 是模板图像的宽和高。

（5）mask：模板的掩膜，它必须和模板有相同的大小，类型为 CV_8U。其中 CV 代表 Computer Vision（计算机视觉），8 表示数据类型使用 8 位表示，U 表示这 8 位是无符号的（Unsigned）。所以，CV_8U 其实就是指 8 位无符号整数类型，也就是通常所说的 uchar（无符号字符）或 unsigned char。在图像处理中，它通常用来表示一个像素的亮度值，范围是 0～255。只有 TM_SQDIFF 和 TM_SQDIFF_NORMED 支持此参数，建议使用默认值。

模板匹配的计算过程是通过在原始图像上移动模板并在每个可能的位置进行评估的方式工作的。在每个位置，模板的所有像素都与原图像中相应的像素进行比较，然后这个比较的得分或结果被保存在输出结果矩阵中。输出结果矩阵的尺寸通常比原始图像稍小，并且每个位置的值表示模板左上角在该位置时的匹配得分。

第 72 集
微课视频

但是，需要强调的是，这种逐个对比不仅仅是简单的相等检查，而是取决于所使用的匹配方法，如上面讨论的 TM_SQDIFF、TM_CCORR、TM_CCOEFF 等，这些方法定义了如何比较模板和原图像的子图像之间的像素。

9.2　在图像中寻找目标

在图像中寻找目标实际上就是单目标匹配，也就是只获得一个匹配程度最高的结果；如果使用平方差匹配，则需要计算出最小结果；如果使用相关匹配或相关系数匹配，需要计算出最大结果。下面以平方差匹配为例介绍如何在图像中寻找目标。

在图像中寻找目标涉及两个函数：matchTemplate 和 minMacLoc。

1. matchTemplate 函数

（1）使用 cv2.matchTemplate()函数时，目的是找到模板在原始图像中的位置。

（2）函数返回一个结果矩阵，这个矩阵表示模板在原图上每个位置的匹配分数。

（3）结果矩阵的尺寸为$(W-w+1, H-h+1)$，其中 W 和 H 是原图的宽和高，而 w 和 h 是模板的宽和高。

（4）结果矩阵的每个值都代表了模板与原图在某个特定位置的匹配得分。具体的得分取决于选择的匹配方法。例如，使用 TM_SQDIFF，较小的得分表示更好的匹配；而使用 TM_CCORR 或 TM_CCOEFF，较大的得分表示更好的匹配。

2. minMaxLoc 函数

（1）cv2.minMaxLoc()函数的目的是从给定的矩阵中找到最大值和最小值，并返回它们的位置。

（2）这对于 matchTemplate 特别有用，因为，根据使用的匹配方法，读者可能想找到最高的匹配分数或最低的匹配分数。

（3）如果使用的是 TM_SQDIFF，需要查找最小值，因为较小的得分表示更好的匹配。但如果使用的是 TM_CCORR 或 TM_CCOEFF，需要查找最大值。

3. 为何 minMaxLoc 函数可以解析 matchTemplate 函数返回的矩阵？

（1）cv2.matchTemplate()函数返回的是一个浮点数矩阵，这个矩阵的每个值都代表在原图的某个位置的匹配得分。

（2）cv2.minMaxLoc()函数是为了从任何给定的矩阵中找到最大和最小值而设计的。在这种情境下，它特别有用，因为人们通常想知道哪个位置的匹配得分最高（或最低，取决于方法）。

（3）cv2.minMaxLoc()函数提供了一种快速确定模板在原图中位置的方法，只需查找最大值（或最小值）的位置即可。

综上，可以将 cv2.matchTemplate()函数和 cv2.minMaxLoc()函数视为一对合作伙伴：前者提供匹配得分，后者告诉读者哪里的得分最好。

cv2.minMaxLoc()函数的原型如下：

```
cv2.minMaxLoc(src[, mask]) ->minVal, maxVal, minLoc, maxLoc
```

参数含义如下：

（1）src：输入矩阵（通常是 cv2.matchTemplate()函数的输出）。

（2）mask：掩膜，建议使用默认值。

（3）minVal：矩阵中的最小值。

（4）maxVal：矩阵中的最大值。

（5）minLoc：最小值的位置（坐标）。

（6）maxLoc：最大值的位置（坐标）。

下面的例子使用 cv2.matchTemplate()函数和 cv2.minMacLoc()函数在一个大图上匹配模板图像，模板图像如图 9-1 所示。成功匹配后，在大图上用蓝色框标识被识别的图像，效果如图 9-2 所示。

图 9-1　模板图像　　　　　　　　图 9-2　大图中标识被识别图像

代码位置：**src/templates/match_target. py**。

```python
import cv2

# 读入图像和模板
image = cv2.imread('../images/background.jpg')
templ = cv2.imread('../images/template2.png')

# 使用模板匹配方法
result = cv2.matchTemplate(image, templ, cv2.TM_CCOEFF_NORMED)

# 找到匹配度最高的位置
minVal, maxVal, minLoc, maxLoc = cv2.minMaxLoc(result)

# 使用矩形标记找到的位置
top_left = maxLoc
bottom_right = (top_left[0] + templ.shape[1], top_left[1] + templ.shape[0])
cv2.rectangle(image, top_left, bottom_right, 255, 2)

# 显示结果
cv2.imshow('Matched Result', image)
cv2.waitKey(0)
cv2.destroyAllWindows()
```

9.3 挑出重复的图像

第 73 集
微课视频

下面的例子会利用模板匹配搜索目录中的所有图像文件，找到重复的图像文件，并输出这些重复图像的文件名。

本例的实现原理如下。

（1）模板匹配的基本概念：cv2. matchTemplate()函数用于在一张大图中查找一个小图（模板），并返回一个响应矩阵，该矩阵表示原始图像上每个位置的匹配程度。在应用中，实际上在使用同样大小的两张图进行比较，以判断它们是否相似。

（2）相似度阈值：通过 TM_CCOEFF_NORMED 方法，响应矩阵中的值会在－1 到 1,1 表示完美的匹配。因此，当选择大于 0.9 的阈值时，实际上是在寻找非常相似（几乎相同）的图像。

（3）避免重复检查：为了提高效率并避免不必要的重复比较，使用一个集合 checked 来跟踪已经检查并标记为重复的图像。

本例的编写流程如下。

（1）读取目录中的所有文件。

① 使用 os. listdir 获取目录中的所有文件名。

② 使用列表推导式和 os. path. isfile 确保只处理文件，不处理子目录。

（2）初始化数据结构。

① checked 集合用于跟踪已经检查的文件。

② duplicates 列表用于存储找到的重复图像组。

（3）两两比较图像。

① 外层循环遍历所有图像，内层循环则从当前图像的下一张开始，与当前图像进行比较。

② 读取两张图像，确保它们的大小相同（因为只可以在相同大小的图像之间使用 cv2. matchTemplate()函数）。

③ 使用 cv2.matchTemplate()函数计算两张图像之间的相似度,并使用 cv2.minMaxLoc()函数获取最大的相似度值。

④ 如果最大相似度值超过 0.9,则认为这两张图像是重复的。

(4) 记录重复的图像。

① 如果某个图像与当前图像重复,就将其添加到当前的 duplicate_group 列表中,并且在 checked 集合中标记它,表示已经检查。

② 在处理完当前图像与所有其他图像的比较后,如果 duplicate_group 中有多于 1 张的图片,那么这组图像就是重复的,就将其添加到 duplicates 列表中。

(5) 输出结果。

遍历 duplicates 列表,并格式化输出每一组重复的图像。

代码位置:src/templates/find_image_duplicates.py。

```python
import cv2
import os

def find_duplicates(directory_path):
    # 获取指定目录下的所有文件名
    filenames = [f for f in os.listdir(directory_path) if os.path.isfile(os.path.join(directory_path, f))]
    # 创建一个集合用于跟踪已检查的文件,避免重复检查
    checked = set()
    # 创建一个列表来存储找到的重复图像组
    duplicates = []

    # 对于目录中的每一幅图片
    for i in range(len(filenames)):
        # 如果这张图片已经检查过,就跳过
        if filenames[i] in checked:
            continue

        # 初始化当前的重复组
        duplicate_group = [filenames[i]]
        # 读取第 i 幅图片为灰度图像
        img1 = cv2.imread(os.path.join(directory_path, filenames[i]), cv2.IMREAD_GRAYSCALE)

        # 比较第 i 幅图片与其他所有图片
        for j in range(i + 1, len(filenames)):
            # 读取第 j 幅图片为灰度图像
            img2 = cv2.imread(os.path.join(directory_path, filenames[j]), cv2.IMREAD_GRAYSCALE)

            # 确保两幅图片尺寸相同,否则无法使用 matchTemplate
            if img1.shape != img2.shape:
                continue

            # 使用 TM_CCOEFF_NORMED 方法进行模板匹配,得到相似度矩阵
            result = cv2.matchTemplate(img1, img2, cv2.TM_CCOEFF_NORMED)
            # 获取相似度矩阵中的最大值
            _, max_val, _, _ = cv2.minMaxLoc(result)

            # 如果相似度大于 0.9,就认为两幅图片重复
            if max_val > 0.9:
                duplicate_group.append(filenames[j])
                checked.add(filenames[j])
```

```
    # 如果重复组中有多于 1 幅的图片,就添加到重复列表中
    if len(duplicate_group) > 1:
        duplicates.append(duplicate_group)

    return duplicates

# 指定图片目录的路径
directory_path = '../images/group'
# 查找重复的图片组
duplicates = find_duplicates(directory_path)

# 输出所有的重复图片组
for group in duplicates:
    print(f"相同的图像: {', '.join(group)}")
```

运行程序之前,需要先在 `../images/group` 目录放置一些图像,要有一定比例的重复图像,如图 9-3 所示。

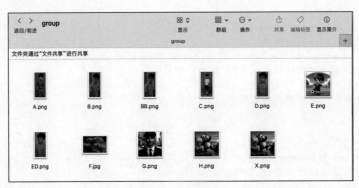

图 9-3 图像列表

运行程序,会在终端输出如下内容:

```
相同的图像: X.png, ED.png, D.png
相同的图像: B.png, BB.png
```

9.4 找到图像中所有相似的目标

本例会使用模板匹配在大图上匹配多个相似的目标。要实现这个需求,需要设置一个相似度阈值, 如 0.9,如果相似度超过 0.9,就认为原始图像的当前区域与模板图像相同。图 9-4 是模板图像。图 9-5 是匹配多个相似目标后的效果,所有相似目标都会用红色框标记。

代码位置: src/templates/match_multi_target.py。

```python
import cv2
img = cv2.imread('../images/background1.jpg')
template = cv2.imread('../images/template.png')
height, width, c = template.shape
result = cv2.matchTemplate(img, template, cv2.TM_CCOEFF_NORMED)

for y in range(len(result)):                    # 遍历结果数组的行
    for x in range(len(result)):                # 遍历结果数组的列
```

图 9-5　包含重复内容的原始图像

图 9-4　模板图像

```
        if result[y][x] > 0.9:                      # 如果相关系数大于 0.9, 则认为匹配成功
            cv2.rectangle(img, (x,y),(x + width, y + height),(0,0,255),2)
cv2.imshow('multi target', img)
cv2.waitKey()
cv2.destroyAllWindows()
```

第 75 集
微课视频

9.5　在图像上搜索多组相同的目标

　　下面的例子使用多个目标图像在同一个原始图像上匹配多组相同的目标,实现方式是先编写一个用于匹配指定模板图像的 cv2.matchSingleTemplate() 函数,该函数接收一个模板文件路径,返回匹配后的结果(匹配位置信息)。图 9-6 是匹配后的效果。

　　代码位置: **src/templates/match_multi_templates.py**。

```
import cv2
# 匹配单独的模板
def matchSingleTemplate(image, template):
    height, width, c = template.shape
    result = cv2.matchTemplate(image, template, cv2.TM_CCOEFF_NORMED)
    loc = list()                                    # 保存所有红框的坐标(左上角和右下角)
    for i in range(len(result)):
        for j in range(len(result[i])):
            if result[i][j] > 0.9:
                loc.append((j, i, j + width, i + height))
    return loc

img = cv2.imread('../images/background2.jpg')
templates = list()
templates.append(cv2.imread('../images/template.png'))
templates.append(cv2.imread('../images/template2.png'))
templates.append(cv2.imread('../images/template3.png'))
```

图 9-6　匹配结果

```
loc = list()                                    ♯ 用来保存所有的模板匹配后的红框坐标
for template in templates:
    loc += matchSingleTemplate(img,template)
♯ 绘制所有匹配的红框
for i in loc:
    cv2.rectangle(img, (i[0], i[1]), (i[2],i[3]), (0,0,255),2)

cv2.imshow('multi templates', img)
cv2.waitKey()
cv2.destroyAllWindows()
```

9.6　统计北京地铁站的站点数量

下面的例子会利用模板匹配统计北京地铁站的站点数量,基本原理是使用如图 9-7 所示的站点模板图像进行匹配。每匹配一个站点,将站点用红色线条标记,并且将计数器加 1。原始图像如图 9-8 所示。最后在原始图像左上角和终端输出站点数量。

图 9-7　站点模板图像

代码位置:src/templates/station_count.py。

```
import cv2
img = cv2.imread('../images/subway.png')
template = cv2.imread('../images/t2.png')
height, width, c = template.shape
result = cv2.matchTemplate(img, template, cv2.TM_CCOEFF_NORMED)
```

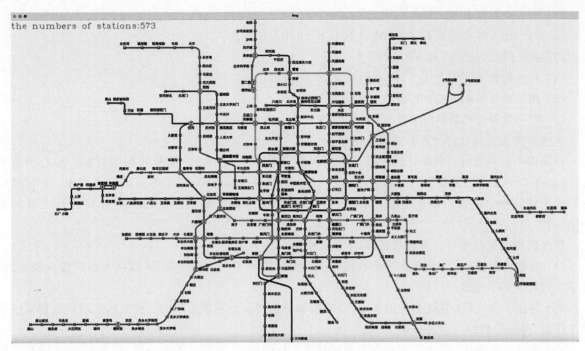

图 9-8 原始图像

```
stationNum = 0
for y in range(len(result)):                              # 遍历结果数组的行
    for x in range(len(result[y])):                       # 遍历结果数组的列
        if result[y][x] > 0.73:                           # 如果相关系数大于 0.73，则认为匹配成功
            cv2.rectangle(img, (x,y),(x + width, y + height),(0,0,255),2)
            stationNum += 1
cv2.putText(img, 'the numbers of stations:' + str(stationNum), (0,60), cv2.FONT_HERSHEY_COMPLEX_SMALL,
        3,(0,0,255),1)
print('the numbers of stations:' + str(stationNum))
cv2.imshow('img', img)
cv2.waitKey()
cv2.destroyAllWindows()
```

运行程序，会在终端输出如下内容：

the numbers of stations:573

由于精度的问题，可能个别站点没有识别出来，读者可以通过调整相关系数（目前是 0.73）使识别更加精确。

9.7 本章小结

本章重点介绍了模板匹配的基本概念及其在 OpenCV 中的应用。模板匹配是一种在大图像中寻找和识别小块子图像的方法，这是模式识别的基本方法。

模板匹配函数：主要使用 OpenCV4 的 cv2.matchTemplate()函数进行模板匹配。此函数对输入图像和模板图像进行比较，寻找与模板最相似的位置。

匹配方法：描述了各种匹配方法，如：

（1）平方差匹配方法（TM_SQDIFF）。

（2）归一化平方差匹配方法（TM_SQDIFF_NORMED）。

（3）相关匹配方法（TM_CCORR）。

（4）归一化相关匹配方法（TM_CCORR_NORMED）。

（5）相关系数匹配方法（TM_CCOEFF）。

（6）归一化相关系数匹配方法（TM_CCOEFF_NORMED）。

这些方法都有各自的计算公式和适用场景。

在图像中寻找目标：本部分详细描述了如何在图像中寻找与给定模板匹配的目标。核心函数有 cv2.matchTemplate()函数和 cv2.minMaxLoc()函数。其中，cv2.matchTemplate()函数用于计算模板在原始图像的每个位置的匹配分数，而 cv2.minMaxLoc()函数则用于找到匹配分数的最大值和最小值。

学习模板匹配技术具有多重意义，以下是其中的一些关键点。

（1）自动化图像分析：模板匹配为自动化图像分析提供了强大的工具，可以在大型图像中快速、准确地找到特定的子图像。

（2）简化工作流程：在许多应用中，手动搜索和分析图像是不切实际的。模板匹配可以显著减少手动工作量，并快速提供可靠的结果。

（3）多种应用领域：模板匹配在众多领域都有广泛的应用，如医疗图像分析、安全监控、工业视觉检测和视频内容分析等。

（4）基础技术：模板匹配是计算机视觉和图像处理中的基本技术。掌握它可以为学习更高级的技术，如物体检测、跟踪和识别等，奠定基础。

（5）扩展到复杂的模式识别：虽然模板匹配是基于固定模式的，但其概念可以扩展到更复杂的模式识别任务，如利用深度学习技术进行模式识别。

（6）实时应用：在合适的硬件上，模板匹配可以实时运行，这使其在需要实时响应的应用中，如机器人导航或实时监控，变得非常有价值。

（7）提高准确性和一致性：与手动分析相比，模板匹配提供了更加一致和准确的结果，从而减少了由于人为因素导致的误差。

（8）深入了解 OpenCV：通过学习和实践 OpenCV 中的模板匹配函数，可以更深入地理解这一强大的计算机视觉库的功能和用法。

（9）为高级技术打基础：掌握模板匹配可以为学习更高级的技术，如特征匹配和机器学习，打下坚实的基础。

总的来说，学习模板匹配技术不仅可以解决实际的图像处理问题，而且为深入研究计算机视觉领域的其他技术打下了基础。

## 第 10 章

图像分析与修复

本章专注于图像分析与修复的核心技术和方法。首先探索了傅里叶变换，它是一种强大的工具，用于将图像从其原始空间表示转换为频率表示。通过深入研究离散傅里叶变换(DFT)和离散余弦变换(DCT)，了解了如何分析和修改图像的频率内容。其中，DFT 和 DCT 在数字图像处理中扮演着重要的角色，尤其是在频率分析和图像压缩方面。接下来研究了积分图像，一种高效计算图像中任意矩形区域的像素和的预处理技术。在图像分割部分，探讨了多种技术，包括浸水填充法、分水岭法、Grabcut 法和Mean-Shift 法。最后，本章介绍了图像修复技术，尤其是如何使用 OpenCV 的 cv2.inpaint()函数去除图像中的划痕和其他不需要的图像元素。

10.1 傅里叶变换

傅里叶变换是一种强大的数学工具，用于将函数或信号从其原始空间(或时间)表示转换为频率表示。简言之，它允许读者观察信号或函数中各种不同频率成分的存在和强度。在图像处理领域，傅里叶变换尤其有价值，因为它可以帮助读者分析和修改图像中的频率内容。通过将图像从其常见的空间域转换为频域，可以获得关于图像纹理、边缘和其他特征的深入见解，并进行高效的操作，如滤波和增强。利用 OpenCV，这种强大的变换变得方便，为开发者打开了一个全新的、丰富的图像处理大门。

频率空间，也被称为频域，是一个描述信号或图像内容在不同频率下的分布的领域。具体到图像处理，频率与图像中的空间变化有关：

(1) 低频：图像中的低频部分代表了图像的大尺度、平滑变化。例如，背景颜色渐变或整体光照变化都是低频。

(2) 高频：图像的高频部分描述了图像中的快速、细小变化，如边缘、纹理和噪声。

通过傅里叶变换，可以将图像从其原始的空间域(即像素空间)转换到频域。在频域中，图像被表示为各种频率成分的叠加。这种表示特别有助于滤波和一些特定的图像处理技术，因为它允许直接对图像的特定频率成分进行操作。

例如，低通滤波器会允许低频成分通过，但会减少或消除高频成分，这会导致图像平滑。相反，高通滤波器会增强图像的高频部分(如边缘)，但会减少低频成分，可能使图像看起来更加锐利，但也可能增加噪声。

在频域中，图像的中心通常表示低频部分，而边缘则代表高频部分。这就是为什么在很多图像处理软件中，经常会看到频域图像的中心化处理：将低频部分移到图像中心，将高频部分移到四周。

总之，频率空间提供了一个强大的视角来观察和处理图像的不同特性，尤其是在过滤、增强和其他需要对特定频率成分进行操作的应用中。

10.1.1 离散傅里叶变换

离散傅里叶变换(Discrete Fourier Transform,DFT)是傅里叶变换在离散时间信号或序列上的实现。由于计算机处理的数据都是离散的,所以 DFT 在数字信号处理和图像处理中尤为重要。

1. 一维离散傅里叶变换

对于一个长度为 N 的离散时间序列 $x[n]$,其 DFT 定义如下所示:

$$X[k] = \sum_{n=0}^{N-1} x[n] \cdot e^{-j(2\pi/N)kn} \tag{10-1}$$

符号含义如下:

(1) $X[k]$:DFT 的结果,在频域中表示。

(2) e:自然对数的底,约为 2.71828。

(3) j:虚数单位,满足 $j^2 = -1$。

(4) k:频率索引,范围是 0 到 $N-1$。

(5) n:时间索引。

一维离散傅里叶逆变换的公式如下所示:

$$x[n] = \frac{1}{N} \sum_{k=0}^{N-1} X[k] \cdot e^{j(2\pi/N)kn} \tag{10-2}$$

2. 二维离散傅里叶变换

对于图像和其他二维数据,可以应用二维 DFT。假设有一个大小为 $M \times N$ 的图像 $f(x,y)$,其二维 DFT 如下所示:

$$F(u,v) = \sum_{x=0}^{M-1} \sum_{y=0}^{N-1} f(x,y) \cdot e^{-j(2\pi/M)ux} \cdot e^{-j(2\pi/N)vy} \tag{10-3}$$

符号含义如下:

(1) $F(u,v)$:二维 DFT 的结果。

(2) u:图像的水平频率索引。

(3) v:图像的垂直频率索引。

二维离散傅里叶逆变换的公式如下所示:

$$f(x,y) = \frac{1}{MN} \sum_{u=0}^{M-1} \sum_{v=0}^{N-1} F(u,v) \cdot e^{j(2\pi/M)ux} \cdot e^{j(2\pi/N)vy} \tag{10-4}$$

在实际应用中,尤其是对于大型数据或图像,直接计算 DFT 可能非常耗时。因此,一个高效的算法——快速傅里叶变换(FFT)经常被用来加速 DFT 的计算。

3. 离散傅里叶变换的主要应用场景

(1) 图像增强:通过在频率域中操作,可以加强或减少图像的某些频率,这样可以增强图像的某些特性或抑制噪声。例如,低通滤波器可以进行平滑或模糊操作,这有助于消除高频噪声。高通滤波器可以加强图像的边缘,使其更加锐利。

(2) 图像压缩:一些图像压缩技术(如 JPEG)将图像转换到频率域,然后对频率组分进行量化和编码,这样可以有效地压缩数据。

(3) 图像去噪:在频率域中,可以设计滤波器来消除图像中的噪声。例如,对于捕获的带有周期性噪声的图像,可以设计一个带阻滤波器来消除特定频率的噪声。

(4)同态滤波:这是一种在频率域中处理图像的技术,它可以用来改善图像的光照条件,同时增强细节。

(5)图像恢复:当图像被模糊或失真时,DFT可以设计一个滤波器,在频率域中恢复原始图像。

(6)图像分析:通过分析图像的频率特性,可以识别和解释图像中的某些模式和特征。例如,周期性模式或重复的纹理在频率域中可能表现得非常明显。

(7)超分辨率:某些超分辨率技术使用频率域来增加图像的分辨率,使图像看起来更加清晰。

(8)图像重建:在某些医学成像技术中,例如,MRI、DFT和其逆操作被用于从频率数据中重建图像。

(9)频谱分析:DFT能够分析图像的频率成分,这在识别和操作特定的纹理或模式时非常有用。

在图像处理中,DFT的作用是多方面的,可以说,无论是基础的图像操作,还是高级的图像分析,DFT都扮演着关键的角色。

OpenCV4提供了用于对图像进行离散傅里叶变换的cv2.dft()函数,极大地方便了对图像处理的研究,该函数的原型如下:

```
cv2.dft(src[, dst[, flags[, nonzeroRows]]]) -> dst
```

参数含义如下:

(1)src:输入图像。它可以是实数或复数的输入数组。为了获得最佳的性能,确保图像尺寸是2、3或5的幂。

(2)dst:输出数组,其大小和类型与src相同,存储DFT的结果。

(3)flags:转换的标志位,用于指定如何计算DFT。最常用的标志见表10-1。

表 10-1 离散傅里叶变换的转换标志位

标 志	值	含 义
cv2.DFT_INVERSE	1	计算逆DFT。没有这个标志时,默认进行前向DFT
cv2.DFT_SCALE	2	缩放输出结果。例如,对于前向DFT,输出结果将被除以图像的像素数
cv2.DFT_ROWS	4	此标志使cv2.dft()函数只对输入数组的每一行进行变换。如果希望单独处理每一行(例如,在某些特定的应用中),那么这个标志很有用。使用这个标志可以加速计算,特别是当只需要处理输入的子集时。 这个标志通常在处理图像的每一行或每一列时使用,而不是整个图像。如果要对整个图像进行DFT,则不需要使用此标志
cv2.DFT_COMPLEX_OUTPUT	16	输出结果是复数类型(默认的输出结果是实数类型)
cv2.DFT_REAL_OUTPUT	32	输出结果是实数类型
cv2.DFT_COMPLEX_INPUT	64	指示输入数组是复数的。也就是说,输入的是一个双通道的数组,其中一个通道表示实部,另一个表示虚部。当这个标志被设置时,它告诉cv2.dft()函数输入已经是一个复数数组,所以不需要再创建一个复数的表示

(4)nonzeroRows:在某些应用中,可能只需要计算DFT的一部分,这个参数指定了要计算的行数。在默认情况下,会计算所有的行。如果设置了这个参数,只有指定的行数会被计算,这在某些场合可以提高效率。

返回的dst通常是一个复数类型的数组,其中每个值都有实部和虚部。在进行DFT之后,通常需要通过 cv2. magnitude()和 cv2. phase()函数来计算幅度和相位。

总的来说,cv2. dft()函数提供了在图像上执行离散傅里叶变换的强大功能,它对于频率域的图像处理非常有用。

注意:DFT_COMPLEX_OUTPUT 和 DFT_REAL_OUTPUT 是互斥的,即在一次调用中不能同时使用它们。

cv2. dft()函数在适当的条件下会自动使用快速傅里叶变换(FFT)算法进行加速。更具体地说,当输入数组的尺寸是 2、3 或 5 的幂时,函数会自动选择 FFT 路径来加速计算。

读者不需要明确地设置任何标志来启用 FFT,但确实可以使用 cv2. getOptimalDFTSize()函数来获取最佳的 DFT 尺寸,从而确保 DFT 运行得尽可能快。

例如:

```
n = cv.getOptimalDFTSize(my_array.shape[0])
m = cv.getOptimalDFTSize(my_array.shape[1])
```

这两行代码将返回最接近输入尺寸的,且为 2、3 或 5 的幂的数值,从而确保 DFT 的高效计算。如果输入数据不是这种最佳尺寸,可能会需要使用 cv. copyMakeBorder()函数来对数据进行零填充,使其变成这个尺寸。

简而言之,尽管可以明确地调整输入数据以确保使用 FFT,但 cv2. dft()函数默认会尝试在可能的情况下使用 FFT 进行加速。

现在举一个例子,假设图像的尺寸是 800×800,那么会有如下的公式:

$$800 = 2^5 \times 5^2 = 32 \times 25$$

所以 800 可以拆成 2 和 5 的幂数的乘积,因此,如果图像的尺寸是 800×800,cv2. dft()函数会有限使用快速傅里叶变换来加速处理过程。

为什么要使用零填充,而不直接缩放图像,因为傅里叶变换和它的逆变换都是线性操作,这意味着它们对图像中的任何区域都有影响。如果简单地调整图像的大小,例如,通过缩放,则会改变图像中的每一个像素的值。这可能会导致变换后的结果不是所期望的。

相反,零填充是一种不改变图像原有数据的方法,只是在图像周围添加了一些零值像素。这样,当对填充后的图像进行傅里叶变换时,原始图像的内容在频率域中的表示不会发生改变。

为什么选择零填充而不是其他值?因为零不会引入任何额外的频率成分。如果用一个非零常数填充,可能会在频率域中看到一些不期望的效果。

在选择进行零填充或缩放图像之间,通常考虑的是想要达到的目的:

(1) 如果希望在频率域中保持原始图像的表示,并且只是需要一个更大的尺寸来进行更高效的 DFT 计算,那么零填充是合适的。

(2) 如果确实需要改变图像的尺寸,并且不太关心原始图像在频率域中的确切表示,那么缩放图像可能是一个可行的选择。

在大多数 DFT 的应用中,零填充被视为是更加适当和常用的方法。

虽然通过 cv2. dft()函数的 flags 参数可以实现离散傅里叶的逆变换,但 OpenCV4 仍然提供了专门用于离散傅里叶变化的 cv2. idft()函数,该函数的原型如下:

```
cv2.idft(src[, dst[, flags[, nonzeroRows]]]) -> dst
```

cv2. idft()函数的参数与 cv2. dft()函数的同名参数的含义完全一致,此处不再赘述。该函数能实现一维向量或二维矩阵的离散傅里叶变换的逆变换。该函数与 cv2.dft() 函数将 flags 参数设置为 cv2.DFT_INVERSE 的效果完全相同。

注意：由于 cv2.dft() 函数与 cv2.idft() 函数都没有默认对结果进行缩放，因此，需要通过选择 cv2.DFT_SCALE 实现两个函数变换结果的互换性。

1) cv2.getOptimalDFTSize() 函数

对图像执行 DFT 操作时，为了提高计算效率，可能希望先调整图像的尺寸。使用 cv2.getOptimalDFTSize() 函数有助于找到最佳的尺寸。一旦得到这个最佳尺寸，可能需要使用 cv2.copyMakeBorder() 函数进行零填充，以将图像调整到这个最佳尺寸。这样，对调整尺寸后的图像执行 cv2.dft() 函数时，傅里叶变换会优先使用快速傅里叶变换，这样将使计算变得更加高效。因此，使用 cv2.getOptimalDFTSize() 函数有如下几个好处：

(1) 提高 DFT 的计算效率：FFT 算法对特定的数据尺寸更加高效。

(2) 避免不必要的计算延迟：对于大图像或视频帧，任何可以减少计算时间的优化都是有益的。

(3) 方便性：此函数为用户提供了一个简单的方法，以确定给定尺寸的最佳 DFT 尺寸。

cv2.getOptimalDFTSize() 函数的原型如下：

```
cv2.getOptimalDFTSize(vecsize) -> retval
```

参数含义如下：

(1) vecsize：一个整数，通常表示图像的宽度或高度。

(2) retval：返回值，大于或等于 vecsize 的最佳尺寸，该尺寸可以被 2、3 或 5 的幂整除。

cv2.getOptimalDFTSize() 函数只有一个参数，通常是图像的宽度或高度。对于宽度和高度，通常会分别使用这个函数。

分别对宽度和高度使用 cv2.getOptimalDFTSize() 函数，有可能得到的最佳尺寸的长宽比与原始图像的长宽比不同。但这并不是一个问题，因为在傅里叶域中主要关注频率内容，而不是空间内容。实际上，对图像进行 DFT 操作时，并不关注其在空间中的具体形态或比例。

为了获得 FFT 的计算优势，通常愿意进行这种尺寸调整。然后，在进行逆 DFT（IDFT）操作后，可以简单地裁剪图像回到其原始尺寸，从而保持原始的长宽比。

但是，如果应用中长宽比很重要，并且不希望修改它，可以选择不使用 cv2.getOptimalDFTSize() 函数，而是直接使用原始尺寸进行 DFT，尽管这可能会牺牲一些计算效率。

2) cv2.copyMakeBorder() 函数

cv2.copyMakeBorder() 函数用于给图像添加一个边界。在进行 DFT 之前，图像可能需要调整到特定的尺寸，特别是希望可以使用快速傅里叶变换（FFT）算法时。cv2.getOptimalDFTSize() 函数可以告诉我们最佳的尺寸是多少，但通常这个尺寸会比原始图像大。此时，需要扩展图像到这个新的尺寸。其中一种方法就是使用 cv2.copyMakeBorder() 函数来填充额外的空间。这个填充不会改变 DFT 的结果，因为它只是添加了零，但它确实允许读者利用 FFT 的效率优势。

cv2.copyMakeBorder () 函数的原型如下：

```
cv2.copyMakeBorder(src, top, bottom, left, right, borderType[, dst[, value]]) -> dst
```

参数含义如下：

(1) src：输入图像。

（2）top、bottom、left、right：分别表示图像的上、下、左、右边界的像素数[①]。

（3）borderType：边界类型。

（4）value：如果边界类型是 cv2.BORDER_CONSTANT，表示边界的颜色值。

3）cv2.magnitude()函数

cv2.magnitude()函数用于计算两个数组元素的幅度。在处理傅里叶变换的结果时，该函数特别有用，因为傅里叶变换的结果是复数形式的，有实部和虚部。幅度提供了一种方式来量化这些复数的大小或长度。

cv2.magnitude()函数的计算公式如下所示：

$$magnitude(i) = \sqrt{x(i)^2 + y(i)^2} \qquad (10\text{-}5)$$

其中，x 和 y 表示两个浮点型数组，i 是数组索引，magnitude 则是计算结果。

cv2.magnitude()函数的原型如下：

```
cv2.magnitude(x, y[, magnitude]) -> magnitude
```

参数含义如下：

（1）x：浮点型数组，表示复数的实部。

（2）y：浮点型数组，与 x 的大小和类型相同，表示复数的虚部。

（3）magnitude：输出数组，与 x、y 的大小和类型相同，存储计算得到的幅度。

下面的例子演示了这些函数的使用方法，这个例子主要完成以下工作。

（1）图像读取：从指定的路径读取彩色图像。

（2）蓝色通道提取：从读取的图像中提取蓝色通道。

（3）计算 DFT 最佳尺寸：为了优化 DFT 的计算效率，代码计算了最佳的 DFT 尺寸。这个尺寸是原始图像尺寸附近可以被 2、3 或 5 整除的值。

（4）边界填充：在计算 DFT 之前，将图像扩展到最佳尺寸，方法是在其边界添加零值，确保图像的尺寸与之前计算的最佳尺寸匹配。

（5）离散傅里叶变换（DFT）：对扩展后的图像执行 DFT。DFT 的结果是复数，有实部和虚部。

（6）幅度计算：从 DFT 的结果中计算出幅度。

（7）对数缩放：为了更好地可视化 DFT 的结果，将幅度值进行对数缩放。

（8）归一化：将对数缩放后的幅度归一化到[0,1]的范围内。

（9）频率移位：为了将低频部分移动到图像的中心，执行 fftshift()函数（将零频分量移到频谱中心）。

（10）合并与显示：将原始图像、处理后的图像以及两个频率图像（一个是未中心化的，另一个是中心化的）合并为一个 2×2 的显示格式，并显示出来。

最终效果如图 10-1 所示。其中左上角是原图，右上角是对蓝色通道进行了 DFT 运算的效果，左下角是 DFT 变换后的幅度的可视化，右下角是将频率零（低频部分）从幅度图的左上角移动到中心的效果。

代码位置：src/image_analysis_restoration/dft.py。

```
import cv2 as cv
import numpy as np
import sys
```

---

① 一般在说边界的像素数时，指的是要在原始图像的每一侧添加多少像素来形成边框。这些像素构成了新添加的边界。例如，top＝2，那么在原始图像的顶部会添加两行像素。

图 10-1　离散傅里叶变换

```python
def process_image_color(image_path):
    # 读取图像
    image = cv.imread(image_path)
    if image is None:
        print('Failed to read the image.')
        sys.exit()

    blue_channel = image[:, :, 0]                        # 提取出蓝色通道

    # 计算 DFT 的最佳尺寸
    image_height, image_width = blue_channel.shape
    height = cv.getOptimalDFTSize(image_height)
    width = cv.getOptimalDFTSize(image_width)


    # 扩展图像大小到最佳尺寸
    top, bottom = (height - image_height) // 2, (height - image_height + 1) // 2
    left, right = (width - image_width) // 2, (width - image_width + 1) // 2
    appropriate = cv.copyMakeBorder(blue_channel, top, bottom, left, right, cv.BORDER_CONSTANT)

    # 执行 DFT
    flo = np.zeros(appropriate.shape, dtype = 'float32')
```

```
com = np.dstack([appropriate.astype('float32'), flo])
result = cv.dft(com, flags = cv.DFT_COMPLEX_OUTPUT)

# 计算 DFT 结果的实部和虚部的幅度
magnitude_res = cv.magnitude(result[:, :, 0], result[:, :, 1])
# 对数缩放或对数比例缩放
magnitude_log = np.log1p(magnitude_res)
# 裁剪到原始大小
magnitude_res = magnitude_log[top:image_height + top, left:image_width + left]
# 归一化
magnitude_norm = cv.normalize(magnitude_res, None, alpha = 0, beta = 1,
norm_type = cv.NORM_MINMAX)
# 零频率成分中心化或低频中心化
magnitude_center = np.fft.fftshift(magnitude_norm)

# 只更新图像的蓝色通道,其他通道保持原样
image_copy = image.copy()
image_copy[top:image_height + top, left:image_width + left, 0] = magnitude_norm * 255

# 合并图像为 2×2 格式
top_left = cv.resize(image, (512, 512))
top_right = cv.resize(image_copy, (512, 512))
# Convert to BGR
bottom_left_color = cv.cvtColor((magnitude_norm * 255).astype(np.uint8), cv.COLOR_GRAY2BGR)
# Convert to BGR
bottom_right_color = cv.cvtColor((magnitude_center * 255).astype(np.uint8), cv.COLOR_GRAY2BGR)
bottom_left = cv.resize(bottom_left_color, (512, 512))
bottom_right = cv.resize(bottom_right_color, (512, 512))

top_row = np.hstack([top_left, top_right])
bottom_row = np.hstack([bottom_left, bottom_right])
combined = np.vstack([top_row, bottom_row])

# 显示合并后的图像
cv.imshow('dft', combined)
cv.waitKey(0)
cv.destroyAllWindows()

if __name__ == '__main__':
    process_image_color('../images/girl20.png')
```

下面是对这段代码中关键部分的详细解释。

计算 DFT 结果的实部和虚部的幅度

代码行:

```
magnitude_res = cv.magnitude(result[:, :, 0], result[:, :, 1])
```

在这行代码中,result[:,:,0]和 result[:,:,1]分别是 DFT 结果的实部和虚部。cv2. magnitude()函数用于计算这两部分的幅度。

对图像应用 DFT(离散傅里叶变换),输出结果是复数。这些复数都有实部和虚部。

在 cv2. dft()函数中,输出的是一个通道为 2 的数组,其中第一个通道(result[:,:,0])表示实部,而第二个通道(result[:,:,1])表示虚部。

因此,当使用 cv2. magnitude(result[:,:,0],result[:,:,1]),实际上计算的是每个复数的幅度或绝对值,公式如下所示:

$$\text{magnitude} = \sqrt{\text{real}^2 + \text{imaginary}^2} \tag{10-6}$$

其中,real 是实部,imaginary 是虚部。

对数缩放或对数比例缩放

代码行:

```
magnitude_log = np.log1p(magnitude_res)
```

DFT 的幅度响应可以包含非常大和非常小的值,这使其直接可视化变得困难。对幅度应用对数缩放可以将其值范围映射到一个更容易处理和显示的范围。这里的 np.log1p()函数计算元素的自然对数(基数 e)的值加 1,以防止对 0 取对数。

np.log1p()是一个数学函数,它在许多编程语言和库中都可以找到,例如,Python 的 NumPy 库中就有这个函数。它的作用是计算 $1+x$ 的自然对数,并返回结果。其函数公式为 $\log1p(x) = \ln(x+1)$,这里,ln 表示自然对数,即以数学常量 e(约等于 2.71828)为底的对数。为什么需要 np.log1p()函数而不直接使用普通的对数函数来计算 $\ln(x)$ 呢?

(1)数值稳定性:当 x 的值非常接近于零时,$\ln(1+x)$ 的计算可能会因为浮点数舍入误差而失去精确度。np.log1p()函数提供了一个更为数值稳定的方法来计算这个值,尤其是当 x 的值非常小的时候。

(2)防止对 0 取对数:由于对 0 取对数是未定义的(会趋于负无穷),在某些情况下,可能会对非常小的正值进行对数转换,这时 np.log1p()函数就很有用。

在处理 DFT 的幅度响应时,由于幅度的值可以非常接近于 0,使用 np.log1p()函数可以确保数值的稳定性,同时也能避免直接对零值取对数。

裁剪到原始大小

代码行:

```
magnitude_res = magnitude_log[top:image_height + top, left:image_width + left]
```

由于前面在执行 DFT 之前,对图像进行了零填充(以达到最佳的 DFT 尺寸),现在希望只保留原始图像的部分,因此这一步是对结果进行裁剪。

归一化

代码行:

```
magnitude_norm = cv.normalize(magnitude_res, None, alpha = 0, beta = 1, norm_type = cv.NORM_MINMAX)
```

为了进一步使得 DFT 的幅度响应可视化,需要对其进行归一化处理,确保所有值都在[0,1]。cv.normalize()函数用于实现这一点,它将输入数组的值映射到指定的范围,这里是[0,1]。

零频率成分中心化或低频中心化

代码行:

```
magnitude_center = np.fft.fftshift(magnitude_norm)
```

傅里叶变换后,在通常得到的频谱图中,低频分量(零频率分量)是在左上角的,这意味着高频内容在幅度谱图的边缘,而低频内容在中心。但直观上,通常习惯于将低频内容放在中心,而将高频内容放在外围。这是因为低频内容(如图像的平均亮度和大的结构特征)对于图像的整体信息更为关键,而高频内容(如边缘和细节)通常被认为是图像的细节部分。

所以,为了更直观地可视化傅里叶变换的结果,经常会使用 np.fft.fftshift()函数来将零频率分量从左上角移到中心。这样,结果的中心代表低频分量,而边缘代表高频分量,从而使结果更加直观。

这种可视化方法的好处是：

（1）对于图像，低频分量（或基本特征）往往更加重要，因此将其放在中心可以使其更加突出。

（2）提供了一个对称的视图，从中心到外围的频率逐渐增加，更容易理解和解释频谱内容。

10.1.2　通过傅里叶变换计算卷积

这里的卷积通常是指对信号或图像的卷积。在信号处理和图像处理中，卷积是一个重要的操作，经常用于应用各种滤波器或核。例如，在图像处理中，卷积可以用于平滑图像、检测边缘和增强特征等。

根据卷积定理，两个函数在时域（或空域）中的卷积等于它们在频域中的乘积。这意味着可以通过将两个函数转换到频域（使用傅里叶变换），在那里进行乘法，然后使用傅里叶变换逆变换将结果转回到时域（或空域），从而更高效地计算它们的卷积。这在实际应用中，特别是对于大型数据集或图像，可以带来计算效率上的优势。

OpenCV4 提供了用于计算卷积的 cv2.mulSpectrums()函数，该函数的原型如下：

```
cv2.mulSpectrums(a, b, flags[, c[, conjB]]) ->c
```

参数含义如下：

（1）a：第 1 个输入矩阵。

（2）b：第 2 个输入矩阵。

（3）flags：操作标志。

（4）conjB：乘法方式标志。

下面的例子进行了从图像的空间域和频率域的互相转换，并且进行了卷积运算。具体的工作流程如下：

（1）空间域到频率域：使用 DFT 将图像从空间域转换到频率域。这样，图像的每个像素值不再代表亮度或颜色，而是代表该像素的频率成分。

（2）频率域的卷积：在频率域中，卷积转换为简单的乘法操作。所以，将频率域的图像和频率域的卷积核进行乘法操作。这在计算上比在空间域中进行卷积要高效得多。

（3）频率域到空间域：经过乘法操作后，得到的仍然是一个频率域的图像。为了得到可视化的图像，需要将其从频率域转换回空间域。这就是通过 IDFT 来完成的。

最终效果如图 10-2 所示。左侧是原图，右侧是处理后的效果，相比原图有一点模糊。

代码位置：src/image_analysis_restoration/mulSpectrums.py。

```python
import cv2 as cv
import numpy as np
import sys
def fft_convolution(input_img, kernel):
    # 获取图像大小
    rows, cols = input_img.shape
    # 计算最优 DFT 尺寸
    opt_rows = cv.getOptimalDFTSize(rows + kernel.shape[0] - 1)
    opt_cols = cv.getOptimalDFTSize(cols + kernel.shape[1] - 1)
    # 填充图像和卷积核
    img_padded = cv.copyMakeBorder(input_img, 0, opt_rows - rows, 0, opt_cols - cols, cv.BORDER_CONSTANT).astype(
        np.float32)
    kernel_padded = cv.copyMakeBorder(kernel, 0, opt_rows - kernel.shape[0], 0, opt_cols - kernel.shape[1],
```

图 10-2　cv2. mulSpectrums()函数处理后的效果

```
cv.BORDER_CONSTANT).astype(np.float32)

    # 对填充后的图像和卷积核进行傅里叶变换
    img_dft = cv.dft(img_padded, flags = cv.DFT_COMPLEX_OUTPUT)
    kernel_dft = cv.dft(kernel_padded, flags = cv.DFT_COMPLEX_OUTPUT)

    # 在频域中乘以傅里叶变换的结果
    combined_dft = cv.mulSpectrums(img_dft, kernel_dft, flags = cv.DFT_COMPLEX_OUTPUT)

    # 执行傅里叶变换逆变换
    conv_result = cv.idft(combined_dft, flags = cv.DFT_SCALE)

    # 裁剪结果到原始大小
    final_result = conv_result[0:rows, 0:cols]
    return final_result[:, :, 0]                    # Return only the real part
if __name__ == '__main__':
    # 读取图像
    source_img = cv.imread('../images/girl10.png', cv.IMREAD_GRAYSCALE)
    if source_img is None:
        print('Failed to read lena.png. ')
        sys.exit()

    # 定义卷积核
    k_size = (5, 5)
    kernel_matrix = np.ones(k_size, dtype = 'float32') / (k_size[0] * k_size[1])   # normalize kernel

    # 使用傅里叶变换计算卷积
    convolution_output = fft_convolution(source_img, kernel_matrix)

    # 归一化到 0~255
    output_img = cv.normalize(convolution_output, None, 0, 255, norm_type = cv.NORM_MINMAX).astype('uint8')

    # 水平合并原图和处理后的图像
```

```
combined_img = np.hstack((source_img, output_img))

# 显示合并后的图像
cv.imshow('Original vs Processed', combined_img)
cv.waitKey(0)
cv.destroyAllWindows()
```

使用傅里叶变换在频率域中进行卷积的好处有以下几点。

(1) 计算效率:对于大型图像或大型卷积核,频率域中的卷积(实际上是乘法操作)通常比空间域中的卷积更高效。这是因为卷积的计算复杂度是 $O(n^2)$,而频率域的乘法操作只是 $O(n)$。对于大型图像和卷积核,这可以显著提高计算速度。

(2) 灵活性与分析:在频率域中,可以更容易地分析和修改图像的不同频率成分。例如,可以设计滤波器来增强或抑制某些频率范围的内容,这在空间域中是难以实现的。

(3) 滤波与降噪:许多图像处理技术,如低通、高通和带通滤波,在频率域中实现得更为直观和简单。例如,低通滤波器可以平滑图像(产生模糊效果),高通滤波器可以增强边缘细节。

(4) 避免边界效应:在空间域中进行卷积时,边界效应可能会导致出现某些问题,因为卷积核可能不完全适合图像的边界。在频率域中,可以使用周期扩展等技术来避免这种效应。

总的来说,使用傅里叶变换在频率域中进行卷积提供了一种高效、灵活的方法来处理和分析图像。

10.1.3 使用离散余弦变换添加水印

离散余弦变换(Discrete Cosine Transform,DCT)是一种将信号从时间域或空间域转换到频域的技术。DCT 与傅里叶变换类似,只是 DCT 使用了余弦函数。

DCT 的一维定义如下所示。

$$X(k) = w(k) \sum_{n=0}^{N-1} x(n) \cos\left(\frac{\pi(2n+1)k}{2N}\right) \tag{10-7}$$

其中,$k=0,1,2,\cdots,N-1$,并且 $w(k)$ 的公式如下所示:

$$w(k) = \begin{cases} \sqrt{\dfrac{1}{N}}, & k=0 \\[3mm] \sqrt{\dfrac{2}{N}}, & \text{其他} \end{cases} \tag{10-8}$$

二维 DCT 的定义如下所示。

$$F(u,v) = w(u)w(v) \sum_{x=0}^{M-1} \sum_{y=0}^{N-1} f(x,y) \cos\left(\frac{\pi(2x+1)u}{2M}\right) \cos\left(\frac{\pi(2y+1)v}{2N}\right) \tag{10-9}$$

DCT 主要有如下应用场景。

(1) 图像和视频压缩:JPEG 图像压缩算法和 MPEG 视频压缩标准都使用了 DCT。通过将图像数据从空间域转化到频域,可以对频率数据进行量化和编码,达到压缩的效果。

(2) 添加水印:将图像数据从空间域转化为频域后,在频域中添加水印,然后再转回空间域。

(3) 信号分析:DCT 有助于识别信号中的频率成分。

(4) 音频压缩:与图像和视频类似,DCT 也可以用于音频信号的压缩。

DCT 的目的是将信号或图像数据转换为频域表示。在频域中,数据的许多分量可能是冗余或不重要的,因此可以被量化或丢弃,从而实现压缩。

DCT的主要优势是它产生的系数有高度的相关性,这意味着许多高频系数可能会是零或接近零。这使它特别适合于压缩应用。

由于DCT只涉及余弦函数(不像傅里叶变换还涉及正弦函数),因此它可以更好地适应许多自然信号的特性。此外,DCT的另一个优点是其变换的结果不包含虚数部分。

DCT是数字信号和图像处理中的一个重要工具,尤其在数据压缩中。其原理基于将数据转换为其频率表示形式,然后利用这种表示形式的某些特性(如高频系数的稀疏性)来实现压缩。

OpenCV4提供了cv2.dct()函数,该函数的原型如下:

```
cv2.dct(src[, dst[, flags]]) ->dst
```

参数含义如下:

(1) src:输入图像或数组,它的类型是float32。

(2) dst:输出数组,大小和类型与src相同。它通常是可选的,因为在没有它的情况下,cv2.dct()函数会创建一个新的输出数组。

(3) flags:这个参数决定变换的类型。主要的值包括cv2.DCT_INVERSE,表示应该执行IDCT(逆离散余弦变换)而不是DCT。cv2.DCT_ROWS,这个标志表示只对每一行进行DCT。如果不设置这个标志,那么DCT将被应用到整个二维数组上。

离散余弦变换(DCT)和离散傅里叶变换(DFT)都是对信号进行频域分析的方法,但它们之间存在一些关键差异。以下是它们之间的主要区别及各自的效果特点。

1. 基函数

(1) DFT:使用复指数函数作为基函数,它既有实部也有虚部。

(2) DCT:使用余弦函数作为基函数,它只有实部。

2. 输出

(1) DFT:因为DFT使用复指数函数,所以其输出是复数,具有幅度和相位信息。

(2) DCT:DCT的输出只是实数。

3. 效果上的差异

(1) DFT:捕获信号中的所有频率成分,包括实部和虚部。对于图像来说,低频成分(图像的主要特征)可能分布在频谱的四个角,而高频成分(如噪声或细节)集中在中心。

(2) DCT:DCT更加集中于信号的低频成分,这使得它特别适合于某些应用,例如,图像和视频压缩。JPEG图像压缩和MPEG视频压缩都使用了DCT。

4. 应用场景

(1) DFT:广泛用于各种信号和图像处理任务,如滤波、频谱分析等。

(2) DCT:由于其对低频成分的增强和对高频成分的降低,DCT在图像和视频压缩中特别有用。DCT可以表示图像的主要特征,而丢弃一些高频细节,从而实现压缩。

5. 对称性

(1) DFT:通常不具有对称性。

(2) DCT:结果通常是对称的。

6. 效率

由于DCT只关注实数输出并且倾向于将大部分能量集中在较少的系数中(特别是对于图像和音频信号),它通常在压缩和编码中提供更好的性能。

总结：虽然 DCT 和 DFT 都可以用于频域分析，但由于它们在效果和性质上存在差异，它们在实际应用中的用途会有所不同。DCT 由于其对于图像和音频的效果特点，是在压缩领域中有广泛的应用。而 DFT 由于其全面性和复数输出，被用于更广泛的信号处理任务。

下面的例子使用 DCT 将图像从空间域转换为频域，然后在频域中每个通道中添加一个文本水印，接下来将添加完文本水印的频域再转换为空间域，最后显示添加完水印的图像，效果如图 10-3 所示。左侧是原图，右侧是添加了文本水印的图像。

图 10-3　使用 DCT 向图像中添加水印

代码位置：src/image_analysis_restoration/dct_watermark.py。

```python
import cv2
import numpy as np
def add_text_watermark(input_img, text):
    h, w, c = input_img.shape
    output_img = np.zeros((h, w, c))
    # 创建一个与图像大小相同的空图像
    watermark = np.zeros((h, w))
    font = cv2.FONT_HERSHEY_SIMPLEX
    cv2.putText(watermark, text, (30, 100), font, 2, (255, 255, 255), 4, cv2.LINE_AA)
    for ch in range(c):
        dct_block = cv2.dct(input_img[:, :, ch].astype(np.float32))

        # 添加水印
        dct_block += watermark

        # 逆 DCT
        output_img[:, :, ch] = cv2.idct(dct_block)
    return np.clip(output_img, 0, 255).astype(np.uint8)
if __name__ == '__main__':
    img = cv2.imread('../images/girl20.png')

    # 添加水印
    watermarked_img = add_text_watermark(img, "OpenCV")
    cv2.imwrite('../images/girl_watermarked.jpg', watermarked_img)
    # 合并并显示原始图像和添加水印后的图像
    combined_img = np.hstack((img, watermarked_img))
```

```
cv2.imshow('DCT Watermark', combined_img)
cv2.waitKey(0)
cv2.destroyAllWindows()
```

本例将文本水印添加到了图像的左上角,但左上角并没有出现水印,而是显示出了水波纹效果。这种现象是由于在频域中添加水印引起的。离散余弦变换(DCT)是一种将图像从空间域转换到频域的方法。在频域中,图像的信息被表示为各种频率的系数,从低频到高频。

在 DCT 的频域中加入一个文字水印,实际上是在这些频率系数中引入了变化。然后,从这些修改后的系数逆 DCT 回到空间域时,这些变化会在图像中表现为视觉上的扭曲,这就是看到的水波纹效果。

10.1.4 使用离散余弦变换识别水印中的文本

在 10.1.3 的例子中为图像添加了文本水印,并且将添加了文本水印的图像保存为 girl_watermarked.jpg 文件。在下面的例子会使用离散余弦变换识别该图像中的水印的文本。基本原理是将原图与 girl_watermarked.jpg 都进行 DCT 操作,然后计算这两个图像的 DCT 系数的差异,最后得到一个只包含水印的差异图。接下来就使用 pytesseract 模块的相关函数识别差异图中的文本。所以在运行下面的例子时,首先要使用下面的命令安装 pytesseract 模块。

```
pip install pytesseract
```

下面是本例的完整代码:

代码位置:**src/image_analysis_restoration/extract_watermark_text.py**。

```python
import cv2
import numpy as np
import pytesseract

def dct_watermark_detection(original, watermarked):
    # 将图像转换为灰度图像(如果需要的话)
    original_gray = cv2.cvtColor(original, cv2.COLOR_BGR2GRAY)
    watermarked_gray = cv2.cvtColor(watermarked, cv2.COLOR_BGR2GRAY)

    # 对两个图像进行 DCT
    original_dct = cv2.dct(original_gray.astype(np.float32))
    watermarked_dct = cv2.dct(watermarked_gray.astype(np.float32))

    # 计算 DCT 系数的差异
    diff = np.abs(original_dct - watermarked_dct)

    # 创建一个差异图
    diff_img = np.zeros_like(original_gray)
    threshold = np.max(diff) * 0.1              # 假设阈值为最大差异的 10%
    diff_img[diff > threshold] = 255            # 对于大于阈值的差异,设置为白色

    return diff_img
original = cv2.imread("../images/girl20.png")
watermarked = cv2.imread("../images/girl_watermarked.jpg")

diff_img = dct_watermark_detection(original, watermarked)
roi = diff_img[0:150, 0:300]                    # 根据水印的大小和位置进行调整
text = pytesseract.image_to_string(diff_img, lang='eng')
print('水印文本:', text)
cv2.imshow("Difference Image", roi)
```

```
cv2.waitKey(0)
cv2.destroyAllWindows()
```

执行这段代码，会输出如下所示的内容：

```
OpenCV
```

10.2 积分图像

积分图像是一种预处理技术，可以使在一个固定大小的图像上对任意大小的矩形区域计算像素和变得非常高效。每个位置(x,y)在积分图像中的值等于图像中位置(x,y)左上角所有像素的和。有了这个预处理之后，可以在常数时间内计算图像的任意矩形区域像素值的和。

积分图像这个概念在计算机视觉领域已经存在很长时间了，但是它在2001年因Viola和Jones在他们的面部检测论文中获得了大量的关注。他们的算法依赖于积分图像来非常快速地计算Haar特征。

在积分图像出现之前，要计算图像的一个子区域的像素和，基本上需要对该区域的所有像素进行迭代，这是一个时间复杂度为$O(w*h)$的操作。对于频繁的计算，这是非常低效的。而积分图像可以在常数时间内计算图像的任意矩形区域的和，所以积分图像的效率比传统的计算方法效率高得多。

积分图像有多种应用场景，它是一个非常有用的中间表示，可以使许多操作更高效。以下是一些积分图像的常见应用场景。

（1）快速区域求和：如前所述，积分图像的主要优点是可以在常数时间内计算图像的任何矩形区域的像素和。

（2）快速特征提取：在Viola-Jones面部检测算法中，积分图像被用于计算Haar-like特征。这些特征会影响检测器的速度，而积分图像使得在所有可能的位置、大小和形状下提取这些特征变得非常快速。

（3）纹理分析：某些纹理描述符可能需要在多个尺度和位置进行局部区域求和，积分图像可以使这个过程更加高效。

（4）自适应阈值：在计算自适应阈值时，通常需要对局部区域进行求和或求均值。使用积分图像可以使这个过程加快。

（5）图像增强：例如，局部直方图均衡化需要在局部窗口上计算像素的直方图。通过使用积分图像和积分直方图，这个操作可以更高效地完成。

（6）背景减除：在视频监视和背景建模中，经常需要对局部区域进行统计分析（如均值和方差的计算），积分图像和平方积分图像可以用来快速计算这些统计量。

（7）图像分割和目标跟踪：计算区域的特性时，积分图像可以用来快速估计目标的颜色和纹理特性。

这些只是积分图像的部分应用。由于其能够快速计算区域统计信息的能力，积分图像在计算机视觉和图像处理中也有广泛的应用。

1．积分图像的原理

积分图像的核心思想就是预计算，这一点与对数表类似。在对数表中，为了避免重复计算，预先计算并存储了常见数字的对数值。同样地，积分图像通过预先计算并存储图像中每个位置的累积和，使后续的区域求和操作变得非常快速。

假设图像中的像素点 p 的位置是 (x,y)，那么 p 点的矩形像素和是以 $(0,0)$ 和 (x,y) 两个点为两个顶点组成的矩形中包含的所有像素点的像素值之和。

例如，式(10-10)是一个 3×3 的图像矩阵。

$$\begin{bmatrix} 1 & 2 & 3 \\ 4 & 5 & 6 \\ 7 & 8 & 9 \end{bmatrix} \tag{10-10}$$

如果要计算 $P(1,1)$ 的矩形像素和，按如下公式计算：

$$R(1,1)=S(0,0)+S(0,1)+P(1,0)+P(1,1)=1+2+4+5=12$$

以此类推，式(10-11)是这个图像矩阵对应的积分图像矩阵。

$$\begin{bmatrix} 1 & 3 & 6 \\ 5 & 12 & 21 \\ 12 & 27 & 45 \end{bmatrix} \tag{10-11}$$

如果要计算由 $(0,0)$ 和 (x,y) 作为左上角和右下角顶点的矩形的像素和非常简单，这个像素和就是点 (x,y) 的值。但如果要计算由 (x_1,y_1) 和 (x_2,y_2) 作为左上角和右下角顶点的矩形的像素和就费些功夫，需要使用这个矩形的如下 4 个顶点：

(1) $A(x_1,y_1)$：矩阵左上角的顶点。

(2) $B(x_2,y_1)$：矩阵右上角的顶点。

(3) $C(x_1,y_2)$：矩形左下角的顶点。

(4) $D(x_2,y_2)$：矩形右下角的顶点。

以式(10-11)所示积分图像矩阵为例，假设 $x_1=1,y_1=1,x_2=2,y_2=2$，那么计算这个矩形的像素和就需要 A、B、C、D 四个顶点的值。分别列出这 4 个顶点的值是如何计算的。其中，$S(x,y)$ 表示 $(0,0)$ 和 (x,y) 组成的矩形的像素和。x 和 y 的取值范围是 0、1、2。

$A=S(0,0)+S(0,1)+S(1,0)+S(1,1)$

$B=S(0,0)+S(0,1)+S(1,0)+S(1,1)+S(2,0)+S(2,1)$

$C=S(0,0)+S(0,1)+S(0,2)+S(1,0)+S(1,1)+S(1,2)$

$D=S(0,0)+S(0,1)+S(0,2)+S(1,0)+S(1,1)+S(1,2)+S(2,0)+S(2,1)+S(2,2)$

现在需要对 A、B、C、D 这 4 个顶点进行加、减运算，最终得到 S，也就是由 $(1,1)$ 和 $(2,2)$ 组成的矩形的像素和。

$$S=S(1,1)+S(1,2)+S(2,1)+S(2,2)$$

现在的问题是如何得到 A、B、C 和 D 的加减运算组合呢？当然可以自己算，不过这个过程比较麻烦，干脆直接问 ChatGPT[①] 吧。

读者可以向 ChatGPT 提出如下的问题：

我现在有如下的几个公式，如果通过对 A、B、C 和 D 的加减操作，得到 $S(1,1)+S(1,2)+S(2,1)+S(2,2)$。不要推导过程，只给出结果。

---

① ChatGPT 是 OpenAI 推出的生成式 AI(AIGC)，可以做任何事情，如自动编写程序、逻辑推理、计算数学题等。这是一次产业革命，不过究竟是规模多大的革命，还需要时间来证明。不过 ChatGPT 的确能做很多事情，例如，计算 S 的数学表达式。如果读者不知道如何注册和使用 ChatGPT，请看随书提供的 PDF 文档。除了 ChatGPT，读者也可以使用 New Bing、Claude2、Google Bard 等 AIGC，同样可以得到正确的结果。

$$A = S(0,0) + S(0,1) + S(1,0) + S(1,1)$$
$$B = S(0,0) + S(0,1) + S(1,0) + S(1,1) + S(2,0) + S(2,1)$$
$$C = S(0,0) + S(0,1) + S(0,2) + S(1,0) + S(1,1) + S(1,2)$$
$$D = S(0,0) + S(0,1) + S(0,2) + S(1,0) + S(1,1) + S(1,2) + S(2,0) + S(2,1) + S(2,2)$$

ChatGPT 会给出如下的回答：

为了得到 $S(1,1) + S(1,2) + S(2,1) + S(2,2)$，可以组合以上给定的公式如下：

$$D - B - C + A$$

$D - B$ 给出了

$$S(2,2) + S(2,1) + S(1,2)$$

$D - C$ 给出了

$$S(2,1) + S(2,2)$$

因此，当我们将 $D - B$ 与 $D - C$ 相减并加上 A 时，可以得到：

$$S(1,1) + S(1,2) + S(2,1) + S(2,2)$$

注意：在向 ChatGPT 提问时，不要将 A、B、C、D 替换成具体的点，如 $S(1,1)$ 等，否则 ChatGPT 容易混淆，可能会给出错误的答案。所以等号左侧和右侧的表达式一定要区分开。

ChatGPT 得到了 $D - B - C + A$，如果按字母排序，并且将其泛化，那么将得到公式：$A(x_1,y_1) - B(x_2,y_1) - C(x_1,y_2) + D(x_2,y_2)$，这就是通用的积分图像计算公式，在积分图像矩阵中的任何矩形，都可以根据矩形的 4 个顶点的加减运算得到这个矩形的像素和，也就是时间复杂度是一个常量 N。这里 N 等于 4。

另外，积分图像通常是按需计算的，特别是在实时处理系统或动态环境中。当收到一张新的图像并需要进行某些处理（例如，窗口内的像素平均值、矩形区域的像素和等）时，最佳策略通常是立即计算其积分图像。这样，后续的操作可以迅速执行，因为使用积分图像检索像素和的操作非常快。

如果事先知道要处理的所有图像（例如，在一个固定的数据集上），当然可以选择一次性计算所有图像的积分图像，但这需要大量的初始计算时间和存储空间。在实际应用中，根据特定的使用情况和资源限制，通常会权衡预计算的优势与其带来的额外开销。

对于实时应用或动态内容，通常推荐的策略是在处理图像时即时计算其积分图像，以优化后续操作的速度。这确实可以避免一开始就进行大量的计算，同时确保系统的响应速度。

2. 积分图像的种类

OpenCV4 支持 3 种积分图像，分别是标准积分图像、平方积分图像和倾斜积分图像。这 3 种积分图像的区别只是计算矩形像素和的方式不同。下面分别对这 3 种积分图像做深入的描述。

1）标准积分图像

设 $I(x,y)$ 是源图像的像素值。积分图像 $S(x,y)$ 在坐标 (x,y) 的值如下所示：

$$S(x,y) = \sum_{i=0}^{x} \sum_{j=0}^{y} I(i,j) \tag{10-12}$$

在实际应用中，$S(x,y)$ 的大小会比 $I(x,y)$ 大一个像素，所以 $S(0,y) = 0$，$S(x,0) = 0$。

OpenCV4 提供了用于计算标准积分图像的 cv2.integral() 函数，该函数的原型如下：

```
cv2.integral(src[, sum[, sdepth]]) -> sum
```

参数含义如下：

（1）src：源图像，8 位或浮点 32 位单通道图像。

（2）sum：计算出的积分图像,浮点 32 位或浮点 64 位的单通道图像。它的大小比源图像大一行和一列。

（3）sdepth：输出图像的深度。通常为−1,表示与源图像深度相同。

在 OpenCV4 中,当使用 cv2.integral()函数计算积分图像时,生成的积分图像尺寸会比原图大一个像素,这是为了处理边界条件。

为了更清晰地解释这个概念,可以考虑如何计算图像的左上角(0,0)位置的积分像素值。在积分图像中,左上角的值通常被设置为 0,这样其他位置的像素值计算会更加简单。

所以,如果原图的尺寸为 $w×h$,则积分图像的尺寸为 $(w+1)×(h+1)$。这就是为什么说 $S(x,y)$ 的大小会比 $I(x,y)$ 大一个像素。

2）平方积分图像

计算公式如下所示：

$$SQ(x,y) = \sum_{i=0}^{x}\sum_{j=0}^{y} I(i,j)^2 \tag{10-13}$$

OpenCV4 提供了 cv2.integral2()函数,同时可以计算标准积分图像和平方积分图像,该函数的原型如下：

```
cv2.integral2(src[, sum[, sqsum[, sdepth[, sqdepth]]]]) -> sum, sqsum
```

参数含义如下：

（1）src：源图像,8 位或浮点 32 位单通道图像。

（2）sum：计算出的标准积分图像。

（3）sqsum：计算出的平方积分图像。通常用于计算矩形区域内像素值的平方和,这在某些统计计算中非常有用。

（4）sdepth：输出图像的深度。通常为−1,表示与源图像深度相同。

（5）sqdepth：平方和的深度,通常是 cv2.CV_64F。

与 integral 不同,integral2 除了返回积分图像,还返回平方积分图像。

3）倾斜积分图像

倾斜积分图像 $T(x,y)$ 在坐标(x,y)的值的计算公式如下所示：

$$T(x,y) = \sum_{i=0}^{x}\sum_{j=y-i}^{y} I(i,y) \tag{10-14}$$

OpenCV4 提供了 cv2.integral3()函数,可以计算标准积分图像、平方积分图像和倾斜积分图像,该函数的原型如下：

```
cv2.integral3(src[, sum[, sqsum[, tilted[, sdepth[, sqdepth]]]]]) -> sum, sqsum, tilted
```

参数含义如下：

（1）src：源图像,8 位或浮点 32 位单通道图像。

（2）sum：计算出的标准积分图像。

（3）sqsum：计算出的平方积分图像。

（4）tilted：计算出的倾斜积分图像。它可以用于计算倾斜的矩形区域的和。

（5）sdepth：输出图像的深度。

（6）sqdepth：平方和的深度。

integral3 返回三个输出：标准积分图像、平方积分图像和倾斜积分图像。

下面的例子分别使用 cv2.integral()、cv2.integral2()和 cv2.integral3()函数计算图像的 3 种积分图像,

并显示计算结果,如图 10-4 所示。左侧是标准积分图像,中间是评分积分图像,右侧是倾斜积分图像。

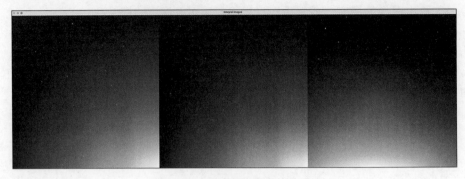

图 10-4　三种积分图像的效果

代码位置:src/image_analysis_restoration/integral_image. py。

```
import cv2
import numpy as np

# 读入图像并转换为灰度图像
image = cv2.imread("../images/girl10.png", cv2.IMREAD_GRAYSCALE)

# 使用 cv2.integral()函数计算标准积分图像
integral_image = cv2.integral(image)

# 使用 cv2.integral2()函数计算标准积分图像和平方积分图像
integral_image2, integral_sq_image = cv2.integral2(image)

# 使用 cv2.integral3()函数计算标准积分图像、平方积分图像和倾斜积分图像
integral_image3, integral_sq_image3, tilted_integral_image = cv2.integral3(image)

# 将计算结果转换为 uint8 类型以便显示
# 由于积分图像的值可能很大,因此需要适当地缩放它们以进行可视化
def normalize_to_8bit(src):
    dest = np.zeros_like(src)
    cv2.normalize(src, dest, 0, 255, cv2.NORM_MINMAX)
    return dest.astype(np.uint8)

# 逐个标准化积分图像
normalized_integral = normalize_to_8bit(integral_image)
normalized_integral_sq = normalize_to_8bit(integral_sq_image)
normalized_tilted_integral = normalize_to_8bit(tilted_integral_image)

# 将三个结果水平合并
result = np.hstack((normalized_integral, normalized_integral_sq, normalized_tilted_integral))

# 显示结果图像
cv2.imshow("Integral Images", result)
cv2.waitKey(0)
cv2.destroyAllWindows()
```

10.3　图像分割

本节介绍了 OpenCV4 中图像分割的相关技术,主要包括浸水填充法、分水岭法、Grabcut 法和
Mean-Shift 法。

10.3.1　浸水填充法

浸水填充法(Flood Fill)是一种从给定的种子点开始,标记或填充与种子点相似的所有连续点的算法。这里,相似的定义基于色差值。如果一个像素与种子点的颜色差异在这个范围内,它会被填充。浸水填充法用于标识位于给定种子点附近的与种子点有相同颜色的连续区域。

浸水填充法在计算机图形学和图像处理中适用多种应用场景。以下是一些常见的应用场景。

(1)图像编辑工具:大多数图像编辑软件(如 Microsoft Paint、Adobe Photoshop 等)都提供了"填充"或"涂鸦桶"工具,使用户能够选择一个点,并使用指定的颜色或纹理填充该点的相邻区域。

(2)图像分割:浸水填充法可以用来标识图像中的连续区域。例如,它用于医学图像中可以标识和分割出特定的组织或器官。

(3)游戏:在计算机游戏如"围住神经猫"或某些解谜游戏中,浸水填充法可以用于确定玩家是否成功地填充或封闭了一个区域。

(4)噪声去除:在图像处理中,浸水填充法有时用于填充或去除小的噪声斑点。

(5)地图生成:在某些程序生成的地图或地形中,浸水填充法可用于生成如湖泊或水域等特定区域。

(6)目标追踪:在视频处理中,如果一个物体的一部分被正确标记,并且该物体的颜色比背景颜色更均匀,则可以使用浸水填充法来追踪该物体的其余部分。

(7)填充图:在计算机图形学中,浸水填充法用于填充绘制的多边形或其他闭合形状。

这些只是浸水填充法的一些应用场景。它是一个非常灵活的工具,可以根据需要进行定制和扩展,以满足各种不同的应用需求。

OpenCV4 提供了用于浸水填充法的 cv2.floodFill()函数,该函数的原型如下:

cv2.floodFill(image, mask, seedPoint, newVal[, loDiff[, upDiff[, flags]]]) -> retval, image, mask, rect

参数含义如下:

(1)image:输入/输出的 1 通道或 3 通道图像。填充会在这个图像上进行。

(2)mask:输入/输出的掩膜,它应该是比输入图像大两个像素的单通道、8 位、二进制图像。

(3)seedPoint:浸水填充的起始点。

(4)newVal:浸水填充后的新值。

(5)loDiff:最大的下边界色差值。

(6)upDiff:最大的上边界色差值。

(7)flags:操作标志,决定了浸水填充的操作方式,具体的标志见表 10-2。

第 77 集
微课视频

表 10-2　cv2.floodFill()函数中填充算法的规则可选择的标志

标　志	值	含　义
cv2.FLOODFILL_FIXED_RANGE	1 << 16	如果设置此标志,那么函数会考虑当前像素与种子像素之间的差异,而不是考虑相邻像素和当前像素之间的差异
cv2.FLOODFILL_MASK_ONLY	1 << 17	只填充掩膜,不修改输入图像

下面的例子设置图像中的起始点为(200,200),然后使用浸水填充法将起始点相邻相似的点都设置成白色,效果如图 10-5 所示。左侧是原图,右侧是经过浸水填充法处理过的图像。

图 10-5　浸水填充法

代码位置：src/image_analysis_restoration/flood_fill. py。

```python
import cv2
import numpy as np

# 读取图像
image = cv2.imread('../images/girl21.png')
original = image.copy()                              # 创建原始图像的副本以进行比较

# 创建一个 mask,它的大小为原始图像大小加 2
h, w = image.shape[:2]
mask = np.zeros((h + 2, w + 2), np.uint8)

# 起始点和新的填充色
seed_point = (200, 200)
new_val = (255, 255, 255)

# 浸水填充
cv2.floodFill(image, mask, seed_point, new_val, (10, 10, 10), (10, 10, 10), 4)

# 将原图和处理后的图像水平合并
combined = np.hstack((original, image))
# 显示结果
cv2.imshow('Original vs Flood Filled Image', combined)
cv2.waitKey(0)
cv2.destroyAllWindows()
```

在浸水填充算法中,填充的扩展是基于种子点的直接相邻像素的。假设有 3 个像素点 $a(1,1)$、$b(1,2)$ 和 $c(1,3)$,a 是起始点。一旦算法确定某个相邻点的色差超出了设定的阈值,如 $b(1,2)$,则该点不应该被填充(因为它与种子点 $a(1,1)$ 的色差超出了设定的阈值),那么该点之后的像素 $c(1,3)$,即使它与种子点的色差较小,也不会被考虑,因为它不是种子点的直接相邻像素。

这就是为什么在实际使用时,Flood Fill 可能会导致不完全填充,因为填充是基于局部相似性,并且可能会被大的色差值所阻断。所以如果在图像中起始点周围有分界线非常明显的护栏一类的物体,护栏另一侧的像素会完全不受影响,这是因为这些像素被护栏中的与起始点色差较大的像素阻断了。

10.3.2　分水岭法

分水岭法是基于数学形态学的一种图像分割技术。在计算机视觉中,分水岭法是通过对图像进行模拟浸泡的方式进行分割的。直观上讲,可以把图像看作一片地形,像素的灰度值代表地形的高度。分水岭法模拟填充该地形。在填充的过程中,波峰之间的分界线(或水沟)即为分水岭,可以用于分割对象。

分水岭法在计算机视觉和图像处理领域具有广泛的应用。以下是一些常见的应用场景。

(1) 医学图像处理:分水岭法常用于分割医学图像中的细胞、器官或其他生物结构。例如,可以从MRI 或 CT 扫描图像中分割出肿瘤细胞。

(2) 物体检测:在复杂的背景中检测并分隔出多个相互接触或重叠的物体。

(3) 生物学研究:在显微镜图像中分割并计数细胞或其他生物结构。

(4) 文档扫描和 OCR:从扫描的文档中分割出文字、图形和图片。

(5) 地理信息系统(GIS):在地形数据中定义水流路径或水流分割线。

(6) 远程感测:对从卫星获取的图像进行分割,以识别不同的地理和地物特征,如土地覆盖类型。

(7) 工业视觉系统:在生产线上检测和分割产品,尤其是在产品彼此紧密或重叠时。

(8) 视频监控:识别并追踪视频中的多个移动对象。

第 78 集
微课视频

分水岭法在处理某些特定类型的图像时非常有效,尤其是当对象在图像中彼此接触或重叠时。然而,分水岭法对噪声敏感,因此在应用分水岭法之前,需要先进行噪声去除和预处理。

在 OpenCV4 中,分水岭法并不直接使用浸水填充法。但浸水填充法可以用于生成标记图像,然后再应用于分水岭法。

在 OpenCV4 中提供了用于分水岭法的 cv2.watershed() 函数,该函数的原型如下:

```
cv2.watershed(image, markers) -> markers
```

参数含义如下:

(1) image:输入图像。

(2) markers:用于输入期望分割的区域或输出图像的标记结果。

下面的例子对整个图像使用分水岭法,用红线标出了不同的区域,效果如图 10-6 所示。左侧是原图,右侧是使用分水岭法处理后的图像。

代码实现的基本步骤如下:

(1) 读取图像:从指定路径加载图像。

(2) 灰度化:将彩色图像转换为灰度图像,这样可以更容易地进行二值化。

(3) 二值化:使用 Otsu 算法对图像进行二值化,将图像分为黑色和白色两部分。

(4) 形态学开操作:使用开操作(先腐蚀再膨胀)去除噪声。

(5) 确定背景:通过膨胀操作确定图像的背景。

(6) 确定前景:通过计算距离变换并阈值化来确定图像的前景。

(7) 确定未知区域:通过从确定的背景中减去确定的前景来获得。

(8) 标记连通组件:为确定的前景区域的每个连通组件分配一个标签。

(9) 应用分水岭法:使用 OpenCV 的 cv2.watershed() 函数。

图 10-6　分水岭法

（10）标记分水岭：分水岭法将边界标记为−1，这个程序将这些边界区域标记为红色。

（11）合并和显示图像：将原图与带有红色分界线的分割后的图像水平合并并显示。

分水岭法的关键思想是它会找到两个对象之间的边界。在这个程序中，当 watershed 函数找到两个区域之间的分界线时，它会将该分界线标记为−1。之后，将所有标记为−1的像素设为红色，这就是为什么图像中的对象和边缘被红线围起来了，这些红线表示分水岭法认为的对象之间的边界。

代码位置：src/image_analysis_restoration/watershed.py。

```python
import numpy as np
import cv2

# 1. 读取图像
img = cv2.imread('../images/girl23.png')
# 2. 灰度化图像
gray = cv2.cvtColor(img, cv2.COLOR_BGR2GRAY)

# 3. 使用 Otsu 算法二值化
_, thresh = cv2.threshold(gray, 0, 255, cv2.THRESH_BINARY_INV + cv2.THRESH_OTSU)

# 4. 形态学开操作去噪
kernel = np.ones((3,3), np.uint8)
opening = cv2.morphologyEx(thresh, cv2.MORPH_OPEN, kernel, iterations = 2)

# 5. 确定背景
sure_bg = cv2.dilate(opening, kernel, iterations = 3)

# 6. 确定前景
dist_transform = cv2.distanceTransform(opening, cv2.DIST_L2, 5)
_, sure_fg = cv2.threshold(dist_transform, 0.7 * dist_transform.max(), 255, 0)
sure_fg = np.uint8(sure_fg)

# 7. 获取未知区域
unknown = cv2.subtract(sure_bg, sure_fg)
```

```
# 8. 标记连通组件
_, markers = cv2.connectedComponents(sure_fg)

# 9. 将所有的标记加1,确保背景为0
markers = markers + 1

# 10. 将未知区域标记为0
markers[unknown == 255] = 0

# 11. 使用分水岭法
cv2.watershed(img, markers)
# 12. 标记分水岭
segmented = img.copy()
segmented[markers == -1] = [0, 0, 255]                # 将分界线标记为红色

# 13. 合并和显示图像
combined_image = np.hstack((img, segmented))

cv2.imshow('Original + Watershed Segmentation', combined_image)
cv2.waitKey(0)
cv2.destroyAllWindows()
```

10.3.3　GrabCut法

GrabCut法是一个基于图割的图像分割方法。图割是一种将图像分割为两部分或多部分的方法。具体来说,一个图像可以被表示为一个图,其中像素是节点,像素之间的关系(例如,它们的相似性或空间邻近性)可以表示为边。图割的目的是找到一个切割点集合,将图像分割成两个互不相交的区域,同时最小化某种成本函数,如边的权重。

GrabCut法的核心思想是通过用户交互(例如,提供一个粗略的前景矩形框)来初始化前景和背景,然后使用这些初始标记估计前景和背景的颜色分布。

算法的基本步骤如下:

(1)用户初始化:用户在图像中绘制一个矩形,包围他们认为的前景对象。

(2)颜色模型初始化:算法使用这个矩形外的区域来初始化背景的颜色模型,使用矩形内的部分来初始化前景的颜色模型。

(3)图构建:对于图像中的每个像素,都会在图中创建一个节点。同时,为每对相邻像素创建连接边,边的权重反映了它们的相似性。还创建了两个特殊的节点,称为源(代表背景)和汇(代表前景),并为图像中的每个像素到这两个节点创建连接边,边的权重由像素与当前的前景/背景颜色模型的相似性决定。

(4)图割:使用一个图割算法(如MinCut)来找到将源和汇分开的最佳切割,从而将像素分为前景和背景。

(5)模型更新和迭代:基于当前的前景/背景分割,更新前景和背景的颜色模型,然后重复步骤(3)和(4),直到算法收敛或达到预定的迭代次数。

通过上述迭代过程,GrabCut法得到一个更精确、更细化的对象分割,即使用户只提供了一个粗略的初始化。

GrabCut法的优点是它可以进行非常准确的前景提取,尤其是当前景和背景有明显的颜色差异时。但如果前景和背景颜色相似,可能需要额外的用户交互来改进结果。

GrabCut 法的一些常见应用场景如下。

（1）图像编辑和合成：GrabCut 法可以用来从一幅图像中提取对象，然后将这个对象放置到另一幅图像中，实现合成的效果。

（2）视频编辑：与单幅图像相似，GrabCut 法也可以用于视频帧的前景提取，从而实现特定对象的跟踪或从背景中分离。

（3）人像摄影：在人像摄影中，经常需要分离出人物以应用特定的背景模糊或替换背景。

（4）虚拟试衣：在电商应用中，可以使用 GrabCut 法从模特身上提取出服装，并将其放在用户上传的照片上，让用户看到自己穿上这件服装的样子。

（5）机器视觉：在工业应用中，GrabCut 法可用于识别和提取特定的对象，如机器人抓取应用中的目标对象。

（6）增强现实（AR）：GrabCut 法可以帮助识别和提取现实世界中的物体，从而在物体上添加虚拟信息或覆盖。

（7）图像修复：如果图像中有一些不需要的元素，可以使用 GrabCut 法提取出这些元素并用背景填充。

（8）游戏开发：在制作游戏的过程中，需要将角色、物体或其他元素从其原始背景中分离出来。

（9）医学图像处理：在医学影像中，经常需要从复杂的背景中提取出特定的组织、器官或病变区域。

示例：虚拟试衣应用

想象一下，假设正在为一个电商平台开发一个新功能，允许用户上传自己的照片，并试穿网站上的衣物。为了实现这一功能，可以使用 GrabCut 法。

基本步骤如下。

（1）首先，用户上传自己的照片。

（2）用户选择一个他们想要试穿的衣物图片。

（3）使用 GrabCut 法从模特身上提取衣物。

（4）将提取的衣物适应到用户照片的相应区域。

（5）用户可以看到自己穿上新衣物的样子，决定是否购买。

这种应用可以提供给用户一个更加直观的购物体验，从而增加购买的可能性。

OpenCV4 提供了 cv2.grabCut() 函数用于实现 Grabcut 法，该函数的原型如下：

cv2.grabCut(img, mask, rect, bgdModel, fgdModel, iterCount[, mode]) –> mask, bgdModel, fgdModel

参数含义如下：

（1）img：源图像，必须是 8 位 3 通道的图像。

（2）mask：输入/输出掩膜，见表 10-3。

表 10-3　cv2.grabCut() 函数中 mask 可以选择的标志

标　　志	值	含　　义
cv2.GC_PR_BGD	0	明显为背景的像素
cv2.GC_FGD	1	明显为前景（或对象）的像素
cv2.GC_PR_BGD	2	可能为背景的像素
cv2.GC_PR_FGD	3	可能为前景（或对象）的像素

（3）rect：一个包含前景的矩形区域。它是一个四元组，格式为（startX,startY,width,height）。

（4）bgdModel：输入/输出背景模型，是一个数组，用于算法内部使用。

（5）fgdModel：输入/输出前景模型，与 bgdModel 同理。

（6）iterCount：算法的迭代次数。

（7）mode：操作模式，见表 10-4。

表 10-4　cv2. grabCut（）函数中 mode 可以选择的标志

标　　志	值	含　　义
cv2. GC_INIT_WITH_RECT	0	使用定义的矩形初始化 grabCut，并以此为基础进行分割
cv2. GC_INIT_WITH_MASK	1	使用提供的掩膜初始化 grabCut
cv2. GC_EVAL	2	在使用上述任何一个模式初始化后，这个模式用于以后的迭代
cv2. EVAL_FREEZE_MODEL	3	只使用固定模型运行 Grabcut 法（单次迭代）

注意：bgdModel 和 fgdModel 是用于算法内部的临时数组。当运行此函数时，将它们初始化为 0。在算法运行后，保存它们不要删除，因为可以使用这些模型再次运行此算法。

下面的例子在图像的一个矩形区域（由 rect 定义）内应使用 cv2. grabCut（）函数。之后，该区域以外的部分会变为黑色，因为掩膜 mask2 被设置为区域外的像素值为 0。效果如图 10-7 所示。左侧是原图，并且用红色矩形绘出了待处理的矩形区域，右侧是应用 cv2. grabCut（）函数后的效果。

图 10-7　GrabCut 法

代码位置：src/image_analysis_restoration/grabcut. py。

```python
import cv2
import numpy as np

# 读取图像
image_path = '../images/girl25.png'
image = cv2.imread(image_path)
original = image.copy()                          # 复制原始图像以进行后续合并
mask = np.zeros(image.shape[:2], np.uint8)

# 创建前景和背景模型
```

```
bgdModel = np.zeros((1, 65), np.float64)
fgdModel = np.zeros((1, 65), np.float64)

# 定义包含前景的矩形
rect = (260, 10, 400, 260)

# 使用 GrabCut 法
cv2.grabCut(image, mask, rect, bgdModel, fgdModel, 5, cv2.GC_INIT_WITH_RECT)

# 修改掩膜,使其只有两个值
mask2 = np.where((mask == 2) | (mask == 0), 0, 1).astype('uint8')

# 将结果应用于图像
segmented = original * mask2[:, :, np.newaxis]

# 在原图上绘制红色矩形框
cv2.rectangle(original, (rect[0], rect[1]), (rect[0] + rect[2], rect[1] + rect[3]), (0, 0, 255), 2)

# 将原图与处理后的图像水平合并
combined = cv2.hconcat([original, segmented])

# 显示结果
cv2.imshow('Original with Rectangle and GrabCut', combined)
cv2.waitKey(0)
cv2.destroyAllWindows()
```

10.3.4 Mean-Shift 法

Mean-Shift 法是一种非参数技术,用于分析和寻找数据中的模式。在图像处理中,Mean-Shift 法可以用于色彩空间的图像分割。它通过将像素聚类为具有相似颜色和空间特性的区域来工作。

Mean-Shift 法在计算机视觉和图像处理中有多种应用场景。

(1) 图像分割:Mean-Shift 法是一种常用的颜色图像分割技术。通过在颜色特征空间中寻找模式或集群,它可以有效地将图像中相似的颜色区域分割出来。

(2) 对象跟踪:在计算机视觉中,Mean-Shift 法被广泛应用于实时对象跟踪。给定一个目标的模型(例如,在视频的第一帧中),Mean-Shift 法可以有效地在连续的帧中跟踪该目标。

(3) 数据聚类:除了图像处理,Mean-Shift 法也是一种通用的数据聚类算法。它可以在事先不知道集群数量的情况下,寻找数据的自然集群。

(4) 滤波和去噪:Mean-Shift 法可以应用于图像滤波和去噪,尤其是当噪音在局部区域内变化时。它可以保留图像的边缘特性,同时去除噪声。

(5) 图像平滑:由于 Mean-Shift 法考虑了像素之间的空间和颜色相似性,因此它经常被用作平滑图像的工具,同时保留图像的主要特征和边缘。

(6) 特征空间分析:Mean-Shift 法也可以用于特征空间的分析,以找出数据中的主要模式或分布。

(7) 三维重建:在三维数据集中,Mean-Shift 可以用于去除噪音并平滑数据,从而得到更准确的三维重建。

这些应用场景中的大多数都依赖于 Mean-Shift 法的核心思想,即在给定的特征空间中寻找数据的密度中心。

OpenCV4 提供了 cv2.pyrMeanShiftFiltering()函数用于实现 Mean-Shift 法,该函数的原型如下:

cv2.pyrMeanShiftFiltering(src, sp, sr[, dst[, maxLevel[, termcrit]]]) -> dst

参数含义如下：

（1）src：输入图像，应该是 8 位 3 通道图像。

（2）sp：空间窗的大小，可以看作是像素在空间维度上的半径。

（3）sr：颜色窗的大小，可以看作是像素在颜色空间中的半径。

（4）dst：输出图像，通常与输入图像大小和类型相同。

（5）maxLevel：金字塔的最大级数。默认为 1。

（6）termcrit：迭代停止条件，定义了迭代次数或移动的最小量。通常设置为一个固定的迭代次数。

下面的例子分别对图像使用一次 Mean-Shift 分割和二次 Mean-Shift 分割，并且分别对原图、一次分割结果和二次分割结果进行 Canny 边缘检测。效果如图 10-8 所示。每个图像的左上角是图像序号。1 号图是原始图像，2 号图是对 1 号图 Canny 边缘检测结果。3 号图是使用 Mean-Shift 分割后的图像，4 号图是对 3 号图进行 Canny 边缘检测的结果。5 号图是再次对 3 号图像再次进行 Mean-Shift 分割后的图像，6 号图是对 5 号图像的 Mean-Shift 分割结果进行 Canny 边缘检测的结果。

图 10-8　Mean-Shift 法

代码位置：src/image_analysis_restoration/pyrMeanShiftFiltering.py。

```python
import cv2 as cv
import numpy as np
import sys

def segment_and_canny(input_img, sp_val = 20, sr_val = 40, max_lvl = 2, termination_criteria = None):
    segmented = cv.pyrMeanShiftFiltering(input_img, sp_val, sr_val, maxLevel = max_lvl, termcrit = termination_criteria)
    edges = cv.Canny(segmented, 150, 300)
    return segmented, edges

def annotate_image(img, text, position = (10,80), color = (0, 0, 255), font_scale = 3, thickness = 4):
    font = cv.FONT_HERSHEY_SIMPLEX
    cv.putText(img, text, position, font, font_scale, color, thickness, cv.LINE_AA)

def convert_to_three_channels(single_channel_img):
    """Converts a single channel image to three channels by replicating the single channel."""
    return cv.merge([single_channel_img] * 3)

def main():
    filepath = '../images/girl24.png'
    img = cv.imread(filepath)

    if img is None:
        print(f'Failed to read {filepath}.')
        sys.exit()

    criteria = (cv.TERM_CRITERIA_EPS + cv.TERM_CRITERIA_MAX_ITER, 10, 0.1)
    result1, canny1_temp = segment_and_canny(img, termination_criteria = criteria)
    canny1 = convert_to_three_channels(canny1_temp)
    result2, canny2_temp = segment_and_canny(result1, termination_criteria = criteria)
    canny2 = convert_to_three_channels(canny2_temp)
    original_canny = convert_to_three_channels(cv.Canny(img, 150, 300))

    images = [img, original_canny, result1, canny1, result2, canny2]
    labels = ['1', '2', '3', '4', '5', '6']

    # Annotate images
    for i, image in enumerate(images):
        annotate_image(image, labels[i])

    # Combine images in 3 × 2 layout
    top_row = np.hstack((images[0], images[1]))
    middle_row = np.hstack((images[2], images[3]))
    bottom_row = np.hstack((images[4], images[5]))
    combined = np.vstack((top_row, middle_row, bottom_row))

    cv.imshow('Combined Images', combined)
    cv.waitKey(0)
    cv.destroyAllWindows()

if __name__ == '__main__':
    main()
```

10.4 去除图像中的划痕

在很多场景中,图像经常会受到噪声的干扰,例如,在拍照时镜头上存在的灰尘、漂浮的植物、飞行的小动物等,这些都会干扰正常的拍摄活动,导致拍摄到的图像出现部分内容被遮挡的情况。而且在照片的运输过程中,也可能产生划痕,导致相片中的某些信息损坏或丢失。

如果出现这些情况,就需要另外一种技术,这就是图像修复技术。图像修复技术的原理是根据图像中的损坏区域边缘的像素值大小及像素间的结构关系,估计出损坏区域可能的像素排列,从而去除图像中受污染的区域。图像修复不仅可以去除图像中的划痕,还可以去除图像中的水印、日期等。

OpenCV4 提供了用于图像修复的 cv2.inpaint()函数,该函数的原型如下:

```
cv2.inpaint(src, inpaintMask, inpaintRadius, flags[, dst]) ->dst
```

参数含义如下:

(1) src:输入图像,8 位单通道或 3 通道图像。

(2) inpaintMask:掩膜,8 位单通道图像,它指定了需要修复的区域。所有非零像素都会被视为需要修复的。

(3) inpaintRadius:该参数指定一个圆的半径,此圆用于考虑源图像中的像素。例如,如果它是 2,则函数考虑源图像中 2 像素邻域的像素来估算该像素。

(4) flags:指定了使用哪种修复算法,具体选项见表 10-5。

(5) dst:输出图像,和源图像有相同的大小和类型。

第 79 集
微课视频

表 10-5 cv2.inpaint()函数中 flags 参数可选择的标志

标 志	值	含 义
cv2.INPAINT_NS	0	基于流体动力学中的 Navier-Stokes 方程。在这种算法中,损坏或要修复的区域被视为一个流体空穴。周围的像素信息流动进入这个空穴中来填充它。这种方法的一大特点是能够考虑图像的局部结构信息,但可能在边界上不够平滑
cv2.INPAINT_TELEA	1	由 Alexandru Telea 提出的方法,基于 Fast Marching 的方法。其基本思想是从已知的像素区域向未知的区域传播信息。它考虑了损坏区域的边界的几何和光度信息来估计丢失的颜色。这种方法在实际应用中通常更受欢迎,因为它在多种情境下都能提供相对较好的结果,并且计算速度相对较快

下面的例子使用 cv2.inpaint()函数去除了图像上的文字和划痕,效果如图 10-9 所示。第 1 行左侧的图像是带有文字的原图,第 1 行中间的图像是掩膜图像,第 1 行右侧是去除了文字的图像。第 2 行左侧的图像是带有划痕的原图,第 2 行中间的图像是掩膜图像,第 2 行右侧是去除了划痕的图像。

代码位置:src/image_analysis_restoration/inpaint.py。

```python
import cv2 as cv
import numpy as np                                    # 导入 NumPy 库
import sys
if __name__ == '__main__':
    # 读取图像
    image1 = cv.imread('../images/inpaint1.png')
    image2 = cv.imread('../images/inpaint2.png')

    if image1 is None or image2 is None:
```

图 10-9　去除图像中的划痕

```
    print('Failed to read inpaint1.png or inpaint2.png.')
    sys.exit()

# 生成 Mask 掩膜
_, mask1 = cv.threshold(image1, 254, 255, cv.THRESH_BINARY)
_, mask2 = cv.threshold(image2, 254, 255, cv.THRESH_BINARY)

# 对 Mask 膨胀处理,增加其面积
k = cv.getStructuringElement(cv.MORPH_RECT, (3, 3))
mask1 = cv.dilate(mask1, k)
mask2 = cv.dilate(mask2, k)

# 图像修复
result1 = cv.inpaint(image1, mask1[:, :, -1], 5, cv.INPAINT_NS)
result2 = cv.inpaint(image2, mask2[:, :, -1], 5, cv.INPAINT_NS)

# 合并图像
row1 = np.hstack((image1, mask1, result1))
row2 = np.hstack((image2, mask2, result2))
merged_image = np.vstack((row1, row2))

# 展示结果
cv.imshow('inpaint', merged_image)
cv.waitKey(0)
cv.destroyAllWindows()
```

　　本例中的划痕是纯白色和纯红色。使用阈值 254 会确保捕获几乎纯白的像素,略低于 255 的像素值可能因为图像的压缩或其他因素而略有变化。这样,不仅能捕获 RGB 为(255,255,255)的纯白色像素,还能捕获那些略微偏离纯白的像素。

纯红色的 RGB 值是(255,0,0)。在这段代码中,对图像应用阈值后,像素的蓝色和绿色分量(第二和第三通道)都是 0,因为它们低于阈值 254。这就意味着只有红色分量(第一通道)的值超过了 254。因此,红色的划痕在阈值操作后,其红色通道会是一个亮点,而其他两个通道将保持黑暗。

接下来,代码对掩膜进行了膨胀操作,然后使用 cv2. inpaint()函数去除了划痕。这个掩膜在红色通道上是亮的,并且经过膨胀后,它覆盖了红色划痕的位置,从而使 inpaint 函数能够正确地识别和去除红色的划痕。

10.5 本章小结

图像分析与修复是数字图像处理的关键领域,它涉及从简单的图像增强到复杂的图像恢复的各种技术。本章深入探讨了多种技术和方法。通过傅里叶变换,尤其是离散傅里叶变换(DFT),可以深入了解图像的频率特性并对其进行操作。此外,离散余弦变换(DCT)提供了图像和视频压缩的强大工具。本章还详细讨论了图像分割,它是将图像分割为有意义的部分的过程,这对于对象识别和跟踪至关重要。最后学习了如何修复损坏的图像,去除不需要的元素,如划痕、水印或日期,从而恢复图像的原始美感。整体而言,本章为读者提供了丰富的知识和技能,使他们能够在实际应用中有效地处理和分析图像。

第 11 章

CHAPTER 11

特征点检测与匹配

本章专注于特征点检测与匹配的各个方面。您将会学习到多种角点检测算法,包括 Harris 角点检测和 Shi-Tomasi 角点检测。本章还涉及了亚像素级别角点的检测与应用,这在需要高精度的图像配准和目标追踪场景中特别重要。除此之外,本章还介绍了各种特征点检测和匹配方法,主要包括 SIFT 特征点检测、SURF 特征点检测、ORB 特征点检测、暴力匹配、FLANN 匹配和 RANSAC 匹配。

11.1 角点检测

第 80 集
微课视频

角点检测是计算机视觉和图像处理中的一个基本概念,是特征检测的一种方法。角点本身在图像中是一个有趣的点,因为它代表了图像局部结构的显著变化。这些变化可能是由于亮度、纹理或其他图像属性的变化造成的。角点通常在多个方向上有高度的可区分性,因此它们在图像配准、目标跟踪、三维建模等应用中特别有用。

角点的形成可以简单地描述为两条边的交汇处或更复杂的局部图像变化区域。从数学的角度看,角点是图像中强度变化最大的点,这可以通过图像的二阶导数或相应的矩阵的特征值来测量。

角点检测的基本思想是找到那些在所有可能的方向上都有大的强度变化的点。通常,这些点在图像的纹理区域、边缘交叉点或更复杂的结构中可以找到。

图 11-1 中圆圈包围的线段的断点和拐点就是一些常见的角点。

角点常常被描述为图像中某些特定特性的位置。这些特性包括:

(1)强度变化的最大值:角点通常在图像的两个方向上都会有明显的强度变化,这意味着在该点的小邻域内,有两个独立的边缘方向。

(2)灰度梯度的最大值:角点位置往往对应于灰度梯度的最大值,因为这里的像素值变化最为显著。

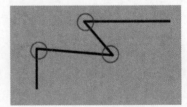

图 11-1 角点示意图

(3)二次变化:也即图像的曲率。在角点位置,由于两个方向的边缘交叉,所以通常会有显著的二次变化。

(4)纹理变化:角点区域与周围有显著的纹理差异。

(5)不同的边缘交叉点:角点是多条边缘线交汇的位置。

在讨论角点的这些特性时,通常是在提及如何定义或理解角点,以及为什么某些像素点在图像中会被视为角点。

11.1.1　绘制关键点

关键点(Keypoint)在图像处理和计算机视觉中是一个非常重要的概念,它代表图像的一个局部区域,这个局部区域在多个图像或多个视角下都是独特的、可区分的,并且容易被再次识别。下面对关键点进行详细解释。

1. 什么是关键点

关键点通常是图像中的一个点,但实际上它代表了图像的一个小邻域。每个关键点除了其位置坐标,还可以有其他多种属性,例如:

(1) 尺度(Scale):在多尺度空间中检测到该关键点的尺度。例如,SIFT算法会在不同尺度的图像中检测关键点,因此关键点可能对应原图的一个小邻域,或更大的邻域。

(2) 方向(Orientation):代表关键点的主方向。这有助于在进行描述子匹配时使特征具有旋转不变性。

(3) 描述子(Descriptor):是关键点周围邻域的一个向量表示,它捕获了该邻域的主要信息,用于与其他图像中的关键点进行匹配。

(4) 强度或响应(Strength or Response):表示该关键点是多么明显或显著。例如,一个角点可能有高的响应值,因为它在多个方向上都有明显的变化。

2. 为什么要绘制关键点

绘制关键点在多种场景下都是有用的。

(1) 可视化:绘制关键点是检查关键点检测算法效果的一种直观方式。通过绘制,可以立即看到算法是否捕获了图像中的显著和有意义的点。

(2) 调试:如果某个关键点匹配的算法没有工作正常,查看源图像和目标图像的关键点可以帮助我们了解哪里出了问题。

(3) 特征匹配:在特征匹配的应用中,我们需要将一个图像中的关键点与另一个图像中的关键点匹配起来。这时,绘制关键点和它们之间的匹配关系对于理解和展示匹配效果是很有帮助的。

(4) 增强图像理解:在某些应用中,了解图像的关键部分可以增强我们对图像内容的理解,例如,在图像识别、对象检测等任务中。

总体上,关键点提供了一种有效的方法来捕获和描述图像中的重要特征,而绘制关键点则提供了一个可视化这些特征的工具,从而有助于读者更好地理解和利用这些信息。

OpenCV4提供了cv2.drawKeypoints()函数用来绘制关键点,该函数的原型如下:

```
cv2.drawKeypoints(image, keypoints, outImage[, color[, flags]]) -> outImage。
```

参数含义如下:

(1) image:输入图像,可以是彩色图像,也可以是灰度图像。

(2) keypoints:KeyPoint对象的列表。这些对象由关键点检测函数(如SIFT.detect(),SURF.detect()等)返回。

(3) outImage:输出图像。通常设置为None,该函数会返回一个新的图像。

(4) color:绘制关键点的颜色。默认为随机颜色。颜色是一个(B,G,R)三元组,如(255,0,0)代表红色。

(5) flags:绘图标志,定义关键点如何被绘制。详情见表11-1。

表 11-1　cv2.drawKeypoints()函数 flags 参数可选择的标志

标　志	值	含　义
cv2. DRAW _ MATCHES _ FLAGS _ DEFAULT	0	只画关键点的位置，不绘制大小和方向
cv2. DRAW _ MATCHES _ FLAGS _ DRAW_OVER_OUTIMG	1	当 outImage 不为空时，直接在 outImage 上绘制，而不是创建新图像
cv2. DRAW _ MATCHES_FLAGS_NOT_ DRAW_SINGLE_POINTS	2	单独的关键点（无匹配或没有相邻的关键点）不会被绘制
cv2. DRAW _ MATCHES _ FLAGS _ DRAW_RICH_KEYPOINTS	4	绘制关键点的大小和方向

cv2.drawKeypoints()函数的第 2 个参数 keypoints 涉及关键点的 KeyPoint 类型。KeyPoint 是一个类，由 OpenCV4 提供，该类的构造函数参数如下：

cv2.KeyPoint(x,y,size,angle,response,octave,class_id)

参数含义如下：

（1）x,y：关键点的坐标。

（2）_size：关键点邻域的直径大小。

（3）_angle：关键点方向，表示为度数，取值范围为[0,360)。

（4）_response：关键点的响应度，通常用于排序关键点。

（5）_octave：图像金字塔中的层数，在哪一层找到的关键点。

（6）_class_id：关键点的 ID，当多个图像具有相同的关键点时，这可以很有用。

下面的例子使用 cv2.drawKeypoints()函数分别在彩色图像和灰度图像上随机绘制多个关键点，效果如图 11-2 所示。左侧是彩色图像，右侧是灰度图像。

图 11-2　绘制关键点

代码位置：src/feature_detection_and_matching/drawKeyPoints. py。

```
import cv2 as cv
import numpy as np
def load_image(path):
```

```
        img = cv.imread(path)
        if img is None:
            raise ValueError("Image could not be loaded.")
        return img
def create_random_keypoints(dimensions, count):
        coordinates = np.random.randint(0, dimensions, count * 2).reshape((-1, 2))
        return [cv.KeyPoint(float(x), float(y), 1) for x, y in coordinates]
if __name__ == "__main__":
        img_path = '../images/girl5.png'
        img = load_image(img_path)
        gray_img = cv.cvtColor(img, cv.COLOR_BGR2GRAY)
        keypoints = create_random_keypoints(512, 100)

        # 在彩色图像上绘制关键点
        color_result = cv.drawKeypoints(img, keypoints, None,
                        flags = cv.DRAW_MATCHES_FLAGS_DEFAULT)

        # 在灰度图像上绘制关键点
        gray_result = cv.drawKeypoints(gray_img, keypoints, None,
                        flags = cv.DRAW_MATCHES_FLAGS_DEFAULT)

        # 直接使用 gray_result,不再转换为三通道
        merged_result = np.hstack((color_result, gray_result))

        # 展示合并后的图像
        cv.imshow('key points', merged_result)
        cv.waitKey(0)
        cv.destroyAllWindows()
```

11.1.2 Harris 角点检测与绘制

Harris 角点检测是计算机视觉中用来检测图像中的角点(也被认为是兴趣点或特征点)的经典方法之一。它是由 Chris Harris 和 Mike Stephens 在 1988 年提出的,从此成为一个广泛使用的技术。

1. Harris 角点检测的应用场景

(1) 图像配准:通过检测两个图像中的角点,并找到它们之间的匹配,可以实现图像的配准。

(2) 目标检测:角点可以用作图像的特征,在目标检测中找到目标对象的相关部分。

(3) 三维建模:在场景重建中,角点有助于确定物体的边界和结构。

(4) 图像拼接:在全景图像的创建中,角点用于对齐和拼接图像。

(5) 视频跟踪:角点可以在连续的帧之间被跟踪,从而实现对象的动态跟踪。

2. Harris 角点检测的原理

Harris 角点检测的核心思想是找到那些在所有方向上窗口函数(通常是一个矩形或高斯窗口)内都有较大变化的像素点。

Harris 角点检测算法中的"窗口函数"其实可以更为直观地被理解为一个小的局部区域或邻域,它移动到图像的不同位置来分析那个区域的属性。

为什么使用窗口这个词?在图像处理中,需要在局部区域进行操作时(例如卷积、均值滤波等),常常会取一个固定大小的邻域来进行处理,这就好像是在大的图像上"开了一个小窗口"来看图像的局部特性。这也是为什么把它称作窗口函数。

在 Harris 角点检测中,窗口是为了便于计算在该窗口范围内的图像变化情况。具体地说,希望知

道当窗口稍微移动到一个新的位置时,图像的变化是怎样的。如果图像在所有方向上都发生了大的变化(即有一个大的梯度),那么可以认为窗口中心的位置是一个角点。

为了量化这种变化,Harris角点检测会用到图像的导数、窗口函数及该窗口内的图像强度变化情况。在这个上下文中,窗口函数可能是一个简单的矩形窗口,或是更常用的高斯窗口,它赋予窗口中心的像素更大的权重。

假设$I(x,y)$为图像在点(x,y)的强度,窗口函数为$w(x,y)$,那么对于点(x,y)在$(\mathrm{d}x,\mathrm{d}y)$方向上的变化如下所示:

$$E(x,y) = \sum_{x,y} w(x,y)\left[I(x+\mathrm{d}x, y+\mathrm{d}y) - I(x,y)\right]^2 \tag{11-1}$$

基于Taylor级数展开,E可以近似为$E(x,y) \approx [\mathrm{d}x,\mathrm{d}y]\boldsymbol{M}[\mathrm{d}x\,\mathrm{d}y]$。其中,$\boldsymbol{M}$如下所示:

$$\boldsymbol{M} = \sum_{x,y} w(x,y) \begin{bmatrix} I_x^2 & I_x I_y \\ I_x I_y & I_y^2 \end{bmatrix} \tag{11-2}$$

I_x和I_y分别是图像在x和y方向上的导数。

Harris提出,矩阵$\boldsymbol{M}$的两个特征值λ_1和λ_2可以用来确定点(x,y)是否是角点。特定的Harris响应R[①]定义如下所示:

$$R = \lambda_1\lambda_2 - k(\lambda_1 + \lambda_2)^2 \tag{11-3}$$

其中,k是常数,通常在0.04到0.06。如果R是正值且很大,那么点(x,y)被认为是角点。

OpenCV4提供了能用于检测Harris角点并为每个像素计算Harris响应值R的cv2.cornerHarris()函数,该函数的原型如下:

```
cv2.cornerHarris(src, blockSize, ksize, k[, dst[, borderType]]) -> dst
```

参数含义如下:

(1) src:输入图像,通常是灰度图像,并且是浮点类型,如np.float32。

(2) blockSize:用于计算角点检测中的协方差矩阵$\boldsymbol{M}$的邻域大小。例如,如果选择blockSize=2,那么会考虑一个2×2的窗口来确定每个像素点的$\boldsymbol{M}$值。

(3) ksize:Sobel导数的孔径参数。

(4) k:Harris角点检测方程中的自由参数。通常在0.04~0.06。

(5) dst:输出图像,其中每个像素的值都是Harris角点响应。

(6) borderType:像素外推法,用于确定图像边界。默认值是cv2.BORDER_DEFAULT。

下面的例子使用cv2.cornerHarris()函数检测图像中的角点,并将检测到的Harris角点用红色小圆圈绘制出来,效果如图11-3所示。左侧是原图,右侧是绘制了Harris角点的图像。

代码位置:src/feature_detection_and_matching/cornerHarris.py。

```
import cv2
import numpy as np
# 读取图像
img = cv2.imread('../images/girl5.png')
gray = cv2.cvtColor(img, cv2.COLOR_BGR2GRAY)
# 使用Harris角点检测
dst = cv2.cornerHarris(gray, 2, 3, 0.04)
```

---

① 在谈论Harris角点检测时,会提到一个特定的响应值,称为Harris响应或Harris响应R。这是用来决定一个像素点是否是角点的数值指标。具体地说,Harris响应R是基于图像在该点的局部变化计算得出的一个值,它考虑了窗口内的像素变化情况。

图 11-3   绘制 Harris 角点

```
# 结果扩大以标记关键点
dst = cv2.dilate(dst, None)
# 选取最强的角点
ret, dst = cv2.threshold(dst, 0.01 * dst.max(), 255, 0)
dst = np.uint8(dst)
# 找到对应的像素坐标
ret, labels, stats, centroids = cv2.connectedComponentsWithStats(dst)
# 定义关键点列表
keypoints = [cv2.KeyPoint(x, y, 8) for x, y in centroids]
# 使用 drawKeypoints 在原始图像上绘制关键点
img_keypoints = cv2.drawKeypoints(img, keypoints, None, color = (0,0,255), flags = cv2.DRAW_MATCHES_FLAGS_DRAW_
RICH_KEYPOINTS)
# 将原图和处理后的图像水平合并
merged = np.hstack((img, img_keypoints))
# 显示合并后的图像
cv2.imshow('KeyPoints', merged)
cv2.waitKey(0)
cv2.destroyAllWindows()
```

11.1.3   Shi-Tomasi 角点检测与绘制

Shi-Tomasi 角点检测是 Harris 角点检测的一个改进版本。Jianbo Shi 和 Carlo Tomasi 在 1994 年提出了这种方法。与 Harris 角点检测方法不同，Shi-Tomasi 方法不是用 R 值来确定角点，而是直接考虑了矩阵 M 的两个特征值 λ_1 和 λ_2。

Shi-Tomasi 角点检测与 Harris 角点检测方法相同，Shi-Tomasi 角点检测也使用矩阵 M 的两个特征值 λ_1 和 λ_2，但判定角点的方法是：如果 λ_1 和 λ_2 都大于某个阈值，则该点被认为是角点。

OpenCV4 提供了用于检测 Shi-Tomasi 角点的 cv2.goodFeaturesToTrack() 函数，该函数的原型如下：

```
cv2.goodFeaturesToTrack(image, maxCorners, qualityLevel, minDistance[, corners[, mask[, blockSize[,
```

```
useHarrisDetector[, k]]]]]]) ->corners
```

参数含义如下：

（1）image：输入单通道图像，8位或32位浮点。

（2）maxCorners：返回的角点的最大数量。如果检测到的角点的数量超过此数，它会按角点质量进行排序，返回质量最好的角点。

（3）qualityLevel：角点质量的最低阈值。角点质量低于此阈值的角点都将被忽略。

（4）minDistance：返回的角点之间的最小欧几里得距离。

（5）mask：可选参数，指定检测角点的区域。

（6）blockSize：计算导数协方差矩阵时使用的窗口大小。

（7）useHarrisDetector：可选参数，表示是否使用Harris角点检测，默认值为False。

（8）k：Harris角点检测的自由参数。

下面的例子使用cv2.goodFeaturesToTrack()函数检测Shi-Tomasi角点，并用绿色小圆圈标准Shi-Tomasi角点，效果如图11-4所示。左侧是原图，右侧是绘制了Shi-Tomasi角点的图像。

图11-4　Shi-Tomasi角点检测

代码位置：src/feature_detection_and_matching/goodFeaturesToTrack. py。

```python
import cv2
import numpy as np

# 读取图像
img = cv2.imread('../images/girl7.png')
img_copy = img.copy()
gray = cv2.cvtColor(img, cv2.COLOR_BGR2GRAY)

# Shi-Tomasi角点检测
corners = cv2.goodFeaturesToTrack(gray, 100, 0.01, 10)
corners = np.int0(corners)

# 在原图上标记角点
for i in corners:
```

```
        x, y = i.ravel()
        cv2.circle(img, (x, y), 5, (0, 255, 0), -1)

# 现在可以安全地将两个图像堆叠在一起
hstack_image = np.hstack((img_copy, img))

# 显示图像
cv2.imshow('Shi - Tomasi Corner Detection', hstack_image)
cv2.waitKey(0)
cv2.destroyAllWindows()
```

11.1.4　亚像素级别角点检测与绘制

在传统的角点检测方法中,检测到的角点的位置精度通常仅限于像素级别,这意味着角点的坐标只能是整数。但在某些应用中,特别是在高精度的图像配准、三维重建和目标追踪等情况下这样的精度是不够的。

亚像素级别角点检测的目标是提高角点位置的精度,使其可以在像素之间变化,从而达到小数点以下的精度。

1. 亚像素级别角点检测的应用场景

(1) 立体匹配和深度估计,其中精确的对应关系对于深度计算至关重要。

(2) 物体追踪和运动估计,精确的特征位置可以提供更准确的运动向量。

(3) 在一些光流方法中,亚像素级别的角点匹配为光流向量提供了更好的稀疏表示。

2. 亚像素级别角点检测的实现原理

亚像素级别角点检测的目标是提高角点检测的精确度,超出原始的像素分辨率。实际上,当使用像 Harris 这样的方法检测到一个角点时,这个角点的位置是像素级别的。但在某些应用中,需要更高的定位精度。亚像素角点检测可以提供这种精确度。

(1) 局部插值:在像素级别找到一个角点后,考虑它利用周围的像素来获取更多的信息。最常用的方法是在角点附近进行二次插值。通过这种方式,可以得到一个二次多项式的曲线或曲面,它更好地近似真实的图像数据。

(2) 最大响应位置:在得到的二次多项式函数上,可以精确地找到局部最大响应的位置,这通常代表了亚像素级别的角点位置。

OpenCV4 提供了用于进行亚像素级别角点检测的 cv2.cornerSubPix()函数,该函数的原型如下:

```
cv2.cornerSubPix(image, corners, winSize, zeroZone, criteria) -> corners
```

参数含义如下:

(1) image:输入图像。

(2) corners:初始的角点位置。

(3) winSize:亚像素估计的窗口大小。

(4) zeroZone:死区的大小,通常设置为$(-1, -1)$。

(5) criteria:停止迭代的标准,定义为$(type, max\_iter, epsilon)$,其中,type 通常为 cv2. TERM_CRITERIA_EPS + cv2. TERM_CRITERIA_MAX_ITER。

下面的例子使用亚像素级别检测角点,并用绿色小圆圈标记出角点,效果如图 11-5 所示,左侧是原图,右侧是标识了角点的图像。

图 11-5　亚像素级别角点检测

代码位置：src/feature_detection_and_matching/cornerSubPix.py。

```python
import cv2
import numpy as np

# 读取图像并转换为灰度图像
img = cv2.imread('../images/girl8.png')
img_original = img.copy()
gray = cv2.cvtColor(img, cv2.COLOR_BGR2GRAY)

# 使用 Shi-Tomasi 方法找到角点
corners = cv2.goodFeaturesToTrack(gray, 50, 0.01, 10)

# 重塑为二维数组
corners = corners.reshape(-1, 2)

# 定义停止标准.迭代次数达到 10 或移动量小于 0.001
criteria = (cv2.TERM_CRITERIA_EPS + cv2.TERM_CRITERIA_MAX_ITER, 10, 0.001)

# 亚像素级别的角点检测
corners_subpix = cv2.cornerSubPix(gray, corners, (5, 5), (-1, -1), criteria)
# 画出角点
for corner in corners_subpix:
    x, y = corner.ravel()
    cv2.circle(img, (int(x), int(y)), 5, (0,255,0), -1)
# 水平合并图像
merged_image = np.hstack((img_original, img))        # 水平合并原图和带角点的图像

# 展示图像
cv2.imshow("Subpixel Corners", merged_image)         # 显示合并后的图像
cv2.waitKey(0)
cv2.destroyAllWindows()
```

11.2　特征点检测

本节首先介绍关键点和描述子的概念与相关函数,然后介绍常用特征点的检测方法,这些特征点检测包括 SIFT、SURF 和 ORB。

第 81 集
微课视频

11.2.1 关键点和描述子

在计算机视觉中,关键点和描述子是理解和描述图像内容的基础工具。关键点是图像中一个或一组具有显著意义且容易被识别的点。这些点在图像的不同变换(如缩放、旋转和平移)下具有一致性和可重复性。举例来说,当看到一张人脸的照片时,眼睛、嘴巴和鼻子通常是人们首先关注的地方;在计算机视觉中,这些可以被视为关键点。这些点不仅仅是单个像素点,而是一个包含方向、尺度和强度信息的复杂结构。

OpenCV4 中所有的特征点类都继承自 Feature2D 类。在 Feature2D 类中,定义了能够直接计算关键点的 cv2.Feature2D.detect()方法,该方法的原型如下:

cv2.Feature2D.detect(image[, mask]) -> keypoints

参数含义如下:

(1) image:输入图像,通常为灰度图像。

(2) mask:掩膜图像。定义了需要进行关键点检测的图像区域。

(3) keypoints:检测到的关键点列表。

描述子是对这些关键点的进一步细化,它们捕获了关键点周围区域更多的详细信息,从而能更准确地描述和匹配图像内容。一个好的描述子能够在各种不同的情况下(如不同的光照、角度或尺度)仍然准确地匹配到相同的关键点。简单地说,如果关键点是通过一个小孔看到的一部分图像,那么描述子就是通过放大镜看到的更多细节。

Feature2D 类提供了用于计算每种特征点描述子的 cv2.Feature2D.compute()方法,该方法的原型如下:

cv2.Feature2D.compute(image, keypoints[, descriptors]) -> keypoints, descriptors

参数含义如下:

(1) image:输入图像,通常为灰度图像。

(2) keypoints:由 detect 函数或其他方式获得的关键点列表。

(3) keypoints:可能会被更新(例如,去掉边缘上的关键点)的关键点列表。

(4) descriptors:关键点的描述子矩阵,每一行对应一个关键点。

这两者通常是相辅相成的,先检测关键点,然后计算这些关键点的描述子。这样做不仅使描述子的计算更为高效,而且通常也能提高匹配的准确性。这些信息经常用于图像匹配、物体识别、图像拼接及更多高级的应用,如三维重建和机器人导航。关键点和描述子是计算机视觉中用于理解图像的基础元素,是许多更复杂算法和应用的基础。

关键点和描述子在多个计算机视觉应用中起到至关重要的作用。

(1) 图像匹配和物体识别:例如,在一个数据库中搜索与给定图像相似的图像,或用于识别特定物体,如品牌标志、建筑物或面部特征。

(2) 图像拼接和全景图生成:通过找到不同图像间的相同关键点,并用描述子进行匹配,从而实现图像拼接。

(3) 视频追踪:在多帧图像或视频流中追踪特定物体或特点,比如用于运动分析或者物体跟踪。

(4) 增强现实(AR):识别现实世界中的物体或标记,并在其上叠加虚拟信息。

(5) 三维模型构建:通过多视角图像中的关键点匹配来估算三维结构。

（6）动作识别：通过分析人体关键点的运动来识别特定的动作或姿态。

（7）机器人导航和 SLAM（同时定位与地图构建）：机器人通过识别并追踪其环境中的关键点来定位自己。

（8）医学图像分析：如在 MRI、CT 扫描图中识别有意义的生物标记。

（9）车辆自动驾驶：用于路面、交通标志和其他车辆的识别。

（10）安全和监控：如自动识别不寻常的活动或物体。

（11）图像编辑和美化：如通过关键点检测自动调整图像中的特定区域。

关键点和描述子的这些应用通常需要配合其他算法和技术，如机器学习分类器、优化算法等，以实现更高级的功能。不过，它们为这些高级应用提供了基础的视觉理解，是多数复杂视觉系统不可或缺的组成部分。

11.2.2　SIFT 特征点检测

尺度不变特征变换（Scale-Invariant Feature Transform，SIFT）是一种在计算机视觉和图像处理中被广泛使用的特征检测算法。SIFT 特别适用于识别和描述局部图像特征，并且具有良好的尺度、旋转和亮度不变性。这意味着无论对象的大小、方向或光照如何变化，SIFT 都能有效地识别和匹配这些对象。

在一个给定的图像中，SIFT 算法首先会找出一些关键点，这些点是图像中一些具有独特属性和显著性的地方，比如角点或边缘的交汇点。这些关键点通常是通过一个复杂的数学过程来确定的，包括在不同的尺度或分辨率下对图像进行高斯模糊，并找出局部最大值或最小值。

找到关键点后，SIFT 会为每个关键点生成一个描述子。这个描述子是一个向量，它包含了关键点周围像素的某些统计信息，这些信息对于后续的匹配和识别是非常有用的。

由于 SIFT 的这些优点，它在许多应用中都得到了广泛的使用，包括图像匹配、物体识别、全景图像拼接，以及更复杂的三维场景重建等。总体来说，SIFT 提供了一种强大而灵活的方法，用于从复杂、多变的图像数据中提取有用的信息。

SIFT 算法主要分为 4 个步骤：

（1）尺度空间极值检测：通过不断地对图像进行高斯模糊，并在多个尺度（scale）上找到局部极值点。

$$L(x,y,\sigma)=G(x,y,\sigma)*I(x,y) \tag{11-4}$$

其中，L 是尺度空间函数，G 是高斯函数，I 是图像，σ 是尺度。

（2）关键点定位：在每一个候选的极值点附近拟合一个函数来精确定位极值点。

（3）方向分配：给每一个关键点分配一个或多个方向。

（4）关键点描述：在关键点周围的邻域内，计算其描述子。

OpenCV4 提供了用于描述 SIFT 特征点的 SIFT 类，通过 cv2.SIFT_create() 函数可以创建 SIFT 类的实例，该函数的原型如下：

```
cv2.SIFT.create([, nfeatures[, nOctaveLayers[, contrastThreshold[, edgeThreshold[, sigma[, enable_
precise_upscale]]]]]]) -> retval
```

参数含义如下：

（1）nfeatures：要检测的特征数量。

（2）nOctaveLayers：高斯金字塔中每一组（octave）的层数。

（3）contrastThreshold：用于过滤低对比度的关键点。

（4）edgeThreshold：用于过滤边缘响应的关键点。

（5）sigma：高斯模糊系数。用于高斯金字塔中的第一层过滤，有助于减少图像噪声和细节，是构建金字塔的基础。sigma 值越大，图像平滑的程度越高，这有助于在一定程度上抵抗图像噪声的影响，但也可能导致特征的丢失。

（6）enable_precise_upscale：是一个可选的布尔参数，用于控制是否启用精确的上采样方法。当设置为 True 时，它允许算法使用更精确的方法来执行关键点的尺度和位置的上采样。这可以提高特征匹配的准确度和稳定性，特别是在进行尺度和旋转不变特征匹配时。然而，启用这一选项可能会增加计算成本，导致算法运行更慢。

SIFT 提供了用于检测 SIFT 关键点和描述符的 sift. detectAndCompute()函数，该函数的原型如下：

```
sift.detectAndCompute(image, mask[, descriptors[, useProvidedKeypoints]]) -> keypoints, descriptors
```

参数含义如下：

（1）image：输入图像，通常是一个灰度图像。

（2）mask：可选参数。一个与输入图像同样大小的矩阵，用于指定图像的哪些部分应该被考虑来查找关键点。非零值表示对应的像素点会被考虑。

（3）descriptors：输出参数，这是一个 N 行 M 列的浮点型矩阵，其中 N 是检测到的关键点数量，M 是描述子的维数。

（4）useProvidedKeypoints：可选参数，默认为 False。如果为 True，则函数不会进行关键点检测，而是直接使用提供的关键点来计算描述子。

（5）keypoints：检测到的关键点列表，每个关键点是一个 cv2. KeyPoint 对象，其中包含关键点的各种属性（如位置、尺度、方向等）。

（6）descriptors：对应关键点的描述子矩阵。

下面的例子使用 detectAndCompute 方法检测图像中的 SIFT 特征点，并绘制出了这些特征点。如图 11-6 所示。左侧是原图，右侧是绘制了特征点的图像。

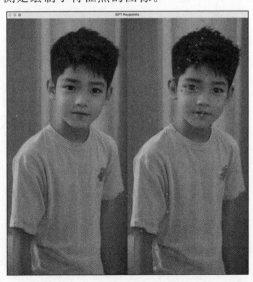

图 11-6　检测并绘制 SIFT 特征点

代码位置：src/feature_detection_and_matching/sift. py。

```
import cv2
import numpy as np

# 读取图像
img = cv2.imread('../images/girl16.png')

# 初始化 SIFT 检测器
sift = cv2.SIFT_create()

# 检测 SIFT 关键点和描述符
keypoints, descriptors = sift.detectAndCompute(img, None)

# 在图像上绘制关键点
img_sift = cv2.drawKeypoints(img, keypoints, None)

# 将原图和 SIFT 关键点检测后的图像水平合并
hstack_image = np.hstack((img, img_sift))

# 显示合并后的图像
cv2.imshow('SIFT Keypoints', hstack_image)
cv2.waitKey(0)
cv2.destroyAllWindows()
```

11.2.3 SURF 特征点检测

加速鲁棒特征（Speeded-Up Robust Features，SURF）是一种用于图像处理和计算机视觉的特征检测方法。这种方法是为了解决实时应用中特征检测速度慢的问题而设计的。它在某种程度上受到SIFT（Scale-Invariant Feature Transform）算法的启发，但对速度进行了优化。SURF 使用 Hessian 矩阵的行列式作为关键点的响应函数，以快速定位图像中的关键点位置。与 SIFT 不同，它采用 Haar 小波变换来计算关键点描述子，进一步提高了计算速度。由于这些优化，SURF 在关键点检测和描述子生成方面比 SIFT 更快，尤其适用于需要高速实时响应的应用，如图像匹配、目标跟踪和物体识别等。

SURF 在设计时特别注意了尺度和旋转不变性，使其能够在不同尺度和旋转下准确地匹配特征。此外，通过对 Hessian 矩阵和描述子进行近似和优化，SURF 大大减少了计算和内存的需求。但这些优化并没有明显牺牲算法的性能或准确性。因此，SURF 成为一种在实时应用和嵌入式系统中非常受欢迎的特征检测方法。

总的来说，SURF 提供了一种速度快、稳健性好的方法，用于从图像数据中提取有用的信息，包括关键点的位置、尺度和方向，以及用于后续图像分析任务（如匹配和识别）的描述子。然而，需要注意的是，由于 SURF 是受专利保护的算法，因此在商业应用中可能需要获得相应的许可。

SURF 基于 Hessian 矩阵的行列式来检测关键点，这比 SIFT 更快。然后使用波形近似来计算描述子。其原理如下。

1. 关键点检测

使用如下所示的 Hessian 矩阵的近似来快速找到关键点：

$$H = \begin{bmatrix} L_{xx}(p) & L_{xy}(p) \\ L_{xy}(p) & L_{yy}(p) \end{bmatrix} \tag{11-5}$$

其中，L_{xx}，L_{xy}，L_{yy} 是通过卷积得到的图像二阶导数。

2. 描述子生成

采用波形近似,并使用 Haar 小波来计算描述子。

OpenCV4 通过 xfeatures2d 模块①提供了描述 SURF 特征点的 SURF 类,使用 cv2. xfeatures2d. SURF_create()函数可以创建 SURF 实例,该函数的原型如下:

```
cv2.xfeatures2d.SURF_create ([, hessianThreshold[, nOctaves[, nOctaveLayers[, extended[, upright]]]]]) -> retval
```

参数含义如下:

(1) hessianThreshold:Hessian 矩阵的阈值,只有大于此值的点才会被认为是关键点。

(2) nOctaves:金字塔的层数。

(3) nOctaveLayers:每一层金字塔的图像层数。

(4) extended:是否要使用扩展的描述子。

(5) upright:是否使用垂直的主方向,这样会忽略关键点的方向。

下面的例子使用 surf.detectAndCompute()方法检测图像中的 SURF 特征点,并绘制出这些特征点,如图 11-7 所示。左侧是原图,右侧是绘制了特征点的图像。

图 11-7 检测并绘制 SURF 特征点

代码位置:src/feature_detection_and_matching/surf.py。

```python
import cv2
import numpy as np

# 读取图像
img = cv2.imread('../images/girl3.png')

# 转换为灰度图像以进行 SURF 计算
gray = cv2.cvtColor(img, cv2.COLOR_BGR2GRAY)
```

---

① xfeatures2d 是一个模块,用于提供一些额外的二维特征算法,这些算法通常不是由标准的 OpenCV 提供的。这个模块通常包括一些高级、非自由(即受专利保护或商业限制)的特征检测和描述算法。

```
# 初始化 SURF 检测器
surf = cv2.xfeatures2d.SURF_create(hessianThreshold = 400)

# 检测关键点和计算描述子
keypoints, descriptors = surf.detectAndCompute(gray, None)

# 在原彩色图像上绘制关键点
img_keypoints = cv2.drawKeypoints(img, keypoints, None, (0, 255, 0), flags = cv2.DRAW_MATCHES_FLAGS_DRAW_
RICH_KEYPOINTS)

# 水平合并原图和关键点图
merged = np.hstack((img, img_keypoints))

# 显示图像
cv2.imshow('SURF Keypoints', merged)
cv2.waitKey(0)
cv2.destroyAllWindows()
```

在 OpenCV 中，使用 SURF 对象时，可以选择使用 compute()方法和 detectAndCompute()方法中的任何一个，具体取决于读者需求。当已经有一组关键点，并想用 SURF 算法来计算这些关键点的描述子时，可以使用 compute()方法。compute()方法的参数与 detectAndCompute()方法的参数相同，需要将关键点通过 computer 方法的第 2 个参数传入。

如果使用 pip 命令安装 Python OpenCV，那么运行前面的代码可能会抛出如下的异常：

```
cv2.error: OpenCV(4.8.0) /Users/runner/work/opencv - python/opencv - python/opencv_contrib/modules/
xfeatures2d/src/surf.cpp:1028: error: ( - 213:The function/feature is not implemented) This algorithm is
patented and is excluded in this configuration; Set OPENCV_ENABLE_NONFREE CMake option and rebuild the
library in function 'create'
```

产生这个错误的原因是 SURF 是受到版权保护的，所以 OpenCV 默认是不带 xfeatures2d 模块的，需要自己编译 OpenCV 源代码，并在编译时指定 OPENCV_ENABLE_NONFREE 选项，这样 OpenCV 就可以使用受到版权保护的功能了，如 SURF。即使重新编译了 OpenCV，可以使用 SURF，在商用时也要注意版权问题，通常需要购买商业授权。

11.2.4　ORB 特征点检测

带方向的 FAST 特征点检测与旋转的 BRIEF 描述子（Oriented FAST and Rotated BRIEF，ORB）是一个高效的局部特征描述子，它是 FAST 关键点检测和 BRIEF 描述子的结合体，并且加入了许多修改和优化以提高性能和鲁棒性。ORB 是在不受专利限制的条件下，提供与 SIFT 和 SURF 类似性能的算法。

ORB 的主要组成部分如下：

（1）FAST 关键点检测：用于识别图像中的角点。

（2）BRIEF 描述子：一种用于生成关键点周围区域特征描述的方法。

所以 ORB 可以描述为 ORB＝FAST＋Rotated BRIEF。

OpenCV4 提供了用于描述 ORB 特征点的 ORB 类，通过 cv2.ORB_create()函数可以创建 ORB 类的实例，该函数的原型如下：

```
cv2.ORB.create([, nfeatures[, scaleFactor[, nlevels[, edgeThreshold[, firstLevel[, WTA_K[, scoreType[,
patchSize[, fastThreshold]]]]]]]]]) -> retval
```

参数含义如下：

(1) nfeatures：要检测的最大特征数量。

(2) scaleFactor：图像金字塔的缩放因子。

(3) nlevels：金字塔级数。

(4) edgeThreshold：边缘阈值。

(5) firstLevel：第一层。

(6) WTA_K：生成每个描述子元素时应使用的点数。

(7) patchSize：补丁大小。

(8) fastThreshold：FAST 检测器的阈值。

下面的例子使用 orb.detectAndCompute()方法检测图像中的 ORB 特征点，并绘制出了这些特征点。如图 11-8 所示。左侧是原图，右侧是绘制了特征点的图像。

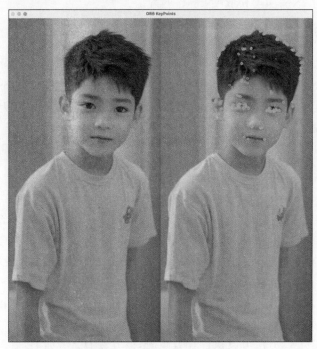

图 11-8 ORB 特征点检测与绘制

代码位置：src/feature_detection_and_matching/orb.py。

```python
import cv2
import numpy as np

# 读取图像
img = cv2.imread('../images/boy2.png')

# 创建 ORB 对象
orb = cv2.ORB_create()

# 找到关键点和描述子
keypoints, descriptors = orb.detectAndCompute(img, None)

# 在图像上绘制关键点
```

```
img_keypoints = cv2.drawKeypoints(img, keypoints, None, color = (0, 255, 0), flags = 0)

# 水平合并原图像和带关键点的图像
merged = np.hstack((img, img_keypoints))

# 显示图像
cv2.imshow('ORB KeyPoints', merged)
cv2.waitKey(0)
cv2.destroyAllWindows()
```

11.3　特征点匹配与绘制

本节主要介绍了特征点匹配的常用方法,以及如何绘制特征点的匹配结果。这些特征点匹配的常用方法包括暴力匹配、FLANN 匹配和 RANSAC 匹配。

11.3.1　暴力匹配与绘制

暴力匹配也叫穷举匹配,是一种非常直接的特征点匹配算法。对于第 1 个图像的每一个特征点描述子,它都会计算第 2 个图像所有特征点描述子之间的距离,并选择最近的那个作为匹配对象。

距离计算公式有多种,其中包括欧氏距离、曼哈顿距离和汉明距离等。暴力匹配可以选择一种距离计算公式来计算特征点描述子之间的距离。

OpenCV4 提供了 BFMatcher 类,用于暴力匹配,该类的构造方法原型如下:

第 82 集
微课视频

```
cv2.BFMatcher([, normType[, crossCheck]]) -> retval
```

参数详细含义如下:

(1) normType:描述子之间比较的距离类型。常用的选项有 cv2. NORM_L1,cv2. NORM_L2,cv2. NORM_HAMMING 等。默认是 cv2. NORM_L2。其中 cv2. NORM_L1 表示使用 L1 范数进行比较,cv2. NORM_L2 表示使用 L2 范数进行比较,cv2. NORM_HAMMING 表示使用汉明距离进行比较,适用于 ORB、BRIEF 等二进制描述子。

(2) crossCheck:布尔值,用于指定是否使用交叉检查。交叉检查是指两个匹配对中的点互为最近邻。默认是 False。

使用 BFMatcher. match()方法可以执行暴力匹配,该方法的原型如下:

```
BFMatcher.match(descriptors1, descriptors2[, mask]) -> matches
```

参数含义如下:

(1) descriptors1:第 1 个图像的描述子集合,通常是一个 NumPy 数组。

(2) descriptors2:第 2 个图像的描述子集合,同样是一个 NumPy 数组。

(3) mask:可选参数,一个掩膜数组,用于过滤某些匹配。

(4) matches:返回值,一个 DMatch 对象列表,该列表包含了匹配的信息,如查询描述子的索引(queryIdx)、训练描述子(即 descriptors2 中的描述子)的索引(trainIdx),以及二者之间的距离(distance)。

OpenCV4 提供了用于绘制两个图像之间匹配点的 cv2. drawMatches()函数,该函数的原型如下:

```
cv2.drawMatches(img1, keypoints1, img2, keypoints2, matches1to2, outImg[, matchColor[, singlePointColor[, matchesMask[, flags]]]]) -> outImg
```

参数含义如下：

（1）img1：第1个源图像。

（2）keypoints1：第1个源图像中的关键点列表。

（3）img2：第2个源图像。

（4）keypoints2：第2个源图像中的关键点列表。

（5）matches1to2：从img1到img2的匹配关系列表，通常是DMatch对象的列表。

（6）outImg：输出图像，将包含两个输入图像和它们之间的匹配关系。

（7）matchColor：用于绘制匹配关系的颜色，通常是一个(B,G,R)元组。

（8）singlePointColor：用于绘制单个点(没有匹配关系)的颜色。

（9）matchesMask：匹配掩膜，是一个布尔数组或列表，用于指示哪些匹配对应该被绘制。

（10）flags：特定的标志，如cv2.DrawMatchesFlags_NOT_DRAW_SINGLE_POINTS，表示不绘制没有匹配关系的单个点。

（11）outImg：返回值，一个新图像，其中包含两个源图像以及用线段连接的匹配的关键点。

下面的例子是暴力匹配了两个图像，左侧图像中熊猫身体上有一个小男孩，右侧是尺寸更大的同样的小男孩。暴力匹配会匹配不同尺寸的两个小男孩中对应的特征点，并且显示了20个匹配点，在两个图像中的相应特征点之间会用不同颜色的直线标识，效果如图11-9所示。

图 11-9　暴力匹配

代码位置：src/feature_detection_and_matching/brute_force_matching. py。

```python
import cv2
import numpy as np

# 读取两幅图像
img1 = cv2.imread('../images/newgirl.png')
img2 = cv2.imread('../images/boy4.png')

# 初始化 SIFT 检测器
sift = cv2.SIFT_create()

# 检测 SIFT 特征点和计算描述子
keypoints1, descriptors1 = sift.detectAndCompute(img1, None)
keypoints2, descriptors2 = sift.detectAndCompute(img2, None)

# 使用 BFMatcher 进行暴力匹配
bf = cv2.BFMatcher(cv2.NORM_L2, crossCheck = True)

# 执行匹配
matches = bf.match(descriptors1, descriptors2)

# 对匹配结果进行排序
matches = sorted(matches, key = lambda x: x.distance)

# 使用 drawMatches 函数绘制匹配结果
img_matches = cv2.drawMatches(img1, keypoints1, img2, keypoints2, matches[:20], None, flags = cv2.
DrawMatchesFlags_NOT_DRAW_SINGLE_POINTS)

# 显示合并后的图像
cv2.imshow('Brute - Force Matching', img_matches)
cv2.waitKey(0)
cv2.destroyAllWindows()
```

11.3.2　FLANN 匹配

FLANN 匹配是一种近似的最近邻搜索算法，但它与暴力匹配不同，它使用了数据结构（如 KD 树或者 K-means 树等）来提高匹配速度。暴力匹配是一种精确匹配，但当描述子数量很大时，其效率很低。而 FLANN 匹配则能在保证一定准确度的前提下，大幅度提高匹配速度。

FLANN 匹配使用多种搜索算法（如 KD 树、K-means 等）进行快速近似最近邻搜索。数学上，给定一个点集 P 和一个查询点 q，FLANN 寻找 P 中距离 q 最近的点。计算公式如下所示：

$$d(p,q) = \sqrt{\sum_{i=1}^{n}(p_i - q_i)^2} \tag{11-6}$$

OpenCV4 提供了用于 FLANN 匹配的 FlannBasedMatcher 类，该类的构造方法原型如下：

```python
cv2.FlannBasedMatcher(indexParams, searchParams) -> matcher
```

参数含义如下：

（1）indexParams：索引参数，是一个字典，描述了用于近似搜索的算法和相应参数。例如，对于 KD 树，你可能会使用{'algorithm': 0, 'trees': 5}。

（2）searchParams：搜索参数，通常设置为{'checks': 50}，表示进行 50 次随机检查来搜索最近邻。

通过 FlannBasedMatcher. knnMatch()方法，可以执行匹配，该方法的原型如下：

```
FlannBasedMatcher.knnMatch (queryDescriptors, trainDescriptors, k[, mask[, compactResult]]) -> matches
```

参数含义如下：

（1）queryDescriptors：查询图像的描述子，这是一个 NumPy 数组，其中每一行是一个描述子。

（2）trainDescriptors：训练图像（或数据库中图像）的描述子，也是一个 NumPy 数组。

（3）k：该参数表示要找到每个查询描述子的最近邻个数。例如，如果 $k=2$，那么对于每个查询描述子，算法会找到距离最近和次近的两个训练描述子。

（4）mask：用于过滤匹配的掩膜矩阵，是一个 len(queryDescriptors)×len(trainDescriptors) 大小的矩阵。

（5）compactResult：默认为 False。如果设置为 True，那么 knnMatches 列表中不会包含空列表。

（6）matches：返回值，是一个列表，其中每个元素都是 DMatch 对象的列表。这些 DMatch 对象包含了查询描述子与找到的 K 个最近邻训练描述子之间的匹配信息。

该方法允许读者找到每个查询描述子的 k 个最佳匹配（即最近邻），从而可以进一步进行比如 Lowe 的比值测试等操作，以筛选出更可靠的匹配点。

下面的例子使用 FLANN 匹配处理了两个图像，左侧图像中熊猫身体上有一个小男孩，右侧是尺寸更大的同样的小男孩。FLANN 匹配会匹配不同尺寸的两个小男孩中对应的特征点，并且显示了满足条件的特征点，在两个图像中的相应特征点之间会用不同颜色的直线标识，效果如图 11-10 所示。

图 11-10　FLANN 匹配

代码位置：src/feature_detection_and_matching/flann_matching.py。

```python
import cv2
import numpy as np

# 读取图像
img1 = cv2.imread('../images/newgirl.png')
```

```
img2 = cv2.imread('../images/boy4.png')

# 初始化 SIFT 检测器并找到关键点和描述子
sift = cv2.SIFT_create()
kp1, des1 = sift.detectAndCompute(img1, None)
kp2, des2 = sift.detectAndCompute(img2, None)

# FLANN 参数配置
FLANN_INDEX_KDTREE = 0
index_params = dict(algorithm = FLANN_INDEX_KDTREE, trees = 5)
search_params = dict(checks = 50)

# 创建 FLANN 匹配对象
flann = cv2.FlannBasedMatcher(index_params, search_params)
print(type(flann))
# 执行匹配
matches = flann.knnMatch(des1, des2, k = 2)

# 保存所有良好匹配(Lowe's ratio test)
good_matches = []
for m, n in matches:
    # 0.5 是阈值,该值越小,匹配越严格,这个值是从 0 到 1 的一个浮点数
    if m.distance < 0.5 * n.distance:
        good_matches.append(m)

# 使用 drawMatches 绘制匹配
draw_params = dict(matchColor = (0, 255, 0),
                   singlePointColor = (255, 0, 0),
                   flags = 0)

img_result = cv2.drawMatches(img1, kp1, img2, kp2, good_matches, None, flags = cv2.DrawMatchesFlags_NOT_
DRAW_SINGLE_POINTS)

# 显示图像
cv2.imshow("FLANN Matches", img_result)
cv2.waitKey(0)
cv2.destroyAllWindows()
```

在 Lowe 的比值测试[①](Lowe's ratio test)中,0.5 是一个阈值,用于确定两个最近邻之间距离的相似性。这个测试的基本思想是,对于每一个特征点的描述子,找到与其最近和次近的匹配。然后,这两个匹配之间的距离比值(即最近距离除以次近距离)被计算并与该阈值(在这里是 0.5)进行比较。

如果这个比值小于阈值,那么最近的匹配被认为是良好的匹配。如果比值大于或等于该阈值,那么该匹配被认为是不可靠的,因此被丢弃。该值的设定反映了匹配的质量或可靠性。较低的值(接近 0)会使匹配更严格,只有非常相似的特征点才会被匹配,通常这会减少匹配点的数量但会提高匹配质量。较高的值(接近 1)则会使匹配更为轻松,允许更多的特征点被匹配,但可能会增加错误匹配的风险。

选择合适的阈值通常取决于应用场景和对匹配质量与数量之间平衡的需求。Lowe 在其论文中推荐使用 0.7 作为这个比值测试的阈值,这个值在多数情况下都表现得相当好。然而,根据具体应用,这个值可能需要调整。例如,在本例中,将其调整为 0.5 比较合适,如何将该值设置为 0.7,那么会得到如

---

① Lowe 的比值测试(Lowe's Ratio Test)是一种用于过滤匹配点的方法,主要应用在特征点匹配的场景中。这种测试是由 David G. Lowe 在其关于 SIFT(尺度不变特征变换)算法的论文中提出的。

图 11-11 所示的效果。由此可以看到,如果将阈值设置为 0.7,那么有些不匹配的点也符合匹配条件了。

图 11-11 阈值为 0.7 时的匹配效果

当使用 Lowe 的比值测试时,阈值越小意味着匹配标准越严格。在这种情况下,只有当最近邻与次近邻之间的距离比值明显较小(即比阈值小)时,才认为这是一个好的匹配。因此,较低的阈值通常会导致匹配的特征点数量减少,但这些匹配通常更可靠、更准确。

具体来说,如果设置一个非常低的阈值,如 0.1 或 0.2,那么只有在最近距离与次近距离的比值非常小的情况下,才会认为两个特征点是匹配的。虽然这样可以提高匹配的质量,但也可能导致很多潜在的好匹配被忽略,从而减少匹配的特征点数量。

总之,对阈值的选择需要一个权衡:较低的值提高匹配质量但可能减少匹配数量,而较高的值则可能增加匹配数量但降低匹配质量。根据应用场景和需求,可能需要调整这个值。

11.3.3 RANSAC 匹配

随机抽样一致(Random Sample Consensus,RANSAC)匹配是一种用于从一组观测数据集中估计数学模型参数的迭代方法。在特征点匹配的应用中,RANSAC 常用于过滤掉错误匹配的特征点对,提高特征匹配的准确性。

RANSAC 的工作原理如下。

(1)随机选取最小数量的匹配对,用于构建一个可能的模型。

(2)使用这个模型对所有其他的数据点进行测试,将符合该模型的点加入一个一致集中。

(3)如果当前的一致集中的点数多于某个阈值,重新估计模型,并评估模型的质量。

(4)如果当前模型优于之前的模型,保存当前模型。

(5)重复上述步骤直到达到迭代次数或找到一个足够好的模型。

　　FLANN 是一种用来找到最近邻的快速算法,而 RANSAC 是一种用于模型估计的鲁棒方法。两者可以结合使用:首先使用 FLANN 找到初步的匹配,然后用 RANSAC 进一步筛选和优化这些匹配。

　　OpenCV4 提供了利用 RANSCA 算法计算单应性矩阵[①]并去掉错误匹配结果的 cv2.findHomography()函数,该函数的原型如下:

```
cv2. findHomography ( srcPoints, dstPoints [, method [, ransacReprojThreshold [, mask [, maxIters [,
confidence]]]]]) -> retval, mask
```

参数含义如下:

(1) srcPoints:源图像中的特征点坐标。

(2) dstPoints:目标图像中的特征点坐标。

(3) method:模型估计方法,常用 cv2. RANSAC。

(4) ransacReprojThreshold:RANSAC算法中的距离阈值。

(5) mask:输出,表示每个点是否为内点的掩膜。

(6) maxIters:RANSAC 的最大迭代次数。

(7) confidence:模型的置信度。

(8) retval:返回值,单应性矩阵,一个 3×3 的矩阵。这个矩阵用于描述一个平面到另一个平面的投影关系。

(9) mask:返回值,一个掩膜数组(mask array),用于指示哪些点是内点(inliers),即符合单应性变换的点;哪些是离群点(outliers),即不符合单应性变换的点。这个数组的长度和输入点的数量相同。

　　下面的例子使用 RANSAC 匹配处理了两个图像,左侧图像中熊猫身体上有一个小男孩,右侧是尺寸更大的同样的小男孩。RANSAC 匹配会匹配不同尺寸的两个小男孩中对应的特征点,并且显示了满足条件的特征点,在两个图像中的相应特征点之间用不同颜色的直线标识,效果如图 11-12 所示。

　　代码位置:**src/feature_detection_and_matching/ransac_matching. py**。

```python
import cv2
import numpy as np

# 读取两幅图像
img1 = cv2.imread('../images/newgirl.png')
img2 = cv2.imread('../images/boy4.png')

# 使用 SIFT 特征检测和描述符提取
sift = cv2.SIFT_create()
keypoints1, descriptors1 = sift.detectAndCompute(img1, None)
keypoints2, descriptors2 = sift.detectAndCompute(img2, None)

# 使用 BFMatcher 进行暴力匹配
bf = cv2.BFMatcher(cv2.NORM_L2, crossCheck = True)
matches = bf.match(descriptors1, descriptors2)

# 按距离排序
matches = sorted(matches, key = lambda x: x.distance)

# 从匹配中提取关键点
```

---

　　① 单应性矩阵(Homography Matrix)是一个 3×3 的矩阵,用于描述两个平面之间的投影关系。具体来说,假设有两个平面 A 和 B,单应性矩阵就能表示从平面 A 到平面 B 的像素级映射。

图 11-12　RANSAC 匹配

```
points1 = np.float32([keypoints1[m.queryIdx].pt for m in matches]).reshape(-1, 1, 2)
points2 = np.float32([keypoints2[m.trainIdx].pt for m in matches]).reshape(-1, 1, 2)

# 使用 RANSAC 进行优化
_, mask = cv2.findHomography(points1, points2, cv2.RANSAC, 5.0)
matchesMask = mask.ravel().tolist()

# 画出匹配
draw_params = dict(matchColor = (0,255,0), singlePointColor = (255, 0, 0), matchesMask = matchesMask,
flags = 2)
img_result = cv2.drawMatches(img1, keypoints1, img2, keypoints2, matches, None, ** draw_params)

# 显示图像
cv2.imshow("RANSAC Optimized Matching", img_result)
cv2.waitKey(0)
cv2.destroyAllWindows()
```

11.4　本章小结

这一章提供了一系列全面而深入的内容，涵盖了从基础的角点检测到高级的特征匹配算法。通过多个实例和代码示例，不仅理解了这些概念的理论基础，还看到了它们在实际应用中的表现。本章还探讨了如何通过 RANSAC 等算法进一步优化特征匹配，以满足不同的应用场景需求。总体而言，本章为想要深入了解特征点检测与匹配的读者提供了宝贵的知识和工具。

第 12 章

CHAPTER 12

视 频 处 理

本章主要介绍如何使用 cv2.VideoCapture 类完成各种与视频相关的工作,主要包括拍照、录制视频、录制彩色和灰度混合的视频、播放视频和获取视频文件的属性。

12.1 控制摄像头

本节主要介绍如何使用 OpenCV4 的相关 API 拍照、录制视频,以及在彩色视频和灰度视频之间相互转换。

12.1.1 拍照

第 83 集
微课视频

OpenCV4 提供了 cv2.VideoCapture 类,用于捕获视频,该类可以从文件、图像序列或相机中捕获视频。它的主要方法包括打开视频源、读取视频帧、设置和获取视频属性等。

cv2.VideoCapture 类构造方法的原型如下:

```
cv2.VideoCapture(filename or index, apiPreference = cv2.CAP_ANY)
```

参数含义如下:

(1) filename or index:这个参数可以是一个字符串或一个整数。如果是字符串,它应该是视频文件的路径(例如,"video.avi")或图像序列(例如,"img_%02d.jpg",其中%02d 是图像序列的帧号)。如果是整数,它是要打开的相机的索引号。通常,0 表示系统默认的相机。

(2) apiPreference:这个参数是一个可选参数,它指定了要使用的底层视频 I/O API。默认值是 cv2.CAP_ANY,这意味着 OpenCV 会自动选择最合适的 API。但是,读者可以指定其他 API,例如,cv2.CAP_FFMPEG(用于读取视频文件和图像序列)或 cv2.CAP_V4L2(用于 Linux 上的视频捕获)。

cv2.VideoCapture 类的主要方法如下:

(1) isOpened():检查是否成功打开了视频源。

(2) open(filename or index,apiPreference=cv2.CAP_ANY):打开指定的视频源。

(3) read():读取下一帧。返回一个布尔值(表示是否成功读取了帧)和帧本身。

(4) release():释放视频源。

(5) set(propId,value):设置视频属性。propId 是属性的标识符(例如,cv2.CAP_PROP_FRAME_WIDTH 表示帧宽),value 是将要设置的值。

(6) get(propId):获取视频属性的值。

下面的例子使用 VideoCapture 类的相关方法显示摄像头拍摄窗口,然后在拍摄窗口上单击鼠标左键,会将当前拍摄到的视频帧保存成图像文件。图像文件的命名规则是从 1 开始,以此类推,如 1.jpg、2.jpg 等。如果遇到文件名重复的情况,序号会不断增长,直到遇到一个不存在的文件名。

代码位置:**src/video/capture.py**。

```python
import cv2
import os

# 寻找下一个可用的文件名
def find_next_filename():
    index = 1
    while os.path.exists(f"{index}.jpg"):
        index += 1
    return f"{index}.jpg"

# 捕捉一张照片并保存
def take_photo(cap):
    ret, frame = cap.read()
    if not ret:
        print("无法读取帧")
        return
    filename = find_next_filename()
    cv2.imwrite(filename, frame)
    print(f"照片已保存为:{filename}")

# 处理鼠标事件的回调函数
def on_mouse(event, x, y, flags, param):
    # 检查是否是鼠标左键单击事件
    if event == cv2.EVENT_LBUTTONDOWN:
        take_photo(param)

def main():
    cv2.namedWindow("摄像头预览", cv2.WINDOW_NORMAL)
    cap = cv2.VideoCapture(0)
    if not cap.isOpened():
        print("无法打开摄像头")
        exit()

    # 设置鼠标回调函数来监听鼠标事件
    cv2.setMouseCallback("摄像头预览", on_mouse, cap)

    while True:
        ret, frame = cap.read()
        if not ret:
            print("无法读取帧")
            break
        cv2.imshow("摄像头预览", frame)
        # 按 Esc 键退出
        if cv2.waitKey(1) & 0xFF == 27:
            break
    cap.release()
    cv2.destroyAllWindows()

if __name__ == "__main__":
    main()
```

运行程序就会显示摄像头拍摄窗口,对于不同的操作系统,拍摄窗口的样式可能会不一样。图 12-1

是 macOS 系统下的视频拍摄窗口。

在窗口上不断单击鼠标,在终端上会看到输出了如下所示的信息:

```
Changed waitThread to realtime priority!
Asked for all format descriptions...
照片已保存为:1.jpg
照片已保存为:2.jpg
照片已保存为:3.jpg
照片已保存为:4.jpg
```

同时,在当前目录会出现多张 JPG 图像文件,如图 12-2 所示。

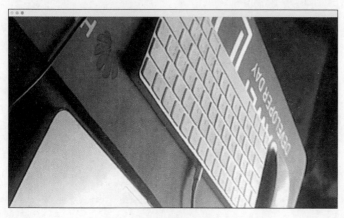

图 12-1　macOS 系统下的视频拍摄窗口

图 12-2　拍摄的照片文件

12.1.2　录制视频

使用 cv2. VideoCapture 类同样可以录制视频,其基本原理就是将从摄像头捕捉到的画面通过
cv2. VideoWriter 类的 write 方法实时写入视频文件。具体的实现代码如下:

代码位置:src/video/record_video. py。

```python
import cv2
import os

def find_next_filename():
    # 寻找下一个可用的文件名
    index = 1
    while os.path.exists(f"{index}.mp4"):
        index += 1
    return f"{index}.mp4"

def main():
    # 打开摄像头
    cap = cv2.VideoCapture(0)
    if not cap.isOpened():
        print("无法打开摄像头")
        exit()

    # 获取摄像头的帧率和分辨率
    frame_width = int(cap.get(cv2.CAP_PROP_FRAME_WIDTH))
    frame_height = int(cap.get(cv2.CAP_PROP_FRAME_HEIGHT))
    fps = int(cap.get(cv2.CAP_PROP_FPS))
```

```
# 找到下一个文件名并创建一个 VideoWriter 对象
filename = find_next_filename()
out = cv2.VideoWriter(filename, cv2.VideoWriter_fourcc( * 'mp4v'), fps, (frame_width, frame_height))

print(f"录像已开始,将保存为 {filename}。按 'q' 键停止录像。")

while True:
    # 读取帧
    ret, frame = cap.read()
    if not ret:
        print("无法读取帧")
        break

    # 将帧写入视频文件
    out.write(frame)

    # 显示帧
    cv2.imshow('Recording', frame)

    # 检查用户是否按下了 q 键
    if cv2.waitKey(1) & 0xFF == ord('q'):
        break

# 释放资源并关闭窗口
cap.release()
out.release()
cv2.destroyAllWindows()
print(f"录像已停止,视频被保存为 {filename}")

if __name__ == "__main__":
    main()
```

在上述代码中:

(1) find_next_filename()函数会查找下一个可用的文件名。

(2) 在 main 函数中首先使用 cv2.VideoCapture()函数打开摄像头,并获取摄像头的帧率和分辨率。

(3) 然后创建一个 cv2.VideoWriter 对象,用于写入视频文件。这里指定了视频文件的名称、编码器、帧率和分辨率。

(4) 在循环中,读取每一帧,然后将其写入视频文件,并在窗口中显示该帧。如果用户按下 q 键,则会退出循环。

(5) 最后,释放摄像头和视频写入对象,并关闭显示窗口。

运行程序,会看到如图 12-3 所示的视频拍摄窗口,按 q 键停止拍摄,并关闭视频拍摄窗口,并在当前目录生成一个 1. mp4 的文件。

12.1.3 录制彩色与灰度混合视频

由于使用 cv2.VideoCapture()函数捕捉的是视频采集的每一帧画面,所以可以在某一个时间点将这些画面转换为灰度图像,再写入视频文件。这样就可以制作出彩色与灰度混合的视频,具体实现代码如下:

代码位置:src/video/record_rgb_gray_video.py。

```
import cv2
import os
```

图 12-3　视频拍摄窗口

```python
def find_next_filename():
    # 寻找下一个可用的文件名
    index = 1
    while os.path.exists(f"{index}.mp4"):
        index += 1
    return f"{index}.mp4"
# 处理鼠标事件的回调函数
def on_mouse(event, x, y, flags, param):
    # 检查是否是鼠标左键单击事件
    if event == cv2.EVENT_LBUTTONDOWN:
        # 切换写入灰度图像或是彩色图像的标志
        param[0] = not param[0]


def main():
    # 打开摄像头
    cap = cv2.VideoCapture(0)
    if not cap.isOpened():
        print("无法打开摄像头")
        exit()


    # 获取摄像头的帧率和分辨率
    frame_width = int(cap.get(cv2.CAP_PROP_FRAME_WIDTH))
    frame_height = int(cap.get(cv2.CAP_PROP_FRAME_HEIGHT))
    fps = 8                              # 设置较小的帧率,尽可能使视频的帧率与摄像头的帧率保持一致
    # 找到下一个文件名并创建一个 VideoWriter 对象
    filename = find_next_filename()
    out = cv2.VideoWriter(filename, cv2.VideoWriter_fourcc( * 'mp4v'), fps, (frame_width, frame_height))
    print(f"录像已开始,将保存为 {filename}。按 q 键停止录像。")
    # 初始化标志和参数
    write_gray = [False]                 # 使用列表来使得参数可以在回调函数中被修改
    while True:
        # 读取帧
        ret, frame = cap.read()
        if not ret:
            print("无法读取帧")
            break
        # 根据标志将图像转换为灰度图像或保持为彩色图像
        if write_gray[0]:
            gray_frame = cv2.cvtColor(frame, cv2.COLOR_BGR2GRAY)
            display_frame = gray_frame              # 用于显示的单通道灰度图像
```

```
    # 将单通道灰度图像复制到三个通道以便保存为彩色图像
    frame = cv2.cvtColor(gray_frame, cv2.COLOR_GRAY2BGR)
    display_frame = frame                    # 用于显示的彩色图像
    # 将帧写入视频文件
    out.write(frame)
    # 显示帧
    cv2.imshow('Recording', display_frame)
    cv2.setMouseCallback('Recording', on_mouse, write_gray)
    # 检查用户是否按下了 q 键
    if cv2.waitKey(1) & 0xFF == ord('q'):
        break

    # 释放资源并关闭窗口
    cap.release()
    out.release()
    cv2.destroyAllWindows()
    print(f"录像已停止,视频被保存为 {filename}")

if __name__ == "__main__":
    main()
```

运行程序,一开始录制的是彩色画面,如图 12-4 所示。当单击在拍摄窗口上点击鼠标左键,拍摄画面就会立刻变成灰度画面(如图 12-5 所示),然后再用鼠标左键单击一下窗口,拍摄画面就会恢复到彩色画面,按 Q 键,保存录制的视频并关闭窗口。

图 12-4 录像时的彩色画面

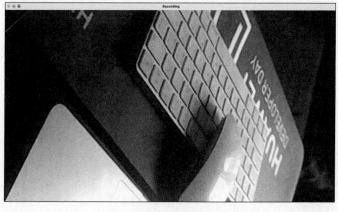

图 12-5 录像时的灰度画面

12.2　播放视频文件

将视频文件名传入 cv2. VideoCapture 类，可以直接播放视频。如果不继续使用 cv2. imshow ('Video',frame)显示视频的下一帧，那么就相当于暂停视频。下面的例子通过这个方法播放和暂停视频。按空格键，会暂停视频播放，再次按空格键，会继续播放视频。

代码位置：src/video/player. py。

```python
import cv2
def main():
    # 打开视频文件
    cap = cv2.VideoCapture('video.mp4')
    if not cap.isOpened():
        print("无法打开视频文件")
        exit()
    paused = False
    while True:
        # 当视频没有暂停时,读取下一帧
        if not paused:
            ret, frame = cap.read()
            if not ret:
                print("视频播放完毕")
                break

            # 显示帧
            cv2.imshow('Video', frame)

        # 检查用户的按键输入
        key = cv2.waitKey(30) & 0xFF
        if key == ord('q'):
            # 按 q 键退出
            break
        elif key == ord(' '):
            # 按空格键切换暂停状态
            paused = not paused

    # 释放资源并关闭窗口
    cap.release()
    cv2.destroyAllWindows()

if __name__ == "__main__":
    main()
```

第 84 集
微课视频

第 85 集
微课视频

12.3　获取视频文件的属性

使用 cv2. VideoCapture 类的 get 方法可以获得视频文件的多个属性，该方法需要传入一个属性 ID（propId），表 12-1 是 OpenCV4 支持的常用属性 ID。

表 12-1 常用的属性 ID

视频文件的属性 ID	含 义
cv2.CAP_PROP_POS_MSEC	当前视频的帧的毫秒时间戳
cv2.CAP_PROP_POS_FRAMES	下一帧的索引（0 索引）
cv2.CAP_PROP_POS_AVI_RATIO	视频文件的相对位置：0 表示视频的开始，1 表示视频的结尾
cv2.CAP_PROP_FRAME_WIDTH	帧的宽度
cv2.CAP_PROP_FRAME_HEIGHT	帧率
cv2.CAP_PROP_FOURCC	视频的编码格式，以 4 字符代码表示
cv2.CAP_PROP_FRAME_COUNT	视频文件的帧数
cv2.CAP_PROP_FORMAT	由 cv2.retrieve() 方法返回的 Mat 对象的格式
cv2.CAP_PROP_MODE	后端特定值，表示当前捕获模式
cv2.CAP_PROP_BRIGHTNESS	图像的亮度（仅适用于摄像头）
cv2.CAP_PROP_CONTRAST	图像的对比度（仅适用于摄像头）
cv2.CAP_PROP_SATURATION	图像的饱和度（仅适用于摄像头）
cv2.CAP_PROP_HUE	图像的色相（仅适用于摄像头）
cv2.CAP_PROP_GAIN	图像的增益（仅适用于摄像头）
cv2.CAP_PROP_EXPOSURE	曝光时间（仅适用于摄像头）
cv2.CAP_PROP_CONVERT_RGB	指示图像是否应转换为 RGB
cv2.CAP_PROP_WHITE_BALANCE_BLUE_U 或 cv2.CAP_PROP_WHITE_BALANCE_U	U 分量的白平衡
cv2.CAP_PROP_RECTIFICATION	立体摄像头的整流标志
cv2.CAP_PROP_ISO_SPEED	ISO 速度
cv2.CAP_PROP_BUFFERSIZE	捕获后端缓冲区的大小

下面的例子使用 get 方法获取并输出了视频文件的分辨率、帧率、帧数、时长和编码格式。

代码位置：**src/video/video_properties.py**。

```python
import cv2

def get_video_info(video_path):
    # 打开视频文件
    cap = cv2.VideoCapture(video_path)
    if not cap.isOpened():
        print("无法打开视频文件")
        return

    # 获取视频信息
    frame_width = int(cap.get(cv2.CAP_PROP_FRAME_WIDTH))
    frame_height = int(cap.get(cv2.CAP_PROP_FRAME_HEIGHT))
    fps = int(cap.get(cv2.CAP_PROP_FPS))
    frame_count = int(cap.get(cv2.CAP_PROP_FRAME_COUNT))
    duration = frame_count / fps
    fourcc_code = int(cap.get(cv2.CAP_PROP_FOURCC))
    fourcc_str = "".join([chr((fourcc_code >> 8 * i) & 0xFF) for i in range(4)])

    # 输出视频信息
    print(f"视频文件: {video_path}")
    print(f"分辨率: {frame_width}x{frame_height}")
    print(f"帧率: {fps} FPS")
    print(f"帧数: {frame_count}")
```

```
    print(f"时长: {duration:.2f} 秒")
    print(f"编码: {fourcc_str}")

    # 释放资源
    cap.release()

if __name__ == "__main__":
    video_path = 'video.mp4'                        # 替换为用户的视频文件路径
    get_video_info(video_path)
```

运行程序,会在终端输出如下的内容:

```
视频文件: video.mp4
分辨率: 1080x1920
帧率: 29 FPS
帧数: 380
时长: 13.10 秒
编码: h264
```

12.4　文章小结

本章通过 cv2.VideoCapture 类展示了 OpenCV4 在视频处理方面的能力,包括拍照、录制视频、创建彩色和灰度混合视频、播放视频和提取视频文件的属性。通过实例代码,读者可以了解如何控制摄像头,如何获取视频帧,如何设置和读取视频属性,以及如何利用 OpenCV 的 API 进行视频录制和播放。同时,本章还介绍了如何通过 cv2.VideoCapture 类的 get 方法获取视频文件的多种属性,为读者提供了一个全面的视角来理解和应用 OpenCV 在视频处理方面的功能。

## 第 13 章

人 脸 识 别

本章主要介绍了如何使用级联分类器进行人脸识别,主要内容包括级联分类器的概念、分析人脸的位置、为人脸添加墨镜、识别眼睛和识别猫脸。

13.1 级联分类器

在 OpenCV4 中,级联分类器(Cascade Classifier)是用于面部和对象检测的工具,特别是使用 Haar-like 特征的面部检测。这种方法基于 Viola-Jones 的对象检测方法。

OpenCV4 提供了预先训练的级联分类器,这些分类器保存在 XML 文件中。读者可以使用这些预训练模型对图像进行检测。

级联分类器的 XML 文件位于< OpenCV4 安装目录>/haarcascades 目录中,读者打开该目录,可以看到如图 13-1 所示的级联分类器 XML 文件列表。

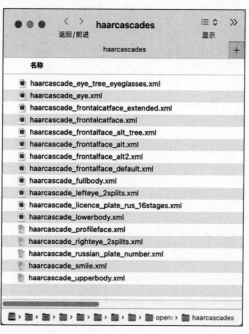

图 13-1　级联分类器 XML 文件列表

级联分类器 XML 文件可以检测的内容见表 13-1。

表 13-1 级联分类器 XML 文件可以检测的内容

级联分类器 XML 文件名	检测的内容
haarcascade_eye.xml	用于检测眼睛
haarcascade_eye_tree_eyeglasses.xml	这是为了检测戴眼镜的眼睛的级联。可能对眼镜的反光和遮挡有一定的鲁棒性
haarcascade_frontalcatface.xml	用于检测猫的正面脸部
haarcascade_frontalcatface_extended.xml	另一个用于检测猫正面脸部的模型，但包含更多的特征，可能有更高的检测准确性
haarcascade_frontalface_alt.xml	用于检测人脸。它与 default 版本的不同之处在于它使用了不同的训练数据或参数
haarcascade_frontalface_alt2.xml	同上，又是一个用于检测人脸的变种
haarcascade_frontalface_alt_tree.xml	用于检测人脸，它可能在内部使用了不同的级联结构
haarcascade_frontalface_default.xml	默认的人脸检测模型，用于检测正面人脸
haarcascade_fullbody.xml	用于检测整个人体
haarcascade_lefteye_2splits.xml	专门用于检测左眼
haarcascade_licence_plate_rus_16stages.xml	用于检测俄罗斯的车牌
haarcascade_lowerbody.xml	用于检测人的下半身
haarcascade_profileface.xml	用于检测人脸的侧视图
haarcascade_righteye_2splits.xml	专门用于检测右眼
haarcascade_russian_plate_number.xml	另一个用于检测俄罗斯车牌的模型
haarcascade_smile.xml	用于检测笑脸
haarcascade_upperbody.xml	用于检测人的上半身

这些预训练模型可以直接用于检测，但是对于特定应用或特定环境下的对象检测，可能需要使用自己的数据集重新训练模型以取得更好的效果。

cv2.CascadeClassifier 是 OpenCV4 中的一个类，专门用于对给定的图像数据进行对象检测。这种对象检测基于 Viola-Jones 检测方法，该方法通过预训练的模型（保存为 XML 文件）来查找图像中的对象。cv2.CascadeClassifier 类的构造方法原型如下：

```
cv2.CascadeClassifier(filename)
```

filename 参数表示存有预训练数据（通常为 XML 格式）的文件名。这是训练的级联分类器，用于检测图像中的对象。

cv2.CascadeClassifier 类的 detectMultiScale 方法用于在输入图像上执行多尺度对象检测。该方法的原型如下：

```
objects = detectMultiScale(image, scaleFactor = 1.1, minNeighbors = 3, flags = 0, minSize = (0, 0), maxSize = (0, 0))
```

参数含义如下：

（1）image：输入图像。实际对象检测是在这个图像上执行的。

（2）scaleFactor：这个参数指定了图像大小的减小比例。例如，当 scaleFactor 为 1.1 时，检测过程中图像的大小将逐步减少 10%，直到整个图像都被扫描为止。

（3）minNeighbors：这个参数指定了一个候选对象至少应该有多少个邻居才能保留。这是一个启发式方法，用于消除误报（假阳性）。

（4）flags：早期的 OpenCV 版本使用此参数，但现在已不再使用。为了向后兼容，默认为 0。

（5）minSize：可检测对象的最小尺寸。小于此尺寸的对象不会被检测。

（6）maxSize：可检测对象的最大尺寸。大于此尺寸的对象不会被检测。

（7）objects：返回值，图像中检测到的对象的矩形边界。这是一个矩形列表，每个矩形由$(x,y,$ width,height)组成，其中(x,y)是矩形的左上角坐标。

使用 detectMultiScale 方法，读者可以轻松地在图像上检测面部、眼睛、车牌等对象，具体取决于所加载的预训练模型。

13.2 分析人脸的位置

haarcascade_frontalface_default.xml 是用于检测正面人脸的级联分类器文件，加载该文件可以创建正面人脸的分类器，调用分类器对象的 detectMultiScale() 方法，通过获取的 objects 就可以得到人脸区域的坐标和尺寸。

下面的例子使用这个级联分类器文件检测图像中所有的人脸区域，并使用红色矩形标识人脸区域。

代码位置：**src/face_detection/face_location.py**。

```python
import cv2
img = cv2.imread("images/boy.jpg")                              # 读取人脸图像

# 加载识别人脸的级联分类器
faceCascade = cv2.CascadeClassifier("./cascades/haarcascade_frontalface_default.xml")
faces = faceCascade.detectMultiScale(img, 1.2)                  # 识别出所有人脸
for (x, y, w, h) in faces:                                      # 遍历所有人脸的区域
    cv2.rectangle(img, (x, y), (x + w, y + h), (0, 0, 255), 5)  # 在图像中人脸的位置绘制方框
cv2.imshow("img", img)
cv2.waitKey()
cv2.destroyAllWindows()
```

第 86 集
微课视频

运行程序，会看到如图 13-2 所示的效果。这个级联分类器也可以很好地识别多张人脸，如果将图像换成 images/boys_girls.jpg，会看到如图 13-3 所示的效果。

图 13-2 识别单个人脸

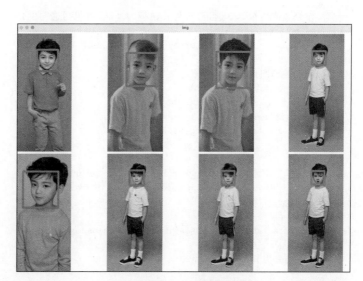

图 13-3 识别多张人脸

13.3　戴墨镜特效

很多手机 App 的视频特效可以动态地添加各种配饰，如加一副墨镜。使用级联分类器很容易实现这个功能，这里要使用一个图像叠加函数 overlay_img()，该函数的功能如下。

（1）函数接收一个背景图像和一个叠加图像，并将叠加图像放在背景图像的指定位置。

（2）如果叠加图像是 3 通道的（没有透明度信息），它会被转换为 4 通道图像。

（3）函数会遍历叠加图像的每个像素，并只将不透明的像素叠加到背景图像上。

主要的实现流程如下。

（1）使用 OpenCV4 的 cv2.imread()函数读取人脸图像和墨镜图像。

（2）墨镜图像使用 IMREAD_UNCHANGED 参数来确保图像的所有通道（包括透明度）都被读取。

（3）加载 OpenCV 的级联分类器来检测人脸。

（4）将原始图像转换为灰度图像，并使用分类器检测人脸。

（5）对于检测到的每个脸部，都会根据脸部的大小调整墨镜图像的大小，并将其叠加到人脸上。

下面是完整的实现代码：

代码位置：src/face_detection/sunglasses_effect. py。

第 87 集
微课视频

```python
import cv2
def blend_images(background, overlay, pos_x, pos_y):
    """
    在背景图像上融合叠加图像

    参数：
    background: 背景图像
    overlay: 要叠加的图像
    pos_x, pos_y: 叠加图像在背景图上的位置
    """
    bg_height, bg_width, bg_channels = background.shape      # 获取背景图像的维度
    ov_height, ov_width, ov_channels = overlay.shape         # 获取叠加图像的维度

    # 如果叠加图像是 3 通道的，将其转换为 4 通道(包括透明度)
    if ov_channels == 3:
        overlay = cv2.cvtColor(overlay, cv2.COLOR_BGR2BGRA)

    # 遍历叠加图像的每个像素
    for i in range(0, ov_width):
        for j in range(0, ov_height):
            if overlay[j, i, 3] != 0:                        # 只处理不透明的像素
                for ch in range(0, 3):
                    x = pos_x + i
                    y = pos_y + j
                    if x < bg_width and y < bg_height:       # 确保在背景图像范围内
                        background[y, x, ch] = overlay[j, i, ch]
    return background

def detect_faces_and_add_glasses(image_path, glasses_path):
    """
    检测人脸并为其添加眼镜特效

    参数：
```

image_path: 原始图像的路径
glasses_path: 眼镜图像的路径
"""

```
base_image = cv2.imread(image_path)                              # 读取原始图像
glasses = cv2.imread(glasses_path, cv2.IMREAD_UNCHANGED)         # 读取眼镜图像并保留透明度信息
glasses_height, glasses_width, _ = glasses.shape                 # 获取眼镜图像的维度

gray_base = cv2.cvtColor(base_image, cv2.COLOR_BGR2GRAY)         # 转换原始图像为灰度图像,以便检测人脸
classifier = cv2.CascadeClassifier("./cascades/haarcascade_frontalface_default.xml") # 加载级联分类器
detected_faces = classifier.detectMultiScale(gray_base, 1.1, 5)  # 检测人脸

# 遍历每个检测到的脸部区域,添加眼镜特效
for (x_coord, y_coord, width, height) in detected_faces:
    adjusted_width = width
    adjusted_height = int(glasses_height * width / glasses_width)
    scaled_glasses = cv2.resize(glasses, (adjusted_width, adjusted_height))
    blend_images(base_image, scaled_glasses, x_coord, y_coord + int(height * 1 / 3))

return base_image

if __name__ == "__main__":
    # 主程序入口
    result_img = detect_faces_and_add_glasses("images/boys_girls.jpg", "images/glass.png")
    cv2.imshow("Result Image", result_img)                       # 显示处理后的图像
    cv2.waitKey(0)                                               # 等待用户按键
    cv2.destroyAllWindows()                                      # 关闭所有 OpenCV 窗口
```

运行程序,会看到如图 13-4 所示的效果,由此可以看到,所有人脸的眼睛处都加上了一副墨镜。

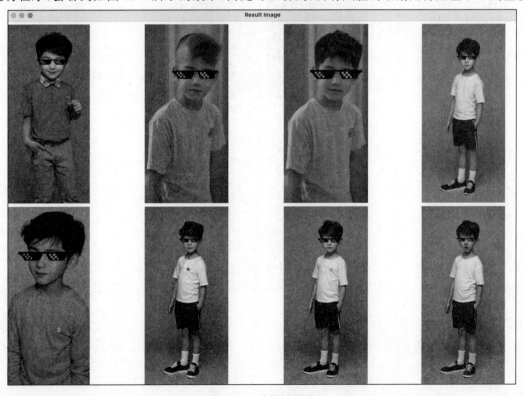

图 13-4　戴墨镜特效

13.4　识别眼睛

下面的例子会使用 haarcascade_eye.xml 文件建立可以识别眼睛的级联分类器，并用红色矩形标识眼睛的位置。

代码位置：**src/face_detection/detect_eyes.py**。

```python
import cv2
img = cv2.imread("images/boys.jpg")                          # 读取人脸图像
# 加载识别眼睛的级联分类器
eyeCascade = cv2.CascadeClassifier("cascades/haarcascade_eye.xml")
eyes = eyeCascade.detectMultiScale(img, 1.2)                 # 识别出所有眼睛
for (x, y, w, h) in eyes:                                    # 遍历所有眼睛的区域
    cv2.rectangle(img, (x, y), (x + w, y + h), (0, 0, 255), 4)   # 在图像中眼睛的位置绘制方框
cv2.imshow("img", img)
cv2.waitKey()
cv2.destroyAllWindows()
```

运行程序，会看到如图 13-5 所示的效果，眼睛的位置已经被标识出来了。

第 88 集
微课视频

第 89 集
微课视频

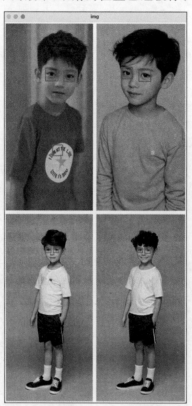

图 13-5　识别眼睛

13.5　识别猫脸

使用 haarcascade_frontalcatface_extended.xml 文件可以建立用于识别猫脸的级联分类器。下面的例子会使用这个文件创建一个可以识别猫脸的级联分类器，并用红色矩形标识所有识别出来的猫脸。

代码位置：src/face_detection/detect_cats.py。

```
import cv2
img = cv2.imread("images/cat.png")                                    # 读取猫脸图像
# 加载识别猫脸的级联分类器
catFaceCascade = cv2.CascadeClassifier("cascades/haarcascade_frontalcatface_extended.xml")
catFace = catFaceCascade.detectMultiScale(img, 1.1, 4)                # 识别出所有猫脸
for (x, y, w, h) in catFace:                                          # 遍历所有猫脸的区域
    cv2.rectangle(img, (x, y), (x + w, y + h), (0, 0, 255), 5)        # 在图像中猫脸的位置绘制方框
cv2.imshow("Where is your cat ?", img)
cv2.waitKey()
cv2.destroyAllWindows()
```

运行程序，会看到如图 13-6 所示的效果，已用红框标识出了猫脸。

这个级联分类器也可以识别多张猫脸，例如，将图像换成 cats_dots.png，再次运行程序，会看到如图 13-7 所示的效果，除了右上角那只狗，其他的猫脸都被识别了出来。

图 13-6 识别单张猫脸

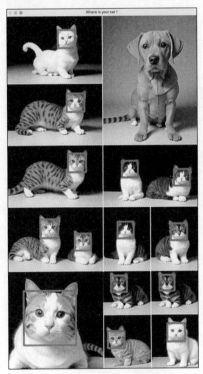

图 13-7 识别多张猫脸

13.6 本章小结

OpenCV4 提供了大量的预制模型，通过这些模型创建的级联分类器可以进行一些常用的图像识别，如识别人脸的各个部位，识别笑脸、猫脸、车牌等。所以级联分类器有非常广泛的应用场景。

（1）人脸检测：这可能是级联分类器最广泛和最知名的应用。它能够在图像中快速地找到人脸，为许多其他应用提供基础。

（2）眼睛、鼻子和嘴的检测：检测到脸部之后，可以进一步确定脸部的特定特征位置，如眼睛、鼻子和嘴巴。

（3）行人检测：对于视频监控和汽车驾驶辅助系统，检测行人尤为重要，级联分类器也被用于此。

（4）车辆检测：在交通流分析和智能交通系统中，对车辆的检测也非常重要。

（5）车牌检测：自动车牌识别系统首先需要检测图像中的车牌，级联分类器可以用于这一任务。

（6）手势识别：对于一些特定的手势，如"停"或"前进"等，级联分类器可以用于检测和识别。

（7）动物脸部检测：除了人脸，级联分类器也可以被用来检测动物的脸部，如猫或狗。

（8）产品检测：在自动检查线上，级联分类器可能用于检测产品的存在或缺陷。

（9）安全和监控：在安全监控领域，检测人脸或其他对象是关键的，例如，为了跟踪或计数进入一个特定区域的人数。

（10）增强现实：对于增强现实应用，快速检测现实世界中的对象或脸部，以便在其上叠加虚拟图像或信息。

## 第 14 章

ChatGPT 和 OpenAI API

可能很多读者会感到奇怪，这本书明明是讲 Python OpenCV，为什么会突然讲到 ChatGPT 了，感觉有点突兀。其实这一点都不突兀，就像明明可以走路、骑自行车，为什么非要开车呢，而且为什么很多人将自己的汽车称为代步工具呢？原因只有一个，这就是开车更加省力，不想消耗更多体力。那么这就容易解释为什么在这里要引入 ChatGPT 了，也是因为 ChatGPT 更加便捷省力。在 ChatGPT 出现之前，什么事都要自己做，不过有了 ChatGPT，大多数工作都可以交给 ChatGPT，或者由 ChatGPT 辅助，尤其是编程工作，特别是对自己不熟悉的技术，例如，在本书第 18 章使用了 PyQt6 配合 OpenCV 实现了一个图像处理软件(PyImageFX)，尽管对 OpenCV 已经很熟悉了，但很多读者对 PyQt6 并不熟悉，不过不要紧，本章就会向读者展示如何在不熟悉 PyQt6 的情况下，并且在不需要编写一行完整代码的前提下，让 ChatGPT 自动编写 1300 行代码来完成这个项目，而花的时间不超过 2 小时(加上调试和整合的时间)。这种效率通过自己编写代码是完全不可能实现的。所以，ChatGPT 就是编程工作中的代步工具，有了 ChatGPT，会让编程效率飞速提高，在有些情况下甚至可以提高 10 倍以上，所以在本章引入 ChatGPT，是一个非常合理而且必要的决定。

14.1 什么是 ChatGPT

ChatGPT 是 OpenAI 开发的一款大型语言生成模型，基于 OpenAI 的 GPT(Generative Pre-trained Transformer)架构。GPT 是一种深度学习模型，利用 Transformer 结构来生成和理解人类语言。GPT 是一种预训练生成型转换器模型，主要用于自然语言处理(NLP)任务，包括文本生成、机器翻译、问答系统、图像处理、编写代码、数学计算和逻辑处理等。

ChatGPT 与 GPT 的区别如下：

(1) ChatGPT 是专门为会话任务设计的，而 GPT 是一个更通用的模型，可用于广泛的语言相关任务。

(2) ChatGPT 是基于 GPT 的基础模型框架(如 GPT-3.5 或 GPT-4)，但在训练过程中使用了真实的对话数据和人类反馈进行强化学习。

(3) 与 GPT 相比，ChatGPT 可能接受的数据量更少，这可能会对其生成多样化和细微差别响应的能力产生一定影响。

需要注意的是，ChatGPT 在训练过程中会更专注于对话任务，但其实际应用仍可以涵盖其他领域，例如，文本摘要、翻译和图像处理等。此外，具体使用的 GPT 版本可能会根据实际情况而有所不同。

14.2　注册和登录 ChatGPT

第一次使用 ChatGPT，需要打开网址 https://chat.openai.com，注册 ChatGPT 账户。进到该页面后，会显示如图 14-1 所示的内容。

单击 Sign up 按钮进入注册页面，如图 14-2 所示。在文本框中输入 Email，或使用 Gmail、微软账户或苹果账户进行注册，推荐使用 Gmail。

创建账户后，单击 Continue 按钮，会显示如图 14-3 所示的页面，要求输入姓名和生日，如图 14-3 所示。

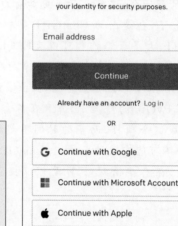

图 14-1　ChatGPT 的欢迎页面　　　　图 14-2　ChatGPT 注册页面　　　　图 14-3　个人信息页

单击 Continue 按钮，进入下一个页面，如图 14-4 所示。在该页面输入一个接收验证码的手机号，输入完后，单击 Send code 按钮进入下一个页面。

如果手机成功接收到短信，那么在如图 14-5 所示的页面中输入 6 位验证码。

图 14-4　输入手机号　　　　　　　　图 14-5　输入验证码

验证码通过，就会直接进入 ChatGPT 的聊天首页，如图 14-6 所示。

现在可以和 ChatGPT 打个招呼了，如图 14-7 所示。

现在已经完成了 ChatGPT 的注册，下回再使用 ChatGPT，除非清空浏览器的 Cookie，或退出 ChatGPT 账户，否则会直接进入图 14-6 所示的聊天首页。

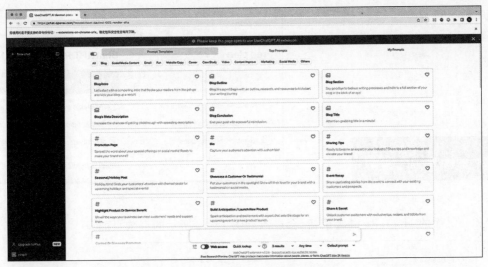

图 14-6　ChatGPT 的聊天首页

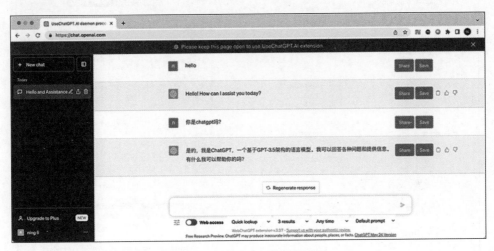

图 14-7　ChatGPT 的聊天页面

14.3　升级为 ChatGPT Plus 账户

尽管 ChatGPT 免费账户没有任何使用限制，但回复比较慢，而且不能使用 GPT-4，所以回复的准确性一般。如果读者是个急性子，或是想深度使用 ChatGPT，那么建议升级为 ChatGPT Plus 账户，每个月需支付 20 美金。

升级为 ChatGPT Plus 账户的步骤如下。

1. 显示 plan 页面

在 ChatGPT 页面左下角有一个 Upgrade to Plus 按钮，如图 14-8 所示，单击 Upgrade to Plus 会进入 plan 页面。

2. 进入 ChatGPT Plus 订购页面

通过上一步会显示如图 14-9 所示的 plan 页面。

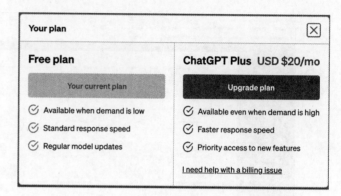

图 14-8　Upgrade to Plus 按钮

图 14-9　Plan 页面

单击 plan 页面的 Upgrade plan 按钮，会进入如图 14-10 所示的订购页面。

图 14-10　ChatGPT Plus 订购页面

　　输入信用卡信息后，单击"订阅"按钮，如果信用卡信息是正确的，那么就会成功订阅 ChatGPT Plus 服务。成功订阅 ChatGPT Plus 服务后的页面如图 14-11 所示。

　　3. 取消订阅

　　在 ChatGPT Plus 订购页面的右侧有一个"取消方案"按钮，如果想取消订阅，单击该按钮即可，如果成功取消订阅，在当前续费周期结束之前，仍然可以继续使用 ChatGPT Plus。只是下一个续费周期将不会再继续扣费了，并降级为 ChatGPT 免费用户。

　　4. 恢复订阅

　　取消订阅后，"取消方案"按钮就变成了"更新方案"，单击该按钮，就会进入如图 14-12 所示的续订

图 14-11　成功订阅 ChatGPT Plus 服务

方案页面,单击"续订方案"按钮,就会恢复订阅。但要注意,恢复订阅后,开始时间并不是从恢复订阅的那天算的,而是按订阅周期算的。例如,ChatGPT Plus 账号的某一个使用续费周期是 2023-6-24 到 2023-7-23,如果在 2023-7-23 取消订阅,在 2023-8-20 恢复订阅,那么 ChatGPT Plus 账户使用时间是 2023-7-24 到 2023-8-23。而不是 2023-8-20 到 2023-9-19,所以在 2023-8-20 恢复订阅,只有 4 天的使用时间(需要支付 20 美元),尽管在 2023-7-24 到 2023-8-20 期间未订阅 ChatGPT Plus 服务,但仍然算在续费周期里。这样做估计是为了防止用户频繁取消和续订。所以恢复订阅的最佳时间是在上一个续费周期结束后的第 1 天,在本例中也就是每个月的 24 日。

图 14-12　续订方案页面

　　成功升级 ChatGPT Plus 账户后,在 ChatGPT 聊天页面上方会出现如图 14-13 所示的选项,用户可以选择 GPT-3.5 或 GPT-4。在以前,GPT-4 限制每 3 小时只能发送 25 条消息,后来改成 50 条消息。不过现在 GPT-4 已经取消了发送限制,但如果发送消息太频繁,会要求用户等一会再发,通常时间不会太长,一般在 1 个小时以内。

ChatGPT 在刚推出时是不能联网的,数据的截止日期到 2021 年 9 月份,所以这个时间以后的一切信息,ChatGPT 都不知道。但最近 OpenAI 对 ChatGPT Plus 用户开放了使用 Bing 联网功能。

单击如图 14-13 所示的 GPT-4,在弹出窗口中选择 Browse with Bing,如图 14-14 所示,这样 ChatGPT Plus 就可以使用互联网的最新数据回答问题了。

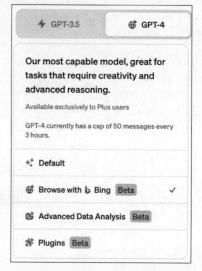

图 14-13　选择 GPT-3.5 或 GPT-4　　　　图 14-14　Browse with Bing 模式

第 90 集
微课视频

注意:在注册和使用 ChatGPT,以及升级到 ChatGPT Plus 账户的过程中,可能会涉及 IP、电话号、信用卡等问题,更详细的解决方案,可以查看随书赠送的操作文档,或参考下面两篇文章。

https://www.bilibili.com/read/cv25932153,
https://www.bilibili.com/read/cv25952744。

14.4　ChatGPT 辅助编程

ChatGPT 的功能很多,几乎可以做任何事情,写文案、做计划、帮忙读论文,写读后感,作诗等,不过对于程序员来说,最主要的是写程序,这可是 ChatGPT 最擅长的专业工作之一。

读者可以在 ChatGPT 的提问框中输入任何编程任务,使用任何人类的语言(中文、英文、日文、法文、德文等)都可以。

现在用中文给 ChatGPT 下达一个编程任务,如下:

帮我写一段 Python 程序,递归将指定目录中的所有 JPG 文件名前面加一个序号,从 1 开始,如 abc.jpg 改成 1-abc.jpg,xyz.jpg 改成 2-xyz.jpg,以此类推。

经过 1 秒左右,ChatGPT 就会给出类似图 14-15 所示的回复。

注意:ChatGPT 的回答并不是根据事实,而是根据大模型的推理。而且由于每次推理的逻辑不同,所以即使提问相同的问题,每次的回答也是不同的。所以 ChatGPT 的回答并不保证准确,但却力求合理(但不一定是正确的)。不过对于大多数不算复杂的程序,ChatGPT 的回答还是相当准确的。要想用 ChatGPT 编写更复杂的程序,需要人为将程序分解成多个部分,如果这些部分仍然复杂,那么就继续分解,直到每一个部分 ChatGPT 能处理为止,最后再通过某种方式,将 ChatGPT 生成的每一部分程序组合起来,形成更大的程序。

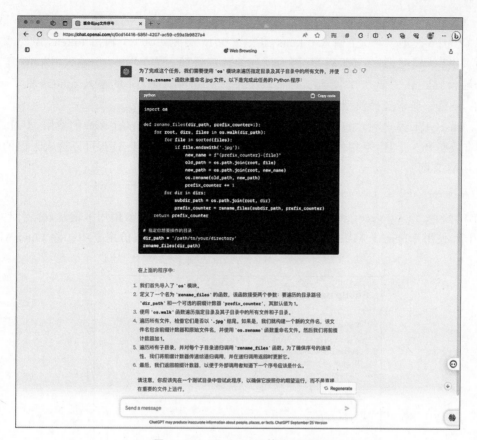

图 14-15　ChatGPT 回答编程任务

第 91 集
微课视频

14.5　OpenAI API

OpenAI API 是另一种使用 ChatGPT 的方式，通过 API 可以直接使用 OpenAI 提供的各种模型，并进行提问和回答操作。通过 OpenAI API 可以将 ChatGPT 嵌入自己的应用中。OpenAI API 支持多种功能，例如，以文本形式解答问题、生成图像、将提问映射为函数调用、音频转文本等。本节主要介绍如何使用 OpenAI API 生成代码和图像，尤其是生成图像，在后面也要使用这个功能。

14.5.1　如何使用 OpenAI API

ChatGPT 除了可以直接在聊天界面提问，还可以通过 OpenAI API 使用 ChatGPT，只不过 OpenAI API 是根据使用量收费的。根据使用模型的不同，收费也不同。读者可以根据 https://openai.com/pricing 了解具体的收费规则。

OpenAI API 里面的使用量是指 tokens[①] 的消耗量，包括输入 token 消耗量和输出 token 消耗量。

---

① 　token 是自然语言处理中用于分析的基本单位，用来表示文本中的词或词的片段。不同的语言和分词方法可能导致 token 和字符之间的映射关系有所不同。一般来说，在英文中，一个 token 通常对应一个单词或标点符号。例如，英文单词"red"是一个 token，对应 3 个字符。而在中文中，分词较为复杂，因为中文不像英文那样有自然的分词界限（如空格）。但在很多自然语言处理系统中，一个中文汉字通常被视为一个 token。因此，"一心一意"这个词语由 4 个汉字组成，通常对应 4 个 token。

前者是指对 ChatGPT 提的问题消耗的 token 数,后者是指 ChatGPT 的回复消耗的 token 数。如果选择了 gpt-3.5-turbo 模型,1000 个输入 tokens 需要 0.0015 美元,1000 个输出 tokens 需要 0.002 美元。如果选择了 GPT-4 模型,那么要贵得多(因为消耗的计算资源更多),1000 个输入 tokens 需要 0.03 美元,1000 个输出 tokens 需要 0.06 美元。相比较 gpt-3.5-turbo,GPT-4 的输入 tokens 贵了 20 倍,输出 tokens 贵了 30 倍。所以选择模型要谨慎,否则充的钱很快就会被耗光。

在注册 ChatGPT 账户后,账户上会有 5 美元余额,作为测试 OpenAI API 的费用,不过这 5 美元不是永久的,有效期为 3 个月,不用就会失效。如果想长久使用 OpenAI API,可以进入下面的页面(需要先登录 OpenAI 官网):

https://platform.openai.com/account/billing/overview

然后单击 Set up paid account,会弹出如图 14-16 所示的页面,输入信用卡信息,绑定即可。如果成功绑定信用卡,使用 OpenAI API 时,在每个自然月结束后,会自动从信用卡中扣除 OpenAI API 消耗的费用。

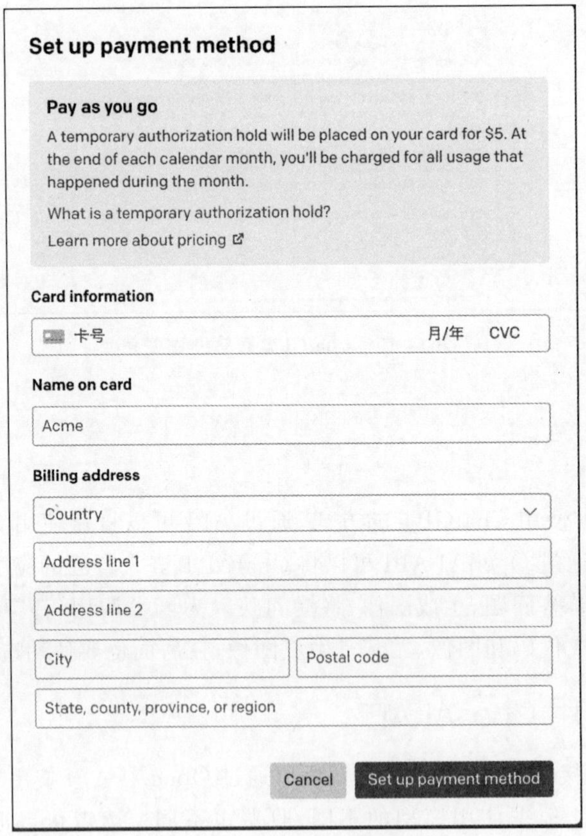

图 14-16　绑定信用卡

使用 ChatGPT API 之前,要先获得 API Keys。API Keys 是一个以 sk 为前缀的字符串。读者可以到下面的页面去申请 API Keys,当然,首先要有一个 ChatGPT 账户。

https://platform.openai.com/account/api‐keys

进入 API Keys 申请页面后,单击 Create new secret key 按钮,可以申请任意多个 API Keys,如图 14-17 所示。

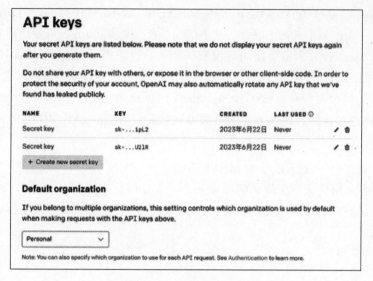

图 14-17　申请 API Keys

　　申请完 API Keys 后,用 API Keys 设置 openai. api_key。API Keys 不要泄露给别人,否则任何人都可以使用这个 API Keys。另外,使用 ChatGPT API 是需要付费的,费用在前面已经介绍了,所以别人得到了你的 API Keys,就相当于使用你自己的钱。当然,即使泄露了 API Keys 也没关系,只需要删除旧的 API Keys,创建新的 API Keys 即可,这样旧的 API Keys 就作废了。

　　如果读者要利用 ChatGPT API 开发应用,推荐自己做一个服务端程序,再将 ChatGPT API 包装一层,将 API Keys 放到服务端,这样别人就很难得到你的 API Keys 了。

14.5.2　生成代码

　　OpenAI API 可以使用多种语言开发,并为这些语言提供了相应的库。如 Python、Java、JavaScript、Go、C++语言、Rust 等。有的库是 OpenAI 官方提供的,有的库是第三方开发的。本节使用 Python 语言演示如何使用 OpenAI API 提问并接收和输出回复。

　　调用 OpenAI API 需要使用 openai 模块,可以使用下面的命令安装该模块:

```
pip install openai
```

现在用 OpenAI API 重新编写 14.4 节的代码,完整的实现如下:

代码位置:src/chatgpt/code. py。

```python
import openai
openai.api_key = "输入你的 api key"
response = openai.ChatCompletion.create(
    model = "gpt - 4",
    messages = [
        {"role": "user", "content": "帮我写一段 Python 程序,递归将指定目录中的所有 jpg 文件名前面加一个
序号,从 1 开始,如 abc.jpg 改成 1 - abc.jpg,xyz.jpg 改成 2 - xyz.jpg,以此类推."},
    ]
)
print(response. choices[0]. message. content)
print('消耗的 token 数: ', response. usage. total_tokens)
```

在运行这段代码之前,需要用自己的 api key 设置 openai. api_key。这段程序最后会统计出响应一

共消耗了多少个 tokens。由于 OpenAI API 是根据消耗的 tokens 数计费的，所以在使用 OpenAI API 时，通常需要监控每一个回复消耗的 tokens。要注意，不光回复消耗 tokens，发送消息也会消耗 tokens。

在本例中通过 model 参数指定了使用的模型为 gpt-4，这个模型对应了 ChatGPT Plus 的 GPT-4，不过这个模型的费用比较高，如果只是回答一些比较简单和非专业的问题，可以选择使用更便宜的模型，如 gpt-3.5-turbo。这个模型对应 GPT-3.5。gpt-4 的价格是 gpt-3.5-turbo 的 30 倍左右，所以使用 gpt-3.5-turbo 还是比较经济的。通过下面的页面可以获取目前 OpenAI API 支持的所有模型。

https://openai.com/pricing

现在运行程序，需要过一段时间，会输出如下的回复：

下面的程序使用 os 模块进行文件名的操作和 os.path 模块来进行一些路径操作。程序将创建一个函数，传入一个目录路径。然后，它遍历该目录及所有子目录中的所有文件。如果找到 .jpg 文件，它就改变文件的名字。

首先导入需要的模块：

```python
import os
```

下面是主要的 function:

```python
def rename_jpg_files(directory):
    # 初始化文件计数器
    counter = 1
    # 遍历目录中的所有文件
    for foldername, subfolders, filenames in os.walk(directory):
        for filename in filenames:
            # 如果文件是 JPG 文件，那么重命名
            if filename.endswith('.jpg') or filename.endswith('.JPG'):
                # 创建新的文件名
                newname = str(counter) + '-' + filename
                # 获取文件的原始路径
                oldnamepath = os.path.join(foldername, filename)
                # 获取新文件名的路径
                newnamepath = os.path.join(foldername, newname)
                # 重命名文件
                os.rename(oldnamepath, newnamepath)
                # 更新计数器
                counter = counter + 1
```

可以调用这个函数，传入想要改变文件名的目录路径：

```python
rename_jpg_files('C:\\Users\\YourUserName\\Pictures')
```

请确保使用实际存在的文件夹地址，否则会抛出错误。这个程序仅处理 JPG 文件，如果需要处理其他种类的文件，可以修改程序中的文件类型判断部分。

注意：这个操作是不可逆的，如果运行这个程序，所有匹配的文件都会被重命名。如果不确定重命名会有什么影响，因此可以先在一个拷贝的目录上测试这个程序。

消耗的 token 数：527

14.5.3　生成图像

生成图像不需要指定模型,只需要指定 API Key 即可。API 并不直接返回图像数据,而是返回一个图像链接(https 网址),用户可以在浏览器中查看链接指向的图像,并下载这个图像。下面是用 OpenAI API 生成图像的完整代码。

代码位置:src/chatgpt/image.py。

```python
import openai
openai.api_key = "输入 api key"
response = openai.Image.create(
  prompt = "一个可爱的大熊猫在跳舞,背景是森林和草坪。",
  n = 1,
  size = "1024 * 1024"
)
image_url = response['data'][0]['url']
print(image_url)
```

运行程序,会在终端输出一个 URL,然后在浏览器中可以访问这个 URL,显示图像后,可以下载这个图像,效果如图 14-18 所示。注意,每次生成的图像是不同的,所以生成的图像是全球唯一的,而且再也无法生成完全一样的图像了。

图 14-18　生成的大熊猫跳舞的图像

14.6　本章小结

在跟着本书做项目之前,最好先阅读本章的内容,因为本书最后两个项目会和 ChatGPT 以及 OpenAI API 有关。如果读者已经对 ChatGPT 和 OpenAI API 非常熟悉,那么可以忽略本章的内容。不过对于以前从未接触过 ChatGPT 和 OpenAI API 的读者,通过本章入门 AI 辅助编程是一个非常明智的选择。

## 第 15 章

项目实战：图像加密和解密

本章的项目使用 OpenCV 及相关技术，实现对整张图像或部分图像进行加密和解密。其中用于加密和解密的 key 是随机产生的，用户要好好保存这个 key，否则将永远无法解密图像。

15.1 加密和解密原理

本节介绍的加密属于对称加密，因此，加密和解密都使用同一个 key，所以加密的基本过程如下：

原图 xor key(加密秘钥) = 加密后的图

在加密之前，需要随机产生一个 key，这个 key 也是一个图像，尺寸与原图相同。原图与 key 之间使用按位异或运算，这里利用了异或运算的一个特性，就是任何一个值，与同一个值异或两次，就会得到值本身。因此，解密的方式如下：

加密后的图像 xor key(加密秘钥) = 原图

这里的 xor 表示异或。

下面是异或规则：

```
0  xor  0  =  0
0  xor  1  =  1
1  xor  0  =  1
1  xor  1  =  0
```

下面举一个例子，假设原图是 11011000，key 是 01101101，那么加密过程如下：

11011000(原图) xor 01101101(key) = 1011 0101(加密后的图像)

解密的过程如下：

1011 0101(加密后的图) xor key(0110 1101) = 1101 1000(原图)

由此可以看到，原图经过两次与 key 进行异或后，又得到了原图本身。

15.2 整张图加密和解密

下面的例子会使用 15.1 节的原理对整幅图像进行加密和解密处理。实现步骤如下：

(1) 读取图像。

(2) 随机产生加密的 key。

(3) 原图 xor key=加密后的图像。

（4）加密后的图像 xor key＝原图。

（5）水平合并图像。

（6）显示合并后的图像。

代码位置：src/projects/image_encrypt_decrypt/image_encrypt_decrypt.py。

```
import cv2
import numpy as np

# (1) 读取图像
me = cv2.imread('images/me.jpg')
r, c, channel = me.shape
# (2) 随机产生加密的 key
key = np.random.randint(0, 256, size = [r, c, channel], dtype = np.uint8)
# (3) 原图 xor key = 加密后的图像
encryption = cv2.bitwise_xor(me, key)
# (4) 加密后的图像 xor key = 原图
decryption = cv2.bitwise_xor(encryption, key)

# (5) 水平合并图像
merged_image = cv2.hconcat([me, encryption, decryption])

# (6) 显示合并后的图像
cv2.imshow('Result', merged_image)

cv2.imwrite("key.png",key)
cv2.imwrite("encryption.png",encryption)

cv2.waitKey()
cv2.destroyAllWindows()
```

第 93 集
微课视频

执行上面的程序，会看到如图 15-1 所示的结果。左侧是原图，中间是加密后的图，右侧是解密后的图。

图 15-1　图像的加密和解密

15.3　ROI 方式脸部打码和解码

ROI 方式允许仅处理图像的一部分，也就是将图像的一部分加密和解密。加密过程相当于打码，如对人脸进行打码。实现原理与对整幅图像加密和解密的过程类似，下面是基本的实现步骤。

（1）读取图像。

（2）获取行、列和通道数。

（3）定义 ROI。

（4）随机产生 key。

（5）使用 key 加密原始图像，这一步开始脸部打码。

（6）获取加密后图像的脸部区域（获取 ROI）。

（7）将原始图像的脸部替换成 ROI（加密后的脸部区域）。

（8）将脸部打码的图像（第（7）步的处理结果）与 key 异或，将脸部还原成原图（脸部：原图，其余部分：加密），这一步开始脸部解码。

（9）获取解码后脸部原图（截取图像）。

（10）将截取的脸部原图替换第（7）步生成的图像的脸部（ROI 替换）。

代码位置：src/projects/image_encrypt_decrypt/roi_image_encrypt_decrypt.py。

```python
import cv2
import numpy as np
# (1) 读取图像
me = cv2.imread('images/me.jpg')
cv2.imshow('me', me)
# (2) 获取行、列和通道数
r, c, channels = me.shape

# (3) 定义 ROI
roi = me[150:460, 479:780]

# (4) 随机产生 key
key = np.random.randint(0,256, size = [r,c,channels], dtype = np.uint8)

# 脸部打码
# (5) 使用 key 加密原始图像
meXorKey = cv2.bitwise_xor(me, key)
cv2.imshow('meXorKey',meXorKey)

# (6) 获取加密后图像的脸部区域(获取 ROI)
secretFace = meXorKey[150:460, 479:780]
cv2.imshow('secretFace',secretFace)
# (7) 将原始图像的脸部替换成 ROI(加密后的脸部区域)
me[150:460, 479:780] = secretFace
enface = me
cv2.imshow('enface', enface)
# 脸部解码
# (8) 将脸部打码的图像(第(7)步的处理结果)与 key 异或,将脸部还原成原图(脸部:原图;其余部分:加密)
original = cv2.bitwise_xor(enface, key)
cv2.imshow('original', original)

# (9) 获取解码后脸部原图(截取图像)
face = original[150:460, 479:780]
cv2.imshow('face', face)
# (10) 将截取的脸部原图替换第(7)步生成的图像的脸部(ROI 替换)
enface[150:460, 479:780] = face
deface = enface
cv2.imshow('deface',deface)
cv2.waitKey()
cv2.destroyAllWindows()
```

运行程序，会看到如图 15-2 所示的脸部打码后的图像，以及图 15-3 所示脸部解码后的图像。

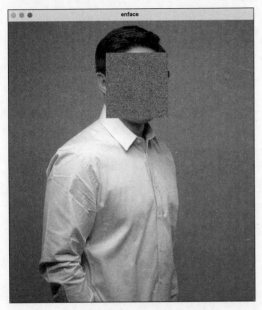

图 15-2 脸部打码

图 15-3 脸部解码

15.4 本章小结

　　本章通过具体的项目实战，深入探讨了图像加密和解密的基本原理及实现方法。首先，根据对称加密的概念，介绍了使用随机生成的 key 对原图进行按位异或运算以实现图像的加密和解密。随后，本章分别展示了如何对整幅图像和图像的特定区域（如脸部）进行加密和解密操作。通过实际的代码实现和运行结果，本章为读者呈现了图像加密和解密技术在实际应用中的效果和应用步骤，为读者在图像处理和加密解密领域提供了宝贵的实践经验。同时，本章也通过代码展示了如何使用 OpenCV 库来实现图像处理的基本操作，为读者在图像处理领域的进一步学习和探索提供了参考。

## 第 16 章

项目实战：答题卡识别

本章的项目是利用 OpenCV 识别答题卡，主要使用到的技术包括灰度转换、反二值化、高斯滤波、边缘检测、搜索轮廓、绘制轮廓和倾斜矫正等技术。

16.1 识别单道题目

识别答题卡的基础逻辑就是数数，也就是计算每一个选项的非零像素点的个数，如果某一个选项的非零像素点最多，那么这个选项就是被涂抹的答案。

这里的非零像素点，其实就是白色像素点。对于通过扫描仪扫描进电脑的答题卡图像来说，涂抹的部分都是接近黑色的，因此，在识别答题卡之前，需要先对答题卡图像进行二值化处理，变为黑白图像，再进行反二值化处理，将涂抹的部分变为纯白色①，而其他部分，变为纯黑色。这就是为什么在考试时，老师反复强调一定要用 2B 或更深颜色的铅笔涂抹答案的原因，因为如果涂抹的黑色低于二值化的阈值，那么就意味着涂写的答案都会被处理成黑色（非涂抹区域），相当于未涂抹。

图 16-1 是答题卡原始图像中的一道题的 4 个选项。

现在将图 16-1 所示的图像反二值化，会得到如图 16-2 所示的图像。

图 16-1 单道题目的原始图像

图 16-2 反二值化的单道题目原始图像

然后根据图 16-2 所示的图像，计算每一个选项中非 0（白色）像素点的个数，白色像素点个数最多的选项，就是被涂抹的选项。

为了确定每一个选项的位置，需要搜索图像中的轮廓，并且根据轮廓得到包含轮廓的最小矩形，这就是每一个选项的区域，只需要计算这个区域中的白色像素点个数即可。

另外，为了更加严谨，还需要判断"有效像素点面积/选项面积"，如果小于某个阈值，也会被判定为未涂抹。这也是为什么老师总要提醒考生，涂选项时一定要涂满，不要只涂一半，或干脆用铅笔画一道，这样被涂抹的部分将低于阈值，会被判定为未涂抹。

为了实现识别单道题目，需要进行如下几步：

---

① 有可能答题卡上面或四周的黑色文字或符号部分也被处理成白色，但这并不影响识别答题卡。由于答题卡四周有校验标识，根据这些标识，可以定位答题卡的答题区，最后在识别时，可以直接将非答题区域的部分去掉。

（1）设置选项和标准答案。

（2）读取答题卡图像。

（3）图像预处理（灰度转换、高斯滤波、阈值变换等）。

（4）获取轮廓。

（5）获取包含所有轮廓的矩形（为了方便统计有效像素点）。

（6）将轮廓矩形区域升序排列（根据矩形区域的 x 排序）。

（7）通过统计每一个选项轮廓中非零点像素个数得到涂抹的选项。

（8）显示结果。

完整的实现代码如下：

代码位置：src/projects/answer_sheet_identification/single_selection.py。

```python
import numpy as np
import cv2

# (1)设置选项和标准答案
# 定义选项字典
ANSWER_KEY = {0:'A', 1:'B', 2:'C', 3:'D'}

# 定义标准答案
ANSWER = 'B'

# (2)读取答题卡图像
img = cv2.imread('images/single_selection.jpg')
cv2.imshow('original', img)

# (3)图像预处理(灰度转换、高斯滤波、阈值变换)
# 转换为灰度图像
gray = cv2.cvtColor(img, cv2.COLOR_BGR2GRAY)

# 高斯滤波(去噪)
gaussian = cv2.GaussianBlur(gray, (5,5),0)

# 阈值变换,将所有选项处理为前景为白色,背景为黑色的图像,反二值处理
ret, thresh = cv2.threshold(gray, 0,255, cv2.THRESH_BINARY_INV | cv2.THRESH_OTSU)
cv2.imshow('thresh', thresh)

# (4)获取轮廓
cnts, hierarchy = cv2.findContours(thresh.copy(), cv2.RETR_EXTERNAL, cv2.CHAIN_APPROX_SIMPLE)

# 根据每一个选项的矩形区域的横坐标进行排序

# 获取包含轮廓的最小矩形区域: cv2.boundingRect(c),c是轮廓的点坐标集合
# (x,y,width,height)
# (5)获取包含所有轮廓的矩形(为了方便统计有效像素点)
boundingBoxes = [cv2.boundingRect(c) for c in cnts]
print(boundingBoxes)
# (6)将轮廓矩形区域升序排列(根据矩形区域的 x 排序)
def sortFun(b):
    return b[0][0]

(boundingBoxes, cnts) = zip( * sorted(zip(boundingBoxes, cnts),
                            key = lambda b: sortFun(b), reverse = False))
```

```
print(boundingBoxes)

# (7) 通过统计每一个选项轮廓中非零点像素个数得到填涂的选项
max = 0
index = 0
answer_index = 0                                        # 填涂选项的索引
answer = 'A'

for b,c in zip(boundingBoxes, cnts):
    option_image = thresh[b[1]:b[1] + b[3],b[0]:b[0] + b[2]]
    cv2.imshow('option' + str(index), option_image)
    # 统计当前选项中非零像素点的数量
    total = cv2.countNonZero(option_image)
    print(total)
    if total > max:
        max = total
        answer = ANSWER_KEY.get(index)
        answer_index = index
    index += 1

# (8) 显示结果
print('学生的选择: ', answer)
if answer == ANSWER:
    color = (0,255,0)                                   # 回答正确,用绿色表示
    msg = '回答正确'
else:
    color = (0,0,255)                                   # 回答错误,用红色表示
    msg = '回答错误'
cv2.drawContours(img, cnts[answer_index], -1, color, 2)
cv2.imshow('result', img)
print(msg)
cv2.waitKey(0)
cv2.destroyAllWindows()
```

运行程序,会弹出如图 16-3 所示的窗口,窗口上显示了通过轮廓的最小外切矩形截取的 4 个选项的图像,程序会统计在这 4 个图像中,谁的白色像素点最多,点数最多的那个选项就是答案。

图 16-3　截取的每一个选项

运行程序后,在终端会输出如下的内容:

轮廓外切矩形的 rect: [(614, 57, 96, 95), (446, 57, 96, 95), (279, 57, 96, 95), (112, 57, 95, 95)]
轮廓外切矩形的 rect(已排序): ((112, 57, 95, 95), (279, 57, 96, 95), (446, 57, 96, 95), (614, 57, 96, 95))
1885
7037
1813
1961
学生的选择: B
回答正确

很明显,有一个选项的白色像素点总数是 7037,远远大于其他选项,所以这个选项(第 2 个选项 B)就是涂抹的答案。

16.2 检索答题卡的外轮廓

图 16-4 是放在桌子上的一张答题卡，现在要检测这个答题卡的外轮廓。

检测答题卡外轮廓的基本原理就是将答题卡图像转换为灰度图像，然后再进行边缘检测，接下来是找到图像中的所有轮廓，并确定矩形轮廓就是答题卡的外轮廓。具体的步骤如下。

（1）打开图像。

（2）将图像转换为灰度图像。

（3）对灰度图进行高斯滤波。

（4）使用 Canny 算法进行边缘检测。

（5）找到边缘检测图像中的轮廓。

（6）扫描所有的轮廓，并将轮廓简化为多边形，最终判断只有四边形符合要求（答题卡外轮廓）。

（7）绘制外轮廓。

完整的实现代码如下：

代码位置：src/projects/answer_sheet_identification/find_card.py。

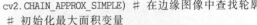

图 16-4 答题卡的原始图像

```python
import cv2                          # 导入 OpenCV 库

# (1) 打开图像
img = cv2.imread('images/card_bg.jpg')    # 读取图像文件
cv2.imshow('orginal', img)          # 显示原始图像

# (2) 转换为灰度图像
gray = cv2.cvtColor(img, cv2.COLOR_BGR2GRAY)
                                    # 将图像从 BGR 转换为灰度
cv2.imshow('gray', gray)            # 显示灰度图像

# (3) 高斯滤波
gaussian = cv2.GaussianBlur(gray, (5,5),0)      # 对灰度图像应用高斯滤波以减少噪声
cv2.imshow('gaussian', gaussian)                # 显示高斯滤波后的图像

# (4) Canny 边缘检测
edged = cv2.Canny(gaussian, 50,200)             # 用 Canny 算法检测图像边缘
cv2.imshow('edged', edged)                      # 显示边缘检测后的图像

# (5) 查找轮廓
cts, h = cv2.findContours(edged.copy(), cv2.RETR_EXTERNAL, cv2.CHAIN_APPROX_SIMPLE)  # 在边缘图像中查找轮廓
max_area = 0                                    # 初始化最大面积变量
max_c_index = 0                                 # 初始化最大面积轮廓的索引变量

# (6) 遍历所有轮廓
for i, c in zip(range(len(cts)), cts):
```

```
    area = cv2.contourArea(c)                       # 计算当前轮廓的面积
    p = 0.01 * cv2.arcLength(c, True)               # 计算当前轮廓的周长的 1%
    # 使用 cv2.approxPolyDP 方法简化轮廓,p是指定的精度,True 表示轮廓是闭合的
    approx = cv2.approxPolyDP(c, p, True)
    print(area, len(approx))                        # 打印当前轮廓的面积和简化后的顶点数
    if len(approx) == 4:                            # 如果简化后的轮廓有 4 个顶点(即为四边形)
        max_c_index = i                            # 更新最大面积轮廓的索引
        break                                      # 找到四边形轮廓,退出循环

print(max_c_index)                                  # 打印最大面积轮廓的索引

# (7) 绘制轮廓
cv2.drawContours(img, cts, max_c_index, (0,0,255),3)  # 在原始图像上绘制找到的四边形轮廓

# (8) 显示结果图像
cv2.imshow('img', img)                              # 显示带有轮廓的图像
cv2.waitKey()                                       # 等待用户输入
cv2.destroyAllWindows()                             # 关闭所有 OpenCV 窗口
```

在这段程序中,在 for 循环中,程序尝试寻找第一个四边形轮廓,在找到后退出循环。这个四边形轮廓可能是答题卡的边缘。对于每个轮廓,它计算轮廓的面积和周长,以及使用 cv2.approxPolyDP() 函数来简化轮廓,以检查其是否为四边形,这个四边形轮廓就是答题卡的外轮廓。

运行程序,会看到如图 16-5 所示边缘检测后的图像和如图 16-6 所示的绘制了外轮廓的答题卡图像。

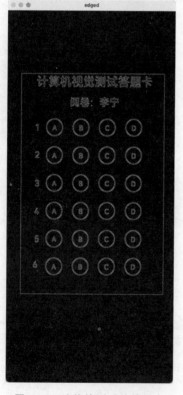

图 16-5 边缘检测后的答题卡

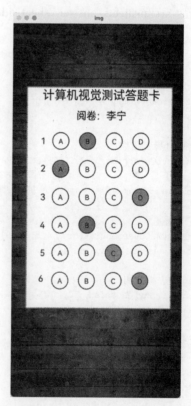

图 16-6 绘制了外轮廓的答题卡

16.3　对答题卡进行倾斜校正与裁边处理

在真实场景中，答题卡通常都是由高速扫描仪扫描进电脑的，难免有一些倾斜（如图16-7所示就是一种倾斜情况），所以在处理答题卡之前，先要对答题卡进行倾斜校正与裁边处理。具体的步骤如下。

1. 预处理

预处理主要包括读取图像，将其转换为灰度图像，应用高斯滤波来减少噪声，然后使用Canny边缘检测算法找到图像中的边缘。

2. 轮廓检测

使用cv2.findContours()函数在边缘检测图像中查找所有的轮廓。

3. 答题卡轮廓定位

遍历所有的轮廓，对每个轮廓使用cv2.approxPolyDP()函数进行多边形逼近，找到顶点数为4的轮廓（即答题卡的轮廓）。

4. 倾斜校正和裁边处理

传递原图和答题卡的四个顶点到wrap_perspective()函数（自定义的函数）中进行倾斜校正和裁边处理。

wrap_perspective()函数会完成如下的工作：

（1）顶点排序：首先按x坐标对顶点排序，分别得到左侧和右侧的两个顶点，然后按y坐标对左侧和右侧的顶点排序，确定四个角的顶点。

（2）新宽度和新高度计算：计算答题卡的顶边和底边的长度，以及左边和右边的长度，以得到新的宽度和高度。

（3）目标图像顶点构造：构造目标图像（校正后答题卡图像）的四个顶点，这四个顶点构成了一个与原图答题卡相同尺寸的矩形。

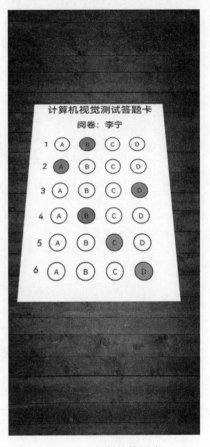

图16-7　倾斜的答题卡

（4）转换矩阵构造和倾斜校正：使用cv2.getPerspectiveTransform()函数构造转换矩阵，使用cv2.warpPerspective()函数应用这个转换矩阵来校正答题卡的倾斜，并裁剪到新的尺寸。

完整的实现代码如下：

代码位置：src/projects/answer_sheet_identification/slant_correction.py。

```python
import cv2
import numpy as np
def wrap_perspective(image, pts):
    # 对原图答题卡轮廓的4个顶点按x进行排序,找到左侧的两个顶点和右侧的两个顶点
    x_sorted = pts[np.argsort(pts[:,0]),:]
    # 获取原图答题卡左侧两个顶点
    left = x_sorted[:2,:]
    # 获取原图答题卡右侧两个顶点
    right = x_sorted[2:,:]
    # 对左侧两个顶点按y排序,确定左上角顶点和左下角顶点
    left = left[np.argsort(left[:,1]), :]
```

```python
    (tl, bl) = left
    # 对右侧两个顶点按 y 排序,确定右上角顶点和右下角顶点
    right = right[np.argsort(right[:,1]),:]
    (tr, br) = right

    src = np.array([tl,tr,br,bl], dtype = 'float32')
    # 计算校正后答题卡的新宽度(距离最长的边)

    '''
    (x1,y1)   (x2,y2)
    distance = sqrt((x1 - x2) ** 2 + (y1 - y2) ** 2)
    '''
    # 计算顶边长
    width_t = np.sqrt(((tl[0] - tr[0]) ** 2) + ((tl[1] - tr[1]) ** 2))
    # 计算底边长
    width_b = np.sqrt(((bl[0] - br[0]) ** 2) + ((bl[1] - br[1]) ** 2))
    new_width = max(int(width_b), int(width_t))

    # 计算校正后答题卡的新高度(距离最长的边)
    # 计算左边长
    height_l = np.sqrt(((tl[0] - bl[0]) ** 2) + ((tl[1] - bl[1]) ** 2))
    # 计算右边长
    height_r = np.sqrt(((tr[0] - br[0]) ** 2) + ((tr[1] - br[1]) ** 2))
    new_height = max(int(height_l), int(height_r))

    # 根据新宽度和新高度构造目标图像(校正后答题卡图像)的 4 个顶点
    dst = np.array([
        [0,0],
        [new_width - 1,0],
        [new_width - 1, new_height - 1],
        [0, new_height - 1]
    ],dtype = 'float32')
    # 使用 getPerspectiveTransform 函数构造转换矩阵 M
    M = cv2.getPerspectiveTransform(src, dst)

    # 使用 warpPerspective 函数校正答题卡,并裁边
    result = cv2.warpPerspective(image, M, (new_width, new_height))
    return result

# 预处理
img = cv2.imread('images/slant_card.png')
gray = cv2.cvtColor(img, cv2.COLOR_BGR2GRAY)
gaussian = cv2.GaussianBlur(gray, (5,5),0)
edged = cv2.Canny(gaussian, 50,200)

# 找到所有的轮廓(包括答题卡的轮廓)
cts, h = cv2.findContours(edged.copy(), cv2.RETR_EXTERNAL, cv2.CHAIN_APPROX_SIMPLE)
for c in cts:
    # 对轮廓进行逼近,找到顶点数为 4 的轮廓(找到答题卡轮廓)
    p = 0.01 * cv2.arcLength(c, True)
    approx = cv2.approxPolyDP(c, p, True)
    if len(approx) == 4:
        print(approx)
        print(approx.reshape(4,2))
        # 对答题卡轮廓进行倾斜校正和裁边处理
        result = wrap_perspective(img, approx.reshape(4,2))
```

```
        break
cv2.imshow('result', result)
cv2.waitKey()
cv2.destroyAllWindows()
```

运行程序,会看到如图 16-8 所示的纠正后的答题卡。

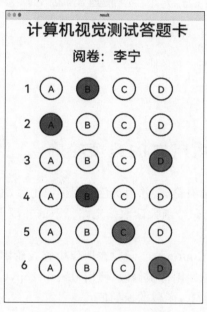

图 16-8　纠正后的答题卡

16.4　对答题卡进行反二值化处理

这一节会将答题卡反二值化,也就是将涂抹和未涂抹的圆圈,以及将文字都转换为白色,其他的区域都转换为黑色,如图 16-9 所示。左侧是待处理的答题卡图像,右侧是反二值化后的答题卡图像。

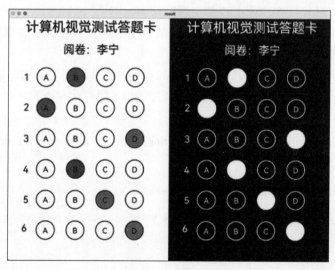

图 16-9　反二值化处理

完整的实现代码如下：

代码位置：src/projects/answer_sheet_identification/card_threshold. py。

```
import cv2
card = cv2.imread('images/card.png',0)
ret, thresh = cv2.threshold(card, 0, 255, cv2.THRESH_BINARY_INV | cv2.THRESH_OTSU)
# 将 card 和 thresh 水平合并
card_thresh = cv2.hconcat([card, thresh])
cv2.imshow('result', card_thresh)
# 将二值化后的图像保存为 thresh.bmp 文件
cv2.imwrite('images/thresh.bmp', thresh)
cv2.waitKey()
cv2.destroyAllWindows()
```

16.5 找到答题卡内所有的选项轮廓

在本节识别答题卡内所有的选项轮廓，并用灰色圆圈标识轮廓，主要步骤和实现原理如下。

(1) 读取图像：使用 cv2. imread()函数读取指定路径下的答题卡图像。在这个例子中，图像是以灰度模式读取的。

(2) 寻找轮廓：使用 cv2. findContours()函数在图像中查找轮廓。这个函数返回了图像中所有轮廓的列表和层级结构。为了避免原始图像被修改，使用 thresh. copy()函数创建了图像的一个副本来查找轮廓。其中，thread 是 cv2. imread()函数的返回值。

(3) 过滤轮廓：通过循环遍历所有找到的轮廓，并使用 cv2. boundingRect()函数获取每个轮廓的边界矩形。然后计算边界矩形的长宽比，并根据设定的条件（例如，边界矩形的宽度和高度以及长宽比）过滤出可能是答题选项的轮廓。

(4) 创建彩色图像副本：为了在图像上绘制彩色轮廓，将原始的灰度图像转换为彩色图像。使用 cv2. cvtColor()函数，并指定 cv2. COLOR_GRAY2BGR 标志来实现这一转换。

(5) 绘制轮廓：使用 cv2. drawContours()函数在彩色图像上绘制过滤出的选项轮廓。这个函数允许指定轮廓的颜色和厚度，以便在图像上清楚地看到轮廓。

(6) 准备图像合并：为了使两个图像（反二值化的答题卡图像和绘制了轮廓的答题卡图像）能够水平合并，将原始的灰度图像也转换为彩色图像。

(7) 合并图像：使用 cv2. hconcat()函数将原始的彩色图像和绘制了轮廓的彩色图像水平合并。这样做可以在一个窗口中同时显示原始图像和处理后的图像，方便对比和查看。

完整的实现代码如下：

代码位置：src/projects/answer_sheet_identification/find_all_options_contours. py。

```
import cv2
# 读取图像
thresh = cv2.imread('images/thresh.bmp', cv2.IMREAD_GRAYSCALE)
# 寻找轮廓
cnts, h = cv2.findContours(thresh.copy(), cv2.RETR_EXTERNAL, cv2.CHAIN_APPROX_SIMPLE)
print('总轮廓数:', len(cnts))
# 开始搜索所有的选项轮廓
options = []
for cnt in cnts:
    # 获取轮廓的矩形包围框
```

```
        x, y, w, h = cv2.boundingRect(cnt)
        # 计算长宽比
        ar = w / float(h)
        # 根据阈值过滤
        if w >= 100 and h >= 100 and ar >= 0.8 and ar <= 1.2:
            options.append(cnt)
print('选项轮廓数：', len(options))
# 将灰度图像转换为彩色图像
thresh_color = cv2.cvtColor(thresh, cv2.COLOR_GRAY2BGR)
# 在彩色图像上绘制轮廓
color = (0, 0, 255)
cv2.drawContours(thresh_color, options, -1, color, 5)
# 将单通道的灰度图像转换为三通道图像
thresh_three_channel = cv2.cvtColor(thresh, cv2.COLOR_GRAY2BGR)
# 水平合并原始二值图像和绘制了轮廓的彩色图像
merged_image = cv2.hconcat([thresh_three_channel, thresh_color]),
# 显示合并后的图像
cv2.imshow('Merged Result', merged_image)
cv2.waitKey()
cv2.destroyAllWindows()
```

运行程序，会显示如图 16-10 所示的窗口，左侧是反二值化的答题卡，右侧是绘制了轮廓的答题卡。

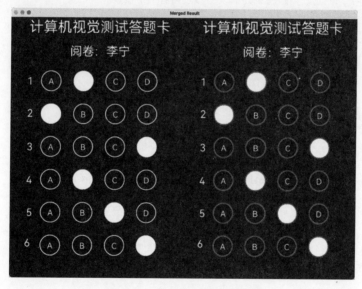

图 16-10　绘制所有选项的轮廓

在终端会输出如下内容：

```
总共找到的轮廓数：75
选项个数：24
```

16.6　识别整张答题卡

本节结合前面每一步学到的知识，来识别整张答题卡，输出识别结果。具体步骤如下。

（1）定义标准答案。

（2）图像预处理（装载图像、色彩空间变换、高斯滤波、边缘检测等）。

（3）答题卡处理。

（4）筛选出所有选项。

（5）将选项按题目分组。

（6）处理每道题的选择。

（7）显示处理结果。

完整的实现代码如下：

代码位置：src/projects/answer_sheet_identification/final. py。

```python
import cv2
import numpy as np
def wrap_perspective(image, pts):
    # (1) 对原图答题卡轮廓的 4 个顶点按 x 进行排序,找到左侧的两个顶点和右侧的两个顶点
    x_sorted = pts[np.argsort(pts[:,0]),:]
    # 获取原图答题卡左侧两个顶点
    left = x_sorted[:2,:]
    # 获取原图答题卡右侧两个顶点
    right = x_sorted[2:,:]
    # (2) 对左侧两个顶点按 y 排序,确定左上角顶点和左下角顶点
    left = left[np.argsort(left[:,1]), :]
    (tl, bl) = left
    # (3) 对右侧两个顶点按 y 排序,确定右上角顶点和右下角顶点
    right = right[np.argsort(right[:,1]),:]
    (tr, br) = right
    src = np.array([tl,tr,br,bl], dtype = 'float32')
    # (4) 计算校正后答题卡的新宽度(距离最长的边)
    # 计算顶边长
    width_t = np.sqrt(((tl[0] - tr[0]) ** 2) + ((tl[1] - tr[1]) ** 2))
    # 计算底边长
    width_b = np.sqrt(((bl[0] - br[0]) ** 2) + ((bl[1] - br[1]) ** 2))
    new_width = max(int(width_b), int(width_t))

    # (5) 计算校正后答题卡的新高度(距离最长的边)
    # 计算左边长
    height_l = np.sqrt(((tl[0] - bl[0]) ** 2) + ((tl[1] - bl[1]) ** 2))
    # 计算右边长
    height_r = np.sqrt(((tr[0] - br[0]) ** 2) + ((tr[1] - br[1]) ** 2))
    new_height = max(int(height_l), int(height_r))

    # (6) 根据新宽度和新高度构造目标图像(校正后答题卡图像)的 4 个顶点
    dst = np.array([
        [0,0],
        [new_width - 1,0],
        [new_width - 1, new_height - 1],
        [0, new_height - 1]
    ],dtype = 'float32')
    # (7) 使用 getPerspectiveTransform 函数构造转换矩阵 M
    M = cv2.getPerspectiveTransform(src, dst)

    # (8) 使用 warpPerspective 函数校正答题卡,并裁边
    result = cv2.warpPerspective(image, M, (new_width, new_height))
    return result
# 定义标准答案
ANSWER = {0:1, 1:1, 2:3, 3:2,4:2,5:3}                    # B B D C C D

# 答案用的字典
answerDict = {0:'A', 1:'B', 2:'C', 3:'D'}
```

```python
# 图像预处理
# 读取原始图像(答题卡)
img = cv2.imread('images/slant_card.png')
# 色彩空间变换(变成灰度图像)
gray = cv2.cvtColor(img, cv2.COLOR_BGR2GRAY)
# 高斯滤波
gaussian_blur = cv2.GaussianBlur(gray, (5,5),0)
# 边缘检测
edged = cv2.Canny(gaussian_blur, 50,200)
# 筛选出所有选项轮廓
cts, h = cv2.findContours(edged.copy(), cv2.RETR_EXTERNAL, cv2.CHAIN_APPROX_SIMPLE)

# 轮廓排序
list = sorted(cts, key = cv2.contourArea, reverse = True)

print('轮廓数: ', len(cts))

right_sum = 0                                    # 答对题目的个数
# 将答题卡进行倾斜校正
for c in list:
    peri = 0.01 * cv2.arcLength(c, True)
    approx = cv2.approxPolyDP(c, peri, True)
    print('顶点个数: ', len(approx))
    if len(approx) == 4:
        # 将原始图像倾斜校正,用于后续处理
        card = wrap_perspective(img, approx.reshape(4,2))
        # 将灰度图像倾斜校正,用于后续处理
        card_gray = wrap_perspective(gray, approx.reshape(4,2))
        # 反二值化处理
        ret, thresh = cv2.threshold(card_gray, 0, 255, cv2.THRESH_BINARY_INV | cv2.THRESH_OTSU)
        cnts, h = cv2.findContours(thresh.copy(), cv2.RETR_EXTERNAL, cv2.CHAIN_APPROX_SIMPLE)
        # 筛选出所有选项
        options = []
        for cnt in cnts:
            x,y,w,h = cv2.boundingRect(cnt)
            ar = w/float(h)
            if w >= 50 and h >= 50 and ar >= 0.6 and ar <= 1.3:
                options.append(cnt)
        # 按选项轮廓纵坐标升序排列
        boundingBoxes = [cv2.boundingRect(c) for c in options]
        (options, boundingBoxes) = zip( * sorted(zip(options, boundingBoxes), key = lambda x: x[1][1],
reverse = False))

        for (index, i) in enumerate(np.arange(0, len(options), 4)):
            # 获取每一道题的 4 个选项的轮廓边界(x,y,w,h)
            boundingBoxes = [cv2.boundingRect(c) for c in options[i:i + 4]]

            # 使用 x 排序,获取按 A、B、C、D 顺序的选项轮廓
            (cnts, boundingBoxes) = zip(
                * sorted(zip(options[i:i + 4], boundingBoxes), key = lambda x: x[1][0], reverse = False))
            # 用来存储当前题目的每个选项
            ioptions = []
            # 单独处理每一个选项
            for (k, cnt) in enumerate(cnts):
                # 构造一个与答题卡尺寸相同的 mask
                mask = np.zeros(card_gray.shape, dtype = 'uint8')

                # 在 mask 内,绘制当前遍历的选项轮廓
```

```
        cv2.drawContours(mask, [cnt], -1, 255, -1)

        # 将填涂的选项移过来
        mask = cv2.bitwise_and(thresh, thresh, mask = mask)
        # 获取白色像素点个数
        total = cv2.countNonZero(mask)
        ioptions.append((total, k))
    ioptions = sorted(ioptions, key = lambda x:x[0], reverse = True)
    # 白色最多的是填涂的选项
    choice_num = ioptions[0][1]

    # 确定选项值:ABCD
    choice = answerDict.get(choice_num)

    if ANSWER.get(index) == choice_num:
        # 正确时,颜色为绿色
        color = (0,255,0)
        right_sum += 1
    else:
        # 错误时,颜色为红色
        color = (0,0,255)
    cv2.drawContours(card, cnts[choice_num], -1, color, 2)
# 显示结果
s1 = 'total:' + str(len(ANSWER))
s2 = 'right:' + str(right_sum)
s3 = 'score:' + str(right_sum * 10)

cv2.putText(card, s1 + '' + s2 + '' + s3, (10,80),cv2.FONT_HERSHEY_SIMPLEX, 1,(0,0,255),2)
cv2.imshow('score', card)
break
cv2.waitKey()
cv2.destroyAllWindows()
```

运行程序,会显示如图16-11所示的窗口,显示了灰度形式的答题卡,并且将最终判卷结果用红色的字写在答题卡的左上方。

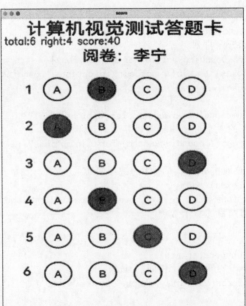

图16-11　识别整张答题卡

16.7 本章小结

本章主要介绍了利用 OpenCV 进行答题卡识别的实战项目。首先，通过灰度转换、反二值化等预处理技术准备答题卡图像。接着，通过计算非零像素点数量来识别单道题目的答案。为了定位每个选项，使用轮廓搜索和最小矩形边界框技术。同时，对倾斜的答题卡进行校正和裁边处理，保证识别的准确性。再次，通过反二值化处理，将涂抹部分明确显示出来。最后，寻找所有选项轮廓，通过合并图像来显示原始和处理后的图像，以便进行对比和分析。通过以上步骤，完成了答题卡的自动识别处理，展示了 OpenCV 在图像处理和分析方面的强大功能。

## 第 17 章

ChatGPT 项目实战：视频处理

工具集（video_fx）

本章的项目要实现一个可以处理视频的命令行工具集，通过命令行参数确定要如何处理视频。本项目需要 3 个工具，将彩色视频转换为灰度视频、旋转视频和为视频添加字幕。这个项目与前面章节实现项目最大的差异是，没有编写一行代码，完全是通过 ChatGPT 分步编写，然后再组合而成的，所以本项目完全依赖 AI 自动化编写，这对于那些不熟悉 Python、OpenCV 及其他相关 Python 模块的读者是非常友好的。以后可能不需要以是否熟练使用某项技术作为卖点，而是以是否熟练使用 ChatGPT 编写大型程序为卖点。因为有了 ChatGPT，即使对某项技术不熟悉，甚至完全不会，也可以编写出非常复杂的应用，而且大多数时候，比普通程序员写的质量还要高，编程效率也更高。那么现在就看看如何借助 ChatGPT，在不编写一行代码的情况下实现这个视频处理工具集。

第 95 集
微课视频

17.1 用 ChatGPT 自动编写 video_fx 的主体部分

video_fx 有如下 3 个选项，每一个选项前面有一个连字符（-），表示控制 video_fx 如何处理视频。

（1）-gray：将彩色视频转换为灰度视频，该选项没有参数值。

（2）-rotate：旋转视频，该选项有一个整数类型参数值，正整数表示逆时针旋转的角度，负整数表示顺时针旋转的角度，0 表示什么也不做（忽略该参数）。

（3）-subtitles：为视频添加字幕，该选项有 4 个参数值，都是必选项，每一个参数值之间用逗号（,）分隔，这 4 个参数值是 x,y,font_scale,subtitles_path，其中 x 和 y 表示字幕左下角顶点在视频中的坐标，font_scale 表示字幕相对大小，1 表示正常大小的字号，比 1 大，则表示放大字号。正常大小的字号与当前的分辨率有关。subtitles_path 表示字幕文件（srt 文件）的绝对或相对路径。

另外，video_fx 还可以传入两个不带选项的命令行参数：

（1）input_video：输入视频的相对或绝对路径。

（2）output_video：输出视频的相对或绝对路径。

由于 video_fx 比较复杂，所以分步让 ChatGPT 实现，这一节会实现 video_fx 的主体部分，也就是解析选项和参数值，并验证传入的选项和参数值的正确性，以及当指定某一个选项时，需要调用的函数（先使用空函数实现）。

首先应该规划一下如何响应这 3 个选项，通常的做法是每一个选项对应一个函数，当指定这个选项后，就会调用这个函数，并且将选项对应的参数值传入这个函数。所以，3 个选项对应的函数名和参数如下：

（1）-gray：process_gray(input_video_path,output_video_path)。

（2）-rotate：process_rotate(input_video_path，output_video_path，angle)。

（3）-subtitles：process_subtitles(input_video_path，output_video_path，x，y，font_scale，subtitles_path)。

根据这些规划，现在可以向 ChatGPT 提交如下的文本：

用 Python、OpenCV 和其他第三方模块编写一个带命令行参数的程序，命令行的完整格式如下：

```
python video_fx - gray - rotate 30 - subtitles 100,200,20,c:\video.srt   c:\video.mp4 c:\video_out.mp4
```

其中有 3 个选项(-gray、-rotate 和-subtitles)，所有的选项都以连字符(-)开头。-gray 选项没有参数值，表示将视频的每一帧处理成灰度图像，-rotate 选项只有一个整数类型的参数值，表示将视频的每一帧画面旋转一定的角度，-subtitles 选项表示为视频添加字幕。该选项有 4 个参数值，每个参数值之间用逗号分隔，前 3 个参数值是整数，最后一个参数值是字幕文件(srt 文件)的路径。这 4 个参数值分别为 x，y，font_scale，subtitles_path，其中 x 和 y 表示将字幕添加到视频的坐标位置(字幕左下角的坐标)，font_scale 表示字幕文字的相对大小，subtitles_path 表示字幕文件的路径。c:\video.mp4 表示原视频，c:\video_out.mp4 表示输出视频。

现在编写的程序只需要解析这些选项和参数值，然后每一个选项对应一个处理函数，-gray 对应 process_gray；-rotate 对应 process_rotate；-subtitles 对应 process_subtitles，函数的参数就是对应选项的参数。这些函数先不要实现，空函数即可。

ChatGPT 会返回如下的代码，注意，ChatGPT 每次返回的代码并不相同，但功能基本相同。

代码位置：src/projects/video_fx/video_fx.py。

```python
import argparse
import cv2
# 空实现
def process_gray(input_video_path, output_video_path):
    pass
# 空实现
def process_rotate(input_video_path, output_video_path, angle):
    pass
# 空实现
def process_subtitles(input_video_path, output_video_path, x, y, font_scale, subtitles_path):
    pass
def main():
    parser = argparse.ArgumentParser(description = '视频效果处理程序')
    parser.add_argument('- gray', action = 'store_true', help = '将视频处理成灰度')
    parser.add_argument('- rotate', type = int, help = '将视频的每一帧旋转指定角度')
    parser.add_argument('- subtitles', type = str, help = '为视频添加字幕,格式为 x,y,font_scale,subtitle_path')
    parser.add_argument('input_video', type = str, help = '输入视频的路径')
    parser.add_argument('output_video', type = str, help = '输出视频的路径')
    # 分析选项和命令行参数
    args = parser.parse_args()
    # 检查是否指定了 - gray 参数
    if args.gray:
        process_gray(args.input_video, args.output_video)

    # 检查是否指定了 - rotate 参数
    if args.rotate is not None:
        process_rotate(args.input_video, args.output_video, args.rotate)
    # 检查是否指定了 - subtitles 参数
    if args.subtitles:
        subtitles_params = args.subtitles.split(',')
        if len(subtitles_params) == 4:
```

```
        x, y, font_scale, subtitles_path = subtitles_params
        x, y, font_scale = int(x), int(y), float(font_scale)      # 转换字符串到合适的数据类型
        process_subtitles(args.input_video, args.output_video, x, y, font_scale, subtitles_path)
    else:
        print("字幕参数格式错误,应为 x,y,font_size,subtitle_path")
if __name__ == "__main__":
    main()
```

在终端输入如下的命令行:

```
python video_fx.py
```

由于在程序中,要求必须指定 input_video 和 output_video,所以会输出如下的信息,这些信息是 Python 的 argparse 模块自动输出的。

```
usage: video_fx.py [ - h] [ - gray] [ - rotate ROTATE] [ - subtitles SUBTITLES]
                    input_video output_video
video_fx.py: error: the following arguments are required: input_video, output_video
```

如果输入如下的命令行,则什么都不会发生,因为没有指定具体的选项,就算指定选项也没用,因为 3 个选项函数都没有实现。

```
python video_fx.py input.mp4 output.mp4
```

17.2　用 ChatGPT 自动编写转换灰度视频工具

第 96 集
微课视频

本节用 ChatGPT 编写 process_gray()函数的代码。如果处于同一个上下文就容易多了,只需要在 ChatGPT 中输入如下的内容即可:

现在用 Python 和 OpenCV 实现 process_gray()函数,将输入视频的每帧图像转换为灰度,并生成输出视频。给出完整的实现代码和中文注释。

ChatGPT 就会编写如下的代码。注意,ChatGPT 有可能会为 process_gray()函数生成一些测试代码,直接忽略即可,只复制 process_gray()函数本身即可。

```
def process_gray(input_video_path, output_video_path):
    # 打开输入视频
    cap = cv2.VideoCapture(input_video_path)
    if not cap.isOpened():
        print("Error: Could not open video.")
        exit()

    # 获取视频的基本信息
    frame_width = int(cap.get(cv2.CAP_PROP_FRAME_WIDTH))
    frame_height = int(cap.get(cv2.CAP_PROP_FRAME_HEIGHT))
    fps = int(cap.get(cv2.CAP_PROP_FPS))
    fourcc = cv2.VideoWriter_fourcc( * 'mp4v')
    # 创建输出视频对象
    out = cv2.VideoWriter(output_video_path, fourcc, fps, (frame_width, frame_height), isColor = False)
    while True:
        ret, frame = cap.read()
        if not ret:
            break                                    # 如果没有更多帧,则退出循环

        # 将帧转换为灰度图像
        gray_frame = cv2.cvtColor(frame, cv2.COLOR_BGR2GRAY)
```

```
# 将灰度帧写入输出视频
out.write(gray_frame)

# 释放视频对象和窗口资源
cap.release()
out.release()
cv2.destroyAllWindows()
```

使用下面的命令行将 input.mp4 转换为灰度视频文件(output.mp4)。

```
python video_fx.py - gray input.mp4 output.mp4
```

转换时间由视频帧数多少决定,执行完毕,会在当前目录生成一个 output.mp4 文件。图 17-1 是 input.mp4 的彩色视频截图,图 17-2 是 output.mp4 的灰度视频截图。

图 17-1　彩色视频截图

图 17-2　灰度视频截图

第 97 集
微课视频

17.3　用 ChatGPT 自动编写旋转视频工具

本节会利用 ChatGPT 编写 process_rotate()函数。在 ChatGPT 中输入下面的文本:

现在用 Python 和 OpenCV 实现 process_rotate()函数,将输入视频的每一帧图像转换旋转一定的角度,正角度表示逆时针旋转,负角度表示顺时针旋转,0 不做任何变化,直接退出函数,并最终生成输出视频。

ChatGPT 会返回如下的代码:

```
def process_rotate(input_video_path, output_video_path, angle):
    if angle == 0:
        return                                    # 如果角度为0,不做任何处理直接退出函数
    # 打开输入视频
    cap = cv2.VideoCapture(input_video_path)
    if not cap.isOpened():
```

```
        print("Error: Could not open video.")
        exit()
# 获取视频的基本信息
frame_width = int(cap.get(cv2.CAP_PROP_FRAME_WIDTH))
frame_height = int(cap.get(cv2.CAP_PROP_FRAME_HEIGHT))
fps = int(cap.get(cv2.CAP_PROP_FPS))
fourcc = cv2.VideoWriter_fourcc( * 'mp4v')
# 创建输出视频对象
out = cv2.VideoWriter(output_video_path, fourcc, fps, (frame_width, frame_height))
while True:
    ret, frame = cap.read()
    if not ret:
        break                                    # 如果没有更多帧,则退出循环
    # 获取旋转矩阵
    center = (frame_width / 2, frame_height / 2)
    rotation_matrix = cv2.getRotationMatrix2D(center, angle, 1)
    # 执行旋转
    rotated_frame = cv2.warpAffine(frame, rotation_matrix, (frame_width, frame_height))
    # 将旋转后的帧写入输出视频
    out.write(rotated_frame)
# 释放视频对象和窗口资源
cap.release()
out.release()
cv2.destroyAllWindows()
```

在终端输入如下的命令行,让视频逆时针旋转 40°。

```
python video_fx.py – rotate 40 input.mp4 output.mp4
```

在当前目录会生成一个 output.mp4 文件,视频效果如图 17-3 所示,很明显,视频中每帧画面都逆时针旋转了 40°。

图 17-3 逆时针旋转 40°的视频

17.4 用 ChatGPT 自动编写视频字幕工具

本节用 ChatGPT 编写 process_subtitles()函数。这个函数的实现比较复杂，因为不仅要分析字幕文件，还要截取字幕文件中的时间。所以一定要向 ChatGPT 提交 SRT 文件的格式。尽管 ChatGPT 知道 SRT 文件的格式，但为了防止有偏差，最好提交一个 SRT 文件的格式。让 ChatGPT 按照自己的 SRT 文件格式进行分析。所以需要向 ChatGPT 提交下面的内容：

现在用 Python 和 OpenCV 实现 process_subtitles()函数，根据 SRT 字幕文件的格式将字幕以文字形式添加进视频。

SRT 字幕文件格式如下：

```
1
00:00:00,000 --> 00:00:10,260
字幕1

2
00:00:10,260 --> 00:00:12,887
字幕2

3
00:00:12,887 --> 00:00:14,806
字幕3
```

每一行字幕包括 3 行，第 1 行是序号，从 1 开始，第 2 行是字幕的起始时间和结束时间，第 3 行是字幕内容。

ChatGPT 会返回如下的程序：

第 98 集
微课视频

```python
# 定义解析 SRT 字幕文件的函数
def parse_srt(srt_path):
    # 以只读模式打开 SRT 字幕文件
    with open(srt_path, 'r', encoding = 'utf-8') as file:
        # 读取文件内容,去除头尾空白,按空行分割每个字幕项
        srt_content = file.read().strip().split('\n\n')
        # 初始化空列表,用于存储解析后的字幕数据
        subtitles = []
        # 遍历每个字幕项
        for item in srt_content:
            # 分割字幕项的各行
            lines = item.strip().split('\n')
            # 确保字幕项至少包含 3 行(序号、时间、文本)
            if len(lines) >= 3:
                # 获取并分割时间行
                time_str = lines[1]
                start_time_str, end_time_str = time_str.split(' --> ')
                # 转换时间格式为秒
                start_time = convert_to_seconds(start_time_str)
                end_time = convert_to_seconds(end_time_str)
                # 合并文本行
                text = ''.join(lines[2:])
                # 将解析的数据添加到字幕列表中
                subtitles.append((start_time, end_time, text))
        # 返回解析好的字幕数据
```

```
        return subtitles

# 定义将时间字符串转换为秒的函数
def convert_to_seconds(time_str):
    # 分割时间字符串为小时、分钟和秒/毫秒
    hours, minutes, seconds_milliseconds = time_str.split(':')
    # 分割秒和毫秒
    seconds, milliseconds = seconds_milliseconds.split(',')
    # 计算总秒数
    total_seconds = int(hours) * 3600 + int(minutes) * 60 + int(seconds) + int(milliseconds) / 1000
    # 返回总秒数
    return total_seconds


# 定义处理字幕的函数
def process_subtitles(input_video_path, output_video_path, x, y, font_scale, subtitles_path):
    # 解析字幕文件
    subtitles = parse_srt(subtitles_path)
    # 打开输入视频
    cap = cv2.VideoCapture(input_video_path)
    # 检查是否成功打开视频
    if not cap.isOpened():
        print("Error: Could not open video.")
        exit()

    # 获取视频的宽、高和帧率
    frame_width = int(cap.get(cv2.CAP_PROP_FRAME_WIDTH))
    frame_height = int(cap.get(cv2.CAP_PROP_FRAME_HEIGHT))
    fps = int(cap.get(cv2.CAP_PROP_FPS))
    # 设置视频编码格式
    fourcc = cv2.VideoWriter_fourcc(*'mp4v')
    # 创建视频写入对象
    out = cv2.VideoWriter(output_video_path, fourcc, fps, (frame_width, frame_height))

    # 初始化字幕索引和帧计数器
    sub_idx = 0
    frame_count = 0

    # 循环处理每一帧
    while True:
        # 读取一帧
        ret, frame = cap.read()
        # 如果读取失败,跳出循环
        if not ret:
            break

        # 计算当前时间(秒)
        current_time = frame_count / fps

        # 检查当前时间是否在某个字幕的时间范围内
        if sub_idx < len(subtitles) and subtitles[sub_idx][0] <= current_time < subtitles[sub_idx][1]:
            # 获取字幕文本
            sub_text = subtitles[sub_idx][2]
            # 设置字体和颜色
            font = cv2.FONT_HERSHEY_SIMPLEX
```

```
        # 将字幕文本绘制到帧上
        cv2.putText(frame, sub_text, (x, y), font, font_scale, (0, 255, 0), 2, cv2.LINE_AA)
    # 如果当前时间超过当前字幕的结束时间,移动到下一个字幕
    elif sub_idx < len(subtitles) - 1 and current_time >= subtitles[sub_idx][1]:
        sub_idx += 1

    # 将处理好的帧写入输出视频
    out.write(frame)
    # 更新帧计数器
    frame_count += 1

# 释放视频对象和写入对象
cap.release()
out.release()
# 关闭所有 OpenCV 窗口
cv2.destroyAllWindows()
```

这段程序主要由 3 个函数构成,分别用于解析字幕文件、转换时间格式和处理视频字幕。下面是对这些函数的详细解释。

1. parse_srt(srt_path)

(1) 此函数接受 1 个参数,即字幕文件的路径 (srt_path)。

(2) 使用 open() 函数以只读模式打开字幕文件,并指定编码为 UTF-8。

(3) 读取文件内容,通过 strip() 方法去掉两端的空白字符,然后通过 split('\n\n') 方法将内容分割成单独的字幕块。

(4) 定义一个空列表 subtitles 用于存储解析后的字幕信息。

(5) 遍历每个字幕块,通过 split('\n') 方法将字幕块分割成行,检查是否至少有三行(字幕编号、时间和文本)。

(6) 从时间行解析开始和结束时间,并使用 convert_to_seconds 函数将时间转换为秒。然后将文本行合并,并将解析结果追加到 subtitles 列表中。

(7) 函数最终返回解析好的 subtitles 列表。

2. convert_to_seconds(time_str) 函数

(1) 此函数接受 1 个参数,即时间字符串(time_str),并将其转换为秒。

(2) 首先通过 split('：') 方法将时间字符串分割为小时、分钟和秒/毫秒。

(3) 然后进一步分割秒和毫秒,并计算总秒数。

3. process_subtitles(input_video_path, output_video_path, x, y, font_scale, subtitles_path) 函数

(1) 此函数接受 6 个参数,包括输入视频路径、输出视频路径、字幕的 x 和 y 坐标、字体缩放因子和字幕文件路径。

(2) 首先调用 parse_srt() 函数解析字幕文件,并将结果存储在 subtitles 变量中。

(3) 使用 cv2.VideoCapture() 打开输入。

在终端输入如下的命令行:

```
python video_fx.py - subtitles 40,200,2,my.srt input.mp4 output.mp4
```

过一会,在当前目录会生成 output.mp4 文件,打开该文件,会在视频左上角看到绿色的字幕,如图 17-4 所示。

图 17-4　带字幕的视频

17.5　本章小结

本章全部依靠使用 ChatGPT 制作了一个处理视频的命令行工具，尽管这个工具全部代码不到 200 行，但读者并没有自己编写一行代码，所有的代码是由 ChatGPT 分 4 次生成获得的。从理论上说，ChatGPT 可以制作任意复杂的应用，关键点并不是如何阻止提示词，而是如何分解应用。对于非常大的应用，只分解一级是不够的，可能需要分解成多级，这样 ChatGPT 才可以应付每一部分。在第 18 章会用 ChatGPT 制作一个更大的用于处理图像的应用，这个应用的代码量是 video_fx 的 10 倍，同样完全使用 ChatGPT 自动生成。

ChatGPT 项目实战：智图幻境（PyImageFX）

本章完全使用 ChatGPT 完成一个比较复杂的图像处理应用（PyImageFX），这个应用演示了如何一起使用 PyQt6 和 OpenCV。总代码量 1300 行左右。PyImageFX 的功能类似于 PhotoShop，支持新建图像、打开图像和保存图像，并且可以对新建和打开的图像进行各种处理和滤镜，对图像的处理包括缩放、旋转、翻转、灰度、添加噪声和去除噪声，支持的滤镜包括高斯模糊、锐化、浮雕、梯度运算、波浪扭曲、三维凹凸、三维法线和图像细化。PyImageFX 还支持在图像上绘制基础的形状，目前支持直线、矩形、圆形和三角形。除此之外，PyImageFX 还支持使用 OpenAI API 根据提示词生成图像，并自动打开。可以使用所有的图像处理功能来编辑这个自动生成的图像。总之，PyImageFX 是一个比较完善的图像处理应用，通过这个应用，读者可以了解如何将 OpenCV 与 PyQt6 结合实现一个完整的基于 GUI 的应用。PyImageFX 使用的大多数 OpenCV 技术在前面的章节已经讲过，只有少部分没有涉及，如果读者对这一部分及 PyQt6 不熟悉，也没关系，因为有 ChatGPT，即使不熟悉 PyQt6，也可以轻松驾驭，只需要知道如何安装 PyQt6 即可。

第 99 集
微课视频

如果读者想深入了解 PyQt6 的相关技术，可以关注【极客起源】微信公众号，并输入 863692，获得关于 PyQt6 的相关学习资源。

在第一次使用 PyQt6 时需要使用下面的命令安装 PyQt6。

```
pip install pyqt6
```

18.1 项目概述

PyImageFX 是基于 PyQt6 和 OpenCV 的 GUI 图像处理程序，功能与 Photoshop 类似，图 18-1 是 PyImageFX 对图像应用浮雕滤镜的效果。

PyImageFX 的上方有一排菜单，分别是"文件""图像""绘图""滤镜"和 AI。"文件"菜单包含了与图像文件相关的一些功能；"图像"菜单包含了一些处理图像的功能；"绘图"菜单可以在图像上绘制一些基本图形，并且支持回退和清除；"滤镜"菜单包含了常用的图像滤镜，AI 菜单运行通过 OpenAI API 自动生成图像。

由于 PyImageFX 比较大，所以这个项目会将代码分散在多个文件中，这些文件中的代码都是由 ChatGPT 自动生成的，图 18-2 是 PyImageFX 工程的代码结构。

图 18-1　图像浮雕滤镜效果

图 18-2　PyImageFX 工程的代码结构

18.2　搭建 PyImageFX 的整体架构

第 100 集
微课视频

PyImageFX 是一个比较大的程序,不可能使用 ChatGPT 一次生成所有的代码,所以需要将 PyImageFX 分解成若干部分,并且要保证每一部分足够小,这样 ChatGPT 才可以比较准确地生成代码。

不管多大的应用,分解的第一步,是需要提取出一个整体构架,也就是整个应用的骨架。因为不管将 PyImageFX 分解成多少个部分,这些部分最终要连接到这个骨架上,成为一个整体。

对于 PyImageFX 来说,骨架就是主界面和菜单结构,所以可以使用下面的文本让 ChatGPT 生成主界面和菜单结构。注意,并不一定要求 ChatGPT 生成所有的菜单项,只要一个结构即可,后期会通过 AI 助手添加这些菜单项。

用 Python 和 PyQt6 编写程序,创建一个窗口,默认充满整个屏幕,窗口可以改变尺寸。窗口标题是 PyImageFX。窗口上方显示的顶层菜单是"文件""编辑""图像""插入""滤镜"和 AI。在文件菜单下显示"新建""打开""保存""另存为"和"退出"菜单项,在"退出"菜单项前面有一个菜单分割线。其他的主菜单下方只需要添加临时的菜单项即可。为退出菜单添加动作。

ChatGPT 会生成下面的代码:

代码位置:**src/projects/py_image_fx/py_image_fx.py**。

```
import sys
from PyQt6.QtWidgets import QApplication, QMainWindow, QMenu
from PyQt6.QtGui import QAction
class MainWindow(QMainWindow):
    def __init__(self):
        super().__init__()
        # 设置窗口标题
        self.setWindowTitle("PyImageFX")
        # 让窗口默认充满屏幕
        self.showMaximized()
        # 创建顶层菜单
        self.create_menus()
```

```
def create_menus(self):
    menubar = self.menuBar()                          # 获取窗口的菜单栏
    # 创建"文件"菜单及其动作
    file_menu = QMenu("文件", self)
    new_action = QAction("新建", self)
    open_action = QAction("打开", self)
    save_action = QAction("保存", self)
    save_as_action = QAction("另存为", self)
    exit_action = QAction("退出", self)
    # 单击"退出"菜单项，退出程序
    exit_action.triggered.connect(self.close)
    # 将动作添加到"文件"菜单
    file_menu.addActions([new_action, open_action, save_action, save_as_action])
    file_menu.addSeparator()                          # 菜单分割线
    file_menu.addAction(exit_action)

    # 添加其他顶层菜单
    edit_menu = QMenu("编辑", self)
    edit_menu.addAction("暂无")

    image_menu = QMenu("图像", self)
    image_menu.addAction("暂无")

    insert_menu = QMenu("插入", self)
    insert_menu.addAction("暂无")

    filter_menu = QMenu("滤镜", self)
    filter_menu.addAction("暂无")

    ai_menu = QMenu("AI", self)
    ai_menu.addAction("暂无")
    # 将所有菜单添加到菜单栏
    menubar.addMenu(file_menu)
    menubar.addMenu(edit_menu)
    menubar.addMenu(image_menu)
    menubar.addMenu(insert_menu)
    menubar.addMenu(filter_menu)
    menubar.addMenu(ai_menu)
if __name__ == "__main__":
    app = QApplication(sys.argv)
    window = MainWindow()
    window.show()
    sys.exit(app.exec())
```

第 101 集
微课视频

运行程序，会显示程序主界面，单击"文件"菜单，会弹出如
图 18-3 所示的菜单项，单击"退出"菜单项，会退出 PyImageFX。
现在 PyImageFX 的主界面和菜单结构已经搭建完毕。

图 18-3　PyImageFX 的构架

18.3　文件

本节主要讲解"文件"菜单中的功能，包括新建图像、打开图像、保存图像和另存为图像。

18.3.1　新建图像

单击"文件"→"新建"菜单项，会弹出如图 18-4 所示的 New Image 对话框。在该对话框中可以设置

图 18-4　New Image 对话框

新建图像的宽度和高度,单位是像素。还可以设置背景为白色或黑色。

New Image 对话框的代码使用了一个单独的文件(new_image_file.py),可以使用下面的文本让 ChatGPT 自动生成 New Image 对话框的完整代码。

用 Python 和 PyQt6 编写一个类(NewImage),该类中有一个 showNewImageDialog 方法,这个方法有一个参数,是回调函数 callFunc()。执行该方法,会弹出一个窗口,尺寸是 300×140。在窗口上垂直分成 3 个区域,第 1 区域从左到右放置标签组件(宽度),文本输入框,标签组件(高度),文本输入框。第 2 个区域从左到右显示两个组件:标签组件(背景内容)和下拉列表组件(不可输入)。在下拉列表组件中显示白色和黑色两个选项。第 3 部分在右下角放两个按钮:关闭和创建。单击关闭按钮,会关闭窗口,单击创建按钮,会调用 callFunc() 函数,并将窗口上设置的数据通过类实例的形式传入 callFunc() 函数。窗口居中显示。

ChatGPT 会编写如下的代码:

代码位置:src/projects/py_image_fx/new_image_file.py。

```python
import sys
from PyQt6.QtWidgets import (QApplication, QDialog, QVBoxLayout, QHBoxLayout,
                             QLabel, QLineEdit, QComboBox, QPushButton)
from PyQt6.QtGui import QGuiApplication
class NewImage:
    def __init__(self):
        self.width = 0
        self.height = 0
        self.background = ""
    # 显示 New Image 对话框
    def showNewImageDialog(self, callFunc):
        # 创建窗口
        self.dialog = QDialog()
        self.dialog.setWindowTitle('New Image')
        self.dialog.resize(300, 140)                    # 调整窗口尺寸为 400×200
        # dialog 不可以改变尺寸
        self.dialog.setFixedSize(self.dialog.width(), self.dialog.height())
        layout = QVBoxLayout(self.dialog)

        # 第 1 部分: 宽度和高度输入
        hbox1 = QHBoxLayout()

        # 宽度
        lbl_width = QLabel("宽度")
        self.width_input = QLineEdit()
        # 设置默认值
        self.width_input.setText("1920")
        # 高度
        lbl_height = QLabel("高度")
        self.height_input = QLineEdit()

        self.height_input.setText("1080")

        hbox1.addWidget(lbl_width)
        hbox1.addWidget(self.width_input)
        hbox1.addWidget(lbl_height)
```

```
        hbox1.addWidget(self.height_input)

        # 第 2 部分：背景选择
        hbox2 = QHBoxLayout()
        hbox2.setSpacing(0)                              # 移除布局内的间距

        lbl_bg = QLabel("背景内容")
        self.bg_combo = QComboBox()
        # 设置 bg_combo 的宽度
        self.bg_combo.setFixedWidth(200)
        self.bg_options = {"白色": "white", "黑色": "black"}
        self.bg_combo.addItems(self.bg_options.keys())

        hbox2.addWidget(lbl_bg)
        hbox2.addWidget(self.bg_combo)

        # 第 3 部分：按钮
        hbox3 = QHBoxLayout()
        hbox3.addStretch(1)                              # 添加空间以右对齐按钮

        btn_close = QPushButton("关闭", self.dialog)
        btn_close.clicked.connect(self.dialog.close)
        btn_close.setGeometry(self.dialog.width() - 140, self.dialog.height() - 40, 60, 30)
                                                         # 宽度 80, 高度 30
        btn_create = QPushButton("创建", self.dialog)
        btn_create.clicked.connect(lambda: self._create_image(callFunc))
        btn_create.setGeometry(self.dialog.width() - 70, self.dialog.height() - 40, 60, 30)
                                                         # 宽度 80, 高度 30


        # 将布局添加到窗口
        layout.addLayout(hbox1)
        layout.addLayout(hbox2)
        layout.addStretch(1)                             # 添加垂直空间以将按钮推到底部
        layout.addLayout(hbox3)

        # 显示窗口并居中
        self._center_on_screen(self.dialog)
        self.dialog.exec()
    # 调用回调函数，并将相关数据传入回调函数
    def _create_image(self, callFunc):
        # 获取文本输入框中的内容
        width_text = self.width_input.text()
        height_text = self.height_input.text()

        # 检查是否为空
        if not width_text or not height_text:
            # 如果宽度或高度为空，显示错误消息或采取其他适当的操作
            print("宽度和高度不能为空")
            return
        try:
            # 尝试将文本转换为整数
            self.width = int(width_text)
            self.height = int(height_text)
        except ValueError:
            # 处理转换异常
            print("宽度和高度必须是有效的整数")
            return
```

```
            selected_bg = self.bg_combo.currentText()
            # 使用字典映射获取实际的数据值
            self.background = self.bg_options[selected_bg]
            # 调用回调函数并传入数据
            callFunc(self)

            # 关闭窗口
            self.dialog.close()
    # 让对话框在屏幕中心显示
    def _center_on_screen(self, window):
        '''将窗口居中显示'''
        frame = window.frameGeometry()
        center_point = QGuiApplication.primaryScreen().geometry().center()
        frame.moveCenter(center_point)
        window.move(frame.topLeft())


if __name__ == '__main__':
    app = QApplication(sys.argv)
    def callback(new_image_obj):
        print(f"Width: {new_image_obj.width}, Height: {new_image_obj.height}, Background: {new_image_
obj.background}")
    new_image = NewImage()
    new_image.ShowNewImageDialog(callback)
```

ChatGPT 生成的这段程序自带了一些测试代码，可以直接运行，运行结果与图 18-4 所示的对话框内容完全相同。不过我们的目的是在主窗口中通过单击"新建"菜单项显示 New Image 对话框。

现在就要完成第一次整合，也就是将两次由 ChatGPT 生成的程序整合到一起。在生成 NewImage 类的描述中，提到了 showNewImageDialog 方法和回调函数 callFunc()。其实之所以这么设计是有意为之，因为如果用 ChatGPT 分多次生成代码，那么就需要事先设计一个接口，将这些代码整合到一起。而 showNewImageDialog 方法和回调函数 callFunc()就是 NewImage 对外的接口。

如果在另外的程序中要想让利用 NewImage 类弹出 New Image 对话框，肯定要通过 NewImage 类的方法实现，这就是 showNewImageDialog 方法的作用。而且，New Image 对话框并不是孤立存在的。当单击 New Image 对话框的"创建"按钮时，会创建白色背景或黑色背景的图像。这些功能并不属于 New Image 对话框，而属于主程序。因此，就需要 New Image 对话框将设置的数据（分辨率和背景）传给主程序，主程序再根据这些数据创建图像，这就是回调函数 callFunc()的作用。callFunc()函数需要在主程序中定义，然后通过 showNewImageDialog 方法传入 NewImage 类，最后通过 NewImage._create_image 方法调用 callFunc()函数，传入 New Image 对话框设置的数据。具体创建图像的工作，是在主程序的 callFunc()函数中实现的。

首先需要在 py_image_fx.py 中加入下面的代码引用 NewImage 类。

```
from new_image_file import NewImage
```

然后可以在 MainWindow 类中加入 new_image_file 方法，该方法是"新建"菜单项的 action 方法。可以使用 AI 代码助手①自动编写 new_image_file 方法以及相关代码。

---

① ChatGPT 等 AIGC 工具通常用来生成一个整体方案（完整的实现代码），但生成的代码可能无法 100% 满足人们的要求，而重新让 ChatGPT 生成代码，也不一定能 100% 满足人们的要求，所以可以使用 GitHub Copilot、CodeGeeX 等工具对代码进行微调（生成局部代码），这些工具通常是以 IDE（PyCharm、VSCode 等）插件形式存在的，所以称为 AI 代码助手。在 ChatGPT 和 AI 代码助手的共同作用下，可以让编程效率有更大的提升。如果读者想了解 AI 代码助手的具体细节，可以参阅随书附带的电子资料。

```
def new_image_file(self):
    NewImage().showNewImageDialog(self.new_image_file_callback)
```

其中 self.new_image_file_callback 就是前面提到的 callFunc()回调函数,由于在 MainWindow 类中定义,所以称为 new_image_file_callback 方法。现在用 ChatGPT 生成该方法的代码。

编写 new_image_file_callback 方法,该方法有一个 new_image_obj 参数。假设 new_image_obj.width、new_image_obj.height 和 new_image_obj.background 分别表示图像的宽度、高度和背景色。background 的值为 whit 和 blac。根据这 3 个值用 Python 和 OpenCV 创建图像,并显示在 self.image_label(QLabel 组件)中。

由于这是在上下文中,所以并不需要描述太多的细节。但有一个细节需要描述,就是如何获取图像的分辨率和背景色。最直接的方式就是告诉 ChatGPT 分辨率和背景色用什么表示,这也属于接口的一部分。

ChatGPT 会编写如下的代码:

```
def new_image_file_callback(self, new_image_obj):
    self.file_name = None
    width = new_image_obj.width
    height = new_image_obj.height
    background = new_image_obj.background

    if background == "white":
        image = np.ones((height, width, 3), dtype = np.uint8) * 255      # 白色背景
    else:                                                                 # 默认为黑色背景
        image = np.zeros((height, width, 3), dtype = np.uint8)            # 黑色背景

    # 将图像显示在 self.image_label 中
    height, width, channel = image.shape
    bytes_per_line = 3 * width
    q_image = QImage(image.data, width, height, bytes_per_line, QImage.Format.Format_RGB888)
    pixmap = QPixmap.fromImage(q_image)
    # 清除 self.image_label 的内容
    self.image_label.clear()
    # 设置 self.image_label 的大小为图像的实际尺寸
    self.image_label.setPixmap(pixmap)
    self.image_label.resize(width, height)
    self.image_width = width
    self.image_height = height
    self.image_label.clear_all()
```

现在将这段代码复制到 MainWindow 中,然后单击"新建"菜单项,在 New Image 对话框中,选择黑色背景,然后单击"创建"按钮,就会创建如图 18-5 所示的黑色背景图像。

图 18-5　创建黑色背景的图像

18.3.2 打开图像

打开图像只需要显示一个打开文件对话框,所以这个功能不需要单独的 Python 文件,直接放到 MainWindow 类中即可。因此,可以用下面的文本让 ChatGPT 生成打开文件的代码。

用 Python、PyQt6 和 OpenCV,以及其他第三方库编写一个函数(open_image_file),首先弹出一个打开文件对话框,对话框只允许选择图像文件(如 JPG、JPEG、PNG、BMP、GIF 等),选中打开的图像文件。会将图像显示在 self.image_label 组件中,这个组件在其他位置已经创建完成了,是一个 QLabel 组件。按图像的实际大小缩放 self.image_label 组件(用 resize 方法)。

在这段描述中,也用到了一个隐藏的接口,就是打开图像文件后,要如何处理图像文件。PyImageFX 的处理方式是将打开的文件显示在 self.image_label 组件中,其实这个组件到现在还没有创建,但先假设这个组件是存在的。因此,要明确告知 ChatGPT,要将图像显示在 self.image_label 组件中。

ChatGPT 会编写如下的代码:

```python
def open_image_file(self):
    # 弹出文件对话框
    self.file_name, _ = QFileDialog.getOpenFileName(self, "选择图片", "",
                        (" * .png * .xpm * .jpg * .jpeg * .bmp * .gif);;All Files ( * )")
    if self.file_name:
        # 使用 OpenCV 加载图像
        image = cv2.imread(self.file_name)
        # OpenCV 默认使用 BGR 顺序,因此需要将其转换为 RGB
        image = cv2.cvtColor(image, cv2.COLOR_BGR2RGB)

        # 将 OpenCV 图像转换为 QImage
        h, w, ch = image.shape
        bytes_per_line = 3 * w
        q_image = QImage(image.data, w, h, bytes_per_line, QImage.Format.Format_RGB888)
        # 使用 QPixmap 显示 QImage
        pixmap = QPixmap.fromImage(q_image)

        # 设置标签组件的图片并按图片大小缩放标签组件
        self.image_label.setPixmap(pixmap)
        self.image_label.resize(pixmap.width(), pixmap.height())
        self.image_width = pixmap.width()
        self.image_height = pixmap.height()
```

至于 self.image_label 组件,使用 AI 编程助手在 MainWindow 类的最后创建即可,代码如下:

```python
self.central_widget = QWidget()
self.setCentralWidget(self.central_widget)
self.image_label = QLabel(self.central_widget)
self.image_label.setAlignment(Qt.AlignmentFlag.AlignCenter)
# 保存 image_label 组件的宽度
self.image_width = self.image_label.width()
# 保存 image_label 组件的高度
self.image_height = self.image_label.height()
```

这段代码的作用是让程序创建一个在窗口中心显示的 QWidget 组件,然后再创建一个 QLabel 组件(self.image_label),最后保存 self.image_label 组件的宽度和高度,这两个变量以后要用到。

现在已经完全实现了"打开图像"的功能,单击"文件"→"打开"菜单项,会弹出如图 18-6 所示的打开图像对话框。

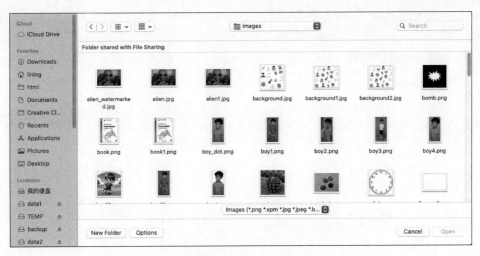

图 18-6 打开图像对话框

打开图像,效果如图 18-7 所示。

图 18-7 打开图像文件

18.3.3 保存和另存为

保存和另存为的功能差不多,不同之处在于保存是覆盖当前被打开的文件,而另存为会弹出一个保存文件对话框,输入新文件名后,再进行保存。如果是新建的图像,那么保存和另存为在第 1 次保存图像时效果是一样的,都会弹出一个保存文件对话框。

下面就以保存图像为例,在 ChatGPT 中输入如下的内容:

用 Python、PyQt6 和 OpenCV,以及其他第三方库编写一个函数(save_image_file),将 self.image_label 组件中的图像保存为一个图像文件。如果 self.file_name 不存在或为 None,则弹出一个另存为对话框,选择执行目录后,并根据用户在对话框中选择的图像文件格式保存 self.image_label 组件中的图像。如果 self.file_name 指定了文件名,那么不需要弹出另存为对话框,直接将 self.file_name 指向的文件覆盖即可,图像文件格式与 self.file_name 相同。

ChatGPT 会编写如下的代码:

```
def save_image_file(self):
    if not self.file_name:
        # 如果 self.file_name 不存在或为 None,弹出一个另存为对话框
        file_name, _ = QFileDialog.getSaveFileName(self, "保存图像", "",
                "JPEG ( * .jpeg * .jpg);;PNG ( * .png);;BMP ( * .bmp);;All Files ( * )")
        if not file_name:
            # 用户取消了保存
            return
    else:
        file_name = self.file_name
    # 将 self.image_label 中的图像保存为图像文件
    pixmap = self.image_label.pixmap()
    if pixmap:
        # 使用 OpenCV 进行保存
        # 首先,将 QPixmap 转换为 QImage
        image = pixmap.toImage()
        # QImage 转换为 OpenCV 格式
        shape = (image.height(), image.width(), image.depth() // 8)
        ptr = image.bits()
        ptr.setsize(image.sizeInBytes())
        mat = np.array(ptr).reshape(shape)
        new_width = self.image_label.width()
        new_height = self.image_label.height()
        # 调整图像尺寸
        resized_mat = cv2.resize(mat, (new_width, new_height))
        self.image_width = new_width
        self.image_height = new_height

        # 保存图像
        cv2.imwrite(file_name, resized_mat)
```

另存为与保存关于保存图像文件的代码是完全一样的,可以直接复制,也可以共用一个方法。单击"另存为"按钮,会弹出如图 18-8 所示的保存图像对话框。单击 Save 按钮即可将 self.image_label 组件中显示的图像保存为图像文件。

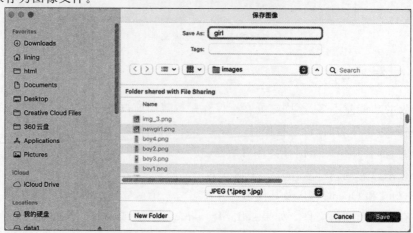

图 18-8　保存图像对话框

18.4 图像处理

本节会利用 ChatGPT 自动编写图像处理的相关代码。这些代码的接口相对比较简单，主要就是 self. image_label 组件。也就是说，所有的图像处理最终都要表现在 self. image_label 组件上，而不是像前面章节讲的那样直接保存成图像文件或在 OpenCV 窗口中显示。

18.4.1 缩放图像

单击"图像"→"尺寸"菜单项，会弹出如图 18-9 所示的对话框，用来设置图像尺寸，也就是 self. image_label 组件的尺寸，还可以设置是否保持图像比例。这个对话框的实现方式与主程序的交互方式以及 New Image 对话框的交互方式类似，也是用一个单独的 Python 文件(resize.py)实现的。

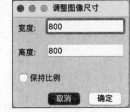

图 18-9 调整图像尺寸对话框

现在用下面的文本让 ChatGPT 编写图 18-9 所示的对话框类(Resize)。

用 Python 和 PyQt6 编写一个类(Resize)，该类中有一个 showResizeDialog 方法，这个方法有一个参数，是回调函数 callFunc()。执行该方法，会弹出一个窗口，尺寸是 200×150。窗口的尺寸不可改变。所有的组件都由绝对坐标控制。从上到下分别放置两个文本输入框和一个复选框。每一个文本框前面有一个标签，分别显示宽度和高度。复选框显示"保持比例"。选中"保持比例"复选框，当输入宽度或高度时，对应的高度或宽度就会自动调整。在窗口的右下角是取消和确定按钮。单击"取消"按钮，关闭窗口。单击"确定"按钮，会调用 callFunc() 函数，并将窗口上设置的数据通过类实例的形式传入 callFunc() 函数。靠近窗口边缘的组件距离各个边缘都为 10 个像素(取消按钮除外)，按钮之间的距离也是 10 个像素。最后，将宽度和高度通过 Resize 类的构造方法传入 Resize 对象，并根据传入的宽度和高度设置相应的文本输入框。

第 102 集
微课视频

ChatGPT 会编写下的代码：

代码位置：src/projects/py_image_fx/resize. py。

```python
import sys
from PyQt6.QtWidgets import QApplication, QDialog, QLineEdit, QLabel, QCheckBox, QPushButton, QVBoxLayout
class ResizeData:
    """存储窗口上设置的数据的类"""
    def __init__(self, width = 0, height = 0, keep_aspect_ratio = False):
        self.width = width
        self.height = height
        self.keep_aspect_ratio = keep_aspect_ratio
class Resize(QDialog):

    def __init__(self,width,height, ratio):
        super().__init__()
        self.setWindowTitle("调整图像尺寸")
        self.ratio = ratio
        # 设置窗口的尺寸并且使其不可变
        self.setFixedSize(200, 150)
        self.sizing = False
        # 初始化组件
        self.init_ui(width, height)
    def init_ui(self,width, height):
```

```python
        """初始化UI组件"""
        # 创建宽度标签和输入框
        self.width_label = QLabel('宽度:', self)
        self.width_label.move(10, 10)
        self.width_edit = QLineEdit(self)
        self.width_edit.move(60, 5)
        self.width_edit.setFixedWidth(130)
        self.width_edit.setText(str(width))

        # 为width_edit设置回调函数
        self.width_edit.textChanged.connect(self.on_width_changed)
        # 创建高度标签和输入框
        self.height_label = QLabel('高度:', self)
        self.height_label.move(10, 50)
        self.height_edit = QLineEdit(self)
        self.height_edit.move(60, 45)
        self.height_edit.setFixedWidth(130)
        self.height_edit.setText(str(height))
        # 为height_edit设置回调函数
        self.height_edit.textChanged.connect(self.on_height_changed)
        # 创建复选框
        self.aspect_ratio_checkbox = QCheckBox('保持比例', self)
        self.aspect_ratio_checkbox.move(10, 90)

        # 创建取消和确定按钮
        self.cancel_button = QPushButton('取消', self)
        self.cancel_button.clicked.connect(self.close)
        self.cancel_button.move(60, 120)

        self.ok_button = QPushButton('确定', self)
        self.ok_button.clicked.connect(self.on_ok_clicked)
        self.ok_button.move(130, 120)
    def on_width_changed(self):
        if not self.sizing:
            # 如果输入的width不是数字或者小于或等于0,恢复上一次的值
            if self.width_edit.text().isdigit() and int(self.width_edit.text()) >= 0:
                if self.aspect_ratio_checkbox.isChecked():
                    self.sizing = True
                    self.height_edit.setText(str(int(float(self.width_edit.text()) / self.ratio)))
                    self.sizing = False
    def on_height_changed(self):
        if not self.sizing:
            if self.height_edit.text().isdigit() and int(self.height_edit.text()) >= 0:
                if self.aspect_ratio_checkbox.isChecked():
                    self.sizing = True
                    self.width_edit.setText(str(int(float(self.height_edit.text()) * self.ratio)))
                    self.sizing = False
    def showResizeDialog(self, callFunc):
        """显示调整大小的对话框并设置回调函数"""
        self.callFunc = callFunc
        self.exec()
    def on_ok_clicked(self):
        # 如果输入的width不是数字或者小于或等于0,恢复上一次的值
        """当单击确定按钮时的处理函数"""
        width = int(self.width_edit.text())
        height = int(self.height_edit.text())
```

```
            keep_aspect_ratio = self.aspect_ratio_checkbox.isChecked()
            resize_data = ResizeData(width, height, keep_aspect_ratio)
            # 调用回调函数并将数据传入
            self.callFunc(resize_data)
            self.close()
if __name__ == '__main__':
    app = QApplication(sys.argv)
    def print_data(data):
        """回调函数：打印调整的数据"""
        print(f"Width: {data.width}, Height: {data.height}, Keep aspect ratio: {data.keep_aspect_ratio}")
    window = Resize(1000, 500, 2)
    window.ShowResizeDialog(print_data)
    sys.exit(app.exec())
```

ChatGPT 编写的代码带一段运行程序，可以直接执行 resize.py，不过需要通过单击"尺寸"菜单项调用 Resize.showResizeDialog 方法，所以处理的方式与"新建"对话框类似。向 ChatGPT 提交的文本也类似。下面给出 ChatGPT 编写的 resize_callback 方法：

```
def resize_callback(self, resize_image_obj):
    self.image_width = resize_image_obj.width
    self.image_height = resize_image_obj.height
    self.image_label.resize(resize_image_obj.width, resize_image_obj.height)
    # 计算新的坐标以使 self.image_label 居中
    new_x = (self.width() - self.image_label.width()) // 2
    new_y = (self.height() - self.image_label.height()) // 2
    self.image_label.move(new_x, new_y)
    self.image_width = self.image_label.width()
    self.image_height = self.image_label.height()
```

18.4.2 旋转图像

单击"图像"→"旋转"菜单项，会弹出如图 18-10 所示的输入旋转角度对话框。正数角度表示顺时针旋转，负数角度表示逆时针旋转，0 什么也不做。

这个对话框使用的 PyQt6 标准的输入对话框，所以不需要单独的 Python 文件。使用下面的文本让 ChatGPT 编写旋转图像的代码。

用 Python 和 PyQt6 编写一个方法（rotate_image），让 self.image_label 中的图像旋转。

ChatGPT 会编写下面的代码：

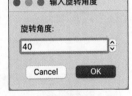

图 18-10 输入旋转角度
对话框

```
def rotate_image(self):
    # 获取角度值
    degree, ok = QInputDialog.getInt(self, "输入旋转角度", "旋转角度:", 0, -360, 360, 1)
    # 如果用户单击确定并输入了数字
    if ok:
        # 获取当前的 pixmap
        pixmap = self.image_label.pixmap()
        if hasattr(self, 'scaled_pixmap'):
            pixmap = self.scaled_pixmap
        # 应用旋转变换
        transformed_pixmap = pixmap.transformed(QTransform().rotate(degree))
        # 将旋转后的 pixmap 重新设置为标签的图像
        self.image_label.setPixmap(transformed_pixmap)
```

旋转后的效果如图 18-11 所示。

图 18-11　顺时针旋转 40 度

18.4.3　翻转图像

单击"图像"→"翻转"菜单项,会将 self.image_label 组件中的图像翻转,原图效果如图 18-12 所示,翻转后的效果如图 18-13 所示。

图 18-12　翻转之前的图

图 18-13　翻转之后的图

在 ChatGPT 中输入如下的文本,可以生成翻转图像的代码。

用 Python 和 PyQt6 编写一个函数(flip_image)，让 self.image_label 中的图像翻转。

ChatGPT 会编写如下的代码：

```python
def flip_image(self):
    # 获取标签上的当前图像的 pixmap
    pixmap = self.image_label.pixmap()
    if pixmap:
        # 转换 QPixmap 到 QImage
        img = pixmap.toImage()

        # 使用 mirrored()翻转图像，参数：(水平翻转，垂直翻转)
        mirrored_img = img.mirrored(True, False)
        # 将翻转后的 QImage 转回 QPixmap
        mirrored_pixmap = QPixmap.fromImage(mirrored_img)
        # 将翻转后的 pixmap 设置回标签
        self.image_label.setPixmap(mirrored_pixmap)
```

18.4.4　灰度转换

单击"图像"→"灰度"菜单项，可以将 self.image_label 组件中的图像转换为灰度图像，如图 18-14 所示。

在 ChatGPT 中输入下面的内容会自动编写转换为灰度的代码：

用 Python 和 PyQt6 编写一个函数(gray_image)，让 self.image_label 中的图像变为灰度。

ChatGPT 会编写如下的代码。这段代码并没有使用 OpenCV，其实使用 OpenCV 也可以转换为灰度图像。

图 18-14　灰度图像

```python
def gray_image(self):
    # 获取标签上的当前图像的 pixmap
    pixmap = self.image_label.pixmap()
    if pixmap:
        # 转换 QPixmap 到 QImage
        img = pixmap.toImage()
        # 使用 convertToFormat()转换图像格式为灰度
        gray_img = img.convertToFormat(QImage.Format.Format_Grayscale8)
        # 将灰度 QImage 转回 QPixmap
        gray_pixmap = QPixmap.fromImage(gray_img)
        # 将灰度 pixmap 设置回标签
        self.image_label.setPixmap(gray_pixmap)
```

18.4.5　添加噪声

单击"图像"→"添加噪声"菜单项，会弹出如图 18-15 所说的设置椒盐噪声对话框。在对话框中有一个滑块组件，用于设置噪声像素点占整个像素点的百分比。比值越大，噪声越严重，本节将其设置为 5%。

设置椒盐噪声对话框使用 PyQt6 中的 QDialog 来实现，所以也不需要单独的 Python 文件。可以使用下面的文本让 ChatGPT 自动生成相关代码：

用 Python 和 PyQt6 编写一个函数(add_noise())，为 self.image_label 中的添加椒盐噪声，在添加

噪声之前,需要弹出一个对话框,在对话框中有一个水平的滑块组件,值从 1 到 30,表示有 1%到 30%的像素点被设置成噪声。右下角是取消和确定按钮,单击"取消"按钮,会关闭对话框,单击"确定"按钮,则根据滑块组件的值设置图像的椒盐噪声。另外,在滑块组件上方显示"噪声比例(n%)"。其中 n 是一个整数,表示滑块组件当前的值,随着滑块变动而变动。

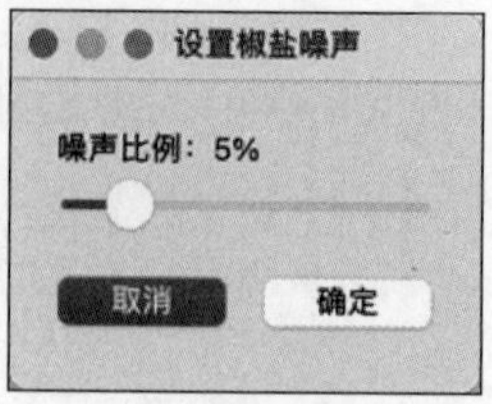

ChatGPT 会编写如下的代码:

图 18-15 设置椒盐噪声对话框

```python
def add_noise(self):
    def apply_noise(value):
        # 获取当前显示的 pixmap
        pixmap = self.image_label.pixmap()
        if not pixmap:
            return
        img = pixmap.toImage()
        # 计算需要添加噪声的像素点数量
        width, height = img.width(), img.height()
        num_noise_pixels = (value / 100) * width * height
        # 添加椒盐噪声
        for _ in range(int(num_noise_pixels)):
            x, y = np.random.randint(0, width), np.random.randint(0, height)
            color = QColor(0, 0, 0) if np.random.randint(0, 2) == 0 else QColor(255, 255, 255)
            img.setPixelColor(x, y, color)
        # 更新显示的图像
        self.image_label.setPixmap(QPixmap.fromImage(img))
    def update_label(value):
        # 更新显示噪声比例的标签
        label.setText(f"噪声比例: {value}%")
    # 创建一个对话框
    dialog = QDialog(self)
    dialog.setWindowTitle("设置椒盐噪声")
    layout = QVBoxLayout()

    # 创建并添加标签组件
    label = QLabel()
    layout.addWidget(label)

    # 创建滑块组件
    slider = QSlider(Qt.Orientation.Horizontal)
    slider.setRange(1, 30)
    # 滑块值变化时更新标签
    slider.valueChanged.connect(update_label)
    layout.addWidget(slider)

    # 创建按钮组件
    btn_layout = QHBoxLayout()
    cancel_btn = QPushButton("取消")
    apply_btn = QPushButton("确定")
    btn_layout.addWidget(cancel_btn)
    btn_layout.addWidget(apply_btn)
    layout.addLayout(btn_layout)
    dialog.setLayout(layout)

    # 按钮单击事件
    cancel_btn.clicked.connect(dialog.reject)
    apply_btn.clicked.connect(lambda: (apply_noise(slider.value()), dialog.accept()))
```

```
# 默认更新标签
update_label(slider.value())
dialog.exec()
```

按5%的比例为图像添加噪声的效果如图18-16所示。

18.4.6　去除噪声

单击"图像"→"去除噪声"菜单项，会消除图像上的椒盐噪声，效果如图18-17所示。注意，椒盐噪声越严重，去除噪声后的图像越模糊。

图 18-16　添加噪声

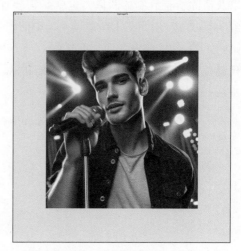

图 18-17　去除噪声后的图像

第 103 集
微课视频

可以使用下面的文本让 ChatGPT 自动编写去除噪声的代码：

用 Python 和 PyQt6 编写一个函数(reduce_noise)，使用中值滤波技术去除 self.image_label 中的椒盐噪声。

ChatGPT 会编写如下的代码：

```
def reduce_noise(self):
    # 从 QPixmap 中获取 OpenCV 图像
    pixmap = self.image_label.pixmap()
    image = self._pixmap_to_opencv_image(pixmap)

    # 使用中值滤波处理椒盐噪声
    median_blurred = cv2.medianBlur(image, 5)
    # 将处理后的 OpenCV 图像转回 QPixmap，并在 label 中显示
    pixmap = self._opencv_image_to_pixmap(median_blurred)
    self.image_label.setPixmap(pixmap)
```

18.5　绘图

本节利用 ChatGPT 编写可以在图像上绘制基本图形的功能，以及取消绘制、回退和清除功能。

如果想在 QLabel 组件上绘图，需要封装 QLabel 组件，也就是说，需要编写一个从 QLabel 类继承的子类，然后在子类中重写 mousePressEvent()、mouseMoveEvent()、mouseReleaseEvent() 和 paintEvent()方法，其中前 3 个方法分别用于捕捉鼠标按键按下、移动和抬起的动作；paintEvent()方法

会不断调用,用来重绘整个 QLabel 组件。具体绘制图形的代码在 paintEvent()方法中,而另外 3 个方法用来控制在什么位置绘制,以及什么时候停止绘制。当然,在与 ChatGPT 沟通时不需要告诉 ChatGPT 这些,ChatGPT 比我们更了解如何使用这些方法,因此,我们只需要告诉 ChatGPT 要做什么即可,ChatGPT 会充分发挥自己的想象力的。

可以使用下面的文本让 ChatGPT 自动编写绘制图形的代码:

使用 Python 和 PyQt6 编写一个用于绘制基础图形的 DrawCanvas 类,该类从 QLabel 继承。基础图形包括直线、圆形、矩形和三角形,同时支持取消绘图功能。并且支持删除最后一次绘制的图形(回退),以及清除所有绘制的图像。也就是需要保留绘制图形的历史。最后,需要在 DrawCanvas 类中添加一个 save 方法,用于将 DrawCanvas 中的图像及在图像上绘制的图形保存为指定的图像文件。

ChatGPT 会自动编写如下的代码:

代码位置:src/projects/PyImageFX/draw_canvas.py。

```python
import sys
from PyQt6.QtWidgets import QLabel
from PyQt6.QtGui import QPainter, QPen, QPixmap
from PyQt6.QtCore import QPoint, QRect
class DrawingMode:
    NONE = 1
    LINE = 2
    CIRCLE = 3
    RECTANGLE = 4
    TRIANGLE = 5


class Shape:
    def __init__(self, drawing_mode, start_point, end_point):
        self.drawing_mode = drawing_mode
        self.start_point = start_point
        self.end_point = end_point
class DrawCanvas(QLabel):
    def __init__(self, parent = None):
        super().__init__(parent)
        self.shapes = []
        self.drawing_mode = DrawingMode.NONE
        self.start_point = QPoint()
        self.end_point = QPoint()
        self.is_drawing = False

    def load_image(self, image_path):
        self.setPixmap(QPixmap(image_path))
        self.repaint()                                          # 重新绘制界面
    def set_drawing_mode(self, mode):
        self.drawing_mode = mode

    def mousePressEvent(self, event):
        self.is_drawing = True
        self.start_point = event.position().toPoint()
        self.end_point = self.start_point

    def mouseMoveEvent(self, event):
        if self.is_drawing:
            self.end_point = event.position().toPoint()
            self.update()
```

```python
def mouseReleaseEvent(self, event):
    self.is_drawing = False
    self.end_point = event.position().toPoint()
    if  self.drawing_mode != DrawingMode.NONE:
        self.shapes.append(Shape(self.drawing_mode, self.start_point, self.end_point))
    self.update()
def paintEvent(self, event):
    super().paintEvent(event)
    painter = QPainter(self)
    pen = QPen()
    pen.setWidth(5)
    painter.setPen(pen)
    for shape in self.shapes:
        if shape.drawing_mode == DrawingMode.LINE:
            painter.drawLine(shape.start_point, shape.end_point)
        elif shape.drawing_mode == DrawingMode.CIRCLE:
            dx = shape.end_point.x() - shape.start_point.x()
            dy = shape.end_point.y() - shape.start_point.y()
            radius = int((dx ** 2 + dy ** 2) ** 0.5)
            painter.drawEllipse(shape.start_point, radius, radius)
        elif shape.drawing_mode == DrawingMode.RECTANGLE:
            painter.drawRect(QRect(shape.start_point, shape.end_point))
        elif shape.drawing_mode == DrawingMode.TRIANGLE:
            p1 = shape.start_point
            p2 = shape.end_point
            p3 = QPoint(int((p1.x() + p2.x()) / 2), int(min(p1.y(), p2.y()) - abs(p1.y() - p2.y()) / 2))
            painter.drawPolygon(p1, p2, p3)

    if self.is_drawing:  # 绘制当前图形
        if self.drawing_mode == DrawingMode.LINE:
            painter.drawLine(self.start_point, self.end_point)
        elif self.drawing_mode == DrawingMode.CIRCLE:
            dx = self.end_point.x() - self.start_point.x()
            dy = self.end_point.y() - self.start_point.y()
            radius = int((dx ** 2 + dy ** 2) ** 0.5)
            painter.drawEllipse(self.start_point, radius, radius)
        elif self.drawing_mode == DrawingMode.RECTANGLE:
            painter.drawRect(QRect(self.start_point, self.end_point))
        elif self.drawing_mode == DrawingMode.TRIANGLE:
            p1 = self.start_point
            p2 = self.end_point
            p3 = QPoint(int((p1.x() + p2.x()) / 2), int(min(p1.y(), p2.y()) - abs(p1.y() - p2.y()) / 2))
            painter.drawPolygon(p1, p2, p3)
# 清除所有的图形
def clear_all(self):
    self.shapes.clear()
    self.update()
# 清除最后一次绘制的图形
def remove_last(self):
    if self.shapes:
        self.shapes.pop()
    self.update()
def save(self, filename):
    """将当前图像和所有绘制的形状保存到文件中."""
    # 创建一个新的 QPixmap 用于绘图
    pixmap = QPixmap(self.size())
```

```
painter = QPainter(pixmap)
pen = QPen()
pen.setWidth(5)
painter.setPen(pen)
# 如果 QLabel 有当前的 pixmap,那么绘制它
if self.pixmap():
    painter.drawPixmap(0, 0, self.pixmap())

# 绘制所有的形状
for shape in self.shapes:
    if shape.drawing_mode == DrawingMode.LINE:
        painter.drawLine(shape.start_point, shape.end_point)
    elif shape.drawing_mode == DrawingMode.CIRCLE:
        dx = shape.end_point.x() - shape.start_point.x()
        dy = shape.end_point.y() - shape.start_point.y()
        radius = int((dx ** 2 + dy ** 2) ** 0.5)
        painter.drawEllipse(shape.start_point, radius, radius)
    elif shape.drawing_mode == DrawingMode.RECTANGLE:
        painter.drawRect(QRect(shape.start_point, shape.end_point))
    elif shape.drawing_mode == DrawingMode.TRIANGLE:
        p1 = shape.start_point
        p2 = shape.end_point
        p3 = QPoint(int((p1.x() + p2.x()) / 2), int(min(p1.y(), p2.y()) - abs(p1.y() - p2.y()) / 2))
        painter.drawPolygon(p1, p2, p3)

painter.end()                                        # 结束绘图
pixmap.save(filename)                                # 保存 QPixmap 到文件
```

现在已经生成了一个 DrawCanvas 类,不过还要修改一下 MainWindow 类的代码。之前创建 self. image_label 时会使用 QLabel 类,现在只需要使用 DrawCanvas 类。首先使用下面的代码引用 DrawCanvas 类和 DrawingMode 类。

```
from draw_canvas import DrawCanvas,DrawingMode
```

然后用 DrawCanvas 类重新创建 self.image_label 组件,代码如下:

```
self.image_label = DrawCanvas(self.central_widget)
```

最后如图 18-18 所示绘图菜单中的子菜单项对应的方法需要调用 DrawCanvas 中相应的方法,代码如下:

```
def draw_line(self):
    self.image_label.set_drawing_mode(DrawingMode.LINE)
def draw_rectangle(self):
    self.image_label.set_drawing_mode(DrawingMode.RECTANGLE)
def draw_circle(self):
    self.image_label.set_drawing_mode(DrawingMode.CIRCLE)
def draw_triangle(self):
    self.image_label.set_drawing_mode(DrawingMode.TRIANGLE)
def cancel_drawing(self):
    self.image_label.set_drawing_mode(DrawingMode.NONE)
def remove_last(self):
    self.image_label.remove_last()
def clear_all(self):
    self.image_label.clear_all()
```

图 18-18 绘图菜单的子菜单项

最后,需要修改 MainWindow 类中的 save_image_file()方法,在该方法中只需要调用 DrawCanvas.

save()方法即可保存图像,代码如下:

```
def save_image_file(self):
    if not self.file_name:
        # 如果 self.file_name 不存在或为 None,弹出一个另存为对话框
        file_name, _ = QFileDialog.getSaveFileName(self, "保存图像", "",
            "JPEG (＊.jpeg ＊.jpg);;PNG (＊.png);;BMP (＊.bmp);;All Files (＊)")
        if not file_name:
            # 用户取消了保存
            return
    else:
        file_name = self.file_name
    # 将 self.image_label 中的图像保存为图像文件
    self.image_label.save(file_name)
```

现在用 PyImageFX 打开一张图,然后绘制一些图形,效果如图 18-19 所示。保存后的图像上也会
保留这些绘制的图形。

图 18-19　在图像上绘制图形

第 104 集
微课视频

18.6　滤镜

本节会借助 ChatGPT 编写一些常用的滤镜程序,这些滤镜都可以应用于新建或打开的图像。

18.6.1　高斯模糊

读者可以使用下面的文本让 ChatGPT 自动编写高斯模糊的代码,并应用于 self.image_label 组件
中的图像。

用 Python、OpenCV、PyQt6 编写一个函数(gaussian_blur),让 self.image_label 中的图像实现高斯
模糊,self.image_label 是已经创建的 QLabel 组件。

ChatGPT 会编写如下的代码:

```
def gaussian_blur(self):
    # 获取 QLabel 中的图像
    pixmap = self.image_label.pixmap()
    if pixmap is None:
```

```
        return                                      # 如果没有图像,则返回
    # 将 QPixmap 转换为 QImage
    image = pixmap.toImage()
    # 使用 qimage2ndarray 将 QImage 转换为 NumPy 数组
    cv_image = qimage2ndarray.rgb_view(image)
    # 应用高斯模糊
    blurred_image = cv2.GaussianBlur(cv_image, (15, 15), 0)
    # 将 OpenCV 图像转换回 QPixmap
    height, width, channel = blurred_image.shape
    bytes_per_line = 3 * width
    q_image = QImage(blurred_image.data, width, height, bytes_per_line,
                     QImage.Format.Format_RGB888)
    pixmap = QPixmap.fromImage(q_image)
    # 更新 QLabel 中的图像
    self.image_label.setPixmap(pixmap)
```

单击"滤镜"→"高斯模糊"菜单项,会让 self.image_label 组件中的图像呈现模糊的效果,如图 18-20 所示。

图 18-20　高斯模糊效果图

18.6.2　锐化

读者可以使用下面的文本让 ChatGPT 自动编写锐化的代码,并应用于 self.image_label 组件中的图像。

用 Python、OpenCV、PyQt6 编写一个函数(sharpening),让 self.image_label 中的图像锐化,self.image_label 是已经创建的 QLabel 组件。

ChatGPT 会编写如下的代码:

```
def sharpening(self):
    # 获取 QLabel 中的图像
    pixmap = self.image_label.pixmap()
    if pixmap is None:
        return                                      # 如果没有图像,则返回
    # 将 QPixmap 转换为 QImage
    image = pixmap.toImage()
    # 使用 qimage2ndarray 将 QImage 转换为 NumPy 数组
```

```
cv_image = qimage2ndarray.rgb_view(image)
# 定义更强的锐化核
kernel = np.array([[ -1, -1, -1],
                   [ -1,  9, -1],
                   [ -1, -1, -1]])
# 使用 cv2.filter2D 函数应用锐化核
sharpened_image = cv2.filter2D(cv_image, -1, kernel)
# 将 OpenCV 图像转换回 QPixmap
height, width, channel = sharpened_image.shape
bytes_per_line = 3 * width
q_image = QImage(sharpened_image.data, width, height, bytes_per_line,
                 QImage.Format.Format_RGB888)
pixmap = QPixmap.fromImage(q_image)
# 更新 QLabel 中的图像
self.image_label.setPixmap(pixmap)
```

单击"滤镜"→"锐化"菜单项，会让 self.image_label 组件中的图像呈现锐化效果，如图 18-21 所示。

图 18-21　锐化效果图

18.6.3　浮雕

读者可以使用下面的文本让 ChatGPT 自动编写浮雕的代码，并应用于 self.image_label 组件中的图像。

用 Python 和 PyQt6 编写一个函数（emboss），让 self.image_label 中的图像呈现浮雕效果，self.image_label 是已经创建的 QLabel 组件。

ChatGPT 会生成如下的代码：

```
def emboss(self):
    # 获取 QLabel 中的图像
    pixmap = self.image_label.pixmap()
    if pixmap is None:
        return                                  # 如果没有图像,则返回

    # 将 QPixmap 转换为 QImage
```

```
image = pixmap.toImage()
# 使用 qimage2ndarray 将 QImage 转换为 NumPy 数组
cv_image = qimage2ndarray.rgb_view(image)
# 定义浮雕效果的卷积核
kernel = np.array([[2, 1, 0],
                   [1, 1, -1],
                   [0, -1, -2]])
# 使用 cv2.filter2D 函数进行卷积运算,实现浮雕效果
embossed_image = cv2.filter2D(cv_image, -1, kernel)
# 将 OpenCV 图像转换回 QPixmap
height, width, channel = embossed_image.shape
bytes_per_line = 3 * width
q_image = QImage(embossed_image.data, width, height, bytes_per_line,
            QImage.Format.Format_RGB888)
pixmap = QPixmap.fromImage(q_image)
# 更新 QLabel 中的图像
self.image_label.setPixmap(pixmap)
```

单击"滤镜"→"浮雕"菜单项,会让 self.image_label 组件中的图像呈现浮雕效果,如图 18-22 所示。

图 18-22　浮雕效果图

18.6.4　梯度运算

读者可以使用下面的文本让 ChatGPT 自动编写梯度运算的代码,并应用于 self.image_label 组件中的图像。

用 Python、OpenCV、PyQt6 编写一个函数(gradient),对 self.image_label 中的图像进行形态学梯度运算,self.image_label 是已经创建的 QLabel 组件。

ChatGPT 会生成如下的代码:

```
def gradient(self):
    # 获取 QLabel 中的图像
    pixmap = self.image_label.pixmap()
```

```
if pixmap is None:
    return                                              # 如果没有图像,则返回
# 将 QPixmap 转换为 QImage
image = pixmap.toImage()
# 使用 qimage2ndarray 将 QImage 转换为 NumPy 数组
cv_image = qimage2ndarray.rgb_view(image)
# 创建一个 5×5 的矩形结构元素
kernel = cv2.getStructuringElement(cv2.MORPH_RECT, (5, 5))
# 使用 OpenCV 的 morphologyEx 函数进行梯度计算
gradient_img = cv2.morphologyEx(cv_image, cv2.MORPH_GRADIENT, kernel)
# 将 OpenCV 图像转换回 QPixmap
height, width, channel = gradient_img.shape
bytes_per_line = 3 * width
q_image = QImage(gradient_img.data, width, height, bytes_per_line, QImage.Format.Format_RGB888)
pixmap = QPixmap.fromImage(q_image)
# 更新 QLabel 中的图像
self.image_label.setPixmap(pixmap)
```

单击"滤镜"→"梯度运算"菜单项,会让 self.image_label 组件中的图像呈现梯度运算效果,如图 18-23 所示。

图 18-23　梯度运算效果图

18.6.5　波浪扭曲

读者可以使用下面的文本让 ChatGPT 自动编写波浪扭曲的代码,并应用于 self.image_label 组件中的图像。

用 Python 和 PyQt6 编写一个函数(wave_distortion),让 self.image_label 中的图像呈现波浪扭曲效果,self.image_label 是已经创建的 QLabel 组件。

ChatGPT 会生成如下的代码:

```
def wave_distortion(self):
    # 获取 QLabel 中的图像
    pixmap = self.image_label.pixmap()
```

```
    if pixmap is None:
        return                                    # 如果没有图像,则返回
    # 将 QPixmap 转换为 QImage
    image = pixmap.toImage()
    # 使用 qimage2ndarray 将 QImage 转换为 NumPy 数组
    cv_image = qimage2ndarray.rgb_view(image)
    # 获取图像的宽度和高度
    width, height = cv_image.shape[:2]
    # 创建映射矩阵
    map_x = np.zeros((width, height), np.float32)
    map_y = np.zeros((width, height), np.float32)
    # 遍历每个像素点
    for x in range(width):
        for y in range(height):
            # 计算新的坐标
            new_x = x + 10 * np.sin(2 * np.pi * y / 64)
            new_y = y + 10 * np.cos(2 * np.pi * x / 64)
            # 确保新的坐标在图像边界内
            new_x = np.clip(new_x, 0, width - 1)
            new_y = np.clip(new_y, 0, height - 1)
            # 设置映射矩阵的值
            map_x[x, y] = new_x
            map_y[x, y] = new_y
    # 应用波浪扭曲效果
    result = cv2.remap(cv_image, map_y.astype(np.float32), map_x.astype(np.float32),
            cv2.INTER_LINEAR)
    # 将 OpenCV 图像转换回 QPixmap
    height, width, channel = result.shape
    bytes_per_line = 3 * width
    q_image = QImage(result.data, width, height, bytes_per_line, QImage.Format.Format_RGB888)
    pixmap = QPixmap.fromImage(q_image)
    # 更新 QLabel 中的图像
    self.image_label.setPixmap(pixmap)
```

单击"滤镜"→"波浪扭曲"菜单项,会让 self.image_label 组件中的图像呈现波浪扭曲效果,如图 18-24 所示。

图 18-24 波浪扭曲效果图

18.6.6　三维凹凸

读者可以使用下面的文本让 ChatGPT 自动编写三维凹凸的代码，并应用于 self.image_label 组件中的图像。

用 Python、OpenCV 和 PyQt6 编写一个函数(concave_convex_3d)，让 self.image_label 中的图像实现三维凹凸效果，self.image_label 是已经创建的 QLabel 组件。

ChatGPT 会生成如下的代码：

```python
def concave_convex_3d(self):
    # 获取 QLabel 中的图像
    pixmap = self.image_label.pixmap()
    if pixmap is None:
        return                                    # 如果没有图像，则返回
    # 将 QPixmap 转换为 QImage
    image = pixmap.toImage()
    # 使用 qimage2ndarray 将 QImage 转换为 NumPy 数组
    cv_image = qimage2ndarray.rgb_view(image)
    # 定义卷积核
    kernel = np.array([[0, -1, -1],
                       [1, 0, -1],
                       [1, 1, 0]])

    # 使用 filter2D 函数进行卷积运算，实现凹凸图滤镜效果
    result = cv2.filter2D(cv_image, -1, kernel)
    # 将 OpenCV 图像转换回 QPixmap
    height, width, channel = result.shape
    bytes_per_line = 3 * width
    q_image = QImage(result.data, width, height, bytes_per_line, QImage.Format.Format_RGB888)
    pixmap = QPixmap.fromImage(q_image)
    # 更新 QLabel 中的图像
    self.image_label.setPixmap(pixmap)
```

单击"滤镜"→"3D 凹凸"菜单项，会让 self.image_label 组件中的图像呈现三维凹凸效果，如图 18-25 所示。

图 18-25　三维凹凸效果图

18.6.7　三维法线

读者可以使用下面的文本让 ChatGPT 自动编写三维法线的代码，并应用于 self.image_label 组件中的图像。

用 Python、OpenCV 和 PyQt6 编写函数 normal_3d()，让 self.image_label 中的图像实现三维法线效果，self.image_label 是已经创建的 QLabel 组件。

ChatGPT 会编写如下的代码：

```python
def normal_3d(self):
    # 获取 QLabel 中的图像
    pixmap = self.image_label.pixmap()
    if pixmap is None:
        return                              # 如果没有图像,则返回
    # 将 QPixmap 转换为 QImage
    image = pixmap.toImage()
    # 使用 qimage2ndarray 将 QImage 转换为 NumPy 数组
    cv_image = qimage2ndarray.rgb_view(image)
    # 计算每个颜色通道的梯度
    sobelx_r = filters.sobel_h(cv_image[..., 0])
    sobely_r = filters.sobel_v(cv_image[..., 0])
    sobelx_g = filters.sobel_h(cv_image[..., 1])
    sobely_g = filters.sobel_v(cv_image[..., 1])
    sobelx_b = filters.sobel_h(cv_image[..., 2])
    sobely_b = filters.sobel_v(cv_image[..., 2])
    # 计算法线
    normal_r = np.dstack((-sobelx_r, -sobely_r, np.ones_like(cv_image[..., 0])))
    normal_g = np.dstack((-sobelx_g, -sobely_g, np.ones_like(cv_image[..., 1])))
    normal_b = np.dstack((-sobelx_b, -sobely_b, np.ones_like(cv_image[..., 2])))
    norm_r = np.sqrt(np.sum(normal_r ** 2, axis = 2))
    norm_g = np.sqrt(np.sum(normal_g ** 2, axis = 2))
    norm_b = np.sqrt(np.sum(normal_b ** 2, axis = 2))
    normal_r /= norm_r[..., np.newaxis]
    normal_g /= norm_g[..., np.newaxis]
    normal_b /= norm_b[..., np.newaxis]
    # 组合法线
    normal = (normal_r + normal_g + normal_b) / 3
    # 将法线映射到颜色空间
    normal = (normal + 1) / 2
    # 转换数据类型
    normal = img_as_ubyte(normal)
    # 将 NumPy 数组转换为 QImage
    height, width, channel = normal.shape
    bytes_per_line = 3 * width
    q_image = QImage(normal.data, width, height, bytes_per_line, QImage.Format.Format_RGB888)
    # 将 QImage 转换为 QPixmap 并设置到 QLabel
    pixmap = QPixmap.fromImage(q_image)
    self.image_label.setPixmap(pixmap)
```

单击"滤镜"→"3D 法线"菜单项，会让 self.image_label 组件中的图像呈现三维法线效果，如图 18-26 所示。

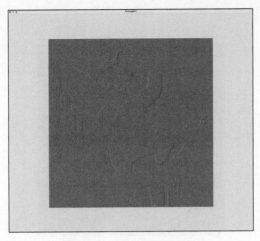

图 18-26　三维法线效果图

18.6.8　图像细化

读者可以使用下面的文本让 ChatGPT 自动编写图像细化的代码，并应用于 self.image_label 组件中的图像。

用 Python、OpenCV 和 PyQt6 编写一个函数(thinning)，让 self.image_label 中的图像细化，self.image_label 是已经创建的 QLabel 组件。

ChatGPT 会编写如下的代码：

```python
def thinning(self):
    # 获取 QLabel 中的图像
    pixmap = self.image_label.pixmap()
    if pixmap is None:
        print("没有图像!")
        return                                      # 如果没有图像,则返回
    # 将 QPixmap 转换为 QImage
    image = pixmap.toImage()
    # 使用 qimage2ndarray 将 QImage 转换为 NumPy 数组
    cv_image = qimage2ndarray.rgb_view(image)
    # 转换为灰度图像
    gray_image = cv2.cvtColor(cv_image, cv2.COLOR_RGB2GRAY)
    # 使用 cv2.ximgproc.thinning 函数进行细化
    thinned_img = cv2.ximgproc.thinning(gray_image, cv2.ximgproc.THINNING_ZHANGSUEN)
    # 将细化后的图像转换为 QImage
    height, width = thinned_img.shape
    bytes_per_line = width
    q_image = QImage(thinned_img.data, width, height, bytes_per_line,
                     QImage.Format.Format_Grayscale8)
    # 将 QImage 转换为 QPixmap 并设置到 QLabel
    pixmap = QPixmap.fromImage(q_image)
    self.image_label.setPixmap(pixmap)
```

单击"滤镜"→"图像细化"菜单项，会让 self.image_label 组件中的图像呈现细化效果，如图 18-27 所示。

图 18-27　图像细化效果图

18.7　人工智能（AI）

第 105 集
微课视频

本节会利用 OpenAI API 及提示词自动生成图像，并在 self.image_label 组件中显示，前面实现的所有特效都可以应用于自动生成的图像。

18.7.1　管理 OpenAI API Key

使用 OpenAI API 需要 API Key，读者可以到下面的页面去申请。

`https://platform.openai.com/account/api - keys`

本节会实现一个如图 18-28 所示的 API Key 管理对话框，在这里需要输入 API Key，单击 OK 按钮后，会将 API Key 保存在当前目录的 openai_key.txt 文件中，当 PyImageFX 运行后，会从该文件中读取 API Key，并保存在 self.openai_key 中。

现在可以为 ChatGPT 提供如下的文本，自动编写管理 API Key 的代码。

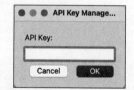

图 18-28　API Key 管理
对话框

用 Python、PyQt6 编写一个函数（manage_openai_key），用于设置 API Key。函数首先会弹出一个带文本输入框的输入对话框，文本框上方显示 API Key。单击右下角的"确定"按钮，会将 API Key 保存在 openai_key.txt 文件中。当对话框显示时，会读取 openai_key.txt 文件的内容，如果存在，则将读取到的内容显示在对话框的文本输入框中。

ChatGPT 会编写如下的代码：

```
def manage_openai_key(self):
    # 从文件中读取现有的 OpenAI 密钥(如果存在)
    try:
        with open('openai_key.txt', 'r') as file:
            existing_key = file.read().strip()
    except FileNotFoundError:
        existing_key = ''
    # 创建并显示输入对话框
```

```
text, ok_pressed = QInputDialog.getText(self, "API Key Management", "API Key:", text = existing_key)
# 如果用户单击了 OK 按钮，则保存密钥到文件
if ok_pressed and text:
    with open('openai_key.txt', 'w') as file:
        file.write(text)
```

现在定位到 MainWindow 类的 __init__ 方法的最后，输入下面的注释：

判断 openai_key.txt 文件是否存在，如果存在，读取该文件的内容，并将内容赋给 self.openai_key

按回车键就可以通过 AI 编程助手自动生成下面读取 openai_key.txt 文件的代码。

```
try:
    with open("openai_key.txt", "r") as f:
        self.openai_key = f.read()
except:
    self.openai_key = ""
```

18.7.2 AI 生成图像

单击 AI→"AI 生成图像"菜单项，会弹出一个提示词输入框，输入"一只在草地上跳舞的大熊猫"，如图 18-29 所示。

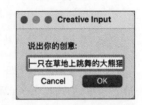

图 18-29　提示词输入对话框

单击 OK 按钮，过一会，就可以生成一张图，并在 self.image_label 组件中显示，如图 18-30 所示。可以对 AI 生成的图像应用前面实现的任何特效，如图 18-31 所示是浮雕效果。

图 18-30　AI 生成的图像

图 18-31　AI 生成的图像的浮雕效果

由于使用 OpenAI API 生成图像比较慢，因此，需要在线程中完成，所以这里单独通过一个 image_download_thread.py 文件实现。所以可以向 ChatGPT 提交下面的文本，来编写这个文件中的代码。

用 Python、PyQt6 和 OpenAI API 编写一个 ImageDownloadThread 类，该类从 QThread 类继承，通过该类的构造方法传入 openai_key 和 text，其中 text 是提示词文本。在该类的 run 方法中通过 OpenAI API 产生图像，并将其保存为当前目录的 generated_image.png 文件。

ChatGPT 会生成下面的代码：

```
import requests
from PyQt6.QtCore import QThread, pyqtSignal
```

```
from PyQt6.QtGui import QPixmap
import openai
class ImageDownloadThread(QThread):
    image_downloaded_signal = pyqtSignal(QPixmap)
    def __init__(self, openai_key, text):
        super().__init__()
        self.openai_key = openai_key
        self.text = text
    def run(self):
        # 设置 OpenAI API 密钥
        openai.api_key = self.openai_key
        # 调用 OpenAI API
        response = openai.Image.create(prompt=self.text, n=1, size="1024x1024")
        image_url = response['data'][0]['url']
        # 下载图像
        response = requests.get(image_url)
        image_path = 'generated_image.png'
        with open(image_path, 'wb') as file:
            file.write(response.content)
        # 加载并发出图像下载完成的信号
        pixmap = QPixmap(image_path)
        self.image_downloaded_signal.emit(pixmap)
```

最后一步是编写 MainWindow 类的 generate_image 方法，该方法与"AI 生成图像"菜单项对应，在该方法中会弹出如图 18-29 所示的提示词输入对话框，并且通过 ImageDownloadThread 类调用 OpenAI API，生成并保存图像。读者可以使用 AI 编程助手辅助编写 generate_image 方法中的代码，具体实现如下：

```
def generate_image(self):
    text, ok_pressed = QInputDialog.getText(self, "Creative Input", "说出你的创意:")
    text = text.strip()                              # 截取前后空格
    if ok_pressed and text:
        self.original_title = self.windowTitle()     # 保存原标题
        self.setWindowTitle("AI 正在生成图像...")     # 设置新标题
        self.download_thread = ImageDownloadThread(self.openai_key, text)
        self.download_thread.image_downloaded_signal.connect(self.on_image_downloaded)
        self.download_thread.start()                  # 启动下载线程
```

18.8　本章小结

本章借用 ChatGPT 及 AI 编程助手，在几乎不编写一行完整代码的情况下，实现了近 1300 行的 PyImageFX。本章的项目只是抛砖引玉，理论上，只要合理拆分，利用 ChatGPT 再配合 AI 编程助手，可以编写任意复杂的应用，甚至是系统软件（如操作系统、编译器等）。不过要注意的是，自动编写的程序越复杂，规模越大，拆分就越难。所以使用 ChatGPT 自动编写应用的瓶颈并不是如何组织提示词，而是如何拆分应用，以及如何设计每一部分的接口。当然，对于同一应用，拆分方式不同，应用会有很大的差异，所以需要读者在实践中不断总结和练习。但不管怎样，ChatGPT 的确可以大幅度提升开发效率，至于可以提升多少倍的开发效率，那就要看程序员自身的能力了，总之，自己的能力越强，ChatGPT 也就会表现得越强。